高等学校水利学科教学指导委员会组织编审

高等学校水利学科专业规范核心课程教材·农业水利工程

水利工程管理

主　编　武汉大学　石自堂
主　审　河海大学　任德林

中国水利水电出版社
www.waterpub.com.cn

内 容 提 要

本书分 10 章，首先引入了管理学与公共管理学基础理论内容，阐述了水利法律法规；其次着重讲述了挡水建筑物、输水建筑物等水利工程的技术管理，以及寒冷地区水工建筑物的冻害与防治、水工建筑物老化病害的检测与评估内容；最后对工程项目招标投标管理与工程监理、水利工程信息化内容作了详细说明。

本书除适用于农业水利工程专业教学外，还可供水利水电类其他专业的师生及水利工程技术人员参考。

图书在版编目（CIP）数据

水利工程管理/石自堂主编 . —北京：中国水利水电出版社，2009（2018.2 重印）

高等学校水利学科专业规范核心课程教材 . 农业水利工程

ISBN 978 - 7 - 5084 - 6793 - 1

Ⅰ . 水… Ⅱ . 石… Ⅲ . 水利工程-管理-高等学校-教材 Ⅳ . TV698

中国版本图书馆 CIP 数据核字（2009）第 150611 号

书　名	高等学校水利学科专业规范核心课程教材·农业水利工程 **水利工程管理**	
作　者	主编　武汉大学　石自堂 主审　河海大学　任德林	
出版发行	中国水利水电出版社 （北京市海淀区玉渊潭南路 1 号 D 座　100038） 网址：www. waterpub. com. cn E - mail：sales@ waterpub. com. cn 电话：（010）68367658（营销中心）	
经　售	北京科水图书销售中心（零售） 电话：（010）88383994、63202643、68545874 全国各地新华书店和相关出版物销售网点	
排　版	中国水利水电出版社微机排版中心	
印　刷	北京瑞斯通印务发展有限公司	
规　格	175mm×245mm　16 开本　18.5 印张　427 千字	
版　次	2009 年 8 月第 1 版　2018 年 2 月第 3 次印刷	
印　数	6001—8000 册	
定　价	**42.00 元**	

农业水利工程专业教材编审分委员会

主　任　杨金忠（武汉大学）

副主任　张展羽（河海大学）　　　刘　超（扬州大学）

委　员

黄介生（武汉大学）　　　　　　　杨培岭（中国农业大学）

马孝义（西北农林科技大学）　　　史海滨（内蒙古农业大学）

张忠学（东北农业大学）　　　　　迟道才（沈阳农业大学）

文　俊（云南农业大学）　　　　　田军仓（宁夏大学）

魏新平（四川大学）　　　　　　　孙西欢（太原理工大学）

虎胆·吐马尔白（新疆农业大学）

杨路华（河北农业大学）

总 前 言

随着我国水利事业与高等教育事业的快速发展以及教育教学改革的不断深入，水利高等教育也得到很大的发展与提高。与 1999 年相比，水利学科专业的办学点增加了将近一倍，每年的招生人数增加了将近两倍。通过专业目录调整与面向新世纪的教育教学改革，在水利学科专业的适应面有很大拓宽的同时，水利学科专业的建设也面临着新形势与新任务。

在教育部高教司的领导与组织下，从 2003 年到 2005 年，各学科教学指导委员会开展了本学科专业发展战略研究与制定专业规范的工作。在水利部人教司的支持下，水利学科教学指导委员会也组织课题组于 2005 年底完成了相关的研究工作，制定了水文与水资源工程，水利水电工程，港口、航道与海岸工程以及农业水利工程四个专业规范。这些专业规范较好地总结与体现了近些年来水利学科专业教育教学改革的成果，并能较好地适用不同地区、不同类型高校举办水利学科专业的共性需求与个性特色。为了便于各水利学科专业点参照专业规范组织教学，经水利学科教学指导委员会与中国水利水电出版社共同策划，决定组织编写出版"高等学校水利学科专业规范核心课程教材"。

核心课程是指该课程所包括的专业教育知识单元和知识点，是本专业的每个学生都必须学习、掌握的，或在一组课程中必须选择几门课程学习、掌握的，因而，核心课程教材质量对于保证水利学科各专业的教学质量具有重要的意义。为此，我们不仅提出了坚持"质量第一"的原则，还通过专业教学组讨论、提出，专家咨询组审议、遴选，相关院、系认定等步骤，对核心课程教材选题及其主编、主审和教材编写大纲进行了严格把关。为了把本套教材组织好、编著好、出版好、使用好，我们还成立了高等学校水利学科专业规范核心课程教材编审委员会以及各专业教材编审分委员会，对教材编纂与使用的全过程进行组织、把关和监督。充分依靠各学科专家发挥咨询、评审、决策等作用。

本套教材第一批共规划 52 种，其中水文与水资源工程专业 17 种，水利水电工程专业 17 种，农业水利工程专业 18 种，计划在 2009 年年底之前全部出齐。尽管已有许多人为本套教材作出了许多努力，付出了许多心血，但是，由于专业规范还在修订完善之中，参照专业规范组织教学还需要通过实践不断总结提高，加之，在新形势下如何组织好教材建设还缺乏经验，因此，这套教材一定会有各种不足与缺点，恳请使用这套教材的师生提出宝贵意见。本套教材还将出版配套的立体化教材，以利于教、便于学，更希望师生们对此提出建议。

高等学校水利学科教学指导委员会

中国水利水电出版社

2008 年 4 月

前　言

这些年来，国内出版了不少水利工程管理教材，其主要内容只有水利工程技术管理内容，几乎成了水工建筑物的后续，这使水利类工科学生感到课程内容有些重复，很难从此门课学习系统的管理知识。基于此，我们在本书中编入了管理学和公共管理学的基础知识，让学生充分认识到管理的主体是"管理人"，载体才是"物"。任何管理离不开组织，就管理而言都有其共性，每个管理组织都有其目的和目标，都有一定的计划性和组织形式，都需要为其发展进行预测、决策、人力资源开发、激励、沟通、协调和控制等，都必须讲究效益和效果，都具有一定的组织管理文化水平等。在管理中也都面临着引入新的管理技术、改善管理手段、采用新的管理方法的共同问题。从单纯的水利工程管理上升到全面管理入手，探讨水利公共管理问题，是本书的一个着力点和努力创新点。

中国水利百科全书《水利管理分册》中对水利管理的定义为"对水、水域和水利工程进行的管理，包括对水资源的开发、利用、节约、保护和对在建工程的运行、维护和经营管理。水利管理的基本任务是：合理配置、充分利用、有效保护水资源，防治水旱灾害，发挥水利效益，适应国民经济可持续发展和人民生活水平不断提高的需要。水利管理需采取各种行政的、技术的、经济的和法律的措施，达到管理工作的目标"。

在本书编写过程中，编者参阅和借鉴了有关的管理教材、论文，吸收了一些最新研究成果。周三多、黎明、姜杰等老师主编的《管理学》、《公共管理学》教材对我们帮助很大，使我们深受启发。谨此致以衷心的感谢和真诚的敬意。

本书由石自堂主编。各章编写的具体分工如下：武汉大学石自堂编写第 1 章、第 2 章和 3.4 节、3.5 节；武汉大学施玉群编写 3.1 节～3.3 节；武汉大学张劲松编写第 4 章、第 5 章；甘肃农业大学李晓玲编写第 6 章；武汉大学方朝阳编写第 7 章；武汉大学徐云修和李典庆编写第 8 章；武汉大学李小平编写第 9 章；武汉大学戴自述编写第 10 章。

本书由河海大学任德林教授主审，他对送审稿提出了许多建设性意见。此外，在编写过程中有关院校给予了积极支持和帮助。在此，一并谨向他们表示衷心的感谢。

水利工程管理发展迅速，实践性的特点注定了教材的不完善性，它需要随着实践的发展而不断补充和提高。对于书中存在的缺点和错误，恳请读者批评指正。

编　者

2009 年 5 月

目　录

第1章

管理学与公共管理学基础知识

1.1 管理学基础知识

1.1.1 管理的定义

管理是指组织为了达到个人无法实现的目的，通过各项职能活动，合理分配、协调相关资源的过程。

这一定义包含以下内容，见表1-1。

表1-1 管理定义的内涵

	载体	组织，包括企事业单位、国家机关、政治党派、社会团体以及宗教组织等
	本质	合理分配和协调各种资源的过程
管理	对象	相关资源，即包括人力资源在内的一切可以调用的资源。可调用的资源通常是指原材料、人员、资金、土地、设备、顾客和信息等。在这些资源中，人员是最重要的，因此管理要以人为本
	职能活动	包括信息、决策、计划、组织、领导、控制和创新
	目的	为了实现既定的目标

（1）管理是一个过程。管理是为了实现组织目标服务的，是一个有意识、有目的地进行过程。管理是任何组织都不可缺少的。

（2）管理是由若干个职能活动构成的，管理工作的过程是由一系列相互关联、连续进行的活动所构成的。

（3）管理工作是在一定的环境条件下开展的。管理将所服务的组织看作一个开放的系统，它不断地与外界环境产生相互的影响和作用。管理的方法和技巧必须因环境条件的不同随机应变，没有一种在任何情况下都能奏效的、通用的、万能的管理方法。

（4）管理的工作内容是优化使用组织的人力、物力和财力等各种资源。管理的成效有效性如何，集中体现在它是否使组织花最少的资源投入，取得最大的、合乎需要的成果产出。

（5）管理是为了实现特定的目标。管理活动应该围绕管理目标而进行和展开。由于管理的环境、条件、类型、性质、层次、对象以及时间跨度考虑的不同，在现实的生活工作中，具体的管理活动会具有不同的目标。

1.1.2　管理的职能

管理的职能包括决策与计划、组织、领导、控制和创新。

以上五种管理职能均有自己独特的表现形式。决策与计划职能表现为方案的产生和选择以及计划的制订；组织职能表现为组织结构的设计和人员的配备；领导职能表现为领导者和被领导者的关系；控制职能表现为对偏差的认识和纠正；创新职能表现为组织提供的服务或产品的更新和完善以及其他管理职能的变革和改进。它们的关系如图 1-1 所示。

图 1-1　管理职能间相互关系图

图 1-1 表明：决策是计划的前提，计划是决策的逻辑延续。管理者在行使其他管理职能的过程中总会面临决策和计划的问题，决策和计划是其他管理职能的依据；组织、领导和控制旨在保证决策的顺利实施；创新贯穿于各种管理职能和各个组织层次中，是各项管理职能的灵魂和生命。

1.1.3　管理者的道德修养与社会责任

道德与社会责任作为管理学中的两个重要范畴，近年来引起了人们强烈的关注。为了将道德规范灌输到日常的管理工作中，管理者需要了解崇尚道德的管理的特征。企业在遵守法律、获取利润的同时，还要争取为社会多作贡献，这就是社会责任。

1.1.3.1　道德修养

作为管理者应具备以下的道德规范：

（1）不仅把遵守伦理规范视作组织获取利益的一种手段，更把其视作组织的一项责任。

（2）不仅从组织自身角度，更从社会整体角度看问题。

（3）尊重所有者以外的利益相关者的利益。

（4）不仅把人看作手段，更要把以人为本作为目的。

（5）具有自律的特征。

（6）以组织的价值观为行为导向。

1.1.3.2　社会责任

一个企业不仅承担了法律上的义务和经济上的义务（法律上的义务是指企业要遵守有关法律，经济上的义务是指企业要获取经济利益），还承担了"追求对社会有利的长期目标"的义务。企业的生产和发展应与社会相辅相成，它应承担相应的社会责任。企业拥有承担社会责任所需的资源，如企业拥有财力资源、技术专家和管理才能，可以为那些需要援助的公共工程和慈善事业提供支持，企业必须遵守法律、接受社会舆论的监督。

1.1.4 信息与信息化管理

1.1.4.1 信息的定义

信息由数据生成,是数据经过加工处理后得到的,如报表、账册和图纸等。信息被用来反映客观事物的规律,从而为管理工作提供依据。

信息的生成过程如图1-2所示。从图中可以看出,数据经过加工处理后,得到的就是信息。

图1-2 从数据转化为信息的过程

1.1.4.2 有用信息的特征

有用信息,首先必须是高质量的;其次必须是及时的,管理者一有需要就能获得;最后必须是完全的和相关的。其具体见表1-2。

1. 高质量

高质量是有用信息最重要的特征。首先,高质量的信息必须是精确的。清楚是高质量的信息的另一要求。其次,高质量的信息是排列有序的,而不是杂乱无章的。最后,信息传递的媒介对质量有重要影响。

表1-2	有用信息的特征
高质量	精确、清楚、有序、媒介
及时	时间敏感性、例外报告、当前、频繁
完全	范围、简洁、详细、相关

2. 及时

管理者一有需要就能获得信息,是对及时的信息的首要要求。管理者可以要求下属呈交例外报告,这种报告是在事情超出常规时产生的。及时的信息的另一个要求是信息反映当前情况。及时的信息的最后一个要求是信息要频繁地提供给管理者。

3. 完全

信息的完全性有几个方面的具体要求。首先,信息的范围必须足够广泛,从而可以使管理者较全面地了解现状,并采取切实有效的措施。其次,简洁和详细是完全性的另外两个要求。最后,只有那些与手头上的管理工作有关的信息才需要提供,信息提供过多不一定好。

1.1.4.3 信息的采集

信息的采集是指管理者根据一定的目的,通过各种不同的方式搜寻并占有各类信息的过程。

信息的采集是信息管理工作的第一步,是做好信息管理工作的基础与前提。信息的加工、存储、传播、利用和反馈都是信息采集的后续工作。信息采集工作的好坏将直接决定信息管理工作的成败。

为了使信息的采集富有成效,管理者必须做好以下各项工作。

1. 明确采集的目的

明确采集的目的便于管理者了解组织需要什么样的信息,从而有针对性地、有选择地采集信息。

2. 界定采集的范围

采集范围与以下三个问题有关：需要什么样的信息；用多长时间采集这些信息；从哪里采集这些信息。

3. 选择信息源

根据信息载体的不同，可将信息源划分为四大类：①文献性信息源；②口头性信息源；③电子性信息源；④实物性信息源。信息源的选择对信息的采集至关重要，管理者要根据采集目的、自身掌握的信息源状况以及时间的紧迫性等选择合适的信息源。

1.1.4.4　信息的加工、存储、传播、利用、反馈

1. 信息的加工

信息的加工是指鉴别和筛选所掌握的大量信息，使信息条理化、规范化、准确化的过程。

信息的加工分为以下几个步骤：

（1）鉴别。鉴别是指确认信息可靠性的过程。可靠性的鉴别标准有：信息本身是否真实，信息内容是否正确，信息的表述是否准确，数据是否正确无误以及有无遗漏、失真、冗余等情况。

鉴别的方法见表 1-3。

表 1-3　信息鉴别的方法

查证法	通过查找、阅读相关文献来检验信息是否可靠
比较法	通过比较来自不同渠道的同类信息来验证信息的可靠程度
佐证法	通过寻找物证、人证来验证信息的可靠程度
逻辑法	通过对信息的内容进行逻辑分析，以判别是否存在前后矛盾、夸大其词、违背情理等现象的方法

通常，在进行信息鉴别时，需要同时使用多种方法。

（2）筛选。筛选是在鉴别的基础上，对采集来的信息进行取舍的活动。筛选与鉴别是两种不同的活动。鉴别旨在解决问题的可靠性问题，依据的是与信息有关的客观事实；而筛选旨在解决信息的适用性问题，依据的是管理者的主观判断。鉴别中被确认可靠的信息，未必被保留；而鉴别中被确认可疑的信息，未必都被剔除。

筛选的依据是信息的适用性、精约性与先进性。适用性是指信息的内容是否符合信息采集的目的；精约性是指信息的表述是否精练、简约；先进性是指信息的内容是否先进。

筛选通常分四步进行，见表 1-4。

表 1-4　筛选的步骤

真实性筛选	根据鉴别的结果，保留真实的信息，剔除虚假的信息，对可疑信息则在进一步调查取证的基础上再进行判断、取舍
适用性筛选	以适用性为依据，将那些与采集目的不相关、过时无用、重复雷同、没有实际内容或用处不大的信息从真实信息中剔除出去
精约性筛选	以精约性为依据，将那些虽然真实、有用但表述烦琐、臃肿的信息剔除出去
先进性筛选	以先进性为依据，将那些虽然真实、有用、简约但内容落后的信息剔除出去

（3）排序。排序是指对筛选后的信息进行归类整理，按照管理者所偏好的某一特征对信息进行等级、层次的划分的活动。

（4）初步激活。初步激活是指对排序后的信息进行开发、分析和转换，实现信息的活化以便使用的活动。

（5）编写。编写是信息加工过程的产出环节，是指对加工后的信息进行编写，便于人们认识的活动。通常，一条信息应该只有一个主题，结构要简洁、清晰、严谨，标题要突出、鲜明，文字表述要精练准确、深入浅出。

2. 信息的存储

信息的存储是指对加工后的信息进行记录、存放、保管以便使用的过程。信息存储具有三层含义：第一，用文字、声音、图像等形式将加工后的信息记录在相应的载体上；第二，对这些载体进行归类，形成方便人们检索的数据库；第三，对数据库进行日常维护，使信息及时得到更新。

信息的存储工作由归档、登录、编目、编码、排架等环节构成。在这些环节中应注意以下问题：

（1）准确性问题。在对信息进行记载、登录时，要做到内容准确、表述清楚、结构有序。

（2）安全性问题。要保证信息在存储期间不会丢失与毁坏。

（3）费用问题。信息的存储应尽量节约空间，以节省费用。另外，空间的节约也便于保管和检索。

（4）方便性问题。方便性包括两层含义：第一层含义是指使用方便，信息的存储要便于人们检索；第二层含义是指更新方便。

3. 信息的传播

信息的传播是指信息在不同主体之间的传递。它具有与大众传播不同的特点，具体见表1-5。

表1-5　　　　　　　　　　　信息传播与大众传播不同的特点

目的更加具体	大众传播的目的是向社会公众传播各类信息。组织中的信息传播是管理者为了完成具体的工作任务而进行的有意行为。信息接受者必须按信息的内容去行为或不行为，以保证传播目的的实现
控制更加严密	大众传播只对传播过程进行控制，对受传者的控制是间接的。组织中的信息传播除进行以上这些控制之外，还要直接、严密地控制受传者的行为，以保证传播目的的实现
时效更加显著	大众传播虽然强调时效，但如果传播不及时，传播者所受的负面影响是有限的。对组织中的信息传播来说，如果在被管理者需要按某种信息去行为或不行为时，或者在决策过程中需要某信息时，该信息没有传播到位，就会造成直接损失

4. 信息的利用

信息的利用是指有意识地运用存储的信息去解决管理中具体问题的过程。它是信息采集、加工、存储和传播的最终目的。信息的利用程度与效果是衡量一个组织信息管理水平的重要尺度。

信息的利用过程通常包括以下步骤：

（1）管理者在认清问题性质的前提下，判断什么样的信息有助于问题的解决。

（2）对组织目前拥有的信息资源进行梳理，在此基础上，判断所需的信息是否存在。

（3）如果组织中存在所需的信息，则可直接利用。如果不存在，则要考虑是否能够通过对现有信息进行开发、整合来满足管理者对信息的需要。如果不能，则要考虑重新采集信息，回到信息管理的源头。

为了更好地利用信息，管理者应努力做到，善于开发信息，为信息价值的充分发挥提供组织上的保证，用发展的眼光看待信息的价值。同样，为了更好地利用信息，管理者应尽力避免信息孤岛和信息过载现象的发生。

5．信息的反馈

信息的反馈是信息管理工作的重要环节，其目的是为了提高信息的利用效果，使信息按照管理者的意愿被使用。它是对信息利用的实际效果与预期效果进行比较，找出发生偏差的原因，采取相应的控制措施以保证信息的利用符合预期的过程。

作为一个过程，信息的反馈包括反馈信息的获取、传递和控制措施的制定与实施三个环节。从这三个环节看，信息反馈需要满足以下各项要求：

（1）反馈信息真实、准确。

（2）信息传递迅速、及时。

（3）控制措施适当、有效。

1.1.4.5　信息系统要素

一般信息系统包括五个基本要素：输入、处理、输出、反馈和控制。这五个要素之间的关系如图 1-3 所示。

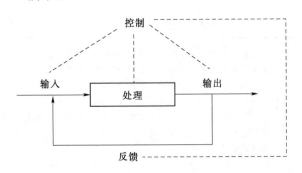

图 1-3　一般信息系统五个要素的相互关系

结合图 1-3 可以看出，输入是系统所要处理的原始数据（或提供原始数据的设备）；处理是把原始数据加工或转换成有意义和有用的信息的过程；输出是系统处理后的结果，即有意义和有用的信息；反馈是指当管理者对输出的结果不太满意或希望得到更好的结果时，对输入进行调整；控制是对输入、处理、输出和反馈等过程进行监视，使这些过程保持正常。

1.1.5　决策

1.1.5.1　决策的定义

决策是指管理者识别并解决问题的过程，或者管理者利用机会的过程。对于这一定义，可作如下理解：

（1）决策的主体是管理者，因为决策是管理的一项职能。管理者既可以单独做出决策，这样的决策称为个体决策；也可以和其他的管理者共同做出决策，这样的决策称为群体决策。

（2）决策的本质是一个过程，这一过程由多个步骤组成，尽管每个人对决策过程的理解不尽相同。

（3）决策的目的是解决问题或利用机会，这就是说，决策不仅仅是为了解决问题，有时也是为了利用机会。

1.1.5.2　决策的原则

决策遵循的是满意原则，而不是最优原则。对决策者来说，要想使决策达到最优，必须具备以下条件，缺一不可：①容易获得与决策有关的全部信息；②真实了解全部信息的价值所在，并据此拟订出所有可能的方案；③准确预测每个方案在未来的执行结果。

但在现实中，上述这些条件往往得不到满足。具体来说原因有：①组织内外的很多因素都会对组织的运行产生不同程度的影响，但决策者很难收集到反映这些因素的全部信息；②对于收集到的有限信息，决策者的利用能力也是有限的，从而决策者只能拟订数量有限的方案；③任何方案都要在未来实施，而未来是不确定的。人们对未来的认识和影响十分有限，从而决策时所预测的未来状况可能与实际的未来状况不一致。

现实中的上述状况决定了决策者难以做出最优决策，只能做出相对满意的决策。

1.1.5.3　决策的依据

适量的信息是决策的依据。管理者在决定收集什么样的信息、收集多少信息以及从何处收集信息等问题时，要进行成本—效益分析。只有在收集的信息所带来的收益（因决策水平提高而给组织带来的利益）超过为此而付出的成本时，才应该收集该信息。信息量过大固然有助于决策水平的提高，但对组织而言可能是不经济的，而信息量过少则使管理者无从决策或导致决策达不到应有的效果。

1.1.5.4　决策理论

1. 古典决策理论

古典决策理论是基于"经济人"假设提出的，主要盛行于 20 世纪 50 年代以前。古典决策理论认为，应该从经济的角度来看待决策问题，即决策的目的在于为组织获取最大的经济利益。

古典决策理论的主要内容是：

（1）决策者必须全面掌握有关决策环境的信息情报。

（2）决策者要充分了解有关备选方案的情况。

（3）决策者应建立一个合理的层级结构，以确保命令的有效执行。

（4）决策者进行决策的目的始终在于使本组织获取最大的经济利益。

古典决策理论假设，决策者是完全理性的，决策者在充分了解有关信息情报的情况下，是完全可以做出实现组织目标的最佳决策的。古典决策理论忽视了非经济因素在决策中的作用，这种理论不可能正确指导实际的决策活动，从而逐渐被更为全面的行为决策理论所代替。

2. 行为决策理论

行为决策理论的发展始于 20 世纪 50 年代，其主要内容是：

（1）人的理性介于完全理性和非理性之间，即人是有限理性的。

（2）决策者在识别和发现问题中容易受知觉上的偏差影响，而在对未来的状况作出判断时，直觉的运用往往多于逻辑分析方法的运用。

（3）决策者选择的理性是相对的，由于受决策时间和可利用资源的限制，决策者不可能做到全部了解各种备选方案的情况。

（4）在风险型决策中，与对经济利益的考虑相比，决策者对待风险的态度对决策起着更为重要的作用。决策者往往厌恶风险，倾向于接受风险较小的方案，尽管风险较大的方案可能带来更为可观的收益。

（5）决策者在决策中往往只求满意的结果，而不愿费力寻求最佳方案。

行为决策理论抨击了把决策视为定量方法和固定步骤的片面性，主张把决策视为一种文化现象。决策不能只遵守一种固定的程序，而应根据组织外部环境与内部条件的变化进行适时的调整和补充。

1.1.6　计划

1.1.6.1　计划的概念

从名词意义上说，计划是指用文字和指标等形式所表述的，在未来一定时期内组织以及组织内不同部门和不同成员，关于行动方向、内容和方式安排的管理文件；计划是指为了实现决策所确定的目标，预先进行的行动安排。计划既是决策所确定的组织在未来一定时期内的行动目标和方式在时间和空间的进一步展开，又是组织、领导、控制和创新等管理活动的基础。

计划内容包括“5W1H”，见表 1-6。计划必须清楚地确定和描述这些内容。

表 1-6　　　　　　　　　　　　　　计 划 的 内 容

What	做什么？目标与内容	Where	何地做？地点
Why	为什么做？原因	When	何时做？时间
Who	谁去做？人员	How	怎样做？方式、手段

1.1.6.2　计划与决策的关系

计划与决策既相互区别又相互联系。

计划与决策的相互区别，体现在这两项工作需要解决的问题不同。决策是对组织活动方向、内容以及方式的选择；计划则是对组织内部不同部门和不同成员在一定时期内的行动任务的具体安排，它详细规定了不同部门和成员在该时期内从事的活动的具体内容和要求。

计划与决策又是相互联系的，这是因为：

（1）决策是计划的前提，计划是决策的逻辑延续。决策为计划的任务安排提供了依据，计划则为决策所选择的目标活动的实施提供了组织保证。

（2）在实际工作中，决策与计划是相互渗透的，有时甚至是不可分割地交织在一起的。

决策制定过程中，不论是对内部能力优势或劣势的分析，还是在方案选择时对各方案执行效果或要求的评价，实际上都已经开始孕育决策的实施计划。反过来，计划的编制过程，既是决策的组织落实过程，也是对决策更为详细的检查和修订的过程。决策无法落实，或者决策选择的活动中某些任务无法安排，必然导致对决策一定程度的调整。

1.1.6.3 计划的性质

计划工作具有承上启下的作用，表现在：①计划工作是决策的逻辑延续，为决策所选择的目标活动的实施提供了组织实施保证；②计划工作又是组织、领导、控制和创新等管理活动的基础，是组织内不同部门、不同成员行动的依据。据此，从以下四个方面来考察计划的性质。

1. 计划工作为实现组织目标服务

决策活动为组织确立了存在的使命和目标，并且进行了实现方式的选择。计划工作是对决策工作在时间和空间两个维度上进一步地展开和细化。组织正是通过有意识的合作来完成群体的目标而生存的。因此，组织的各项计划及各项计划工作都必须有助于完成组织的目标。

2. 计划工作是管理活动的桥梁，是组织、领导和控制等管理活动的基础

计划工作给组织提供了通向未来目标的明确的道路，是组织、领导和控制等一系列管理工作的基础。由于未来的不确定性和环境的变化，为了确定自己所处的位置和自己行动的目标，要求组织的主要领导人员和一般人员都要明确组织的目标和实现目标的行动路径。计划工作的目的，就是使所有的行动保持同一方向，促使组织目标实现。

3. 计划工作具有普遍性和秩序性

所有管理人员，从最高管理人员到第一线的基层管理人员都要进行计划工作。计划工作是全体管理人员的一项职能，但不同部门、不同层级的管理人员的计划工作的特点和广度都不同。当然，计划的普遍性中蕴涵着一定的秩序，这种秩序因组织性质的不同而不同。最主要的秩序表现为计划工作的纵向层次性和横向协作性。第一线的基层管理人员的工作计划不同于高层管理人员制订的战略计划；需要多种多样的活动相互协作和相互补充，才能实现组织的总目标。高级管理人员计划组织总方向，各层级的管理人员还需再据此制订相互协作的计划。

4. 计划工作要追求效率

实现目标有许多途径，必须从中选择尽可能好的方法，以最低的费用取得预期的成果，避免不必要的损失，并保持较高的效率。计划工作强调协调和节约，其重大安排都要经过经济和技术的可行性分析，使付出的代价尽可能合算。

1.1.6.4 计划的类型

1. 计划的分类标准

计划是将决策实施所需完成的活动任务，进行时间和空间的分解，以便将这些活

动任务具体地落实到组织中的不同部门和个人。因此，计划的分类可以依据时间和空间两个不同的标准。还可以根据计划的综合性程度、明确性程度和程序化程度对计划进行分类。但是，这些分类方法所划分出的计划类型很难截然区分开；虽然理论研究将计划按一定标准进行分类，现实中的计划往往是综合的。计划工作必须追求在时间与空间、明确性、程序化程度等方面的平衡。

2. 计划的类型

根据上述分类标准将计划分类，见表 1-7。

表 1-7　　　　　　　　　　　　　　　计 划 的 类 型

分类标准	时间长短	职能空间	综合性程度（涉及时间长短和涉及范围广狭）	明确性	程序化程度
类型	长期计划 短期计划	业务计划 财务计划 人事计划	战略性计划 战术性计划	具体性计划 指导性计划	程序性计划 非程序性计划

（1）长期计划与短期计划。长期计划描述了组织在较长时期（通常为 5 年以上）的发展方向和方针，规定了组织的各个部门在较长时期内从事某种活动应达到的目标和要求，绘制了组织长期发展的蓝图。短期计划具体地规定了组织的各个部门在目前到未来的各个较短的阶段，特别是最近的时段中，应该从事何种活动，从事该活动又应达到何种要求，从而为各组织成员近期的行动提供依据。

（2）业务计划、财务计划与人事计划。组织通过从事一定业务活动立身于社会，业务计划是组织的主要计划。通常用"人财物，供产销"六个字来描述一个企业所需的要素和企业的主要活动。业务计划的内容涉及"物、供、产、销"，财务计划的内容涉及"财"，人事计划的内容涉及"人"。

作为经济组织，企业业务计划包括产品开发、物资采购、仓储后勤、生产作业以及销售促进等内容。长期业务计划主要涉及业务方面的调整或业务规模的发展，短期业务计划主要涉及业务活动的具体安排。财务计划与人事计划是为业务计划服务的，也是围绕着业务计划而展开的。财务计划研究如何从资本的提供和利用上促进业务活动的有效进行，人事计划则分析如何为业务规模的维持或扩大提供人力资源的保证。

（3）战略性计划与战术性计划。战略性计划是指应用于整体组织的，为组织未来较长时期（通常为 5 年以上）设立总体目标和寻求组织在环境中的地位的计划。战术性计划是指规定总体目标如何实现的细节的计划，其需要解决的是组织的具体部门或职能在未来各个较短时期内的行动方案。战略性计划有两个显著的特点：长期性与整体性。长期性是指战略性计划涉及未来较长时间，整体性是指战略性计划是基于组织整体而制订的，强调组织整体的协调。战略性计划是战术性计划的依据，战术性计划是在战略性计划指导下制订的，是战略性计划的落实。从作用和影响上来看，战略性计划的实施是组织活动能力形成与创造的过程；战术性计划的实施则是对已经形成的能力的应用。

（4）具体性计划与指导性计划。具体性计划具有明确的目标。指导性计划只规定某些一般的方针和行动原则，给予行动者较大的自由处置权，它指出重点但不把行动者限定在具体的目标上或特定的行动方案上。相对于指导性计划而言，具体性计划虽然更易于计划的执行、考核及控制，但是它缺少灵活性，而且它要求的明确性和可预见性条件往往很难得到满足。

（5）程序性计划与非程序性计划。组织活动分为例行活动和非例行活动。例行活动是指一些重复出现的工作，对这类活动的决策是经常反复的，而且具有一定的结构，因此可以建立一定的决策程序。每当出现这类工作或问题时，就利用既定的程序来解决，而不需要重新研究，这类决策称为程序化决策，与此对应的计划是程序性计划。非例行活动不重复出现，处理这一类问题没有一成不变的方法和程序，解决这类问题的决策称为非程序化决策，与此对应的计划是非程序性计划。

1.1.7　组织

组织是管理的一个基本职能，其主要作用是为了实现组织目标、实施管理、落实计划而进行组织结构的设计、构造、调整和创新。它既包括新设立组织，也包括对现有组织的改造，还包括为实施计划目标所进行的必要的组织手段和过程。

1.1.7.1　组织的含义

所谓组织，就是为了某种特定的目标，经由分工合作、不同层次的权利和责任制度而构成的人的集合。

组织具有如下特点：

（1）目标是组织存在的前提，没有目标的人的集合不能称其为组织。组织所做的各种努力，都是为了最终达到组织目标。

（2）分工与合作是组织运营并发挥效率的基本手段和前提。

（3）组织具有统一的原则。在一个组织中，各种原则构成了统一的有机整体，这些组织原则之间具有统一的配合性，因此，组织原则是一套复杂的整体系统，诸原则之间具有本质上的统一性。

（4）资源的有机结合性。现实的组织是各种组织资源要素的组合。组织资源要素包括人、财、物、权利、权力、信息、价值和规范等。

（5）组织必须具有不同层次的权利和责任制度。

1.1.7.2　组织类型

在管理学中，对于组织的分类，一般有以下几种。

1. 正式组织与非正式组织

根据组织是否由人为设计而成，可以把组织分为正式组织和非正式组织。正式组织是指在组织设计中，为了实现组织的总目标而成立的功能结构，这种功能结构或部门是组织的组成部分并有明确的职能。非正式组织是指由于地理位置关系、兴趣爱好关系、工作关系、亲朋好友关系而自然形成的群体，这种群体不是经过程序化而成立的。

2. 实体组织与虚拟组织

实体组织就是一般意义上的组织。虚拟组织是社会及组织发展到一定阶段出现的产物。虚拟组织在组织结构、构成人员、办公场所以及核心能力方面与实体组织不同，具体不同见表1-8。

表 1 - 8 虚拟组织与实体组织的不同之处

不同方面	实　体　组　织	虚　拟　组　织
组织结构	一般都具有法人资格；组织结构呈金字塔形	一般不具有法人资格；组织结构是网络型的
构成人员	构成人员大都属于该组织	构成人员一般不归属于该组织
办公场所	有固定且比较集中的办公场所	没有集中的办公场所
核心能力	基本上依靠内部的发展	除了依靠内部发展外，更多地通过电子信息网络和外部其他组织的联系来扩大

3. 机械式组织与有机式组织

按照不同的设计原则，可以将组织设计成机械式组织与有机式组织。机械式组织是传统设计原则的产物，它具有严格的结构层次和固定的职责，强调高度的正规化，有正式的沟通渠道，决策常采用集权形式。有机式组织是现代设计原则的产物，它强调纵向和横向的合作，职责常常需要进行不断的调整，更多地依靠非正式渠道进行沟通，决策常采用分权形式。

1.1.8　领导

1.1.8.1　领导和管理

1. 领导的内涵

领导是一种影响力的发挥作用，它是影响个人、群体或组织实现所设定目标的各种活动过程。这个过程由领导者、被领导者和其所处的环境三个因素组成。

2. 领导和管理的关系

领导和管理既有密切联系，又有很大差异。

领导和管理的共同之处在于：从行为方式看，领导和管理都是一种在组织内部通过影响他人的协调活动，实现组织目标的过程；从权力的构成看，两者也都与组织层级的岗位设置有关。

领导和管理又有很大差异，两者的关注点差异见表 1 - 9。

表 1 - 9 领导者和管理者的关注点差异

领　导　者	管　理　者	领　导　者	管　理　者
剖析	执行	询问"做什么"和"为什么做"	询问"怎么做"和"何时做"
开发	维护	挑战现状	接受现状
价值观、期望和鼓舞	控制和结果	做正确的事	正确地做事
长期视角	短期视角		

就组织中的个人而言，可能既是领导者，又是管理者；也可能只是领导者，而不是管理者；也可能只是管理者，而不是真正的领导者。两者分离的原因在于，管理者的本质是依赖被上级任命而拥有某种职位所赋予的合法权力而进行管理。被管理者往

往因追求奖励或害怕处罚而服从管理。而领导者的本质就是被领导者的追随和服从，它完全取决于追随者的意愿，而不完全取决于领导者的职位与合法权力。

1.1.8.2　领导的作用

领导是指挥、带领、引导和鼓励部下为实现目标而努力的过程。因此，领导者必须具备三个要素：必须有部下或追随者；拥有影响追随者的能力或力量；领导行为具有明确的目的，可以通过影响部下来实现组织的目标。

领导者在带领、引导和鼓舞部下为实现组织目标而努力的过程中，要具有指挥、协调和激励三个方面的作用。指挥作用，是指在组织活动中，需要有头脑清醒、胸怀全局，能高瞻远瞩、运筹帷幄的领导者帮助组织成员认清所处的环境和形势，指明活动的目标和达到目标的路径；协调作用，是指组织在内外因素的干扰下，需要领导者来协调组织成员之间的关系和活动，朝着共同的目标前进；激励作用，是指领导者为组织成员主动创造能力发展空间和职业生涯发展的行为。

1.1.8.3　领导权力的来源

领导的核心在权力。领导权力就是指影响他人的能力，在组织中就是指排除各种障碍完成任务，达到目标的能力。根据法兰西和雷温等人的研究，领导权力有五种来源。

1. 法定性权力

法定性权力是由个人在组织中的职位决定的。个人由于被任命担任某一职位，因而获得了相应的法定权力和权威地位。但拥有法定权的权威，并不等于就是领导，虽然人们通常把层级机构中担任各级职位的官员都称为领导。

同时，应当充分认识到下层甚至普通员工也拥有宪法、劳动法、合同法、工会法等法律和规章制度赋予他们的法定权力，他们凭借这种权力，也可以有效地影响和抵制领导者的领导行为。

2. 奖赏性权力

奖赏性权力是指个人控制着对方所重视的资源而对其施加影响的能力。奖赏性权力是否有效，关键在于领导者要确切了解对方的真实需要。

3. 惩罚性权力

惩罚性权力是指通过强制性的处罚或剥夺而影响他人的能力。实际上是利用人们对惩罚和失去既得利益的恐慌心理，而影响和改变他的态度和行为。

4. 感召性权力

感召性权力是由于领导者拥有吸引别人的个性、品德、作风而引起人们的认同、赞赏、钦佩、羡慕而自愿地追随和服从他。感召性权力的大小与职位高低无关，只取决于个人的行为。不过具有高职位的人，其模范行为会有一种放大的乘数效应。

5. 专长性权力

专长性权力是知识的权力，指的是因为人在某一领域所特有的专长而影响他人。

1.1.8.4　领导风格

按照不同的方式将领导风格进行划分，详见表1-10。

表 1 – 10   领 导 风 格 类 型

分 类 标 准	类 型	分 类 标 准	类 型
权力运用方式	集权式领导者 民主式领导者	思维方式	事务型领导者 战略型领导者
创新方式	魅力型领导者 变革型领导者		

1. 按权力运用方式划分

按领导者权力运用方式,可以将领导风格分为:集权式领导者和民主式领导者。这两种领导风格的阐述详见表 1 – 11。

表 1 – 11   集权式领导者和民主式领导者

	集 权 式 领 导 者	民 主 式 领 导 者
特征	把管理的制度权力相对牢固地进行控制的领导者	向被领导者授权,鼓励下属的参与,并且主要依赖于其个人专长权和模范权影响下属
优点	通过完全的行政命令,使管理的组织成本在其他条件不变的情况下,低于在组织边界以外的交易成本,可能获得较高的管理效率和良好的绩效	通过激励下属的需要,发展所需的知识,尤其是意会性或隐性知识,能够充分地积累和进化组织的能力,员工的能力结构也会得到长足提高
缺点	长期将下属视为某种可控制的工具,不利于他们职业生涯的良性发展	这种权力的分散性使得组织内部资源的流动速度减缓,增大组织内部的资源配置成本

2. 按创新方式划分

按领导者在领导过程中进行制度创新的方式,可以把领导风格分为魅力型领导者和变革型领导者。

魅力型领导者有着鼓励下属超越他们预期绩效水平的能力。这种领导者热衷于提出新奇的、富有洞察力的想法,把未来描绘成诱人的蓝图,并且还能用这样的想法去刺激、激励和推动其他人勤奋工作。此外,这种领导者对下属有某种情感号召力,可以鲜明地拥护某种达成共识的观点,有未来眼光,而且能就此和下属沟通并激励下属。

变革型领导者鼓励下属为了组织的利益而超越自身利益,并能对下属产生深远而不同寻常的影响。这种领导者关心每个下属的日常生活和发展需要,帮助下属用新观念分析老问题,进而改变他们对问题的看法,能够激励、唤醒和鼓舞下属,为达到组织或群体目标而付出加倍的努力。

3. 按思维方式划分

按领导者在领导过程中的思维方式,可以将领导者分为事务型领导者和战略型领导者。

事务型领导者通过明确角色和任务要求,激励下属向着既定的目标活动,并且尽量考虑和满足下属的社会需要,通过协作活动提高下属的生产率水平。他们对组织的管理职能和程序推崇备至,勤奋、谦和而且公正,重视非人格的绩效内容,如计划、日程和预算，对组织有使命感，并且严格遵守组织的规范和价值观。

战略型领导的特征是用战略思维进行决策。他们将领导的权力与全面调动组织的内外资源相结合，实现组织长远目标，把组织的价值活动进行动态调整，在市场竞争中站稳脚跟的同时，积极竞争未来，抢占未来商机领域的制高点。

1.1.9 激励

1.1.9.1 激励的概念

激励是由动机推动的一种精神状态，它对人的行动起激发、推动和加强的作用。而动机是指个体通过高水平的努力而实现组织目标的愿望，这种努力又能满足个体的某些需要。激励和动机都包含三个关键要素：努力、组织目标和需要。

1.1.9.2 激励的对象

从激励的定义看出，激励是针对人的行为动机而进行的工作。因而，激励的对象主要是人，准确地说，是组织范围中的员工或领导对象。从激励的内涵看，组织中的领导者应该从行为科学和心理学的基础出发，认识员工的组织贡献行为。即认识到人的行为是由动机决定的，而动机则是由需要引起的。

1.1.9.3 激励与行为

激励是组织中人的行为的动力，而行为是人实现个体目标与组织目标相一致的过程。无激励的行为，是盲目而无意识的行为；有激励而无效果的行为，说明激励的机理出现了问题。这说明，激励与行为也有匹配的问题。要通过激励促成组织中人的行为的产生，取决于某一行动的效价和期望值。

1.1.9.4 激励产生的内因与外因

激励产生的根本原因，可分为内因与外因。内因由人的认知知识构成，外因则是人所处的环境，从激励基础上人的行为可看成是人自身特点及其所处环境的函数。显然，激励的有效性在于对内因和外因的深刻理解，并达成一致性。为了引导人的行为达到激励的目的，领导者既可在了解人的需要的基础上，创造条件促进这些需要的满足，也可以通过采取措施，改变个人的行动的环境。

1.1.10 沟通

1.1.10.1 沟通及其作用

1. 沟通的定义

沟通是借助一定手段把可理解的信息、思想和情感在两个或两个以上的个人或群体中传递或交换的过程，目的是通过相互间的理解与认同，来使个人和（或）群体间的认知以及行为相互适应。

2. 沟通的作用

沟通在管理中具有以下几个方面的重要作用：

（1）沟通是协调各个体、各要素，使企业成为一个整体的凝聚剂。

（2）沟通是领导者激励下属，实现领导职能的基本途径。

（3）沟通是企业与外部环境之间建立联系的桥梁。

1.1.10.2 沟通的过程

沟通在管理学上是一个复杂的过程，如图1-4所示。

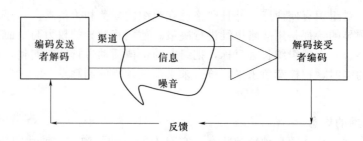

图 1-4　沟通过程简图

在这个过程中至少存在着一个发送者和一个接受者，即信息发送方和信息接受方。其中沟通的载体成为沟通渠道，编码和解码分别是沟通双方对信息进行的信号加工形式。信息在两者之间的传递是通过下述几个方面进行的：

（1）发送者需要向接受者传送信息或者需要接受者提供信息。

（2）发送者将这些信息译成接受者能够理解的一系列符号。

（3）将上述符号传递给接受者。

（4）接受者接受这些符号。

（5）接受者将这些符号译为具有特定含义的信息。

（6）接受者理解信息的内容。

（7）发送者通过反馈来了解他想传递的信息是否被对方准确无误地接受。

1.1.10.3　沟通的类别

沟通的类别依据划分的标准不同而不同，见表 1-12。

表 1-12　　　　　　　　　　沟 通 的 类 别

分类标准	沟 通 类 别	分类标准	沟 通 类 别
功能	工具式沟通 感情式沟通	组织系统	正式沟通 非正式沟通
行为主体	个体间沟通 群体间沟通	方向	下行沟通 上行沟通 平行沟通
所借助的中介 或手段	口头沟通、书面沟通、非语言沟通 体态语言沟通、语调沟通、 电子媒介沟通	是否进行反馈	单向沟通 双向沟通

1.1.11　创新

1.1.11.1　创新的概念

创新首先是一种思想及在这种思想指导下的实践，是一种原则以及在这种原则指导下的具体活动，是管理的一种基本职能。创新工作就是管理工作的一个环节，它对于任何组织来说都是一种重要的活动；创新工作也和其他管理职能一样，有其内在逻辑性，建构在其逻辑性基础上的工作原则，可以使得创新活动有计划、有步骤地进行。

1.1.11.2 创新与维持的关系及其作用

维持是保证系统活动顺利进行的基本手段。管理的维持职能便是要严格地按预定的规划来监视和修正系统的运行，尽力避免各子系统之间的摩擦，或减少因摩擦而产生的结构内耗，以保证系统的有序性。维持对于系统生命的延续是至关重要的。

由于任何社会系统都是一个由众多要素构成的，与外部不断发生物质、信息、能量交换的动态、开放的非平衡系统，因此系统的外部环境和内部的各种要素会不断地发生变化。为适应系统内外变化而进行的局部和全局的调整，就是管理的创新职能。

作为管理的两个基本职能，维持与创新对系统的生存发展都是非常重要的，它们是相互联系、不可或缺的。创新是维持基础上的发展，而维持则是创新的逻辑延续；维持是为了实现创新的成果，而创新则是为更高层次的维持提供依托和框架。任何管理工作，都应围绕着系统运行的维持和创新而展开。只有创新没有维持，系统会呈现无时无刻无所不变的无序的混乱状态；而只有维持没有创新，系统就会缺乏活力，犹如一潭死水，适应不了任何外界变化，最终会被环境淘汰。卓越的管理是实现维持与创新最优组合的管理。

1.1.11.3 创新的类别

系统内部的创新可以从不同的角度去考察：

（1）从创新的规模以及创新对系统的影响程度来考察，可将其分为局部创新和整体创新。

（2）从创新与环境的关系来分析，可将其分为消极防御型创新与积极攻击型创新。

（3）从创新发生的时期来看，可将其分为系统初建期的创新和运行中的创新。

（4）从创新的组织程度上看，可分为自发创新与有组织的创新。

1.1.11.4 创新职能的基本内容

1. 目标创新

企业在各个时期的具体的经营目标要适时地根据市场环境和消费者需求的特点及变化趋势加以整合，每一次调整都是一种创新。

2. 技术创新

技术创新是企业创新的主要内容，企业中出现的大量创新活动是有关技术方面的。由于一定的技术都是通过一定的物质载体和利用这些载体的方法来体现的，因此企业的技术创新主要表现在要素创新、要素组合方法的创新以及产品的创新三个方面。

3. 制度创新

要素组合的创新主要是从技术角度分析人、机、料等各种结合方式的改进和更新，而制度创新则需要从社会经济角度来分析企业系统中各成员间的正式关系的调整和变革。

制度是组织运行方式的原则规定。企业制度主要包括产权制度、经营制度和管理制度等三个方面的内容。企业制度创新的方向是不断调整和优化企业所有者、经营者、劳动者三者之间的关系，使各个方面的权力和利益得到充分的体现，使组织的各种成员的作用得到充分的发挥。

4.组织机构和结构的创新

企业系统的正常运行，既要求具有符合企业及其环境特点的运行制度，又要求具有与之相应的运行载体，即合理的组织形式。因此，企业制度创新必然要求组织形式的变革和发展。

5.环境创新

环境创新是指通过企业积极的创新活动去改造环境，去引导环境朝着有利于企业经营的方向变化。就企业来说，环境创新的主要内容是市场创新。市场创新主要是指通过企业的活动去引导消费，创造需求。成功的企业经营不仅要适应消费者已经意识到的市场需求，而且要去开发和满足消费者自己可能还没有意识到的需要。

1.2　公共管理学基础知识

1.2.1　公共管理的含义

公共管理（Public Management）是关于以政府为核心的公共部门处理公共事务、提供公共产品和服务的活动。公共管理中的两个重要概念是公共物品（Public Goods）和公共事务（Public Affairs）。

1.2.1.1　公共物品（**Public Goods**）、公共事务（**Public Affairs**）与公共管理（**Public Management**）

公共物品（Public Goods）是指非竞争性的和非排他性的产品。非竞争性是指满足使用者对该物品的消费，同时又不减少它对其他使用者的供应；非排他性是指使用者不能被排除在对该物品的消费之外。另外，公共物品还具有规模效益大、初始投资量大等特点。这些特点使得私人企业或市场不愿意提供、难以提供或即使提供也难以做到有效益，因此，一般由政府或其他公共部门来提供。

公共事务（Public Affairs）是指涉及社会全体公众整体的生活质量和共同利益的一系列活动，以及这些活动的实际结果。公共物品不仅直接表现为物质形式，也可以是服务形式，故引申出公共事务的概念。如果说公共物品是对客观状态的界定的话，则公共事务是对公共物品形成和效能的实际描述。

与私人物品、私人事务相比，公共物品、公共事务具有不同的性质，不同的运行规则。公共管理就是这样一个过程，即：人们在历史活动中发现，相对经济和有效的做法是设立一类专门的、拥有足够管理资源和合法性的公共组织，依照某些特定的规则来组织和执行公共物品的供给，处理公共事务，提供公共服务。

1.2.1.2　管理、公共管理与公共管理学的关系

管理作为一种普遍的社会活动由来已久，随着社会经济的发展，管理活动日益频繁，管理内涵更加丰富，管理外延不断扩展，管理方式愈加复杂，人们对管理的认识逐渐深化和完善。虽然对管理的概念存在种种不同的界定，但一般说来，可以把管理看作是在一定环境中，管理主体为了达到特定的目标而运用一定的职能和手段，对管理客体加以调节控制的过程。

所谓公共管理是指政府为代表的公共部门依法通过对社会公共事务的管理，以保

障和增进社会公共利益的职能活动。公共管理的这一定义具有如下含义：

（1）公共管理的主体是政府和其他公共部门，而不是私人及其组织。

（2）公共管理的对象——公共事务具有两个显著特征，即：与公共利益直接有关，以及公共事务的受益对象是社会公众。

（3）由于公共事务关系到社会成员的利益，这就决定了公共事务及其管理的存在是永恒的，但具体内容会随着社会变迁而不断调整。

（4）公共管理来自民众的授权并负有直接的社会责任，因此必须依法进行，其工作绩效也不能简单地以利润或效率作标准。

（5）公共管理的公共性，决定了社会公众对公共管理部门拥有更多的制约权。

将管理学运用到公共管理中即产生了公共管理学，它是一门运用包括管理学、经济学、政治学在内的多学科的理论和方法，研究公共管理部门和公共管理过程及其规律性的科学；是关于促进以政府为核心的公共组织更有效地提供公共物品和公共服务，以增进和公平分配社会公共利益的知识体系。

1.2.2 公共管理的构成要素

1.2.2.1 公共管理的主体

公共管理的主体，包含两大形态：公共组织和个人。其中公共组织又可以分为政府和非营利组织。政府是公共管理的主要组织依托，具有合法性和强制性，负有提供公共服务的主要责任。随着社会生活的复杂化和多样化，为了有效地弥补政府功能的不足，非政府公共组织或非营利组织也逐渐成为公共管理的重要组织形式。非营利组织是指不以营利为目的，而是服务社会公众的非官方性公共组织。以个体形态出现的公共管理主体，包括三种类型：领导者、管理者和被管理者。由于领导者在指挥、协调和激励被领导者实现公共组织目标方面发挥着核心作用，公共管理对公共组织的领导者在思想品德、文化水准、领导能力、心理品质和身体素质方面都有特殊的要求。管理者则是因担任了职位而拥有合法权力的人，根据在公共管理活动中地位与作用的差异，可以将公共组织中的管理者划分为决策、执行、监督与参谋人员等不同角色。公共组织的管理活动是一个动态过程，其中管理者与被管理者只是一种相对静态的区分。一方面，社会公众作为公共管理的基础性主体，创建了公共组织，并从社会基本面上规定着公共管理活动的取向；另一方面，公众又是公共管理中的被管理者，其个人利益又必须以集体利益为依归，服从于公共组织的管理。公共管理主体结构如图1-5所示。

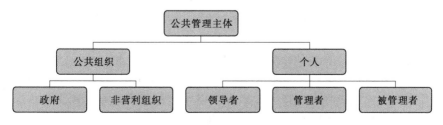

图1-5 公共管理主体结构图

1.2.2.2 公共管理的对象

公共管理的直接对象是各类公共事务。公共事务涉及的范围极为广泛，从人到物，从有形的制度到无形的精神，可以说无所不在。公共事务的广泛性与公共领域的广阔和公共管理活动的宽泛是吻合的。在公共事务中，公共组织的构成和运行、公共问题的加剧和列入议事日程、公共物品的生产和供给、公共政策的制定和执行、公共服务的品质与绩效，都是公共管理中的重要内容。

1.2.2.3　公共管理的资源和手段

公共管理的过程，是公共管理机构凭借和组织相应的资源、调动必要的手段、实现管理目标的过程。公共部门最重要的资源是合法性，这与私人部门最重要的资源是资金迥然不同。其合法性包括合法地组成公共组织和成为管理者、合法地进行管理，以及被管理者对管理者及其行为的认同。在公共管理的具体资源构成中，强制力和税收能力尤其重要，前者是维护基本公共利益不受侵害的政治保障，后者是支付管理成本、实施公共项目的物质基础。与私人部门的资源的有限性一样，公共管理的资源也是有限的。如何有效利用资源，以尽可能小的成本取得尽可能大的社会收益，也是公共管理需要认真对待的一个问题。

公共管理的手段是多种多样的，但最基本的手段是制定和执行公共政策。公共管理的过程可以具体地表达为公共政策的制定、修改和实施，一个具体公共政策实施后达到了预期的效果，相应的管理过程也就结束了。

1.2.2.4　公共管理的环境

任何公共管理总是在一定的环境中进行的。特定的环境，决定了公共管理的特定性质、目标和方向，也决定着具体管理的实施；另外，公共管理的过程也是能动改造公共管理环境的过程。因此，公共管理环境是公共管理中的一个十分重要的构成要素。在公共管理的宏观环境分析中，人们用得较多的是以内容为标准而划分出的政治环境、经济环境、文化环境、社会环境、自然环境、国际环境等。由于公共管理环境具有复杂性、差异性和变动性，因此，对于环境的正确分析应该是实施有效公共管理的基本前提。

1.2.3　公共管理与公共部门、市场经济的关系

1.2.3.1　公共管理学与中国的市场经济

经济生活是全部社会生活的重心，社会经济制度是全部社会制度的基础。现代市场经济是一种将市场调节与政府调控相结合、以市场机制作为社会资源的基础配置手段的经济运行体制。因此，不管调控的力度如何，政府总是作为市场经济中的一极，发挥着重要的作用。现代政府发挥作用的过程，也就是实施公共管理的过程。

1. 公共管理学能有效指导公共部门履行经济职能，弥补市场功能的缺陷

公共管理学作为公共管理实务的知识体系，具有指导政府和其他公共部门参与社会经济生活的功能。公共管理学能帮助公共部门从理论上了解自己在履行经济职能时应该做什么，不应该做什么，如何去做好，以及如何降低成本、减少失误。具体来说，公共管理学将公共部门的经济职能定位在以下方面：①为市场经济提供基本的制度框架和法律基础，包括界定和保护产权，制定公司法、合同法、著作权法等，通过制度安排，使市场运行的环境具有秩序性、安全性和公共性；②组织各种公共物品和服务的供给，防止公共物品供给不足现象的发生；③保护自然资源和环境，阻止私人

决策者滥用资源、破坏环境事件的发生，减少"公共的悲剧"；④保护和维持市场竞争，防止因垄断而导致的资源配置的无效率；⑤调节收入和财产分配，通过再分配等手段，将贫富差别控制在社会认可、至少是社会能够承受的程度范围之内；⑥通过财政、货币等政策工具，减少经济波动，保持宏观经济平衡。

2. 公共管理学"亲市场"的学科立场，有助于市场经济的健康发展

"亲市场"是公共管理学的一个显著特点。公共管理学的"亲市场"立场表现在两方面：一是将公共部门视作为市场服务、为民众服务的服务体，而不是高居于市场之上的发号施令者和管制者；二是减少政府的直接经济管理职能，尽可能地发挥市场优势，让市场在一切可以发挥作用的地方和时候都扮演积极的角色。

由于公共部门自觉地将自己摆在社会经济发展的服务提供者地位，竭诚为所有的市场主体提供各种各样的优质高效服务，同时，公共管理将自己的活动严格限制在市场失灵的领域，这就为市场经济的健康发展创造了十分有利的制度环境和社会条件。

同时，与"亲市场"的立场相适应，公共管理学一系列重要的新理念和新策略也都有助于市场经济的健康发展。例如，企业型政府、公共服务的民营化、公共管理顾客导向，这些都扩大了公共部门与市场的契合面和亲和力；公共管理提出的适度分权、放松管制、政府再造、学习型组织、网络化管理，使公共管理的重心下沉，大大增强了管理的弹性和灵活性，能更好地适应多元的、复杂的和动态的市场环境；目标管理、战略管理、绩效管理，则降低了公共部门的运行成本，提高了公共部门为市场服务的质量和效率。

1.2.3.2 公共管理学与中国的社会发展

1. 公共管理学有助于促进包括政治、文化和行为方式在内的社会协调发展

尽管经济发展在国家发展战略中处于核心地位，但一个国家的发展不能仅仅归结为经济发展，而必须表现为政治、文化、社会管理和行为方式的发展，表现为整个社会的进步。就经济发展而言，也需要政治、文化等非经济层面的发展来作为自己持续发展的社会支撑。公共管理学作为研究以政府为核心的公共部门活动规律的学科，与政治学、行政管理学、公共政策学等学科一道，在促进政府管理和社会管理科学化方面发挥着重要的作用。同时，公共管理学作为一套文化符号体系，是现代社会管理文明最新发展的体现，它对旧有的公共管理理念将产生巨大的冲击，并将逐渐取而代之。另外，职业的公共管理者包括其他社会成员对于公共管理学的学习和实践，有助于提高管理者素质和管理水平，促进社会行为方式的理性化。

2. 公共管理学内在的民主平等精神和科学务实品格，将有力地促进当前正在进行的社会转型

公共管理学所具有的民主和平等精神体现在许多方面，例如，在公共部门与外部的关系上，公共管理学要求政府官员及其他公共部门人员，由官僚转变为管理者和服务提供者，公共部门应以民众为"顾客"，全面提供回应性服务，通过满足民众（顾客）的要求、提高服务质量，来重塑政府与社会的关系；在公共部门内部关系上，公共管理学批判以等级制为核心的科层官僚，主张向地方分权、向下级分权，在行政系统实行网络化、弹性化和人性化管理。

公共管理学的这种民主和平等的价值取向，科学务实的学科态度，既有助于从根

本上改变传统社会强政府、弱（市民）社会的状况，以及相应的政府凌驾于社会之上的格局，促进全社会范围内形成平等竞争、自由创造的生机勃勃的氛围；也有助于公共管理学转化成公共管理的生产力，形成有中国特色的新的政治文明和社会管理文明。

1.2.4　公共管理与行政管理的区别

在一个新的时期内，公共管理与公共行政时期的主要区别在于：不仅关注政府运行，也关注其他公共管理主体的活动及其与外部环境的关系；不仅关注政治与行政的关系，也注重当代经济学、管理学的理论以及工商管理经验的引进。在实践上，公共管理主要是力图解决三个问题：①重新调整政府与社会、政府与市场的关系，减少政府职能，以求政府只管那些应该由自己来管的事情，力争管得少一些，但要管得好一些；②尽可能实现社会自治，鼓励公共管理社会化，即利用市场和社会的力量来提供公共服务，以弥补政府自身财力的不足；③改革政府部门内部的管理体制，包括尽可能地在一些部门引进竞争机制，以提高政府部门的工作效率和为社会服务的质量，从而使政府从根本上走出财政危机、管理危机和信任危机的困境。

传统行政学是采取的"效率至上"主义，即通过"行政与政治二分法"来排除政治对效率的干扰，通过官僚制组织的工具理性化实现效率；面对公平的缺失，新公共行政学提出了公平问题，要求在效率目标中增加公平函数。对于公共管理学来说，则是通过对传统模式的突破和制度创新，以实现公平前提下的效率改进。从这个角度上，公共管理学科提出的解决办法是：在理论上，更多地借鉴经济学等重要学科的成果，打破公共行政学的局限；对公共管理的核心——政府，通过"再造"工程，摆脱官僚制模式，办成企业型政府；另外，极力发挥非政府组织在公共管理中的作用，更加重视管理主义的导向作用等。

从总体上说，公共管理作为区别于公共行政的学科，尚在探索和形成过程中，目前还没有公认的理论体系。但值得注意的是，人们之所以将公共管理称为一个学科，首先是有一个称之为"新公共管理"的思潮和相应的实践，而且迄今为止，公共管理的学科理论，在总体上就具体表现为"新公共管理"的理论。

1.2.5　新公共管理的时代特征和特色

1.2.5.1　新公共管理的时代特征

1. 新公共管理既是解决西方社会现实问题的产物，也是对公共管理的时代要求积极回应的产物

不可否认，新公共管理的出现与现代西方社会所面临的一系列现实社会问题直接有关。新公共管理所要解决的直接问题是使政府走出财政危机、管理危机和信任危机的困境。因为管理行政条件下的政府由于其职能的不断分化和扩张，造成了规模的膨胀和财政负担加剧。同样，由于政府规模过于庞大，导致了管理中的失调、失控，官僚主义和效率低下。结果，政府形象受损，以至于出现了普遍存在的政府信任危机。为了解决这些问题，新公共管理提出了许多对策性措施，例如精简机构，削减政府职能，放宽规制，压缩管理，政府业务合同出租，打破政府垄断和公共服务社区化等。另外，作为一种正在成长着的公共管理新理论模式以及实践模式，新公共管理是当代

人类社会发展尤其是公共部门改革的必然产物，与当代人类社会由工业社会向后工业社会的转变，与全球化、信息化和市场化时代的来临密切相关。它也反映了当代人类社会进入知识经济时代对各国公共管理尤其是政府管理所提出的新要求，表明了传统的公共行政管理的理论和实践，特别是建立在科层制基础上的管理体制和模式的过时或失效。

与传统的公共行政学相比，"新公共管理"模式具有一系列的创新，这主要表现在以下四个方面：

（1）新公共管理为公共部门管理尤其是政府管理研究奠定了更广泛、坚实的理论基础。

（2）新公共管理开阔了公共行政学的理论视野，具有一系列主题创新。

（3）新公共管理建立起一个更加全面、综合的知识框架。

（4）新公共管理提供了一种当代公共部门管理尤其是政府管理的新实践模式。

2. 新公共管理体现了国家与社会、政府与市场关系的新格局

自从工业革命以来，国家的地位事实上一直在上升。美国的"罗斯福新政"以后，政府更是一步一步地将其领地延伸到过去属于市场的许多领域。然而，20世纪80年代开始，首先在西方国家开始逐渐显现出对市场的回归，90年代则在世界范围内出现了政府权力、职能和责任的全面退却。各国政府都较以往计划得更少，占有得更少，管理得更少，并允许市场的边界不断扩展。可以认为，政府从社会制高点上后撤，是从20世纪走向21世纪的公共行政领域中的一个重要现象。

3. 新公共管理反映了政府职能定位发生根本转变的趋势

政府与市场关系新格局的形成，关键是由政府职能定位的根本性转变引起的。这种转变即政府由所有者和经济活动的直接管理人向监管人和规则制定人转变。在公共管理中，这种转变具体表现为政府的公共政策化和公共管理的社会化，也就是说，将政府原有的公共政策职能与管理职能划分开来，将政府的职能定位于公共政策的制定和监督执行，而将政府的公共管理职能转让给社会，由政府外的公共管理组织来履行，即公共管理社会化或政府的非管理化。这种政府职能的根本转变反映在政府与社会的关系上，就使得政府不仅可以自然而然地"消肿减肥"，而且可以以旁观者的身份来审视公共管理质量，对政府以外的公共管理组织的官僚主义倾向进行监督和纠正；另外，政府在失去了对公共权力垄断的同时，也极大地减少了产生腐败的条件。

1.2.5.2 新公共管理的"解题"特色

新公共管理在化解西方政府运行面临的问题或困境所表现出来的特色，集中体现在"谁来管理"以及"如何管理"这两个方面。

在"谁来管理"的问题上，新公共管理全面继承了公共选择理论的看法，他们认为，与市场相比，政府在服务质量和服务效率方面存在着许多先天不足，让政府去承担自己不能胜任的工作时出现问题也就在所难免。因而，以往由政府垄断社会管理和公共服务的一切基本方面的做法是不妥当的，政府应该全面后撤，只做那些只能由自己做、同时又有能力做好的事情，而把那些社会有能力承担的社会管理和公共服务活动尽可能地交给社会，让社会实现自我管理。

如何实现传统的政府职能向社会的转移？新公共管理的一个重要思路是：将政策

职能（掌舵）与管理职能（划桨）分开。新公共管理认为，公共组织可以分为四种类型，即政策组织、规制组织、服务提供组织和服从型组织。这四类组织中，政策组织是完全属于政府意义上的组织；规制组织可以是部分政府内、部分政府外的组织；而服务提供组织和服从型组织基本上是可以作为政府以外的公共管理组织而存在的。政府应将完全由自己来承担的制定公共政策或"掌舵"的职能放在中心位置，而将管理或"划桨"的职能由准自治或半自治的公共机构来承担，特别是那些商业性公共服务，则完全可以通过私有化、企业化的途径来提供。

在政府"如何管理"的方面，新公共管理的基本思路是：引进市场竞争机制和私营部门成功的管理经验和手段，全面降低管理成本，提高管理效益。具体表现如下。

1. 广泛采用私营部门成功的管理手段和竞争机制

与传统公共行政排斥私营部门管理方式不同，新公共管理强调政府广泛采用私营部门成功的管理手段，如成本—效率分析、全面质量管理、目标管理等，同时引进竞争机制，取消公共服务供给的垄断性，采取政府业务合同出租、竞争性招标等。政府应根据服务内容和性质的不同，采取相应的供给方式。新公共管理认为，应让更多的私营部门参与公共服务的供给。与传统公共行政热衷于扩展政府干预、扩大公共部门的规模不同，新公共管理主张对某些公共部门实行私有化，让更多的私营部门参与公共服务的供给，即通过扩大对私人市场的利用，替代政府公共部门。

2. 政府服务以顾客为导向

新公共管理改变了传统公共行政模式下的政府与社会之间的关系，重新对政府职能及其与社会的关系进行定位。政府不再是高高在上、自我服务的官僚机构，政府公务人员应该是负有责任的"公共企业经理和管理人员"，社会公众是向政府提供税收的纳税人和享受政府服务的"顾客"或"客户"，政府服务应以顾客为导向，应增强对社会公众需要的响应力。

3. 由重视工作过程与投入转向注重结果与产出

传统的公共行政强调公共机构必须按照一系列正式规则和一整套固定程序工作，投入其人力、物力、财力，这容易导致公共机构僵化、反应慢、效率低。新公共管理则转而注重工作结果和产出，即明确规定公共机构应达到的工作目标，对其最终工作结果予以测量，并对达到甚至超额完成预期目标的机构及其人员实行奖励。

4. 通过多种形式的授权改善公共部门的工作

在传统科层制组织结构中，权力集中，上层发号施令，下级依令而行。第一线人员往往缺乏自行处置的权力，难以适应快速多变的外部环境。新公共管理则主张通过授权来改变公共部门的工作。

5. 放松严格的行政规制，实施严明的绩效目标控制

新公共管理反对传统公共行政重遵守既定法律法规、轻绩效测定和评估的做法，主张放松严格的行政规制，实行严明的绩效目标控制，即确定组织、个人的具体目标，并根据绩效目标对完成情况进行测量和评估，从而产生了所谓的"3E"，即经济（Economy）、效率（Efficiency）和效能（Effectiveness）三大变量。

6. 重视公共人力资源管理

与传统公共行政模式下的僵硬的人事管理体制不同，新公共管理重视人力资源管

理，注意提高在人员录用、任期、工资及其他人事管理环节上的灵活性，如以短期合同制代替常任制，实行不以固定职位而以工作实绩为依据的绩效工资制。

1.2.6 公共管理的主体

1.2.6.1 公共组织的概念

1. 组织

从人类社会群体的角度看，所谓组织，就是人们按照一定的目的、任务和形式编制起来的社会集团，是处于一定社会环境中的各种组织要素的有机结合体，是为了实现某种目的而有意识建立起来的人类群体。简单地说，组织是两个以上的人、目标和特定的人际关系这三种要素构成的一种特殊的人群体系。

2. 公共组织

在现代社会中，组织所追求的目标有公共目标与非公共目标之分。据此，人们可以把组织划分为公共组织和非公共组织。这两类组织在基本目标、结构模式、运行方式等方面都有很大的差异，表现出各自不同的特征。

公共组织是以实现公共利益为目标的组织，它一般拥有公共权力或者经过公共权力的授权，负有公共责任，以提供公共服务、管理公共事务、供给公共产品为基本职能。政府是典型的公共组织。此外，以特定的公共利益为目标，为社会提供公共服务的非营利性的非政府组织，也构成了现代社会公共组织的重要组成部分。

非公共组织是针对公共组织而存在的组织，两者不是对立的，而是互补的。在市场经济条件下，作为市场主体的企业是最典型的非公共组织，以营利为目的的社会中介组织也属于非公共组织。另外，在政治生活中，服务于非公共利益的特定利益集团也属于非公共组织；在社会生活中，基于特定的生活兴趣而形成的组织一般也属于非公共组织。

公共组织是各类社会组织中一种极为重要的组织形态。公共组织是社会组织中规模最大的组织，其管辖的范围涉及到社会生活的各个方面、各种领域、各个团体。生活在现代社会中的每个人都直接或间接地受到各种公共组织的管理，接受公共组织所提供的各类服务。

3. 公共组织的基本要素

构成公共组织的要素有物质要素和精神要素两大类。其中物质要素包括人员、经费、物资设备，精神要素包括目标、责权结构、人际关系。

1.2.6.2 公共组织的性质

从社会管理角度来看，公共组织是社会组织中规模最大、管理范围最广的一种组织类型；从国家统治的角度来看，它又是社会利益的代表者，是国家意志的直接体现者和施行者。因而，公共组织在具有社会组织一般共性的同时，也表现出自己独具的各种特性。

1. 社会性

社会性是公共组织的基础。公共组织要从根本上维护社会的利益、维护社会的统治秩序，就必须履行社会管理任务，以管理社会公共事务作为自己的重要职能，管理包括国家政治、经济、文化、科技、卫生、社会福利、社会治安等事项在内的各项社会性事务。在对社会进行管理的过程中，维持社会经济文化和其他各方面的发展，使人民生活稳定、安居乐业。唯有如此，才能维护社会的长远利益、根本利益；也唯有如此，公共组织自身才能存在和得以发展。

2. 权威性

国家权力是一种政治统治与社会管理权力，其基本作用就是维护社会的长远利益和根本利益，将矛盾和冲突控制在符合社会整体利益的秩序范围之内。政府和非政府性的公共组织，其权力都直接或间接地来源于国家权力。政府作为国家权力的执行机关，直接代表国家行使着这种权力。在很大程度上，政府是国家的代表。它以整个社会生活为自己的控制对象，拥有凌驾于整个社会之上的权威，运用各种手段来维持社会秩序，社会的各种团体和全体公民都必须服从政府的一切合法的规定、命令，否则要受到制裁和惩戒。强制服从是政府权威的突出特征。而非政府性的公共组织，其权力往往来自于政府的授权，根据政府的委托，代表政府从事某方面的社会事务管理活动。因此，对于特定的管理对象，非政府性的公共组织也具有权威性。

3. 法制性

任何一个公共组织的建立、撤销都以宪法和法律为根据，并要依据宪法和法律开展活动。公共组织的任务、责任、权力是由宪法和法律赋予的，公共组织成员的职责、权利、义务，行使职权和实施管理的原则、方式、方法、程序等，都必须以法律为基本依据，不得超越宪法和法律所规定的范围。依法行政，对其活动承担相应的法律责任，是公共组织从事各项活动的一个显著特点。法制既是公共组织活动的依据，又是公共组织活动的手段之一。法制性是公共组织权威性的基础，离开了法制，违背了宪法和法律的规定，公共组织就不能真正维护其权威性。

4. 系统性

公共组织是依法设置的、由若干要素按照一定的目标结构、层次结构、部门结构、权力结构所组成的职责分明、协调有序的有机整体，其组织系统遍布全国各地。从纵向看，它包括中央政府、各级地方政府和各类基层单位，形成了一个金字塔形的层级结构，主要以层层授权的方式开展工作。从横向看，各层级的公共组织内部都有横向职能部门划分，这些部门分工领导和管理各有关的事务。这样，公共组织就构成了一个囊括社会各个领域的庞大的管理系统，使国家公共管理活动协调、有序地进行，使各部门和单位各司其职、各得其所，充分发挥个体效应、系统的相关效应和公共组织的整体效应。

5. 主动性

随着经济社会的发展，人们之间的联系越来越广泛和密切，日益需要以政府为主的公共组织来规范其行为，预防社会矛盾冲突，使人们能够和谐有序地生活。这时的政府和非政府性的公共组织，不仅应主动地研究、提出社会各项事业的发展规划，而且要促使本组织的工作人员以积极的态度和高度的热忱主动地为社会生产和生活服务。

1.2.6.3　公共组织的结构

公共组织的结构分为决策层、协调指挥层、技术操作层。

公共组织纵向结构分工的职责分配关系是：最高层次的公共组织为决策层，负责制定本部门行政的总目标、总方针、总政策和总的实施方案，负责本机关人、财、物总的分配及其政策，以尽最大努力满足社会对本部门的需要，最优地完成本部门的工作目标。因此，最高层次的公共组织，是一个开放的、面向社会的公共组织。

中层公共组织为协调指挥层，负责执行本部门最高层次的公共组织制定的总决策、目标、方针和政策，以此为依据结合本单位具体工作对象的实际，制定本单位的具体工作目标、工作方案，并负责组织、协调、指挥等实施工作。因此，中层公共组织为半封闭半开放系统，既要使本层级公共组织与上级公共组织保持一致，又要满足本单位工作对象的具体要求。

基层公共组织为技术操作层，其任务是执行中层公共组织的实施方案，在中层公共组织的协调、指挥之下，负责具体的带技术操作性的工作。其组织基本为封闭型，采用什么技术、方法执行任务，纯属公共组织内部问题。

1.2.6.4 公共组织的作用

1. 公共组织是公共管理的主体

公共组织是对社会公共事务进行管理活动的主体，是公共管理活动的物质基础和力量源泉，一切公共管理活动和职能的发挥都是由公共组织来进行的。各级各类公共组织通过具体承担和完成各自的组织目标来体现国家公共管理的职能，实现国家协调、管理各项社会事务的任务。没有公共组织这一活动的主体，公共管理活动就失去了具体的承担者、施行者。

2. 公共组织是公共管理活动的基本支点

从管理学的角度看，组织与人事是一切管理活动的两个基本支点，两者构成了管理活动的基本框架。在公共管理活动中，公共组织是公共管理人员的载体，没有公共组织就没有管理人员，更谈不上管理人员作用的发挥，谈不上公共管理活动的开展。同时，组织的纵横结构、机构设置、权责分配是否科学；组织制度是否健全，又是管理人员能否发挥作用的关键。它是分工是否明确、合理，合作是否协调，沟通是否通畅，关系是否融洽的物质保证，它能使每个工作人员都有平等的学习、晋升的机会，都能通过公共组织满足自己全面发展的要求。总之，科学有效的公共组织能充分发挥每个工作人员的主动性、积极性，能使他们发挥所长，更有效地开展工作。反之，如果公共组织的建立和运行缺乏科学合理的原则和依据，组织管理混乱，则会妨碍管理人员积极性和主动性的发挥，扼杀其聪明才智，致使素质再好的人才也难以充分发挥作用。

3. 公共组织汇集和放大了管理人员的力量

公共组织把成千上万孤立的人聚到一起，把各个具体的个人联系起来，通过合作与团结，将孤立的个体结合成一个能动的团体，使全体工作人员朝着同一个目标，同心协力，发挥出在单个人的条件下所无法发挥的巨大力量。

公共组织是人力、物力、财力和时间效用的放大。它借助合理的分工和明确的职、责、权的关系，使各个环节、各个部门的人员合理组合，物、财恰当安排，时间紧密衔接，从而能够充分有效地利用人力、物力、财力和时间，避免不必要的浪费，使组织所拥有的各种手段和能力在实际活动中发挥出最大的效益。科学的公共组织体系能够有效地运用每个人的体力、精力，充分发挥其聪明才智，形成一种放大了的组织力量。单个人员的能量与国家公共管理的庞大任务相比，实在是太渺小、太微薄了，只有借助组织分工的特性，使每个工作人员各负其责、各司其职，才能充分发挥各自的优点和长处，避开其缺点和不足之处，有效地发挥专长，提高人的活动效能。也只有通过组织的协调配合，才能使各个单位、各个职位的具体工作人员相互协作与配合，造成一种新的组织合力，使组织的集体力量大于各个个体力量的简单相加。

1.2.7　公共管理的职能

1.2.7.1　公共管理职能的内涵

公共管理职能是指特定环境下，公共管理部门在社会公共产品与服务的管理过程中所承担的基本职责与所具有的功能作用的统一体。也就是说，所谓公共管理职能主要是涉及国家公共管理部门在特定环境中应该管什么样的问题。

要完整、准确地理解公共管理职能的概念，就必须注意以下几点。

1. 公共管理职能的实施者是整个公共管理系统

实施者包括以政府机构为核心的各类公共管理组织。凡是与公共产品的生产和供应管理有关的组织、机构及其工作人员都是公共管理职能的实施者与承担者。在我国，公共管理职能的承担者包国务院及其各部委、地方各级人民政府及其职能部门，各种以公共产品的生产与供应为主要目标的公共企业与事业单位。此外，一些非营利性的民间组织，像各种慈善机构，宗教组织也可以列入这一范围之内。

2. 公共管理职能得以实施的依据

国家或社会通过某种途径赋予公共管理组织以某种特定权力或者权威，使其职能得以实施。其中，对于各种类型的政府机构而言，国家往往要通过宪法和法律的形式赋予它们一定的公共管理权力，就当代政府而言主要是行政权力。国家为实现其基本任务，必然要赋予公共部门以一定的权力。事实上，政府的公共管理职能正是通过运用这些权力来有效地完成国家所赋予的各种职能的。不过，对于一些社会性公共管理组织而言，它们往往并不具有实施公共管理的正式权力，而是依赖由于某种特定因素而自发形成的权威来运行的。值得注意的是，各种公共企业，也就是由政府所有的一种特殊的法人机构，它们向公众大规模地出售商品与服务，并且往往以盈利为直接目的。严格地讲，这种公共企业不应该列入公共部门的范畴，因为它们与公共管理组织目标上的非营利性及产品方面的排他性特征不符。事实上，依据大多数公共管理学者的看法，作为公共部门的"公共企业看起来总体上正处于完全消失的危险之中"。

3. 公共管理职能的内容

公共管理职能的内容涉及公共管理系统对一国公共物品与公共服务进行管理的全部事务，诸如国防、公安与内政、环境保护、文化、教育、医疗卫生和福利保障等。它们构成公共管理的基本职责范围。同时，公共管理职能还应该包括这些组织为提供各种公共物品与服务而进行的管理活动，如决策、组织、领导与控制等职能活动。值得强调的是，既然职能包含有基本职责的意思，那么，它就是职能的承担者所必须履行的责任与义务。否则，如果不认真履行，对任何一个公共组织而言，都构成了失职，乃至于渎职。

4. 公共管理职能也是公共管理组织特定功能作用的一种反映

各种职责的履行与否及其履行质量与组织本身所具备的功能类型及大小密切相

关。一般来说，某个组织的特定功能作用是该组织所承担职能的一种后果，但是，特定功能的存在与维持却是特定职责得以履行的基本前提。

关于特定公共部门的功能作用，可以作两方面理解：一方面，将职能理解为一种权力或者说职权，这是与职责相对应的。为了确保承担者能顺利履行有关职责，就必须赋予其相应的权力。职权的赋予构成职责授予的自然后果。另一方面，应该把职能理解为一种能力或者说潜能，即赖以完成特定职责的某种功能作用。这是授予特定组织以某种职责的基本前提条件。

5. 公共管理职能是一个独立、完整、动态的体系

公共管理职能的具体构成涉及社会生活的各个方面，都是为了实现各种各样的公共管理目标而确立起来的。各种职能相互依存，其运行也是环环相扣，既相互作用又相互制约，构成了一个有机整体；此外，公共管理职能作为一个完整体系存在的另一个基本理由在于职能体系具有动态性特征。随着管理环境与管理目标的不断变化，公共管理职能也必须随之作出相适应的调整、转变。尤其是在当代，公共管理环境日趋复杂，职能体系的调整与变革越来越成为各种公共管理组织所面临的一项基本任务。事实上，对公共管理职能进行分类考察，在此基础上再从整体上予以把握，这也有利于对整个公共管理职能体系进行深入了解，正确处理其内部各部分的关系，及其与外在环境的相互关系，最终促进公共管理职能的科学化。

1.2.7.2　公共管理的程序性职能

作为公共部门开展的一种较高层次的管理活动，公共管理具有与其他各种管理活动相同的基本特征。公共部门，也与其他的社会管理组织一样，履行着一些相同的程序性职能；这些职能反映着公共部门在管理社会公共事务的过程中所具有的一般性或普遍性的作用，表现的是管理活动的共性方面，也是所有管理活动中的最基本、最普遍的职能。

1. 决策

决策是管理者为解决各种问题、达成特定目标而制定与选择行动方案的一项基本的管理职能，它贯穿于一切管理活动过程之中。任何社会组织的管理活动，从最高层管理者到最基层的工作者都拥有一定的决策职能，越往高层，目标性（战略性）决策越多；越往基层，执行性决策越多。具体地，目标性决策往往是非程序性的，比较复杂，难度较大；而执行性决策则是程序性的，操作性的，难度相对较小。管理的决策职能不仅为各个层次的管理者所拥有，并且也分布在各项管理过程之中，所以它是管理活动中占首要地位的程序性基本职能。从动态运行的角度看，公共部门的决策职能主要包括确立目标、发现问题、设计方案、最终方案的抉择与实施等一系列基本步骤与内容。

2. 组织

公共决策的实施要依靠公共部门成员的合作，组织工作正是基于人类对合作的需要而产生的。如果想要在实现决策目标的过程中产生比各个个体功能之和更大的功能、更高的效率，就需要根据工作的要求与成员的特点，设计工作岗位，进行授权与分工，将适当的人员安排在适当的岗位上，用规章制度确定各个成员之间的职责关系，以形成一个有机的组织结构，并使整个组织得以协调地运转。这就是公共部门的

组织功能。具体地，组织职能一般包括组织结构设计、人员配备与力量整合等基本内容。其中，结构设计与人员配备是基础，而力量整合则是公共部门组织职能的核心价值所在。为了确保系统整体性功能的发挥，就需要组织机构中的各个部分实现协调运转，以及组织全体成员和谐一致地开展工作。为此，必须整合组织中的各种力量，建立高效的信息沟通网络，处理好组织的不同成员之间、直线主管与参谋之间以及高层管理人员之间的各种关系，从组织结构上确保分散在不同层次、不同部门、不同岗位的公共部门成员的工作朝同一方向、同一目标努力。

3. 领导

决策与组织工作做好了，并不一定就能保证公共部门目标的顺利实现，因为组织目标还要依靠全体成员的实际工作活动来加以实现。配备在组织机构各种岗位上的人员，由于各自的目标、需求、偏好、性格、素质、价值观、职责和信息量等方面存在很大差异，在工作实践过程中必然会产生各种矛盾和冲突。因此就需要公共部门中的领导者运用领导职能，通过指挥人们的行为、沟通人们之间的信息、增强相互间的理解、统一人们的思想和行动，激励每个成员自觉地为实现组织目标而共同努力。具体地，领导职能又包括指挥、沟通、协调及激励等基本职能活动。

4. 控制

控制职能是通过建立信息反馈和绩效评估机制，把决策实施过程中所取得的各种效果与所要达到的相关目标进行比较并作出评价，及时地发现和纠正各种偏差，以保证预定目标实现的一种职能活动。控制包括宏观控制和微观控制两种类型，其中尤以宏观控制对组织运行及总体目标的实现影响最大。控制职能有着严格的时间性和阶段性要求，超过了一定时间或阶段，再好的控制措施也难以发挥其应有的效用。公共部门控制职能的发挥一般包括确定标准、衡量成效与纠正偏差三个步骤。

1.2.7.3　公共管理的任务性职能

公共管理是公共部门对社会公共事务包括公共产品及公共服务的管理，它有自己特定的行为方式和活动领域；更为重要的是，公共部门必须以公共价值与目标为取向。因此，这些组织相应地承担了一些特殊的任务性职能。这些特殊职能是公共部门在社会事务管理过程中所发挥的具体的、特定的作用，反映了公共部门活动的个性方面。具体来说，以政府机构为核心的公共部门主要行使经济、政治、社会与文化等几方面的任务性职能。

1. 经济职能

各类公共部门存在的基本目的，就是为其服务对象提供市场所不能或只能以对整个社会不利的方式提供的种种公共产品与服务。为此，不同的公共组织必须根据各自的特点而分别承担一定的社会经济职能。就当代各国政府而言，推动社会生产力发展，确保经济基础的巩固和发展，即承担起经济建设与发展职能是它们的基本职责。一般来说，公共组织所承担的经济职能可以划分为宏观调控与微观管理两大类。

（1）宏观调控职能。所谓宏观调控，主要指对整个国民经济进行的总量管理，包括制定国民经济计划和各种重大的国民经济政策、保持社会总需求和总供给的平衡、适当调整社会产业与区域结构、保持国民经济的适度增长和良好的经济投资环境，加强水利、电力、交通、邮电等对国民经济发展有重要影响的公用事业和基础设施的建设，促进国内外市场体系的形成和发展，等等。

（2）微观管理职能。在这里，公共组织微观经济管理主要指作为市场主体存在的各类公共组织，如公共企业、公司等单个经济主体所从事的与公共产品、服务的生产和经营有关的管理活动。如前所述，虽然市场经济的根基在于生产与出售商品和服务，但市场并不能提供社会所需要的所有商品和服务，或者可能是以一种对整个社会产生不利影响的方式提供这些产品。这通常包括桥梁道路、供水、电力、电信等关系到国计民生的具有自然垄断特性的产品与服务。在一定的社会经济发展水平下，这些产品和服务往往就只能由不以盈利为目的的各类公共组织来提供。但是，为了实现社会资源的有效配置，这些组织往往也需要通过市场机制，通过市场竞争与买卖来确保公共产品的有效生产与供应。这样，这些组织，主要是各种公共企业也就具有了与私营企业相类似的商品生产和经营管理职能。这正是所谓的公共组织微观经济管理职能。

2. 政治职能

公共部门的政治职能，主要是指公共部门防御外来的入侵与渗透，镇压敌对阶层的反抗，制止和打击不法分子的各种破坏活动，妥善处理人民内部的各种关系，建立和维护有利于统治阶级的社会秩序的系列政治职能活动。简而言之，它是一国政府对内维持社会秩序，对外维护国家安全的职能活动。具体来说，它由民主建设、社会治安与国家安全等方面的基本职能共同构成。

3. 社会职能

对于任何公共组织系统而言，社会职能都是它们必须承担的管理职能活动。所谓公共组织的社会职能是从狭义上来使用的，是指各种公共部门为了维持正常的社会生活水平与生活秩序，增进国民福利而生产或供应社会福利性产品与服务的一种管理职能活动。

（1）提供社会保障。社会保障既是对公民基本生存条件的保障，也是确保社会经济活动正常运行的风险规避机制。在市场经济条件下，一国社会保障体系主要包括两个方面：一是社会保险体系，这是社会保障的核心，它包括养老保险、医疗保险、失业保险和工伤保险等四大类；二是社会救济体系，这是对社会保险体系的补充。凡是没有保险的领域和地方，不管哪个公民陷入困境，就应得到政府的救济和其他社会组织的帮助。一个文明的社会必须建立健全完善的社会保障体系，以保证其成员都能享受到最基本的生活资料。但要注意的是，社会保障水平要与一国社会生产力发展水平及各方面（包括企业、个人和政府）的支付承担能力相适应。

（2）促进公正的收入分配。一是克服机会的不均等。为了促进机会均等，当前我国公共部门应该允许和促进人才流动，清除对人才流动所设置的障碍。二是调节收入分配。即使一个社会给人们提供了均等的机会，但收入分配的悬殊仍然存在。为此，政府还必须运用分配政策直接调节人们的收入水平。三是改进分配政策。当前，我国劳动者的收入并非完全由市场决定，而是在很大程度上由国家掌握和控制，分配不合理很大一部分是由分配政策造成的。为此，政府可通过完善分配政策、切实贯彻按劳分配原则来加以解决。

（3）环境保护。自然环境是人类赖以生存的重要条件，公共部门，尤其是政府必须担当起保护自然环境的责任。第一，直接控制，即政府规定当事人排放污染物的限额或是使用设备的标准；第二，罚款，即根据污染排放量对排放污染的当事人进行罚款，以使其承担真实的社会成本，为污染付出代价，从而促使其减少污染；第三，补贴，即对减少污染或使用低污染设备的当事人给予经济补贴。

4. 文化职能

文化职能是在公共管理职能中比重日益增加的重要组成部分，它涉及科技、教育、文化、卫生、体育、广播电视与出版等各个方面。经济和文化是人类文明发展的两大支柱，前者主要涉及物质文明的进步和发展，后者则主要涉及精神文明的进步和发展。两者相辅相成、互相促进。只有依靠科学技术和科学管理，才能实现产业结构的优化和经济效益的提高。而推动科技进步、提高经济效益、乃至整个国家发展目标的实现，从根本上说，都取决于劳动者素质的提高和专门人才的培养，取决于教育事业的发展。所以，必须高度重视教育工作的战略地位，要从实际情况出发，合理规划教育事业发展的速度、规模和重点，不断提高教育的投资效益和社会效益。

1.2.8　公共管理的过程

公共管理学是在公共行政学的基础上学习借鉴企业管理方法来管理公共组织，具有显著的管理学特征。公共管理从属于一般管理过程，同样具有政策制定、执行、控制、创新等基本环节。

1.2.8.1　公共政策与公共管理

公共政策是各级公共组织（尤其是政府等权威机构）在职能范围之内为了解决和处理公共问题，经过政治协调和管理过程，达成公共利益或公共目标的过程。在此过程中所制定和实施的各种行动方案以及发展出来的各项方针、原则、策略、措施、计划和行为规范的总和，是公共政策的主要表现形式。政策问题、政策议程、政策规划和设计、政策执行、政策评估、政策修正或调整、政策终结等过程，构成了公共政策的基本内容。

公共政策的品质和水准，与公共管理的绩效有关。从某种意义上讲，公共管理的绩效事实上是政策绩效的综合反映。因此，从公共管理的角度来研究公共政策，可促使政府公共管理者获取政策知识，发展公共政策分析的方法和技术，从而设计出符合实际的政策，以有效地解决公共问题。公共管理贯穿于公共政策过程始终；公共管理是公共政策实施的重要手段。

1.2.8.2　公共政策的设计

公共政策设计包括公共政策问题（含公共政策问题的提出、问题的分析、公共政策议程和公共政策制定过程）。

1. 公共政策问题

公共问题与社会问题并非两个相同的概念。社会问题是指由社会的现实状态与社会公众期望之间的差距而引起的（人与人、人与自然之间）矛盾或冲突。它泛指那些由于社会关系或环境失调，致使社会全体成员或部分成员的正常生活乃至社会进步发生障碍，从而引起了人们关注并需要动用全社会的力量加以解决的问题。由于人们主观期望与客观现实的差距是普遍而持续地存在着，社会问题因而具有广泛性和持续性的特征。同时，由于社会问题也影响了社会生活，因而它也具有社会性的特征。但并不是所有的社会问题都会转化成为公共问题，只有那些有广泛影响，且影响程度较大，人们必须认真对待的问题，才可能成为公共问题。这就是说，社会问题既包括私人问题，也包括公共问题。公共问题是包含于社会问题之中，与私人问题相对应的特殊范畴。

2. 公共政策问题的发现与提出

公共政策问题的发现与提出的途径主要有以下几种：

（1）公共组织在公共管理过程中发现问题的存在，并加以注意。公共组织在公共管理中遇到或发现一些问题，经过分析研究，对一些重要公共问题通过政策渠道反馈到政策决策部门，为政策决策部门修订、调整以往政策，或制定新政策，提供信息、依据或建议。

（2）各利益集团通过政治途径反映问题。各利益集团对同一社会现象的评价各不相同，当某种社会现象与某利益集团的预期相去甚远时，该利益集团就会通过政治途径把问题反映到公共决策部门，试图争取一个有利于该集团的政策。

（3）部分公民、民间组织或媒体，通过呼吁或请愿的方式提出问题，引起有关公共决策机构的关注。

（4）专家、学者通过发表学术研究论文的方式提出社会问题和解决这些问题的建议。

判别和确定公共政策问题的准则如下：

（1）是否具有公共性。公共政策问题不仅是具有一定代表性的社会问题，而且是影响较大、涉及面较广的公共问题。

（2）是否影响程度大。有些问题尽管是影响面很广的社会问题，但从程度上看，对多数人影响不大，这类社会问题被纳入政策问题的重要性大大降低了。反之，那些影响面小而影响程度大的问题则更可能成为公共政策问题。

（3）是否受到社会公众普遍关心、强烈要求解决。公共政策的价值导向作用非常重要，它必须符合大多社会公众的利益。社会公众普遍关心和强烈要求解决的问题反映了社会公众的利益需要，这些问题成为公共政策问题正是价值导向的结果。

（4）是否在政府及其公共组织职权范围内。如果问题超出了政府或公共组织的职权范围，则政府或公共组织的政策干预是一种无效行为。

3. 公共政策问题分析

公共政策问题分析应对公共政策问题的历史、现状和未来发展趋势进行分析，对不同领域的公共政策问题，采取不同的方式、手段加以解决。由于公共政策问题存在地域性差异，所以公共机构制定的政策也应有差别。通过对问题的地域性差异分析，可有效制定出差异性公共政策，使公共政策更有针对性、更为有效。

为了保证政策分析的科学、准确，必须遵循政策问题分析的准则：①客观、清晰地描述政策问题，在描述政策问题时，应客观、清晰，不可以夸大、缩小或含混不清；②减少政策问题的传递层级，在政策问题的传递过程中，减少传递层级，可避免导致信息失真的干扰因素；③明确政策问题的目标；④坚持全面分析和重点分析相结合。

公共政策问题分析的一般程序包括：思考问题—划定问题边界的轮廓—收集整理有关数据、资料—列出目标—界定政策适用范围—概算成本与收益—检查并确认问题。

政策问题分析的方法主要有：类比分析法、假设分析法、原因分析法、系统分析法。

4. 公共政策议程

公共政策议程就是将公共政策问题列入公共部门的议事日程，公共部门通过讨论，将其纳入公共决策阶段的过程。只有当公共问题进入政策议程后，才转化为"公共政策问题"。现实社会中存在着大量公共问题，而公共部门掌握的公共资源和政策执行能力是有限的，这决定了不可能所有的公共问题都能进入公共政策议程，只有其中一部分满足一定条件的公共问题才能进入公共政策议程加以解决。一些公共问题之所以能够进入公共政策议程，是因为各利益集团通过对公共决策部门的影响的结果。一般而言，利益集团的力量越强大，它要求解决的公共问题越有可能进入公共政策议程。要使重要的紧急的公共问题能够较容易地进入公共政策议程，需具备以下几个基本条件：①具备问题觉察机制；②社会政治系统必须建立有利于信息传递和反馈机制；③民主的机制；④社会和利益集团能够发挥应有的作用；⑤有完善的社会舆论监督机制。

1.2.8.3　公共政策的制定

1. 公共政策制定的原则

政策制定需要有一定的原则作指导，这对整个政策制定非常有益。概括起来有以下几个原则：公正无偏的原则、资源集中配置原则、个人受益原则、延续性原则、预见性或挑战性原则、信息完备原则、一致性、弹性政策原则等。

2. 公共政策制定的基本步骤

公共政策设计是一个系统过程，此过程中包括一些关键的环节：确立公共政策目标、确定要达到的具体目的、设计公共政策方案、评估公共政策方案、选定公共政策方案和设计执行等。

3. 公共政策的合法化

合法化是公共政策设计的重要一环。公共政策合法化是指经过一系列法定程序使公共政策方案获得合法地位、具有权威性和约束性的过程。公共政策方案制定完成后，必须经过一定的渠道转变为正式的政策才能实施，即公共政策方案需经过合法化过程才具有合法性，才能够正式实施。公共政策的合法性包括两层含义，即政治统治的正当性和政策的合法性。统治的正当性构成了政策合法性的前提。公共政策的合法性不仅应得到国家政治体系的认同，还应得到社会的普遍认可。只有具有合法性的公共政策才能由国家强制来实施。

1.2.8.4　公共政策的执行

只有公共政策得到有效的执行，政策目标才能实现。公共政策的执行分两种途径。

1. 自上而下的公共政策执行途径

自上而下的公共政策执行途径以政策的制定者为出发点，认为制定政策的人所形成的政策偏好会具体化为下层行政官员执行政策的行为，所以这种途径关注的焦点是政策的制定者，着重研究政策制定者的偏好对具体政策执行者和对政策执行效果的影响。

2. 自下而上的公共政策执行途径

自下而上的公共政策执行途径以政策执行者为出发点，认为具体执行政策的每一个下层公共管理者对政策的理解和他们所采取的执行政策的措施，是政策执行成功与否的关键。因此，这种途径关注的焦点是政策执行者，并着重研究他们执行政策的具体举措对政策执行效果的影响。

1.2.8.5　公共政策的评估

政策评估是利用科学的方法和技术，按照一定的标准和程序，系统地收集相关信息，对政策过程、政策绩效进行分析判断的行为。政策评估的目的在于调整、修正政策和制定新政策。

政策的评估要注意以下标准：效果指标、效率标准、公正标准、政策回应度、生产力标准。

政策评估结果的处理方式主要有以下几种。

1. 政策方案调整

政策执行的情况在经过监测与评估之后，发现执行有困难或是环境已发生变化，或者是人力、经费等资源不足时，就必须调整方案执行的方法、技术或程序等。

2. 政策方案持续

政策执行的情况在经过监测与评估后，经推测已初步满足目标人口的需求、价值观及机会等，即政策方案的执行已达到基本的目的，故可继续执行政策方案，不用修改政策问题、目标人口或执行人员及经费等。

3. 政策方案终止

政策执行的情况在经过监测与评估后，经推论原先的问题已获得解决或问题不但未获解决反而产生更多问题时，应立即终止该政策方案的执行。

4. 政策方案重组

政策执行的情况在经过监测与评估后，发现问题未获解决，其原因是当初对问题界定不当、目标不明确、解决问题的方法不妥当等，就应重新建构问题，了解问题的症结，设计新的目标及新的解决方案，于是造成"政策循环"的情况。

第**2**章

水利法律法规

2.1 水　　法

2.1.1　水法的概念

水法是国家调整水资源的开发、利用、节约、保护、管理水资源和防治水害过程中发生的各种社会关系的法律规范的总称。水法是国家法律体系的重要组成部分。水法有广义、狭义之分。狭义的水法仅指 2002 年 8 月 29 日，由九届全国人大常委会第二十九次会议审议通过，2002 年 10 月 1 日正式实施的《中华人民共和国水法》（以下简称《水法》）。它是水事基本法，其法律效力仅在宪法之下。广义的水法又称水法规，是指规范水事活动的法律、法规和规章以及其他规范性文件的总称。例如，《中华人民共和国防洪法》（以下简称《防洪法》）、《中华人民共和国水土保持法》（以下简称《水土保持法》）、《中华人民共和国河道管理条例》（以下简称《河道管理条例》）、《取水许可实施办法》、《水行政处罚实施办法》等，这些可以理解为广义的水法。

2.1.2　水法的特点

水法的专业性较强，水法是水行政主体行使水管理职权的基本法律依据，一方面具有法律规范的一般特点；另一方面更有其专业自身的特点，即科学性、技术性、社会性等。

（1）科学性。水资源与人类生活和社会发展关系十分密切，而水资源在大气、地表和地下的存在形式、运行和变化规律是不以人的意志而转移，是客观存在的。因此，在开发利用和保护水资源的过程中，必须尊重水资源的这种客观规律性，并在正确的水资源管理理论指导下，才能达到开发利用和保护水资源的目的。

（2）技术性。从水法的立法角度而言，水资源的存在、运行和变化客观规律是制定水法的前提、基础。水法规范必须反映这种客观规律，并将大量的水资源行业管理规范、技术操作规范与规程、各种技术标准与工艺等内容列入水法中，水法中的大多基本原则、管理制度等都是从水资源的开发利用和保护研究成果以及技术规范中抽象、概括出来的，与其他的部门行政法规范（如公安、交通等）相比，技术性更强一些。

（3）社会性。水资源既作为一种自然资源而存在，又是一种重要的环境要素，具有多种功能。水资源的这种多功能性决定了水资源在人类生活和社会发展中的重要地位，水资源危机已经严重影响了不同国家、地区的社会发展，日渐成为一个世界性的问题。这是不同的社会制度、不同意识形态的国家亟须解决的问题。对这一问题的不断解决，完全符合全社会、各民族以及全人类的共同利益，水法要体现水资源存在、运行和变化以及人类认识、利用和保护水资源经验与教训，并以这些内容去制约人类在迈向更高级的文明中与水资源开发利用和保护相关的人类活动，以达到维护人类生存对水资源的共同需求，实现人类社会的可持续发展。这正是法律社会职能的集中表现。

2.1.3　水法的基本原则

（1）坚持国有制，保障水资源的合法开发和利用的原则。

（2）开发利用与保护相结合的原则。开发、利用水资源，应当坚持兴利与除害相结合，兼顾上下游、左右岸和有关地区之间的利益，充分发挥水资源的综合效益。

（3）坚持利用水资源与防治水害并重，全面规划，统筹兼顾，标本兼治，综合利用，讲求效益的原则。水法明确规定，开发、利用、节约、保护水资源和防治水害，应当全面规划、统筹兼顾、标本兼治、综合利用、讲求效益，发挥水资源的多种功能，协调好生活、生产经营和生态环境用水。

（4）保护水资源，维护生态平衡的原则。在干旱和半干旱地区开发、利用水资源，应当充分考虑生态环境用水需要。跨流域调水，应当进行全面规划和科学论证，统筹兼顾调出和调入流域的用水需要，防止对生态环境造成破坏。

（5）实行计划用水，厉行节约用水的原则。国家厉行节约用水，大力推行节约用水措施，推广节约用水新技术、新工艺，发展节水型工业、农业和服务业，建立节水型社会。各级人民政府应当采取措施，加强对节约用水的管理，建立节约用水技术开发推广体系，培育和发展节约用水产业。单位和个人有节约用水的义务。

（6）国家对水资源实行流域管理与行政区域管理相结合原则。《水法》第十二条规定：国家对水资源实行流域管理与行政区域管理相结合的管理体制。国务院水行政主管部门负责全国水资源的统一管理和监督工作。这一规定体现了按照资源管理与开发利用管理分开的原则，建立流域管理与区域管理相结合，统一管理与分级管理相结合的水资源管理体制。流域管理机构，在所管辖的范围内行使法律、行政法规规定的和国务院水行政主管部门授予的水资源管理和监督职责。

2.1.4　现代水法的发展趋势

世界上大多数国家、地区为了缓解水资源供需矛盾，充分运用法律、经济、行政等多种手段加强对水资源的管理，并取得了不少的成绩与经验，但是也出现了一些新的特点和发展趋势，而"水法"（有的国家也称为"水资源法"或其他类似名称）作为水资源开发利用与保护方面的基本法和基本规定，逐渐体现和反映水资源开发利用与保护中的一些规律性、指导性和前瞻性内容，以指导、促进和实现水资源管理。各国水法的发展和变化集中表现在以下几方面。

2.1.4.1 水资源在国民经济和社会发展中的地位得到了重新的认识

水是地球上一切生物赖以生存的基本要素。随着社会经济的发展，水资源已经成为重要的制约因素，人类重新认识水资源在国民经济和社会发展中的地位和作用。首先，人们已接受淡水资源不但有限而且严重短缺的现实。其次，人类较全面认识水资源的作用。水资源的自然作用是滋润土地，使之成为人类和地球上其他生物生息繁衍的地方。对水资源在一个国家中的最重要地位与作用已基本达成共识：①水资源是一个国家综合国力的重要组成部分；②水资源的开发利用与保护水平标志着一个国家的社会经济发展总体水平；③对水资源的调蓄能力决定着一个国家的应变能力；④水资源的开发利用潜力，包括开源与节流是一个国家发展的后劲所在；⑤水资源的供需失去平衡，会导致一个国家的经济和社会的波动。人们开始用全新的眼光、发展的眼光重新审视水，并形成了新的共识：水不仅仅是自然资源，而且是21世纪重要的战略资源。因此，各国都根据本国的国情，开始重新定位水资源在本国国民经济和社会发展中的地位和作用，加强了对水资源保护的立法。

2.1.4.2 加强对水资源的权属管理

水资源的权属包含水资源的所有权和使用权两个方面的内容：一是对水资源的所有权管理；二是对水资源的使用权管理。各国水法都加强了对水资源权属的管理。

1. 对水资源的所有权管理

由于水资源在一个国家国民经济和社会生活中占有重要的地位，因此，大多数国家扩大了水资源的公有色彩，强化政府对水资源的控制与管理，淡化水资源的民法色彩，强调水资源的公有属性。实际上，世界上大多数国家的水法都规定了水资源属于国家所有，如英国、法国先后在20世纪60年代通过水资源公有制的法律，澳大利亚、加拿大等国家也都明确水资源为国家所有，德国水法虽然没有规定水资源的所有制，但是明确了水资源管理服务属于公共利益，我国现行《水法》第三条也明确规定了水资源属于国家所有。这些均表明，在水资源的所有制法律界定方面，世界上大多数国家的取向是一致的，即强调水资源的公有和共有属性，维护社会公共利益。

2. 对水资源的使用权管理

长期以来，由于人类认识因素的影响，人类都是无偿取用水资源，不但造成水资源的大量浪费，而且使水资源的取用处于一种无序状态。随着水资源供需矛盾的日益加剧，将水资源的取用纳入管理势在必行，于是，取水许可或水资源使用权登记、管理等水资源使用权属管理就应运而生。世界上许多国家都实行用水许可制度，实行用水许可证已经成为世界上普遍采用的水资源管理基本制度。除了法律专门规定可以不经过许可用水的外，用水者都必须根据许可证书规定的方式和范围取水，同时用水者的许可证书在法定条件下还可以加以限制和取消，如前苏联规定：在违反用水规则和水保护规则，或不按照原定目的利用水体的情况下，可以终止用水权。我国在1993年8月以国务院令的形式颁布了《取水许可制度实施办法》。此外，在水资源用途上，各国水法都规定了城乡居民生活用水和农业用水优先的原则。

2.1.4.3 加强对水资源的统一管理

水资源是一个动态、循环的闭合系统，地表水、地下水和空中水彼此可以相互转化，某一种形式的水资源的变化可以影响其他形式的水资源，因此，各国水法主要从以下三方面加强对水资源的管理。

1. 对水资源存在形式，即地表水、地下水和空中水进行统一管理

地表水是人类容易取用的水资源，但地下水、空中水在某种条件下可以和地表水进行交换。因此，对水资源加强管理不仅仅是要加强对地表水的管理，还要加强地下水与空中水的管理。澳大利亚很早就将地表水与地下水统一收归国有，美国在20世纪80年代就开始关注地下水的保护，为此制定了防止地下水污染的全国性水政策。目前由于技术水平的限制，人类对空中水的管理还处于探索阶段，但是也开始施加一定程度的影响，如人工降雨等。

2. 对水资源在量与质两方面的统一管理

据资料显示，全世界有近一半的污水、废水未经处理就排入水域，不但严重威胁人类的身体健康，同时也给环境带来危害。水污染程度的加剧，促进水资源管理发展到水量与水质管理并重的阶段。在世界发展史上，一些欧美国家先后都经历了"先污染，后治理"的阶段，美国于1972年就制定了《联邦水污染法》，提出目标是1985年实现"零排放"，即禁止一切点源污染物排入水体，英国为了改变泰晤士河的污染状况，于1974年制定了各河段的水质目标和污染物排放标准。虽然我国也于1984年制定了《水污染防治法》，但是水污染主管部门却是环境保护管理部门，只有在国家确定的重要江河、湖泊水功能区才有由水利部门与环境保护部门共同设立的水污染监测机构，在全国范围尚未真正实行水量与水质的统一管理。

3. 对水资源的运行区域进行统一管理

这种管理即按照江河、湖泊流域进行统一管理。世界上按照江河、湖泊进行流域管理最成功的是美国田纳西河流域。我国的流域管理历史比较悠久，早在秦朝即有专司江河治理的中央派出机构或官员，在元明清时期则成立专门的流域管理机构，到了近代，流域管理得到了进一步发展。现在，我国政府在长江、黄河等七大国家重要的江河、湖泊设立了流域管理机构，新修改的水法规定了国家对水资源实行流域管理与行政区域管理相结合的制度。国务院水行政主管部门负责全国水资源的统一管理和监督工作。

2.1.4.4　在水资源开发利用与保护过程中引入市场经济规律，促进水利产业化发展

在水资源管理过程中，由于施加了人类的生产劳动，水资源不再是单纯的自然水资源，而是附加了劳动价值的商品水资源，因此，各国在水资源开发利用与保护的立法过程中，都引入市场经济规律，遵循价格与价值相一致的原则，调整水资源的使用价格，使其与水资源的价值相符，尤其是对用于商业性营利为目的的水资源的管理，如供水、水力发电、水上康乐等，应当根据市场经济发展原则大力调整其价格。只有这样，才能在水资源管理领域形成一个良性的循环发展机制，才能逐步促进水资源走上产业化发展进程。

2.1.4.5　大力进行节水技术的开发研究和推广利用

由于水资源总量有限，人类要利用现有技术开源、节流，提高水资源的重复使用率。目前，大多数国家的水资源总量不足，水资源供需矛盾十分突出。为了缓解水资源的供需矛盾，各国水法鼓励进行节水技术的开发研究与推广。世界上许多国家的节

水技术水平都很高，尤其是在缺水比较严重的以色列，有一系列成功的节水措施，如：①实行用水配额制，强制工业企业和农业向节水性发展；②强调水资源的商品属性，由国家制定适当的水费价格来引导用水户的用水取向；③政府利用经济杠杆来奖励节水用户，惩罚浪费者；④政府对节水技术、设备的研究与推广给予高度重视，目前在以色列，凡是与水有关的，无论是机械设备、各种管道阀门，还是家用电器等都是节水型的；⑤大力推广节水灌溉技术，以色列的节水农业是在 20 世纪 60 年代初期随着喷灌技术和设备的出现而开始发展的，现在已发展全部用计算机控制的水肥一体的滴灌和微喷灌系统。此外，以色列还加强对水资源保护的科学研究与技术开发，研制出具有世界一流水平的废水处理设备，其废水处理率已经达到 80%。其他国家如美国、英国在节水技术研究与推广方面也取得了不小的成绩。我国存在大面积的干旱、半干旱地区，即使在湿润地区，以色列的这些节水技术与政策对我国也具有很好的借鉴和指导作用。为此，我国的《水利产业政策》特别强调了加强对节水技术的开发研究与推广。

2.1.4.6　在水资源管理过程中正确处理与土地资源、林业资源、草原资源等自然资源之间的关系

水资源不是独立的一种自然资源，总是与其他自然资源如土地、林业、草原等结合在一起，共同对人类的生产、生活活动产生影响。因此，各国在水资源开发利用与保护的立法过程中，能正确处理水资源与其他资源之间的关系，以达到对所有自然资源的合理、充分的利用。如果人类破坏性地开发利用某一种自然资源可能对与其相关的资源造成严重的灾害，如 1998 年发生在长江、松花江与嫩江等流域性的洪涝灾害，其中很重要的一个因素就是这些江河的上游地区林木、草原等地面植被被过度采伐，使其覆盖率过低而造成水土流失。

2.1.4.7　积极引导全社会共同参与水资源管理

水资源的合理利用与每个公民都是休戚相关的，尤其是 20 世纪 60 年代以来，世界上大多数国家日益强调水资源开发利用与保护的社会效益和环境效益，在水资源的许多行业管理领域都应当充分听取社会公众的意见。实际上，许多国家的水资源管理法律规范都强调了社会公众参与水资源管理的权利和义务。我国在所颁发的水事法律规范中，几乎都有关于公民参与的法律条文内容。

2.2　水资源、水域和水利工程的保护

2.2.1　水资源的保护

2.2.1.1　水资源保护的概念

水资源的保护是指为了满足水资源可持续利用的要求，采取经济的、法律的、技术的手段，合理安排水资源的开发利用，并对影响水资源的客观规律的各种行为进行干预，保证水资源发挥自然资源功能和商品经济功能的活动。水资源保护的根本目的是实现水资源的可持续利用。

2.2.1.2　水资源保护的内容

水资源保护就其内容而言，包括地表水和地下水的水量与水质的保护。

1. 水量保护

在水量保护方面，要求开发、利用水资源和防治水害，应当全面规划、统筹兼顾、标本兼治、综合利用、讲求效益，发挥水资源的多种功能，协调好生活、生产经营和生态环境用水，注意避免水源枯竭，生态环境恶化。因此，《水法》规定，县级以上人民政府水行政主管部门、流域管理机构以及其他有关部门在制定水资源开发、利用规划和调度水资源时，应当注意维持江河的合理流量和湖泊、水库以及地下水的合理水位，维护水体的自然净化能力。

2. 水质保护

在水质保护方面，要求从水域纳污能力的角度对污染物的排放浓度和总量进行控制，以维持水质的良好状态。因此，《水法》规定了水功能区划制度、水污染物总量控制制度、入河排污口的监督制度等。

2.2.2 水域的保护

《水法》规定水域的保护有以下内容：

（1）禁止在江河、湖泊、水库、运河、渠道内弃置、堆放阻碍行洪的物体和种植阻碍行洪的林木及高秆作物。

（2）禁止在河道管理范围内建设妨碍行洪的建筑物、构筑物以及从事影响河势稳定、危害河岸堤防安全和其他妨碍河道行洪的活动。

（3）在河道管理范围内建设桥梁、码头和其他拦河、跨河、临河建筑物、构筑物，铺设跨河管道、电缆，应当符合国家规定的防洪标准和其他有关的技术要求，工程建设方案应当依照防洪法的有关规定报经有关水行政主管部门审查同意。因建设上述工程设施，需要扩建、改建、拆除或者损坏原有水工程设施的，建设单位应当负担扩建、改建的费用和损失补偿。但是，原有工程设施属于违法工程的除外。

（4）国家实行河道采砂许可制度。河道采砂许可制度实施办法，由国务院规定。在河道管理范围内采砂，影响河势稳定或者危及堤防安全的，有关县级以上人民政府水行政主管部门应当划定禁采区和规定禁采期，并予以公告。

（5）禁止围湖造地，已经围垦的，应当按照国家规定的防洪标准有计划地退地还湖。禁止围垦河道，确需围垦的，应当经过科学论证，经省（自治区、直辖市）人民政府水行政主管部门或者国务院水行政主管部门同意后，报本级人民政府批准。

（6）单位和个人有保护水工程的义务，不得侵占、毁坏堤防、护岸、防汛、水文监测、水文地质监测等工程设施。

2.2.3 地下水资源的保护

2.2.3.1 地下水资源的特点

地下水是良好、稳定、优质的水源，在我国北方地区，城市和工业用水主要是地下水，高产稳定农田也多靠地下水。水是宝贵的自然资源，地下水则更是极为宝贵的自然资源。地下水是水资源的重要组成部分，它是指以不同形式存在于地壳岩石及土壤的各种孔隙、裂隙或洞穴中的水体。我国多年平均降水总量为 6.2 万亿 m^3，这些雨水部分通过蒸发和蒸腾回归大气以外，形成河川径流，即地表水；部分渗入地下，在岩层和土层中集蓄并缓慢流动，成为地下水。

与地表水相比，地下水具有显著的特点：

（1）活动影响小，不易破坏和污染，水质优良，有人类所必需的各种微量元素，是生活饮用水的理想水源。

（2）稳定适中，常年保持十几度，冬暖夏凉。

（3）稳定可靠，可以在汛期集蓄，长年使用。

（4）可以就地开采，工程简易。

但是，它也有不少不足之处，如水体污染不易发现，也难以治理；水量的补给速度很慢而且数量有限，尤其是较深层的地下含水层，自然补给困难；大量超采易产生地质环境灾害。

2.2.3.2 地下水资源的保护

地下水保护是指在开发利用地下水资源及其他经济建设和生产活动，要遵循地下水运动的客观规律，合理开采和防治污染，以确保地下水水量、水质的长期稳定，永续利用。由于长期进行掠夺式超量开采，在许多地方造成了地下水位下降、地下水受到污染，甚至在许多地方还出现了地下漏斗、地面沉降、海水入侵等许多问题。引起这些问题的原因，在很大程度上是因为对地下水资源的开发缺乏科学的、统一的评价和规划，各自为政。

《水法》从科学评价和统一规划，地下水与地表水统一调度，划定限采区或禁采区以及法律责任等四个方面提出明确的法律要求，依法合理开发利用与保护地下水，规定如下：

（1）在地下水超采地区，县级以上地方人民政府应当采取措施，严格控制开采地下水。

（2）在地下水严重超采地区，经省（自治区、直辖市）人民政府批准，可以划定地下水禁止开采或者限制开采区。

（3）在沿海地区开采地下水，应当经过科学论证，并采取措施，防止地面沉降和海水入侵。

（4）因违反规划造成江河和湖泊水域使用功能降低、地下水超采、地面沉降、水体污染的，应当承担治理责任。

2.2.4 水利工程的保护

为了加强对水利工程的管理和保护，《水法》对水利工程保护范围的划定、占用水利工程的补偿、水利工程保护、保障工程安全、供水水价和水费等水利工程管理和保护工作中面临的一些突出问题做了重要的规定。

1. 水利工程的概念

水利工程是指在江河、湖泊和地下水源上开发、利用、控制、调配和保护水资源的各类工程。

2. 水利工程的分类

水利工程按照其服务对象可分为防洪工程、农田水利工程（也称灌排工程）、水力发电工程、航道及港口工程、城市供水排水工程和环境水利工程等；按其对水的作用分为蓄水工程、排水工程、取水工程、输水工程、提水工程、河道及航道整治工程、水质净化和污水处理工程等。

3. 水利工程的作用

水利工程是开发、利用、节约和保护水资源的物质基础，国民经济和社会发展的基础设施，在国民经济发展和社会进步中作出了巨大的贡献，发挥了巨大的效益。加强水利工程的管理和保护对发挥水利工程的效益，为经济社会的发展服务有十分重要的作用。水利工程的作用体现在以下几方面：

（1）提供了防洪安全保证，保护了人民生命财产安全和国民经济顺利发展。

（2）提供了安全可靠的供水保证。

（3）为经济建设提供廉价、清洁能源。

（4）发展航运，促进了经济交流。

（5）形成了巨大的人工水域、优美的环境和良好的水生态环境。

4. 水利工程管理和保护存在的突出问题

长期以来人们把水利作为公益型事业，在管理体制和机制上受计划经济的影响很深，同时在指导思想上重建设、轻管理，致使水利工程管理和保护存在一系列突出的问题：

（1）水利工程老化失修严重，维护保养跟不上，影响了水利工程效益的发挥。我国的水利工程大多建设于 20 世纪 50～60 年代，工程质量低，配套差，加之水利工程的运行维护经费不到位，目前工程老化失修严重，全国 8.5 万座水库中，3 万多座为病险水库。不同程度老化失修的占 60%，基本完好的仅占 30%。这一状况大大影响了水利工程发挥效益，并严重威胁防洪安全。

（2）水价不到位，水费收取率低，缺乏运行机制，管理单位难以维持。长期以来水利工程都是作为国家公益事业，由国家无偿投资建设的，水费一般作为补充国家财政拨款不足的行政事业性收费，实行收支两条线管理。水没有真正作为商品来看待，供水水价远远低于供水成本。水价几年、十几年一贯制，没有建立根据市场供求关系和物价变化及时调整的机制。近年来，水利工程水价改革虽然取得了一些进展，但是，水利工程水价仍然低于供水成本，供水单位长期亏损。不少水利工程管理单位无力进行正常的维护、更新和改造，水利工程老化失修，管理人员思想不稳定，运行管理十分困难。

（3）破坏盗窃水利工程设施，侵占水利工程的违法行为相当普遍。多年来全国每年发生人为破坏水利工程和盗窃水利工程设施的违法案件都达万余起，造成直接经济损失达亿元。近年在堤防上取土、拆护堤石料、偷走防汛抢险准备石料的现象也屡见不鲜，严重威胁防洪安全。

5. 水利工程及其设施的保护

《水法》规定，水利工程及其设施的保护主要有以下四个方面：

（1）水利工程安全保障制度。单位和个人有保护水利工程的义务，不得侵占、毁坏堤防、护岸、防汛、水文监测、水文地质监测等工程设施。

（2）水利工程管理和保护范围划定制度。县级以上地方人民政府应当采取措施，保障本行政区域内水利工程，特别是水坝和堤防的安全，限期消除险情。水行政主管部门应当加强对水利工程安全的监督管理。在水利工程保护范围内，禁止从事影响水利工程运行和危害水利工程安全的爆破、打井、采石、取土等活动。

（3）国家对水利工程实施保护。国家所有的水利工程应当按照国务院的规定划定工程管理和保护范围。国务院水行政主管部门或者流域管理机构管理的水利工程，由主管部门或者流域管理机构协商有关省（自治区、直辖市）人民政府划定工程管理和保护范围。其他水利工程，应当按照省（自治区、直辖市）人民政府的规定，划定工程保护范围和保护职责。

（4）规定水利工程设施补偿制度。《水法》规定，在河道管理范围内建设桥梁、码头和其他拦河、跨河、临河建筑物，铺设跨河管道、电缆，需要扩建、改建、拆除或者损坏原有水利工程设施的，建设单位应当负担扩建、改建的费用和补偿损失。

2.3　水库大坝安全管理条例

2.3.1　水库大坝安全管理条例概述

2.3.1.1　立法宗旨

为了加强水库大坝安全管理，保障人民生命财产和社会主义建设的安全，国务院于 1991 年 3 月 22 日发布了《水库大坝安全管理条例》，条例共有六章四十三条，于发布之日起施行。为加强水库大坝安全管理，完善大坝安全鉴定制度，保证大坝安全运行，根据国务院《水库大坝安全管理条例》的规定，水利部已于 2003 年 7 月 2 日制定了新的《水库大坝安全鉴定办法》，该办法于当年 8 月 1 日生效。

2.3.1.2　适用范围

（1）本条例适用于我国境内坝高 15m 以上或者库容 100 万 m^3 以上的水库大坝（以下简称大坝）。本条例所称大坝包括永久性挡水建筑物以及与其配合运用的泄洪、输水、发电和过船建筑物。

（2）坝高 15m 以下、10m 以上或库容 100 万 m^3 以下、10 万 m^3 以上，对重要城镇、交通干线、重要军事设施、工矿区安全有潜在危险的大坝，其安全管理参照本条例执行。

2.3.1.3　管理体制

（1）国务院水行政主管部门会同国务院有关主管部门对全国的大坝安全实施监督。县级以上地方人民政府水行政主管部门会同有关主管部门对本行政区域内的大坝安全实施监督。

（2）各级水利、能源、建设、交通、农业等有关部门，是其所管辖的大坝的主管部门。

（3）各级人民政府及其大坝主管部门对其所管辖的大坝安全实行行政领导负责制。

2.3.2　大坝建设

2.3.2.1　大坝建设方针

《水库大坝安全管理条例》总则第五条规定：大坝的建设应当贯彻"安全第一"的方针。这是因为，在防治水旱灾害、开发利用水资源和水能资源中，大坝建设是一项十分重要的工程措施。目前，我国已建成的大坝数量居世界首位，在筑坝技术的许多领域也有较高的水平。大坝建设在防洪、灌溉、供水、发电等方面发挥了重要的作用。在未来相当长的时间内，我国水库大坝建设任务依然非常繁重，目前正在设计施工中的坝高100m以上的大坝就有30多座。大坝建设关系人民生命财产的安全，千年大计，质量第一。必须科学论证，精心设计，精心施工，确保万无一失。同时，要十分重视对生态环境的影响，做到人与自然和谐共处。也就是说，大坝的建设过程中，要牢固树立"安全第一"的观念，以保障人民生命财产的安全。

2.3.2.2 大坝建设规定

《水库大坝安全管理条例》就大坝建设作了如下规定：

（1）兴建大坝必须符合由国务院水行政主管部门会同有关大坝主管部门制定的大坝安全技术标准。

（2）兴建大坝必须进行工程设计（包工程原则、通信、动力、照明、交通、消防等管理设施的设计）。

（3）大坝的设计、施工必须由具有相应资格证书的单位承担。

（4）大坝施工单位必须按照施工承包合同规定的设计文件、图纸要求和有关技术标准进行施工。建设单位和设计单应当派驻代表，对施工质量进行监督检查。

（5）兴建大坝时，建设单位应当按照批准的设计，提请县级以上人民政府按照国家规定划定管理和保护范围，树立标志。

（6）大坝开工后，大坝主管部门应当组建大坝管理单位，由其按照工程基本建设验收规程参与质量检查以及大坝分部、分项验收和蓄水验收工作。

2.3.3 大坝管理

《水库大坝安全管理条例》规定大坝的管理也应当贯彻"安全第一"的方针，并应做到以下几方面：

（1）大坝及设施受国家保护，任何单位和个人不得侵占、毁坏。大坝管理单位应加强大坝的安全保卫工作。

（2）禁止大坝管理和保护范围内进行一切危害大坝安全和危及山体的活动。

（3）禁止乱建、乱占等影响大坝安全、工程管理和抢险工作的活动。

（4）大坝主管部门应当配备具有相应业务水平的大坝安全管理人员；对其所管辖的大坝应当按期注册登记，并建立技术档案；应当建立大坝定期安全检查、鉴定制度。

（5）大坝管理单位应当建立健全安全管理规章制度，采取措施确保大坝安全运行，发挥大坝的综合效益。

（6）大坝管理单位和有关部门应当做好防汛抢险物料的准备和气象水情预报，并保持水情传递、报警以及大坝管理单位与大坝主管部门、上级防汛指挥机构之间联系通畅。

（7）大坝出现险情征兆时，大坝管理单位应当立即报告大坝主管部门和上级防汛指挥机构，并采取抢救措施；有垮坝危险时，应当采取一切措施，向预计的垮坝淹没地区发出警报，做好转移工作。

2.3.4　险坝处理

2.3.4.1　全国水库情况

截止到 2000 年底，全国已建成各类水库 84074 座，拥有总库容 5100 多亿 m³，相当于全国年径流量的 1/6，其中由水利系统管理的共有 83727 座。这些水库在防洪、灌溉、供水、发电等方面发挥了巨大效益，为促进我国国民经济发展、提高人民生活水平、保障社会稳定、改善生态环境作出了巨大贡献。

2.3.4.2　病险水库的现状

（1）病险水库数量多，病险程度严重。最近的普查和安全鉴定表明，在水利系统管理的 83727 座水库中，三类水库有 30413 座，其中大型 145 座，占大型水库总数的 42%；中型 1118 座，占中型水库总数的 42%；小型 29150 座，占小型水库总数的 36%。此外在水利系统管理的水库中，还有二类水库 27264 座，其防洪标准达不到国家标准，严格来说也需进行加固改造。

（2）病险水库分布面广，威胁范围大。除上海和 3 个计划单列市外，全国各省（自治区、直辖市）和东、中、西部都有病险水库，湖南、广东、四川、山东、云南、湖北、江西等省的病险水库数量均超过了 1600 座。更为严重的是，很多病险水库，位于城镇的上游，是城镇头上的一"盆"水，一旦垮坝，将对城镇造成灭顶之灾。

（3）水库病险问题复杂，往往几种问题同时发生在一座水库。综合起来主要有：防洪标准不够，大坝结构安全不满足规范要求，抗震安全不满足规范要求，渗流稳定不安全，金属结构和机电设备老化失修，水文测报、大坝观测系统不完善，管理设施陈旧。

（4）垮坝事故，特别是小型水库垮坝事故发生率高。据统计，新中国成立以来我国垮坝总数达 3200 座，垮坝率高达 3.8%。近年来垮坝的水库中，小型水库居多，全国近 10 年垮坝的水库中，小型水库占 99%。

2.3.4.3　水库产生病险的原因

水库老化失修、病险严重，既有先天不足的成分，也有后天失调的因素；既有体制、机制的原因，也有管理不善的影响；必须全面、科学地加以综合分析。

1. 水库建设先天不足

我国现有水库，绝大多数修建于 1958～1976 年。在那个特殊的时期，大部分工程是边勘察、边设计、边施工的"三边"工程，有的水库甚至就没有设计；即使有设计，也往往缺乏足够的水文等基础资料。当时的技术标准和规范也极不完善；施工设备简陋，大搞群众运动和人海战术；基建投资不足，频繁的停建、缓建造成不少"半拉子"工程。这些先天不足的因素，致使大部分水库的建设从设计到施工都难以保证质量，给水库留下了很多隐患。

2. 水库管理后天失调

（1）体制不顺，机制不活，计划经济色彩浓厚。水库管理单位的管理体制与运行机制，与其他水管单位一样，是长期计划经济体制下逐步形成的，随着社会主义市场经济体制的建立和改革的不断深入，已严重影响了水管单位的生存和发展，更谈不上管好用好水库了。

（2）水管单位性质定位不清楚，工程管理和经营责任不明确。水库工程大部分为综合利用工程，既有社会公益性又有经营开发性，但长期事、企不分，使得水管单位既不像事业单位，又不像企业单位。不仅严重影响了水库综合效益的发挥，而且阻碍了单位的发展。

（3）财政拨付少，水价不到位，水管单位财务困难。全国有 67.73％工程管理单位没有任何财政拨款。32.27％的水管单位即使有拨款，也远远不能满足人员工资和工程日常维护费用的需要。水价偏低，水费收取困难，职工的工资发放缺乏保证，水库折耗和维护管理没有补偿渠道和来源。

（4）水管单位机构臃肿，人员总量过剩与结构性人才缺乏并存。一方面，水管单位严重超编，人浮于事；另一方面，人员结构不合理，水管单位真正需要的工程技术管理人员却严重短缺，中级职称以上的技术人员只占职工总数的 3.55％，技术力量薄弱，无法满足规范管理的需要。

（5）"重建轻管"思想在各级政府中都不同程度存在，使得人们在投资决策时，往往注重投资新建项目，而忽视对已建工程的运行、维修的投入；在进行项目前期工作时，往往着重项目建设的工程技术方案设计，而忽视对项目经济问题和建成后管理方案的考虑；在项目审批和实施时，看重主体工程各部分的完整性，而往往压减管理设施的投资。

（6）管理技术手段落后，法规制度不完善，责任心不强，加之管理不善，造成管理水平低下，效率不高，有的甚至导致人为事故的发生。以上因素又进一步加剧了水库的病险程度，形成了小病变大病的恶性循环。最近通报的河北省王快水库的例子，就充分说明了这一点。随着当前水利建设投资力度的加大，要更好地发挥水利投资效益，就必须从根本上解决水管单位的体制和机制问题。

2.3.4.4 目前病险水库除险加固工作存在的主要问题

当前，病险水库除险加固正在全面展开，根据最近对全国病险水库除险加固项目的检查，虽然取得了不少成绩，但工作中还存在不少问题，比较突出的表现有以下几方面：

（1）认识不到位，除险加固责任制尚未真正落实。一些地方对病险水库的危害性和除险加固的迫切性认识不足。有些地方虽然公布了病险水库除险加固的责任人，但责任人没有负起真正的责任，对如何落实责任制，如何落实除险加固资金，如何组织除险加固工作措施不力。

（2）前期工作薄弱。安全鉴定存在"大病小治"和"小病大治"的问题。一方面，安全鉴定走过场，对存在的问题没有完全摸清，盲目开工导致除险加固不彻底；另一方面，"小病大治"，为了争取除险加固投资，擅自扩大除险加固的规模和标准，造成国家投资浪费。此外，安全鉴定还存在从事鉴定的单位和个人良莠不齐，安全鉴定的报告不规范，质量不符合要求等问题。

一些地方除险加固前期工作投入不足，造成除险加固前期工作滞后，一些险情严重、亟须除险加固的项目前期工作进度跟不上，致使这些除险加固工程迟迟不能开工。一些项目初步设计粗糙，方案未能充分优化；有些项目在审查环节把关不严。

（3）配套资金不到位或到位不及时。病险水库除险加固的责任在地方各级人民政府，资金投入应以地方为主，中央给予一定补助。但由于不少地方存在"等、靠、要"的思想，地方投入占基建投入比例低，投入严重不足，使得除险加固进展缓慢。1998 年大洪水后中央加大补助力度，但许多地方配套资金到位差，能够完全、及时到位的项目为数不多。目前的主要问题是地方对病险水库除险加固没有稳定的投资渠道，大部分省（自治区、直辖市）没有专项资金用于病险水库除险加固，省、市、县级政府对病险水库除险加固的职责和事权未能分清，有限的投资撒了"芝麻"，没有集中起来，加固一个、除险一个、摘帽一个。

（4）除险加固对工程的管理设施考虑不够。一些地方在除险加固设计时，未能充分考虑从现代化管理的需要出发来设计必要的管理设施，既不将大坝的安全监测、水情测报和防汛通信设施纳入，更不考虑管理单位必要的工作条件改善；即使在设计中考虑了，但在设计审查时，为压缩投资，往往砍掉管理设施的投资或项目；在建设实施时，又由于资金不到位的问题，压减的也多是管理设施部分。

（5）建设管理不能适应除险加固要求。目前，普遍存在项目法人机构不健全，运作不规范，规章制度不完善的现象，现有人员缺乏建设管理经验，难以胜任除险加固建设管理的要求。招投标不规范，监理不到位，最为突出的问题是资金财务管理混乱，违规现象严重。个别项目还出现施工和设计方面的质量问题。

上述问题，严重阻碍了全国病险水库除险加固的进程。希望各地根据实际情况，认真分析，采取对策，加强领导，落实责任和配套资金，真正把病险水库除险加固作为一件大事抓紧抓好，抓出成效，这就决定了病险水库除险加固的必要性和紧迫性。

2.3.4.5 病险水库除险加固的必要性和紧迫性

病险水库除险加固的必要性和紧迫性主要表现在以下几方面：

（1）病险水库除险加固是加强防洪体系建设的需要。众所周知，病险水库给下游城镇、人民生命财产以及主要交通干线等基础设施造成严重威胁。一旦失事，会造成毁灭性的灾害，给社会局部稳定或国民经济全局带来重大负面影响，严重的会导致社会、政治动荡。由于水库存在病险，造成全国防洪库容减少约 150 亿 m^3，水库不能充分利用原设计的防洪库容对洪水进行调蓄，已有的防洪体系起不到应有的防洪作用。

（2）病险水库除险加固是提高水利基础设施投资效益的需要。大量病险水库的存在，使得水库工程效益大大降低，许多水库蓄不上水或需要限制水位运行，由此造成兴利库容减少约 120 亿 m^3，供水能力减少约 170 亿 m^3，灌溉面积减少约 3000 万亩，严重影响水库的防洪、供水、灌溉和发电等综合效益的发挥。效益的降低又使项目的财务状况和资产结构不断趋于恶化。对病险水库实施除险加固，不仅可以改变这种"恶性循环"，而且就项目本身来说，就是一个财务可行、经济效益极好的项目，通过除险加固获得 $1m^3$ 库容远比新建 $1m^3$ 库容要经济。

（3）病险水库除险加固是加强工程管理和建立水利工程管理单位良好运行机制的需要。由政府承担投资进行除险加固后，可为工程管理体制的改革提供必要的物质基础和硬件条件。

（4）病险水库除险加固是稳定队伍，改善水利职工工作条件和生活条件的需要。除险加固后，水库的效益得到提高，基本的管理条件和管理设施得到进一步改善，为管理单位利用自身的水土资源优势开展适当的多种经营，增加水管单位收入创造了条件。

（5）病险水库除险加固是建立现代水利，以水资源可持续利用保障经济社会可持续发展的需要。病险水库除险加固后，增加水资源的有效供给，为进一步实现水利管理的现代化，保障经济社会的可持续发展打下了坚实的基础。

2.3.5　罚则

2.3.5.1　违反《水库大坝安全管理条例》的行为

（1）毁坏大坝或其观测、通信、照明、交通和消防等管理设施的。

（2）在大坝管理和保护范围内进行爆破、打井、采石等以及乱建、乱堆、乱围等危害大坝安全活动。

（3）在勘测、设计、施工、调度等过程中滥用职权、玩忽职守，导致大坝发生事故的。

（4）盗窃或抢夺大坝工程设施、器材的。

2.3.5.2　应承担的法律责任

（1）民事责任，如责令停止违法行为，赔偿损失，采取补救措施等。

（2）行政责任，如行政处分、罚款、拘留等。

（3）刑事责任，违反本条例，构成犯罪的，依法追究刑事责任。

第3章

土坝的维护与除险加固

3.1 土坝的检查与养护

土粒间的黏结强度低，抗剪能力小，土料颗粒间孔隙较大，在渗流、冲刷、沉降、冰冻、以及地震等影响下，土坝容易受到破坏。土坝的局部损坏多为裂缝、漏水、塌坑等。土坝的破坏有一定的发展过程，如果及早发现，并采取积极措施进行处理和养护，就可以防止和减轻各种不利因素的影响，保证土坝的安全。

土坝的运行状况仅靠专门的仪器进行观测是不够的，因为固定测点的布设仅是建筑物上某几个典型断面上的几个点，而建筑物的局部损坏往往不一定正好发生在测点位置上，也不一定正好发生在进行观测的时候。因此，为了及时发现水工建筑物的异常情况，必须对建筑物表面进行经常的巡回检查观察。大量的工程管理经验表明，工程缺陷和破坏主要是由检查、观察发现的。

土坝的检查观察从广义来说包括经常检查、定期检查和特别检查。

（1）经常检查是用直觉方法或简单的工具，经常对建筑物表面进行检查和观察，了解建筑物是否完整，有无异常现象。

（2）定期检查是每年汛前汛后组织一定的力量，用专门的仪器设备，对水库工程包括固定测点在内的建筑物进行全面的检查，掌握其变化规律。

（3）特别检查是当工程出现了严重的破坏现象，或者对潜在的危险产生重大怀疑时，组织专门力量所进行的检查。

要制定切实可行的检查观测工作制度，加强岗位责任，做到"四无"（无缺测、无漏测、无不符合精度要求、无违时），"四随"（随观测、随记录、随校核、随整理），"四固定"（固定人员、固定仪器、固定测次、固定时间）。

对观测结果应及时进行分析，研究判断建筑物的工作情况。发现异常现象，应分析原因，报告领导，提出处理措施。

3.1.1 土坝的日常检查、观察

土坝的日常检查、观察主要是发现土坝表面的缺陷和局部工程问题，其主要工

有以下几个方面。

1. 检查、观察土坝表面情况

对土坝应经常注意检查、观察坝顶路面、防浪墙、护坡块石及坝坡等有无开裂、错动等现象，以判断坝体有无裂缝或其他破坏征兆。

2. 检查、观察坝体有无裂缝

对于坝体与岸坡接头部位、河谷形状突变的部位、坝基有压缩性过大的软土部位、填土质量较差的部位、土坝与刚性建筑物接合部位、分段施工接头处或施工导流合拢部位及坝体不同土料分区部位等应特别注意检查、观察，发现坝体产生裂缝后，应对裂缝进行编号，测量裂缝所在的桩号和距坝轴线的距离、长度、宽度、走向等，绘制裂缝平面分布图，并注意其发展。对于垂直坝轴线的横向裂缝应检查其是否已贯穿上下游坝面，形成漏水通道。对于平行坝轴线的纵向裂缝，应进一步检查判断其发生滑坡的可能性。

3. 检查、观察坝坡是否滑动

滑坡通常有下述特征：

（1）裂缝两端向坝坡下部弯曲，缝呈弧形。

（2）裂缝两侧产生相对错动。

（3）缝宽与错距的发展逐渐加快，而一般的沉陷裂缝的发展是随着时间的推移逐渐减缓，两者有明显的不同。

（4）滑坡裂缝的上部往往有塌陷，下部有隆起等现象。

对于异常水位及暴雨应特别注意检查土坝的滑坡现象，例如在高水位运行期间，下游坡易产生滑动现象；水库水位骤降可能造成上游坡滑动；暴雨期间，上下游坝面都易产生滑动等。

4. 检查下游坝坡和坝脚处有无散浸和异常渗流现象

土坝背水坡渗流逸出点太高，超过排水设备顶部，使坝坡土体出现潮湿现象，这种现象称为散浸。散浸现象的特征是：土湿而软，颜色变深，面积大，冒水泡，阳光照射有反光现象，有些地方青草丛生，或草皮比其他地方长得旺盛。

对坝后渗流的观察，包括坝后渗出水的颜色、部位和表面现象的观察，可以判断是正常渗漏还是异常渗漏。

（1）从原设计的排水设施或坝后地基中渗出的水，如果是清澈见底，不含土颗粒，一般属于正常渗漏；若渗水由清变浑，或明显看到水中含有土颗粒，属于异常渗漏。

（2）坝脚出现集中渗漏，或坝体与两岸接头部位和刚性建筑物连接部位出现集中渗漏，如渗漏量剧烈增加，或渗水突然变浑，是坝体发生渗漏破坏的征兆。在滤水体以上坝坡出现的渗水属异常渗漏。

（3）对于表层有较薄的弱透水覆盖层往往发生地基表层被渗流穿洞，涌水翻沙，渗流量随水头升高而不断增大。有的土坝，土料中含有化学物质，渗水易改变坝体填料的物理力学性质，可能造成坝体渗透破坏。

（4）对土坝要注意检查、观察是否塌坑。根据经验，坝体发生塌坑大部分是由渗流破坏引起的，发现坝体塌坑后，应加强渗流观测，并根据塌坑所在部位分析其产生的原因。

（5）对土坝的反滤坝趾、集水沟、减压井等导渗降压设施，要注意检查、观察有无异常或损坏，还应注意观察坝体与岸坡或溢洪道等建筑结合处有无渗漏。

5．对土坝坝面要注意观察

（1）沿坝面库水有无漩涡。

（2）浆砌石护坡有无裂缝、下沉、折断及垫层掏空等现象。

（3）干砌石护坡有无松动、翻起、架空、垫层流失等现象。

（4）草皮护坡及土坡有无坍陷、雨淋坑、冲沟、裂缝等现象。

（5）经常检查有无兽洞、蚁穴等隐患。

3.1.2　土坝的养护

根据 SL 210—98《土石坝养护修理规程》，对土坝坝顶、坝端、坝坡、排水设施、观测设施、坝基和坝区进行养护。

1．坝顶及坝端的养护

坝顶养护应做到坝顶平整，无积水、无杂草、无弃物，防浪墙、坝肩、踏步完整，轮廓鲜明，坝端无裂缝、无坑凹、无堆积物。如坝顶出现坑洼和雨淋沟缺，应及时用相同材料填平，并应保持一定的排水坡度。对经主管部门批准通行车辆的坝顶，如有损坏，应按原路面要求及时修复，不能及时修复的，应用土或石料临时填平。坝顶的杂草、弃物应及时清除。

防浪墙、坝肩和踏步出现局部破损，应及时修补或更换。

坝端出现局部裂缝、坑凹应及时填补，发现堆积物应及时清除。

2．坝坡的养护

坝坡养护应做到坡面平整，无雨淋沟缺，无荆棘杂草滋生；护坡砌块应完好，砌缝紧密，填粒密实，无松动、塌陷、脱落、风化、冻毁或架空现象。

（1）干砌块石护坡的养护。及时填补、楔紧个别脱落或松动的护坡石料；及时更换风化或冻毁的块子，并嵌砌紧密；块石塌陷，垫层被淘刷时，应先翻出块石，恢复坝体和垫层后，再将块石嵌砌紧密。

（2）混凝土或浆砌块石护坡的养护。及时填补伸缩缝内流失的填料，填补时应将缝内杂物清洗干净。护坡局部发生侵蚀剥落、裂缝或破碎时，应及时采用水泥砂浆表面抹补、喷浆或填塞处理，处理时表面应清洗干净：破碎面较大，且垫层被淘刷，砌体有架空现象时，应用石料作临时性填塞，适当时进行彻底整修。排水孔如有不畅，应及时进行疏通或补设。

（3）堆石护坡或碎石护坡的养护。对于堆石护坡或碎石护坡，如遇石料有松动，造成厚薄不均时，应及时进行平整。

（4）草皮护坡的养护。应经常修整、清除杂草，保持完整美观。草皮干枯时，应及时洒水养护；出现雨淋沟缺时，应及时还原坝坡，补植草皮。

（5）严寒地区护坡的养护。在冰冻期间，应积极防止冰凌对护坡的破坏。可根据具体情况，采用打冰道或在护坡临水处铺设塑料薄膜等办法减少冰压力。有条件的地区，可采用机械破冰法、动水破冰法或水位调节法，破碎坝前冰盖。

3. 排水设施的养护

各种排水、导渗设施应达到无断裂、损坏、阻塞、失效，使排水通畅。

必须及时清除排水沟（管）内的淤泥、杂物及冰塞，以保持通畅。

对排水沟（管）局部的松动、裂缝和损坏，应及时用水泥砂浆修补。

排水沟（管）的基础如被冲刷破坏，应先恢复基础，后修复排水沟（管）。修复时，应使用与基础同样的土料，恢复到原来断面，并应严格夯实。排水沟（管）如设有反滤层时，也应按设计标准恢复。

随时检查修补滤水坝趾或导渗设施周边山坡的截水沟，防止山坡浑水淤塞坝趾导渗排水设施。

减压井应经常进行清理疏通，保持排水通畅，如周围有积水渗入井内，应将积水排干，填平坑洼，保持井周无积水。

4. 观测设施的养护

各种观测设施应保持完整，无变形、损坏、堵塞现象。

经常检查各种变形观测设施的保护装置是否完好，标志是否明显，随时清除观测障碍物。观测设施如有损坏，应及时修复，并应重新进行校正。

测压管口及其他保护装置，应随时加盖上锁，如有损坏应及时修复或更换。

水位观测尺若受到碰撞破坏，应及时修复，并重新校正。

量水堰板上的附着物和量水堰上下游的淤泥或堵塞物，应及时清除。

5. 坝基和坝区的养护

对坝基和坝区管理范围内一切违反大坝管理规定的行为和事件，应立即制止并纠正。

设置在坝基和坝区范围内的排水、观测设施和绿化区，应保持完整、美观，无损坏现象。

发现坝区范围内有白蚁活动迹象时，应及时进行治理。

发现坝基范围内有新的渗漏逸出点时，不要盲目处理，应设置观测设施进行观测，待弄清原因后再进行处理。

3.2 土坝裂缝及其处理

3.2.1 土坝裂缝的类型及成因

土坝裂缝是较为常见的现象，有的裂缝在坝体表面就可以看到，有的隐藏在坝体内部，要开挖检查或借助检测仪器才能发现。裂缝的宽度，窄的不到一毫米，宽的可达几百毫米，甚至更大；裂缝的长度，短的不足一米，长的达数十米，甚至更长；裂缝的深度，有的不到一米，有的深达坝基；裂缝的走向，有平行坝轴线的纵缝，有垂直坝轴线的横缝，有与水平面大致平行的水面缝，还有倾斜的裂缝。

土坝裂缝的成因主要是由于坝基承载力不均匀，坝体材料不一致，施工质量差，设计不甚合理所致。

土坝的裂缝，按照裂缝出现在土坝中的部位可分为表面裂缝和内部裂缝；按照裂缝走向可分为横向裂缝、纵向裂缝、水平裂缝和龟纹裂缝；按照裂缝的成因又可分为沉陷裂缝、滑坡裂缝、干缩裂缝、冰冻裂缝和振动裂缝。各裂缝的特征详见表 3 - 1。

表 3 - 1　　　　　　　　　　　　　　　裂 缝 分 类 及 特 征 表

分　类	裂缝名称	裂　缝　特　征
按裂缝部位	表面裂缝	裂缝暴露在坝体表面，缝口较宽，一般随深度变窄而逐渐消失
	内部裂缝	裂缝隐藏在坝体内部，水平裂缝常呈透镜状，垂直裂缝多为下宽上窄的形状
按裂缝走向	横向裂缝	裂缝走向与坝轴线垂直或斜交，一般出现在坝顶，严重的发展到坝坡，近似铅垂或稍有倾斜，防浪墙及坝肩砌石常随缝开裂
	纵向裂缝	裂缝走向与坝轴线平行或接近平行，多出现在坝顶及坝坡上部，也有的出现在铺盖上，一般较横缝长
	水平裂缝	裂缝水平或接近水平，常发生在坝体内部，多呈中间裂缝较宽，四周裂缝较窄的透镜状
	龟纹裂缝	裂缝呈龟纹状，没有固定的方向，纹理分布均匀，一般与土坝表面垂直，缝口较窄，其深度 10～20cm，很少超过 1m
按裂缝成因	沉陷裂缝	多发生在坝体与岸坡接合段、河床与台地接合段、土坝合拢段、坝体分区分期填土交界处、坝下埋管的部位以及坝体与溢洪道边墙接触的部位
	滑坡裂缝	裂缝中段大致平行坝轴线，缝两端逐渐向坝脚延伸，在平面上略呈弧形，缝较长，多出现在坝顶、坝肩、背水面及排水不畅的坝坡下部。在水位骤降或地震情况下，迎水面也可能出现。形成过程短促，缝口有明显错动，下部土体移动，有离开坝体倾向
	干缩裂缝	多出现在坝体表面，密集交错，没有固定方向，分布均匀，有些呈龟纹裂缝形状，降雨后裂缝变窄或消失；也有的出现在防渗体内部，其形状呈薄透镜状
	冰冻裂缝	发生在冰冻影响深度以内，表层呈破碎、脱空现象，缝宽与缝深随气温而异
	振动裂缝	在经受强烈振动或裂度较大的地震以后发生纵、横向裂缝，横向裂缝的缝口随时间延长，逐渐变小或弥合；纵向裂缝口没有变化。防浪墙多出现裂缝，严重的可使坝顶防浪墙及灯柱倾倒

3.2.2　土坝裂缝的检查

在已建成的土坝中，土坝的安全情况是在不断变化的，往往直接或间接地反映为坝面上的异常现象，例如细小的横向裂缝可能发展成为坝体的集中渗流通道，而细小的纵向裂缝则可能是坝体滑坡的先兆。

3.2.2.1　龟纹裂缝

龟纹裂缝的方向没有规律，纵横交错，缝的间距比较均匀。这种裂缝可能出现在没有铺设保护层的坝顶和坝坡，也可能出现在水库泄空而出露的上游防渗黏土铺盖表面上。产生龟纹裂缝的主要原因是土坝填土由湿变干时的体积收缩。筑坝土料黏性越大，含水量越高，出现龟纹裂缝的可能性越大。在壤土中，龟纹裂缝比较少见，而在砂土中就没有这种裂缝。此外，在严寒地区，可以见到由于填土受冰冻所产生的龟纹裂缝。

龟纹裂缝是坝体表面常见的现象，一般不会直接影响坝体安全。但是出现在防渗斜墙或铺盖上的龟纹裂缝，可能会影响坝体安全，所以在进行安全检查时，应给予足够重视。要仔细探明龟纹裂缝的宽度、深度，并及时进行处理。对于较浅的龟纹裂缝，一般可在表面铺一层厚约 20cm 的砂性土保护层，以防止其发展；较深的龟纹裂缝，一般采用开挖回填的方法进行处理，在处理后要随即铺设保护层。发生在其他部位，如坝顶或均质坝坝面上的龟纹裂缝，可能促使冲沟、滑坡等的继续发展，因此也应及时进行处理。

3.2.2.2　横向裂缝

横向裂缝一般接近铅垂或稍有倾斜地伸入坝体内。缝深几米到十几米，上宽下窄。缝口宽几毫米到十几厘米，偶尔也能见到更深、更宽的。裂缝两侧可能错开几厘米甚至几十厘米。当相邻的坝段或坝基产生较大的不均匀沉降时，就会产生横向裂缝。

横向裂缝主要出现在坝顶，但也可能出现在坝坡上。根据我国各类水库大坝裂缝的调查，横向裂缝虽然形成原因很多，但发生部位还是有一定规律的，常见部位有：①土坝与岸坡接头坝段及河床与台地交接处，这些部位填土高度变率大，施工时碾压不密实而出现过大的沉降差；②坝基有压缩性过大的软土或黄土，施工时未加处理或清除、泡水湿陷或加荷下沉；③土坝与刚性建筑物接合坝段，因两种材料沉降不同所致；④分段施工接头处或施工导流合拢段，常因漏压及抢进度而出现碾压质量不符合设计要求成为坝体内的薄弱部位，如图 3-1 所示。

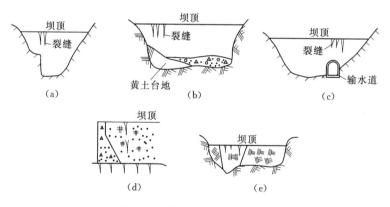

图 3-1　横向裂缝常见的部位

土坝的横向裂缝具有极大的危险性，因为一旦水库水位上涨，渗水通过裂缝，很容易将裂缝冲刷扩大而导致险情。因此，在土坝的安全检查中，必须特别重视横向裂缝的检查。除了在坝面普遍进行检查外，还应对较易出现横向裂缝的部位做重点检查。坝顶防浪墙或路缘石的裂缝往往能反映出坝体横向裂缝的存在。例如浙江省横山水库土坝的横缝，就是根据防浪墙的裂缝迹象而把坝顶保护层挖开后才发现的。

根据坝顶沉陷观测资料检查横向裂缝，也是一个重要的方法。如果相邻测点之间出现较大的不均匀沉陷，则该坝段很可能出现横向裂缝。对于坝面铺有保护层的土坝，必要时应开挖与坝轴线平行的探槽，以揭露其横向裂缝。

在坝面发现横向裂缝后，如果时间允许，最好观测一段时间，待裂缝发展趋向稳定后再进行处理。但在此期间，水库必须控制运用。对于尚未处理或虽已处理但尚未经蓄水考验的土坝，在汛期除了控制运用外，还应该准备必要的防汛抢险器材，以免出现险情时措手不及。由于横向裂缝的危害性很大，所以一般要求进行开挖回填处理。

3.2.2.3　纵向裂缝

根据土坝纵向裂缝产生的原因，可将土坝纵向裂缝细分为纵向沉降裂缝和纵向滑坡裂缝。

1. 纵向沉降裂缝

在坝面上，由坝体或坝基的不均匀沉降而产生的纵向沉降裂缝一般接近于直线，基本上是铅直地向坝体内部延伸。裂缝两侧填土的错距一般不大于 30cm，缝深几米到十几米居多，也有更深的，缝宽几毫米到十几厘米，缝长几米到几百米。沉陷裂缝的宽度和错距的发展是逐渐减慢的，如图 3-2 中的曲线 I 所示。

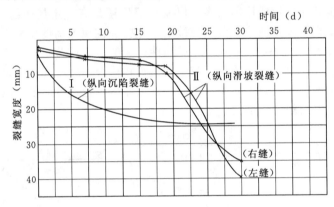

图 3-2　两种纵向裂缝的发展过程曲线

2. 纵向滑坡裂缝

纵向滑坡裂缝一般呈弧形，裂缝向坝体内部延伸时弯向上游或下游，缝的发展过程是逐渐加快的，直至土体发生滑动以后才逐渐变慢。图 3-2 中的曲线 II 就是某水库土坝滑坡裂缝的发展过程曲线。纵向滑坡裂缝的宽度可达 1m 以上，错距可达几米。当裂缝发展到后期，可以发现在相应部位的坡面或坝基上有带状或椭圆状隆起的土体。这些都是区别于纵向沉降裂缝的重要标志。

有关滑坡的问题将在 3.3 节中叙述。

3.2.2.4　内部裂缝

在土坝坝面上出现的裂缝，都称为表面裂缝。此外，在土坝坝体内部还可能出现内部裂缝，有的内部裂缝是贯通上下游的，很可能变成集中渗漏通道，由于事先不易被人们发现，其危害性很大。

内部裂缝常见的部位有：①窄心墙内部的水平裂缝，主要因坝壳顶托作用，使心墙中部高程的垂直压力减小，同一高程处坝壳压力增大，出现"拱效应"的结果；②狭窄山谷，河床含有高压缩土，坝基下沉时，坝体上部重量通过拱作用传递到两岸，土拱下部坝体沉降大，可能使坝体受拉形成内部裂缝或空穴；③坝体与河床上的混凝土或浆砌石体等压缩性很小的材料相邻处，两者不均匀沉降造成过大拉应变和剪应力开裂，如图 3-3 所示。

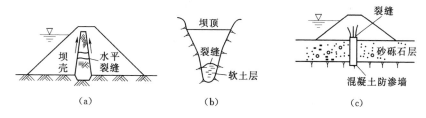

图 3-3 内部裂缝常见的部位

3.2.2.5 土坝裂缝的检查

对裂缝的检查与探测，首先应借助观测资料的整理分析，根据上面提及的裂缝常见部位，对这些部位的坝体变形（垂直和水平位移），测压管水位，土体中应力及孔隙水压力变化，水流渗出后的浑浊度等进行鉴别，只有初步确定裂缝出现的位置后，再用探测方法弄清裂缝确切位置、大小、走向，为确定裂缝处理方案提供依据。

通常在裂缝附近会产生下列异常情况：①沿坝轴线方向同一高程位置的填土高度、土质等基本相同，而其中个别测点的沉降值比其他测点明显减小，则该点可能存在内部裂缝；②垂直坝段多排测压管的浸润线高度，在正常情况下，除靠岸坡的两侧略高外，其他大致相同，若其中发现个别坝段浸润线明显抬高，则测点附近可能出现横向裂缝；③在通过坝体的渗水有明显清浑交替出现的位置，可能出现贯穿裂缝或管涌通道；④坝面有刚性防浪墙拉裂等异常现象的坝段，同时坝身有明显塌坑处，说明该处有横向裂缝；⑤短距离内沉降差较大的坝段；⑥土压力及孔隙水压力不正常的位置。

对于可能存在的裂缝部位可采用土坝隐患探测的方法，即有损探测和无损探测的方法进行检查，但有损探测对坝身有一定的损坏。有损探测又分为人工破损探测和同位素探测。无损探测是指电法探测。

1. 人工破损探测

对表面有明显征兆，沉降差特别大，坝顶防浪墙被拉裂的部位，可采用探坑、探槽和探井的方法探测。探坑、探槽和探井是指人工开挖一定数量的坑、槽和井来实际描述坝内隐患情况。该法直观、可靠，易弄清裂缝位置、大小、走向及深度，但受到深度限制，目前国内探坑、探槽的深度不超过 10m，探井深度可达到 40m。

2. 同位素探测

此法是利用土坝已有的测压管，投入放射性示踪剂模拟天然渗透水流运动状态，用核探测技术观测其运动规律和踪迹。通过现场实际观测可以取得渗透水流的流速、流向和途径。在给定水力坡降和有效孔隙率时，可以计算相应的渗透水流速度和渗透系数。在给定的渗透层宽度和厚度的基础上，可以计算渗流量。同位素探测法也称放射性示踪法，包括多孔示踪法、单孔示踪法、单孔稀释法和单孔定向法等。

3. 电法探测

电法探测是一种无损伤探测的方法，在土坝表面布设电极，通过电测仪器观测人工或天然电场的强度，分析这些电场的特点和变化规律，以达到探测工程隐患的目的。

土坝坝体是具有一定几何形状的人工地质体，同一坝段，坝体横断面尺寸沿大坝纵向方向通常是一致的，筑坝材料也相对均匀。因此，坝体几何形状对人工电场影响在各个坝段基本相同，一旦有隐患存在，必然会破坏坝体的整体性和均匀性，引起人工电场的异常变化和隐患测点与其他测点视电阻率的差异，这就是电法探测土坝隐患的机理。

电法探测适用于土坝裂缝、集中渗流、管涌通道、基础漏水、绕坝渗流、接触渗流、软土夹层及白蚁洞穴等隐患探测，它比传统的人工破坏探测速度快，费用低，目前已广泛运用。电法探测的方法较多，有自然电场法、直流电阻率法、直流激发极法和甚低频电磁法。

以上列举的裂缝探测方法有些较直观、清楚，有些只能大体确定裂缝位置，究竟采用何种方法，应视当地具体条件及设备情况而定。

3.2.3　土坝裂缝的预防措施

1. 龟纹裂缝的预防措施

在竣工后的坝面上及时铺设砂性土保护层是预防龟纹裂缝的有效措施。此外，在施工期防止坝体填土龟裂也是很重要的。填筑中断时，应在填土表面铺松土保护层。对于已经出现的龟纹裂缝则应翻松重压，以免在坝体内留下隐患。

2. 沉陷裂缝的预防措施

坝体沉陷裂缝的预防应该同时从两方面着手：一方面是减少坝体和坝基的沉陷和不均匀沉陷；另一方面是提高坝体填土适应变形的能力，此外还可以采取必要的安全措施，以防止由于坝体裂缝而导致土坝出险。

（1）减少坝体和坝基的沉陷和不均匀沉陷。造成沉陷裂缝的直接原因是坝体的不均匀沉陷，但是一般说来，沉陷越大，不均匀沉陷也越大，所以减少坝体和坝基的沉陷是预防沉陷裂缝的重要措施。对坝基中的软土层，应该优先考虑挖除。如果开挖困难，则可以考虑采用打砂井（对于软黏土层）或预先浸水（对于湿陷性黄土）等措施，使坝基土层事先沉陷。对于土坝坝体，根据土料特性和碾压条件，选择适宜的填筑标准之后，更重要的是在施工时必须严格控制填土质量。土坝裂缝中的很大一部分是由于填土质量差所引起的。

为了减少坝体的不均匀沉陷还应该尽可能避免坝体高度的突变。与土质防渗体连接的岸坡的开挖应符合下列要求：岸坡应大致平，不应成台阶状、反坡或突然变坡，岸坡自上而下由缓坡变陡坡时，变换坡度宜小于 20°；岩石岸坡不宜陡于 1:0.5，陡于此坡度时应有专门论证，并应采取相应工程措施；土质岸坡不宜陡于 1:1.5。

埋在土坝下面涵管的外墙壁面和溢洪道边墙（墩）与土坝相接触的壁面，都应该有一定坡度，这样不但可以减少坝体不均匀沉陷，而且有利于涵管和边墙（墩）与坝体的结合处理。必须强调，在施工中要保证填土的密实度均匀，防止因漏压、欠压而造成的局部松土层。上述这些措施对于减少坝体不均匀沉陷，防止发生裂缝是十分重要的。

（2）提高坝体填土适应变形的能力。填土适应变形的能力，除了取决于它的矿物成分、颗粒组成外，还与填土的含水量和干容重有关。含水量的增加，对提高填土适应变形的能力有较显著的效果。但是，含水量过高就会使填土压实困难，沉陷增加。因此，控制坝体的填筑含水量，使之略高于塑限含水量，对于减少和防止出现裂缝来说是有效的。在可能发生裂缝而又难于检查发现的部位，如混凝土防渗墙或涵管的上部等处，可用塑性较好、适应变形能力较强的土料填筑。

（3）必要的安全措施。土坝裂缝小，危险性最大的是横向裂缝和内部裂缝。为了防止因出现这些裂缝而导致土坝出险，需要采用一些必要的安全措施，如：在土坝与其他建筑物或岸坡接合处，适当加宽防渗体的厚度；采用刺墙、截水环或结合槽，以延长渗径，都是很有必要的。在可能发生裂缝的部位，应适当增加防渗体下游反滤层的厚度，以防止因反滤层破坏而导致土坝出险。

把土坝做成拱形，不但可以减少土坝的横向裂缝，而且可以保证土坝与岸坡良好的接合。河北省于1958年建成的鸽子塘水库，其均质土坝坝高17m，坝顶长120m，在平面上拱向上游，建成后未见裂缝，土坝与岸坡接合处也未见有渗水。

3.2.4 土坝裂缝的处理

处理坝体裂缝首先应根据观测资料判断裂缝类型和部位、裂缝产生的原因，按不同情况进行处理。

非滑坡性裂缝处理方法主要有开挖回填、灌浆和两者结合等方法。开挖回填是处理裂缝最彻底的方法，适用于位置不深及防渗体面上的裂缝；灌浆法适用于裂缝较多或坝体内部裂缝的情况；开挖回填与灌浆相结合的方法适用于由表层延伸至坝体一定深度的裂缝。

3.2.4.1 开挖回填法

对于防渗体心墙顶部或斜墙表面的干缩裂缝在处理时需清除表土层，然后按原设计土料分层夯实，使其干容重达到设计要求；对于均质坝表面干裂且缝深小于0.5m的裂缝，只用泥浆封口，这类小缝浸水后可以自行闭合。

贯穿性横向裂缝会顺缝漏水，有使坝体穿孔，造成溃坝的危险。从安全出发，应采用开挖回填，进行彻底处理。开挖回填法具体如下。

1. 裂缝的开挖

为探清裂缝的范围和深度，在开挖前可先向缝内灌入少量石灰水，然后沿缝挖槽。缝的开挖长度应超过裂缝两端1m，深度超过裂缝尽头0.5m，开挖的坑槽底部的宽度至0.5m，边坡应满足稳定及新旧回填土结合的要求。坑槽开挖应做好安全防护工作，防止坑槽进水、土壤干裂或冻裂，挖出的土料要远离坑口堆放。

对贯穿坝体的横向裂缝，开挖时顺缝抽槽，先挖成梯形或阶梯形（每阶以1.5m高度为宜，回填时逐级消除阶梯，保持梯形断面），并沿裂缝方向每隔5～6m做一道结合槽，结合槽垂直裂缝方向，槽宽1.5～2.0m，并注意新老土结合，以免造成集中渗流。

2. 处理方法

（1）梯形楔入法。适用于裂缝不太深的非防渗部位，如图3-4（a）所示。

（2）梯形加盖法。适用于裂缝不太深的防渗斜墙和均质土坝迎水坡的裂缝，如图

3-4 (b) 所示。

　　(3) 梯形十字法。适用于处理坝体和坝端的横向裂缝,如图 3-4 (c) 所示。

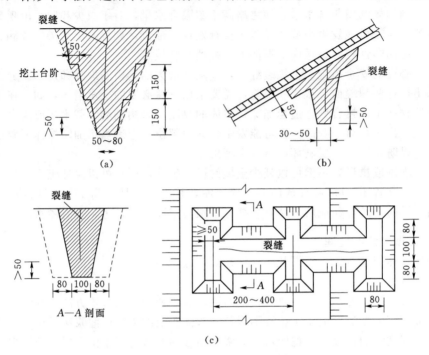

图 3-4　开挖回填处理方法 (单位:cm)
(a) 梯形楔入法;(b) 梯形加盖法;(c) 梯形十字法

　　3. 土料的回填

　　回填的土料要符合坝体土料的设计要求。对沉陷裂缝要选择塑性较大的土料,含水量大于最优含水量的 1%～2%。回填前,如果坝土料偏干,则应将表面湿润,土体过湿或冰冻,则应清除后再进行回填,便于新老土的结合。回填时应分层夯实,土层厚度以 0.1～0.2m 为宜。要特别注意坑槽边角处的夯实质量,要求压实厚度为填土厚度的 2/3。回填后,坝顶或坝坡应覆盖 30～50cm 的砂性土保护层。

　　对于缝宽大于 1cm,缝深超过 2m 的纵向裂缝亦需开挖回填处理。但应注意,如缝是由于不均匀沉降引起,当坝体继续产生不均匀沉降时,应先把缝的位置记录下来,采用泥浆封口的临时措施,待沉降趋于稳定时,再开挖处理,因为这类缝在开挖回填处理中还会被破坏,故应采取必要的安全措施以防人身安全事故发生。当挖槽工作量大时,可采用打井机具沿缝挖井。小型土坝采用此方法比较切实可行,井的直径一般为 120cm,两个井圈搭接 30cm,在具体施工中应先打单数井,回填坝体;之后打双数井,分层夯实。浙江省温岭县用冲抓钻打井处理土坝裂缝就取得了成效。

　　3.2.4.2　充填灌浆

　　充填灌浆法就是在裂缝部位用较低压力或浆液自重把浆液灌入坝体内,充填密实裂缝和孔隙,以达到加固坝体的目的。

1. 孔序布置

灌浆前应首先对裂缝的分布、深度及范围进行调查和探测，调查了解坝体施工时坝体填筑质量，以及蓄水后坝体的渗漏及裂缝状况和发展过程。对于表层裂缝，通常在每条主缝上均需布孔，该孔应布置在长裂缝的两端、转弯处、缝宽突变处、裂缝密集处及各缝交汇处。但应注意，灌浆孔不宜靠近防渗斜墙、反滤体和排水设施，以及测压管的滤水管段，要保持足够的安全距离（通常不小于3m），以防浆液填塞及串浆发生，使排、滤水设施不能正常工作。在用灌浆法处理内部裂缝时，要根据裂缝大小、分布范围及灌浆压力大小而定。一般采用灌浆帷幕式布孔，即在坝顶上游布置1～2排，孔距由疏到密，最终孔距以1～3m为宜，孔深应超过缝深1～2m。

2. 灌浆压力

灌浆压力是保证灌浆效果的关键。灌浆压力越大，浆液扩散半径也越大，可减少灌浆孔数，并能将细小裂缝充填密实，同时浆液易析水，灌浆质量好。但是，如果压力过大，也往往引起冒浆飞串浆，裂缝扩展产生新的裂缝，造成滑坡或击穿坝壳、堵塞反滤层和排水设施，甚至人为地造成贯穿上、下游的集中漏水通道，威胁土坝安全。因此，灌浆压力的选择应在保证坝体安全的前提下，通过试验确定，一般灌浆管上端孔口压力采用0.05～0.3MPa；施灌时灌浆压力必须由小到大，逐步增加，不得突然增大，灌浆过程中，应维持压力稳定，波动范围不得超过5%。同时，采用的最大灌浆压力不得超过灌浆孔段以上的土体重量。允许最大灌浆压力可按下式估算

$$P = K\gamma H$$

式中：P 为允许最大灌浆压力，kPa；K 为系数，对砂质土取0.1，壤土取0.15，黏土取0.2；γ 为灌浆孔段以上土层容重，可采用14～16kN/m³；H 为灌浆孔段埋藏深度，m。

在实际工作中，灌浆压力要逐步增加。每次增加压力以前，必须争取在该压力下达到吃浆量0.5L/min左右，至少持续10min。如浙江省金兰水库灌浆时控制灌浆压力为0.05MPa的低压持续时间达4～5h。灌浆压力可用灌浆机（泥浆泵）或重力法取得。采用重力灌浆时，泥浆桶可以放置在附近山头或在坝顶搭架，但应保证浆桶的泥浆面至灌浆管入口的高差不小于10m。图3-5为广东青年运河鹤地水库大坝利用重力灌浆示意图。采用灌浆法处理裂缝时，灌浆压力常需进行现场试验。"长时低压"灌浆，一方面可保证浆液在缝中的充填效果；另一方面又不使裂缝因压力过大而展开。许多单位通过灌浆实践，提出采用低压灌浆的观点，建议孔口压力控制在0.05MPa左右。如湖北省白莲河水库土坝灌浆，其孔口灌浆压力开始用0.05MPa，结果坝面发现3条裂缝，以后压力逐渐下降，降至孔口压力为零，利用重力灌浆，才免于坝顶开裂。为了保证低压灌浆的效果，可以在浆液中加入适量的水玻璃，改善浆液的流动性。

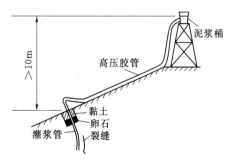

图3-5 广东青年运河（水库）
重力灌浆示意图

3. 灌浆浆液

灌浆浆液一般采用人工制浆，对于灌浆量大的工程，也可采用机械制浆。对浆液要求流动性好，使其能灌入裂缝；析水性好，使浆液进入裂缝后，能较快地排水固结；收缩性好，使浆液析水后与土坝结合密实。常用的浆液有纯黏土浆和水泥黏土浆两种。

(1) 纯黏土浆。多用于浸润线以上坝体裂缝的充填，如用于浸润线以下时，长时间不易凝固，不能发挥灌浆的效果。其用黏性土作材料，一般黏粒含量在 $20\%\sim45\%$ 为宜。如黏粒过多，土料黏性过大，浆液析水慢，凝固时间长，影响灌浆效果。浆液的浓度，在保持浆液对裂缝具有足够的充填能力条件下，稠度越大越好，根据试验，一般采用水土重量比为 $1:1\sim1:2.5$，泥浆的比重一般控制在 $1.45\sim1.7$。

为了改善泥浆的黏度和增加浆液的流动性，增强灌浆后的初期强度和加快泥浆的初凝时间，驱赶和毒杀危害堤坝安全的小动物（如白蚁、獾等），有时需添加一定量的附加剂。目前，我国普遍采用掺入化学药剂，如水玻璃、杀虫剂，如可在浆液中掺入 $1\%\sim3\%$ 干料重的硅酸钠（水玻璃）。

(2) 水泥黏土浆。其为土料和一定比例的水泥混合搅制而成。在土料中掺入 $10\%\sim30\%$ 土料重的水泥后，浆液析水性好，可促使浆液及早凝固发挥效果。注意水泥掺和量不能过大，否则浆液凝固后不能适应土坝变形而开裂。

水泥黏土浆灌入坝体裂缝后会很快初凝，可用在浸润线以下坝体裂缝的充填。但混合浆会因水体滤失及体积收缩而浆面下沉，并导致固结后浆体中产生细小水平缝。水泥黏土浆固结后其密度比纯泥浆小，且与坝体结合情况不如纯泥浆好，故灌浆法处理裂缝时较少采用，而主要用于坝身与刚性建筑物接触部位以及堵塞漏洞。

4. 灌浆与封孔

灌浆时应采用"由外向里，分序灌浆"和"由稀到稠，少灌多复"的方式进行。采用少灌多复可以使浆体形成疏密相间和颗粒粗细相间的木纹状构造，提高充填密实及防渗效果。第一次灌入的浆液，泥浆向坝体排水固结时，细粒的流动性大，随水挟带渗入坝体孔隙，其结果即在缝内及侧壁形成固结的由胶体黏粒组成的透水性小及微密的薄黏土层。第二次灌浆时，泥浆又从尚未固结的原泥浆浆脉中冲出，形成第二次黏粒向侧壁运动，在缝内细粒向第一次堵缝的粗颗粒渗吸，细粒在析水过程中形成黏性胶状的弱透水带并进而形成疏密相间的木纹状浆脉，这对防渗极为有利。

在设计压力下，灌浆孔段经连续 3 次复灌，不再吸浆时，灌浆即可结束。在浆液初凝后（一般为 12h）可进行封孔，封孔时，先应扫孔到底，分层填入直径 $2\sim3cm$ 的干黏土泥球，每层厚度一般为 $0.5\sim1.0m$，然后捣实。均质土坝可向孔内灌注浓泥浆或灌注最优含水量的制浆土料捣实。

5. 灌浆时应注意的几个问题

在雨季及库水位较高时，由于泥浆不易固结，一般不宜进行灌浆；灌浆工作必须连续进行，若中途必须停灌，应及时洗清灌孔，并尽可能在 12h 内恢复灌浆；灌浆时应密切注意坝坡的稳定及其他异常现象，发现突然变化应立即停止灌浆，分析原因后采取相应处理措施；灌浆结束后 $10\sim15d$，对吃浆量较大的孔应进行一次复灌，以充填上层浆液在凝固过程中因收缩而脱离坝体所产生的空隙。

3.2.4.3 劈裂灌浆法

当处理范围较大，裂缝的性质和部位又都不能完全确定时，可采用劈裂灌浆法处理，处理方法参见 3.4 节有关内容。

3.3 土坝滑坡及其处理

土坝坝坡局部（有时带着部分地基）失去稳定，发生滑动，上部坍塌，下部隆起外移，这种现象称为滑坡。土坝滑坡，有的是突然发生的，有的是先出现裂缝然后产生的，如能及时发现，并积极采取适当的处理措施，其危害性往往可以减轻，否则，就可能造成重大损失。

3.3.1 滑坡的类型

土坝滑坡按其性质可分为剪切性滑坡、塑流性滑坡和液化性滑坡三种，如图 3-6 所示。

1. 剪切性滑坡

剪切性滑坡多发生在坝基和坝体除高塑性以外的黏性土中。主要原因是坝坡坡度太陡，填土压密程度较差，渗透水压力较大造成的，当坝受到较大的外荷作用使滑动体上的滑动力矩超过阻滑力矩时，在坝坡或坝顶开始出现一条平行于坝轴线的裂缝，随后裂缝不断延长和加宽，两端逐渐弯曲延伸（在上游坡时曲向上游，在下游坡时曲向下游）。与此同时，滑坡体下部出现带状或椭圆形隆起，末端向坝趾方向滑动，先慢后快，直至滑动力矩与阻滑力矩达到平衡时滑动终止。目前土坝中出现的滑坡绝大多数属于这一类型，如图 3-6（a）所示。图 3-7 所示为滑坡裂缝与其他变形裂缝在外形上的区别。

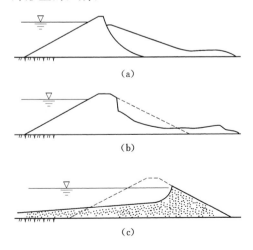

图 3-6 土坝滑坡的类型
（a）剪切性滑坡；（b）塑流性滑坡；（c）液化性滑坡

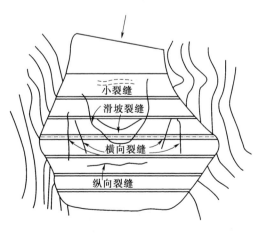

图 3-7 滑坡裂缝与其他变形裂缝的外形

2. 塑流性滑坡

塑流性滑坡主要发生在含水量较大的高塑性黏土填筑的坝体。高塑性黏土在一定的荷载作用下会产生蠕动或塑性流动，在土的剪应力低于土的抗剪强度情况下，剪应变仍不断增加，使坝坡出现连续位移和变形，其过程为缓慢的塑性流动，这种现象称为塑流性滑坡。这种滑坡的滑动体上部通常不出现明显的纵缝，而是坡面上的位移量连续增加，滑动体下部也可能有隆起现象，如图 3-6（b）所示。

3. 液化性滑坡

液化性滑坡多发生在坝体或坝基土层为均匀的中细砂或粉砂的情况下。当水库蓄水后坝体在饱和状态下突然受到震动（如地震、爆破及机械震动等）时，砂的体积急剧收缩，坝体水分无法析出，使砂粒处于悬浮状态，从而使坝体向坝趾方向急剧流泻，其过程类似流体向地势低的地方流散，故称为液化性滑坡，如图 3-6（c）所示。这类滑坡时间很短促，顷刻之间坝体液化流散，很难观测、预报及抢护。

由于滑坡裂缝与前述的沉陷裂缝在处理方法及程序上有别，因此须严加区别，以便正确处理，一般可按表 3-2 加以鉴别。

表 3-2   沉陷纵向裂缝和滑坡裂缝区别

内　　　容　　　　　裂缝型式	沉 降 纵 向 裂 缝	滑 坡 裂 缝
外形上	直线或接近直线，垂直向下延伸	两端弯曲、中间近似为直线的弧形曲线
缝宽度	缝宽度小，几毫米到几十毫米，错距小于 30cm	缝宽可达 1m 以上，错距可达数米
发展时间上	裂缝随土体固结逐渐减缓	开始发展缓慢，当滑体失稳后突然加快
发展结果	随时间加长，缝宽缝深不断加大	滑体脱离原位，滑动力（矩）与阻滑力（矩）平衡，滑体静止
缝口特征	缝口少见有擦痕	缝口可见擦痕及错距，缝口可见稀泥
处理方法	开挖回填或灌浆处理	先堆石固脚，止滑后再进行处理

3.3.2　滑坡的原因

土坝滑坝的原因是多方面的，主要与下列因素有关。

1. 筑坝的土料组成

不同的土料其力学指标（主要指内摩擦角和黏聚力）不同，其阻止滑动体滑动的抗滑力也就不相同。另外，不同的土料其颗粒组成不同，其碾压密实度也不尽相同，因而土的抗剪强度也不相同，抗剪强度低的上层可能会引起滑坡。

2. 土坝的结构形式

土坝的结构形式是指土坝上下游坝坡、防渗体与排水设施的布置等。如坝坡太陡，势必造成滑动面上的滑动力（矩）大于抗滑力（矩），而防渗体或排水设施布置不当或失效，会引起坝体浸润线过高，下游坝坡大面积渗水，造成渗透压力过大，增大滑动力（矩），导致土坝滑坡。

3. 土坝的施工质量

在土坝施工中，由于铺土太厚，碾压不实或土料含水量不符合要求，使碾压后的坝体干容重达不到设计标准，会使填筑土体的抗剪强度不能满足稳定要求；在冬季施工时，没有采取适当措施，形成冻土层，或者将冻土带进坝体，在解冻后或蓄水后，库水入渗形成软弱夹层；合拢段的边坡及两岸与土坝连接段的岸坡太陡，以及土坝加高培厚的新旧坝体之间结合处理不好等都可能引起滑坡。

4. 管理因素

在水库运行管理中，水库的库水位降落速度太快，土体孔隙中的水不能及时排出，形成较大的渗透压力。在坝坡稳定分析时，水位以下的上游坝壳土体按浮容重计算滑动力。当水位骤降后，将会使水位降落区的土体由浮容量变为饱和容重，因此，滑动力增大可能使上游坝坡发生滑动。

坝后排水设施堵塞或失效，造成坝体浸润线抬高，会引起下游坝坡滑坡。

5. 其他因素

持续的降雨使坝坡土体饱和，风浪淘刷使护坡破坏，地震及不当人为因素等均会影响土坝稳定。

3.3.3 滑坡的预防与处理

1. 滑坡的预防

预防滑坡的主要方法是保证土坝有合理的断面和良好的质量。对于已建成的水库，要认真执行管理运用制度，避免运用不当而造成滑坡。

对土坝稳定有怀疑时，应进行稳定校核。如发现土坝在高水位或其他不利情况（如地震等）下有可能滑坡时，则应及早采取预防措施。一般可采取在坝脚压重或放缓边坡，或采取防渗、导渗措施以降低浸润线和坝基渗透压力。在特殊情况下，可采取有针对性的专门措施，或将土坝局部翻修改建。

此外，当土坝加高时，一般应在培厚的基础上加高，如图3-8所示。只有通过稳定分析，认为确无问题时，才能直接加高坝顶。

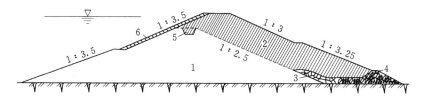

图 3-8 土坝加高示意图
1—原有坝体；2—培厚加高坝体；3—原有滤水体；4—延水及新建滤水体；
5—结合槽；6—块石护坡

2. 滑坡的抢护

当发现滑坡征兆后，应根据情况进行判断。滑坡抢护的基本原则是：上部减载，下部压重，即在主裂缝部位进行削坡，而在坝脚部位进行压坡。具体的抢护措施应根据滑动情况、出现的部位、发生的原因等因素而定。

（1）迎水坡由于库水位骤降而引起滑坡。

1）有条件的应立即停止水库泄水。

2）在保证土坝有足够的挡水断面的前提下，将主裂缝部位进行削坡。

3）在滑动体坡脚部分抛砂石料或沙袋等，作临时压重固脚。

（2）背水坡由于渗漏而引起滑坡。

1）尽可能降低库水位，但应控制水位降落速度，以免水位骤降而影响上游坡的安全。

2）沿滑动体和附近的坡面上开沟导渗，使渗透水能够很快排出。

3）若滑动裂缝达到坝脚，应该首先采取压重固脚的措施。如坡脚有渊潭和水塘，应先抛砂石将其填平，然后在滑动体下半部用砂石料压脚。

4）对迎水坡进行防渗处理。

3. 滑坡的处理

当滑坡稳定后，应根据情况，研究分析，进行彻底的处理，其措施有以下几种。

（1）开挖回填。松动了的土体已形成贯穿裂缝面，如不处理就不可能恢复到未滑动前的紧密结合状，因此，应尽可能将滑动体全部开挖，再用原开挖土或与坝体相同的土料分层回填夯实。如滑动体方量很大，全部开挖确有困难，可以将松土部分挖掉，然后回填夯实。对松土开挖，可先将裂缝两侧松土挖掉，开挖至缝底以下 0.5m，其边坡不陡于 1∶1，挖坑两端的边坡不陡于 1∶3，并做好结合槽，以利于防渗。回填土应分层填土夯实。开挖回填前，应洒水湿润，将表层刨毛或耙松，再填土夯实，以利结合。对地基淤泥层（或其他高压缩性土层）尚未清除或清除不彻底而引起的滑坡，应在坝址处挖穿淤层，回填透水料（背水坡脚），做成固脚齿槽，同时采取压重固脚的措施，如图 3-9 所示。

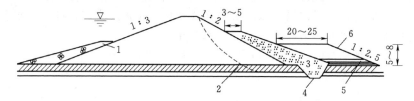

图 3-9 淤泥地基滑坡综合处理示意图（单位：m）

1—上游抛石固脚；2—淤泥；3—透水料；4—固脚齿槽；5—双向反滤层；6—固压台

（2）放缓坝坡。对设计坝坡陡于土体的稳定边坡所引起的滑坡，在处理时，应考虑放缓坝坡，并将原有排水体接到新坝趾。如滑坡前浸润线逸出坡面，则新旧土体之间应设置反滤排水层。放缓坝坡必须通过稳定计算，在没有试验资料确定计算指标时，也可参照滑坡后的稳定边坡来确定放缓的坝坡，如图 3-10 所示。

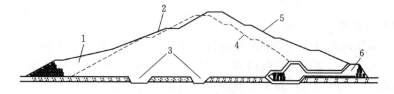

图 3-10 水库滑坡处理示意图

1—砌石压脚；2—放缓坝坡；3—原截水槽；4—原坝坡；5—处理后坝坡；6—新做排水体

（3）压重固脚。严重滑坡时，滑坡体底部往往滑出坝趾以外，在这种情况下，就需要在滑坡段下部采取压重固脚的措施，以增加抗滑力。一般采用固压台，如同时起排水作用时，也有称为压浸台。压重固脚的材料最好用砂石料。在砂石料缺乏的地区，也可用风化土料，但应夯压到设计要求的密实度。有排水要求的，要同时考虑排水体的设施。固压台的尺寸，应根据使用材料和压实程度，通过试验和计算确定。对于中小型水库，当坝高小于30m时，压坡体高度一般可采用滑坡体高度的1/2～2/3固压台的厚度，用石料一般为3～5m（或1/3压坡体高度）。如用土料，应比石料大0.5～1.0倍。其压坡体的坡度，可放缓至1∶4。

（4）加强防渗。在水库蓄水后产生滑坡时，一般都需解决防渗问题。如原来坝体没有防渗斜墙，在高水头作用下，产生渗透破坏，引起背水坡滑坡，或者由于水位骤降引起迎水坡滑坡，使防渗斜墙受到破坏，均应根据具体情况降低库水位或放空水库，彻底修复防渗斜墙。对由于浸润线过高而逸出坡面或者由于大面积散浸引起的滑坡，除结合下游导渗设施外，还应考虑加强防渗，如进行坝身灌浆、加强防渗斜墙等。

（5）排水处理。对于由于渗漏引起的背水坡滑坡，当采用压重固脚时，新旧土体以及新土体与地基间的接合面应设置反滤排水层并与原排水体相连接。对由于排水体堵塞而引起的滑坡，在处理时应重新翻修原排水体，使其恢复作用。对因减压井堵塞引起地基渗流破坏而造成的滑坡，应对减压井进行维修，恢复其效能。

（6）综合措施。确定安全合理的剖面结构，选择能适应各种工作条件的稳定坝坡和采取完善可靠的防渗、排水措施，使在不同运用条件下土体内孔隙水压力减小，这是防止和处理滑坡的有效方法。如有些水库会出现水位骤降，则应在上游设置排水，使水位下降时孔隙水压力由平行于坝坡方向变成垂直于坝基方向，以增加上游坡的稳定性，如图3-11所示。

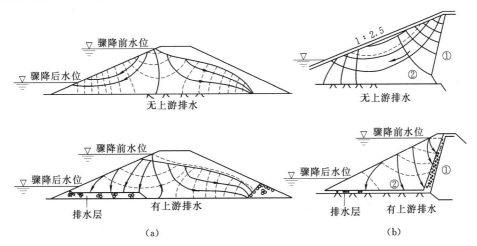

图3-11 库水位下降时坝体内流网图
（a）均质坝；（b）心墙坝
①—不透水料；②—中等不透水料

4．滑坡处理中应注意的几个问题

（1）造成滑坡的原因不同，采取的处理措施也有所区别；但任何一种滑坡，都需要采取综合性的处理措施，如开挖回填、放缓坡、压重固脚和防渗排水等，而非单一方法所能解决。在处理时，一定要严格掌握施工质量，确保工程安全。

（2）在滑坡处理中，特别是在抢护工程中，一定要在确保人身安全的情况下进行工作。

（3）对滑坡性的裂缝，原则上不应采取灌浆方法处理，因为浆液中的水分，将降低滑坡体与坝体之间的抗剪强度，对滑坡稳定不利，而且灌浆压力也会加速滑坡体下滑。如必须采用时，一定要有充分论证，确保坝体的稳定。

（4）滑坡体上部与下部的开挖与回填，应该符合"上部减载"与"下部压重"的原则。开挖部位的回填，要在做好压重固脚以后进行。其下部开挖，要分段进行，切忌全面同时开挖，以免引起再次滑坡。

（5）不宜采用打桩固脚的方法处理滑坡，因为桩的阻滑作用很小，不能抵挡滑坡体的推力，而且打桩震动反而会助长滑坡的发展。

3.4　土坝渗漏及其加固处理

土坝的坝体和坝基，一般都具有一定的透水性，因此，水库蓄水后在坝后出现渗漏现象总是不可避免的。对于不引起土体渗透破坏的渗漏通常称为正常渗漏；相反，引起土体渗透破坏的渗漏称为异常渗漏。正常渗漏的特征为渗流量较小，水质清澈，不含土颗粒；异常渗漏的特征为渗流量较大、比较集中，水质浑浊，透明度低。

3.4.1　异常渗漏的类型和成因

按照土坝异常渗漏的部位可分为坝体渗漏、坝基渗漏、接触渗漏和绕坝渗漏。

1．坝体渗漏

水库蓄水后，水将从土坝上游坡渗入坝体，并流向坝体下游，渗漏的逸出点均在背水坡面，其逸出现象有散浸和集中渗漏两种。

散浸出现在背水坡上，最初渗漏部位的坡面呈现湿润状态，随着土体的饱和与软化，在坡面上会出现细小的水滴和水流。散浸现象特征为土湿而软，颜色变深，面积大，冒水泡，阳光照射有反光现象，有些地方青草丛生，或坝坡面的草皮比其他地方旺盛。需进一步鉴别时，可用钢筋轻易插入，拔出钢筋时带有泥浆。散浸处坝坡水温比一般雨水温度低，且散浸处的测压管水位高。

集中渗漏是指渗水沿着渗流通道、薄弱带或贯穿性裂缝呈集中水股形式流出，对坝体的危害较大。集中渗漏既会发生在坝体中，也可能发生在坝基中。

坝体渗漏的主要原因有以下几方面：

（1）设计考虑不周。坝体过于单薄，边坡太陡，防渗体断面不足，或下游反滤排水体设计不当，致使浸润线逸出点高于下游排水体；复式断面土坝的黏土防渗体与下游坝体之间缺乏良好的过渡层，使防渗体遭到破坏；埋于坝体的涵管，由于本身强度不够，基础地基处理不好，或涵管上部荷载分布不均，涵管分缝止水不当致使涵管断裂漏水，水流通过裂缝沿管壁或坝体薄弱部位流出；对下游可能出现的洪水倒灌没有采取防护措施，致使下游滤水体被淤塞失效。

（2）施工不按规程。土坝在分层、分段和分期填筑时，不按设计要求和施工规范、程序去做，土层铺填太厚，碾压不实；分散填筑时，土层厚薄不一，相邻两段的接合部分出现少压和漏压的松土层；没有根据施工季节采取相应措施，在冬季施工中，对冻土层处理不彻底，把冻土块填在坝内，而雨季及晴天的土体含水量缺乏有效控制；填筑土料及排水体不按设计要求，随意取土，随意填筑，致使层间材料铺设错乱，造成上游防渗不牢，下游止水失效，使浸润线抬高，渗水从排水体上部逸出。

（3）其他方面原因。由于白蚁、獾、蛇、鼠等动物在坝身打洞营巢，会造成坝体集中渗漏；由于地震等引起的坝体或防渗体的贯穿性横向裂缝也会造成坝体渗漏。

2. 坝基渗漏

上游水流通过坝基的透水层，从下游坝脚或坝脚以外覆盖层的薄弱部位逸出，造成坝后管涌、流土和沼泽化。

管涌为在土体渗透水压力的作用下，土体中的细颗粒在粗颗粒孔隙中被渗水推动和带出坝体以外的现象。

流土则为土体表层所有颗粒同时被渗水顶托而移动流失的现象。流土开始时坝脚下土体隆起，出现泉眼，并进一步发展，土体隆起松动，最后整块土掀翻被抬起。

管涌和流土都属于土体渗透破坏形式，在水库处于高水位时易发生。

坝基渗漏的主要原因有以下几方面：

（1）勘测设计问题。坝址的地质勘探工作做得不够细致，地基结构没完全了解，致使设计未采取有效的防渗措施；坝前水平防渗铺盖的长度和厚度不足，垂直防渗深度未达到不透水层或未全部截断坝基渗水；黏土铺盖与强透水地基之间未铺设有效的过滤层，或铺盖以下的土体为湿陷性黄土，不均匀沉陷大，使铺盖破坏而漏水；对天然铺盖了解不够清楚，薄弱部位未做补强处理。

（2）施工管理原因。水平铺盖或垂直防渗设施施工质量差，未达到设计要求；坝基或两岸岩基上部的风化层及破碎带未作处理，或截水槽未按要求做到新鲜基岩上；由于施工管理不善，在坝前任意挖坑取土，破坏了天然铺盖。

没有控制水库最低水位，使坝前黏土铺盖裸露暴晒而开裂，或不当的人类活动，破坏了防渗设施；对坝后减压井、排水沟缺乏必要的维修，使其失去了排水减压作用，导致下游逐渐出现沼泽化，甚至形成管涌；在坝后任意取土挖坑，缩短了渗径长度，影响地基渗透稳定。

3. 接触渗漏

接触渗漏是指渗水从坝体、坝基、岸坡的接触面或坝体与刚性建筑物的接触面通过，在坝后相应部位逸出。

接触渗漏的主要原因有以下几方面：

（1）坝基底部基础清理不彻底；坝与地基接触面未做结合槽或结合槽尺寸过小；截水槽下游反滤层未达到要求，施工质量差。

（2）土坝的两岸山坡没有很好清基，与山坡的接合面过陡，坝体与山坡接合处回填土夯压不实；坝体防渗体与山坡接触面没有作必要的防止坝体沉陷和延长渗径处理。

（3）土坝与混凝土建筑物接合处未做截水环、刺墙，防渗长度不够，施工回填夯压不实；坝下涵管分缝、止水不当，一旦出现不均匀沉陷，会造成涵管断裂漏水，产生集中渗流和接触冲刷。

4. 绕坝渗漏

绕坝渗漏是指渗水通过土坝两端山体的岩石裂缝、溶洞和生物洞穴及未挖除的岸坡堆积层等，从山体下游岸坡逸出。

绕坝渗漏的主要原因有：两岸的山体岩石破碎，节理发育，或有断层通过，而又未作处理或处理不彻底；山体较单薄，且有砂砾和卵石透水层；因施工取土或其他原因破坏了岸坡的天然防渗覆盖层；两岸的山体有溶洞以及生物洞穴或植物根系腐烂后形成的孔洞等。

3.4.2　土坝渗透变形的简单判别及计算

无黏性土的渗透破坏形式及其发生过程，与地质条件、土粒级配、水力条件、防渗排渗措施有关，通常可归结为流土、管涌、接触流失和接触冲刷四种类型。

其中，接触流失指在层次分明，渗透系数相差很大的两层土中，渗流垂直于层面运动时，将细粒层中细颗粒带入粗颗粒层中的现象。表现形式可能是单个颗粒进入邻层，也可能是颗粒群进入邻层，因此包含接触流土和接触管涌两种形式。接触冲刷指渗流沿着两种不同介质的接触面流动并带走细颗粒的现象。如建筑物与地基，土坝与涵管等接触面流动而造成的冲刷，都属于此类破坏。

对流土而言，作用力是单位土体的渗透力，如对管涌，则为单个颗粒的渗透力。只有土体中的细粒含量不断增加直至土颗粒所形成的孔隙被全部充填，形成一个实体时，管涌才转化为流土。土体孔隙中所含细粒的多少，是影响渗透变形的关键，若孔隙中只有少量细粒，则细粒处于自由状态下，在较小的水力坡降下，细粒将在渗流作用下由静止状态启动而流失。若孔隙中细粒不断增加，虽然仍处于自由状态，但因阻力增大，则需较大的水力坡降，才足以推动细颗粒运动。若孔隙全被细颗粒所充填，此时孔隙中的砂粒，就像微小体积的砂土一样，互相挤在一起阻力更大，渗流在这些砂粒中的运动与一般砂土中的渗流运动一样，因此这时的渗透破坏就是流土变形，需要更大的水力坡降。

对于任何水工建筑物及地基而言，渗透变形的形式可以是单一的，也可是多种形式出现于各个不同的部位，因此不能因为某种形式的渗透变形出现，而忽视其他部位的渗透变形。

就土体本身的性质而言，其破坏形式通常只有管涌和流土两种。

1. 土体渗透变形的判断

（1）用土料的不均匀系数 η 来判别。以前苏联的伊斯托明那为代表，认为不均匀系数

$$\eta = \frac{d_{60}}{d_{10}}$$

式中：d_{10} 为小于该粒径的沙量占总沙量的 10%；d_{60} 为小于该粒径的沙量占总沙量的 60%。

以上两参数可通过筛析法或沉降法测制粒配曲线获得。当 $\eta < 10$ 时，流土；当 $\eta > 20$ 时，管涌；当 $10 < \eta < 20$ 时，流土及管涌。

（2）用土体的孔隙直径与填土粒径之比来判别。前苏联的伊巴特拉雪夫等人提出，认为用土体平均孔隙直径 d_0 与土体细颗粒直径 d（在 $d_3 \sim d_{10}$ 之间选择）之比来判别，$\dfrac{d_0}{d} \leqslant 1.8$，则该土为非管涌土；$\dfrac{d_0}{d} > 1.8$，则该土为管涌土。

其中
$$d_0 = 0.026(1 + 0.15\eta)\sqrt{\dfrac{k}{n}}$$

式中：k 为渗透系数；n 为土体的孔隙率；η 为天然土的不均匀系数。

（3）用土体的细粒含量 P_z 判别。以马斯洛夫为代表，认为土体渗透变形是与细粒含量对粗料孔隙填充的程度有关，填充得越完全，渗透性越小。

中国水利水电科学研究院刘杰、南京水利科学研究院王伟提出了类似观点

$$P_z = \dfrac{\gamma_{d1} n_2}{(1 - n_2)\gamma_{sz} + \gamma_{d1} n_2}$$

式中：P_z 为细粒含量；γ_{d1} 为细粒干容重；n_2 为粗粒在压实状态下的孔隙体积；γ_{sz} 为粗料土粒密度。

国外学者提出这一问题，但未作深入研究。而我国科研人员根据自己试验结果，在上述公式的基础上，作了一些补充，提出判别标准：

刘 杰	王 伟
$P_z > 35\%$ 流土	$P_z > 33\%$ 流土
$P_z < 25\%$ 管涌	$P_z < 26\%$ 管涌
$25\% < P_z < 35\%$ 均可能出现	$26\% < P_z < 33\%$ 均可能出现

2. 渗流由下而上时流土的计算

通常，在土坝基础、水闸地基以及类似上部由不透水或弱透水盖重的地基情况，其非黏性土的流土临界坡降计算如下。

（1）太沙基公式。

单位土体在水中的重量＝作用于土体上的渗透力
$$(1 - n)\gamma_s - (1 - n)\gamma = \gamma J_B$$

所以
$$J_B = \left(\dfrac{\gamma_s}{\gamma} - 1\right)(1 - n)$$

式中：J_B 为流土的临界坡降；γ_s 为土粒密度，g/cm^3；γ 为水的容重，g/cm^3；n 为土体的孔隙率。

这一公式目前为英美国家所沿用，但该式计算结果偏小 $15\% \sim 25\%$。

（2）我国沙金煊公式。认为作用在单位土体上有四个力，即土体的浮重、土粒间的摩擦力、单位土体所受到的凝聚力和渗透力，然后用力平衡方程，推导得

$$J_B = \alpha\left(\dfrac{\gamma_s}{\gamma} - 1\right)(1 - n)$$

式中：α 为不规则颗粒表面积与等体积球体颗粒表面积的比值。

其公式主要考虑了土体颗粒的形状阻力。根据明滋、卡门试验资料：

1）对于各种砂粒，其值 $\alpha = 1.16 \sim 1.17$。

2）对有锐角的不规则颗粒 $\alpha=1.5$。

3）对各种颗粒混合的砂砾料近似用 $\alpha=1.33$。

计算管涌临界坡降的公式，迄今为止，不太成熟。

3.4.3 土坝的渗漏处理及加固措施

坝体发生渗漏后，应仔细检查观测，对资料进行分析、整理，找出渗漏原因，并根据具体情况，有针对性地采取相应的措施。处理土坝渗漏的原则是："上堵下排"或"上截下排"。在上游采取防渗措施，堵截渗漏途径；在下游采取导渗排水措施，将坝体内的渗水导出以增加渗透稳定和坝坡稳定。上堵的措施有水平防渗和垂直防渗。水平防渗指黏土水平铺盖和水下抛土等；垂直防渗有混凝土防渗墙、高压定向喷射板墙、灌浆、黏土贴坡、黏土截水墙、人工连锁井柱防渗墙和砂浆板桩防渗墙等。下排的措施是指在坝的背水坡开沟导渗，坝后做反滤透水盖重、导渗沟和减压井等。通常认为，垂直防渗处理效果比水平防渗好。

3.4.3.1 水平防渗措施

若坝基已发生渗透破坏，或经校核，在高水位情况下不能满足渗透稳定要求，应及时采取必要的加固措施，确保工程安全。

水平防渗是指在坝上游填筑黏土铺盖，与坝体防渗体连接，形成整体防渗，以延长渗径，控制地基渗透变形，减少渗流量。当土坝上游的人工或天然铺盖存在缺陷时，可采用原铺盖补强或增做铺盖等方法处理。

采用加固上游黏土防渗铺盖时，必须在水库具有放空条件下进行，且当地有做防渗铺盖的土料。铺盖长度应满足地基中的实际平均水力坡降和坝基下游未经保护的出口水力坡降小于允许坡降的要求，铺盖的防渗长度除与作用在铺盖上的水头有关外，还与铺盖土料的渗透系数大小和坝基情况等有关。一般在水头较小，透水层较浅的坝基中，土坝的铺盖长度可采用 5～8 倍水头；对水头较大，透水层较深的坝基可采用 8～10 倍水头。当铺盖长度达到一定限度时，再增加长度，其防渗效果就不显著。

铺盖厚度应保证各处通过铺盖的渗透坡降不大于允许坡降（对黏土一般采用 4%～6%，对壤土可减少 20%～30%），应自上游向下游逐渐加厚。一般铺盖前端厚 0.3～1.0m；与坝体相接处为 1/6～1/10 水头，一般不小于 3m。

对于砂料含量少，层向系数不合乎反滤要求，透水性较大的地基，必须先铺筑滤水过渡层，再回填铺盖土料。

水库放空，铺盖有干裂、冻融的可能性时，则应加铺一定厚度的保护层。铺盖土料的渗透系数应不大于 10^{-5} cm/s，坝基土的渗透系数与铺盖土料的渗透系数的比值应大于 100。

水平铺盖适用于较深的透水地基。

3.4.3.2 垂直防渗措施

对于透水地基而言，采用垂直防渗措施，其截渗效果比水平防渗措施显著。垂直防渗的方法很多，既有适用于坝基防渗，又有适用于坝体防渗及绕坝防渗的方法，应根据渗漏原因和具体条件选取。

1. 抽槽回填

当均质土坝和斜墙坝因施工质量不好或其他原因造成坝体渗漏，在上游坝坡面形成渗漏通道,渗漏部位明确且高程离水库水面3m以内时,可首先考虑采用抽槽回填方案,因为它比较可靠。施工时,水库水位必须降至渗漏通道高程以下1m。开挖时采用梯形断面,抽槽范围必须超过渗漏通道以下1m和渗漏通道两侧各2m,槽底宽度不小于0.5m,深度应超过斜墙厚度以外0.5m,且不小于3m;边坡应满足稳定及新旧填土结合的要求,一般采用1:0.4~1:1.0。挖出的土不要堆在槽壁附近,以免影响槽壁的稳定,必要时应加支撑,确保施工安全。

回填的土料应与原土料相同。回填土应分层夯实,每层厚度为10~15cm,要求压实厚度为填土厚度的2/3。回填土夯实后的干容重不得低于原坝体设计值。回填后的坝坡保护应与原坝体护坡相同。

对于坝体内的渗流通道可采用灌浆法充填密实。

2. 铺设土工膜

土工膜是用沥青、橡胶、塑料等制成的。土工膜的加工方法有喷涂和压延。土工膜分有筋与无筋两种,加筋材料一般为合成纤维织物或玻璃丝布。用于土石坝防渗的土工膜因为要承受较大的水压力,所以其所用土工膜比用在渠道上的土工膜要厚一些。

土工膜有很好的防渗性,其渗透系数一般都小于10^{-8}cm/s。土工膜可以代替黏土、混凝土或沥青等防渗材料。为避免土工膜被硬物刺穿,一般需要用重量大于$200g/m^2$的土工织物作为保护。由两种以上的土工织物、土工膜或其他有关材料的合成物称为复合土工膜。

(1)土工膜厚度的确定,一般按经验公式计算。根据承受水压力、垫层土料粒径和土工膜物理力学指标确定

$$\delta = \frac{\gamma H d^{1.03}}{\sqrt{\frac{\left(\frac{[\sigma]}{0.0347}\right)^3}{E}}}$$

式中:δ为土工膜厚度;γ为水的容重;H为作用在土工膜上的水头;d为砂砾石粒径(最大粒径不超过6mm);E为土工膜弹性模量,Pa;$[\sigma]$为土工膜允许抗拉强度,Pa。

根据漏水通道尺寸、水压力及膜料物理力学指标确定

$$\delta = \frac{PS^2}{4f[\sigma]}$$

式中:S为漏水裂缝宽度;f为薄膜受水压垂度;P为水压力,Pa;$[\sigma]$为薄膜允许抗拉强度,Pa。

以上述的计算结果确定层厚和层数。

土工膜厚度的选择也可直接根据承受水压力的大小而定。承受30m以下水头的,可选用非加筋聚合物土工膜,铺膜总厚度0.3~0.6mm;承受30m以上水头的,宜选用复合土工膜,膜厚度不小于0.5mm。

(2)土工膜铺设范围应超过上游坝坡面渗漏范围上下左右各2~5m。

(3)土工膜的连接,一般采用焊接,热合宽度不小于0.1m;采用胶合剂粘接时,

粘接宽度不小于 0.15m。粘接可用胶合剂也可用双面胶布粘贴，要求粘接均匀、牢固、可靠。

（4）铺设前应进行坡面处理，先将铺设范围内的护坡拆除，再将坝坡表层挖除 0.3～0.5m，并彻底清除树根杂草，坡面修理平顺、密实，然后沿坝坡每隔 5～10m 挖防滑沟一道，沟深 1.0m，沟底宽 0.5m。

（5）土工膜铺设。将卷成捆的土工膜沿坝坡由下而上纵向铺放，同时周边用 V 形槽埋固好。铺膜时不能拉得太紧，以免破坏。施工人员不允许穿带钉鞋进入现场。

（6）回填保护层要与土工膜铺设同步进行。保护层可采用沙壤土或沙，厚度不小于 0.5m，先回填防滑槽，再填坡面，边回填边压实，最后在保护层上按设计恢复原有护坡。

以上方法适用于均质坝或斜墙坝截渗。

3. 坝体劈裂灌浆

劈裂灌浆是利用河槽段坝轴线附近的小主应力面，一般为平行于坝轴线的铅直面这个规律，沿坝轴线单排布置相距较远的灌浆孔，利用泥浆压力人为的劈开坝体，灌注泥浆，并使浆坝互压，最后形成一定厚度的连续整体泥墙，起到防渗的作用，同时，泥浆使坝体湿化，产生沉降，增加坝体的密实度。

（1）劈裂灌浆作用机理。

1）泥浆对坝体的充填作用。劈裂灌浆对坝体有很大的充填能力，在坝体内部劈开一条灌浆通道，这个通道又可能把坝体内邻近的缝隙连通起来，灌入更多更稠的浆液，以达到处理隐患，充填坝体和构造防渗帷幕的目的。劈裂与充填同时进行，随灌随劈随充填，达到缝开浆到料满。

2）浆坝互压作用。劈裂式灌浆把大量浆液压入坝体，通过浆液和坝体互压，坝体湿陷，浆液固结的作用，使浆液和坝体都发生质量的变化。浆液和坝体相互作用过程为：灌浆时，浆压坝；停灌时，坝压浆。作用的结果是在一定范围内压密了坝体，使水平压应力增加，同时泥浆被压密固结，达到一定的密实度要求。

3）湿陷作用。泥浆进入坝体时，大量的水也随之进入坝体。水除了产生孔隙水压力（根据观测可达 8～10Pa，但不会危及土坝的安全）外，还对坝体产生湿陷作用。湿陷作用的大小与土坝质量和土料性质有关。

一般需灌浆的土坝，都存在坝体质量不好，干容重较低等问题，所以灌浆后都会产生湿陷。湿陷作用的产生使坝体沉降，增加了坝体密度。

4）灌浆的固结和压密作用。

a. 析水作用。泥浆在裂缝或孔洞中，流速逐渐减慢直至停止，经过上段时间后，大量自由水析出，澄清的水在浆液上部，再经过其他作用进入坝体或用吸管吸出坝体。析水作用除与浆液中的颗粒大小和成分有关外，还与水中的离子性质有关。

b. 物理化学作用。包括土颗粒的电分子引力作用、水中的离子水化作用和孔隙中的毛细管作用。土对水的物理化学作用表现为土对水的吸力，同一类土其含水量越小，坝体越干燥，吸力越大。所以，在坝体干燥或在浸润线低的情况下灌浆，对固结有利。

c. 渗透作用。水在重力和压力作用下产生渗流，即灌浆压力使浆液渗入坝体，坝体回弹加速水分排出。

d. 凝结作用。通过观测泥浆孔隙水压力和开挖检查表明，灌浆后第 1 个月泥浆固结 80％左右，10 个月即可接近固结。

(2) 劈裂灌浆设计要点。

1) 灌浆孔的设计。在灌浆设计前，应将土坝问题的性质、隐患的部位研究分析清楚，然后才能有针对性地进行灌浆设计。灌浆设计一般包括以下内容：

a. 布孔位置。确定孔位，要根据坝体质量、小主应力分布情况、裂缝及洞穴位置、地形等用不同的灌浆方法和不同的要求区别对待，一般分为河床段、岸坡段、弯曲段及其他特殊的坝段，如裂缝集中、洞穴和塌陷、施工结合部位等。在河床段，一般沿坝轴线或偏上游直线单排布孔。对重要的坝或普遍碾压不实，土料混杂，夹有风化块石，存在架空隐患的坝体，可采用双排或 3 排布孔，增加土体强度，改善坝体结构和防渗效果，排距一般为 0.5～1.0m。在岸坡段或弯曲段，由于坝体应力复杂，劈裂缝容易沿圆弧切线发展，应根据其弧度方向采用小孔距布孔，或采用多排梅花形布置，也可以通过灌浆试验确定，但必须保证形成连续的防渗帷幕。

b. 分序钻孔。分序钻灌是把一排孔分成几序钻孔灌浆，这样可以使灌入的浆液平衡均匀分布于坝体，有利于泥浆排水固结，避免坝体产生不均匀沉降和位移而出现新的裂缝。同时，后序孔灌注的浆液对前序孔可起到补充作用。分序钻灌一般按由疏到密的原则布孔。第一序孔间距的确定与坝高、坝体质量、土料性质、灌浆压力、钻孔深度等有关。土坝高、质量差、黏性低，可采用较大的间距；土坝低、质量较好、黏性高，可采用较小的间距。第一序孔距一般采用坝高的 2/3 或孔深的 2/3。先钻灌一序孔，后在一序孔中间等分插钻二序孔。孔序数一般分为二序，最多不宜超过三序孔，并尽量减少钻、灌机械设备的搬迁次数。如果坝体质量很好，但局部表面有裂缝和洞穴等，也可辅以充填灌浆。

c. 孔深、孔径和钻孔。孔深一般达到隐患以下 2～3m。对于坝体碾压质量很差，且渗流隐患较严重的坝，钻孔可深至坝底，甚至深入基岩弱风化层 0.5m，并尽量保持垂直，斜率控制在 15％以内，以保证相邻两灌浆孔之间所形成的防渗浆体帷幕能够很好的衔接。孔径采用 5～10cm 为宜，太细则阻力大，易堵塞。钻孔采用干钻，如钻进确有困难时，可采用少量注水的湿钻，但要求保护好孔壁连续性，不出现初始裂缝，以免影响劈裂灌浆效果。

d. 终孔距离。终孔距离的确定，应考虑坝型、填坝土料、孔深以及灌浆次数等因素，在保证劈裂灌浆连续和均匀的条件下，应适当放大孔距，降低工程造价。对重要工程一般可通过现场灌浆试验决定。对于中小型工程，如河槽段孔深在 30～40m，可采用 10m 左右的孔距；孔深小于 15m，可采用 3～5m 孔距；在岸坡段则宜选用 1.5～3.0m 的孔距。对于黏粒含量较高的坝，孔距可小些；对于砂性土坝，孔距可放大些。但是，孔距太大，会造成单孔注浆量大和注浆时间长，浆脉厚度不均匀，两孔之间浆脉不易衔接连续；孔距过小，增加钻灌工程量，坝体易产生裂缝，造成串浆冒浆现象。因此，要根据工程的实际情况，因地制宜地确定经济合理的孔距。

2) 坝体灌浆控制压力的确定。灌浆压力系指注浆管上端孔口的压力值，即灌浆时限制的最大压力。灌浆压力是泥浆劈裂坝体所具备的能量，是影响大坝灌浆安全和灌浆效果的主要因素，也是劈裂灌浆设计的一个重要控制指标。灌浆压力设计合理，对坝体的压密和回弹，浆脉的固结和密实度，泥浆的充填和补充坝体小主应力的不足以及保证泥浆帷幕的防渗效果等都有很大作用。反之，将影响灌浆质量，并可能破坏坝体结构，产生不良的效果。但是灌浆压力的设计是一个比较复杂的问题，它与坝型、坝高、坝体质量、灌浆部位、浆液浓度以及灌浆量的大小等因素有关，通常可采用公式估算，重要工程还应通过试验确定。一般注浆管孔口上端压力值不超过 49kPa。

3）坝体灌浆帷幕设计厚度。浆体厚度是指灌浆泥墙固结硬化以后的厚度。确定其厚度，应考虑浆体本身抗渗能力、防渗要求、坝体变形、安全稳定以及浆体固结时间等因素，一般按渗透理论、变形稳定、固结时间及浆脉渗透破坏验算等决定，一般为 10～50cm。

4）浆液的配制。泥浆的选择应考虑灌浆要求、土石坝坝型和土料、隐患性质和大小等因素，一般对土料的要求，黏粒含量不能太少，水化性好，浆液易流动，且有一定的稳定性。具体要求是：浆液土料应有 20% 以上的黏粒含量和 40% 以上的粉粒含量，浆液容重一般为 $1.27～1.57g/cm^3$。制浆一般采用搅拌机湿法制浆，随时测定泥浆密度，使其达到设计要求。

（3）灌注方法。土坝劈裂灌浆也要按逐步加密的原则划分次序进行。不宜在小范围内集中力量搞快速施工。每个灌浆深孔都应自下而上的分段灌浆。先将置入的孔管提离孔底 2～3m 作第一段灌浆，等经过多次复灌完毕后再上提 2～4m 作第二段灌浆，如此直到全孔灌完。

浆液自管底压出，促使劈裂从最低处开始，而后向高处延伸，争取造成"内劈外不劈"，提高灌浆效果。应力求避免将劈缝延伸到坝顶，产生冒浆。为此目的，应限制注浆率不能太快，每次的注浆量不能太多，从而限制住每次的劈缝不能延伸得太远，开裂得太宽。所需要的"泥墙"厚度要在多次重复灌浆中逐步达到，而不能一气呵成。在一个孔段中灌够限定的浆量时，本次灌浆即可停止，必要时再等下次重复灌浆。

规定每次限定的灌入浆量，可根据该孔的施工次序所已达到的孔距、孔深和期望得到的劈缝宽度进行计算，即

$$Q = \alpha\beta Lh\delta$$

式中：Q 为每次限定的灌入浆量，m^3；α 为孔距系数，可取 0.5～0.6；β 为孔序系数，分三序施工时 Ⅰ 序孔取 0.5，Ⅱ 序孔取 0.3，Ⅲ 序孔取 0.2；分二序孔施工时 Ⅰ 序取 0.65，Ⅱ 序取 0.35；L 为与相邻孔的孔距，m；h 为灌段中点的埋藏深度，m；δ 为本次期望得到的平均劈缝宽度，m，一般不宜大于 0.05m。

在灌浆中，复灌间隔时间主要以灌入坝体裂缝中浆体的固结状态来确定，应待前次灌入的泥浆基本固结以后，再进行复灌，可参考表 3-3 中经验数据确定。

表 3-3   复灌间隔时间参考表

浆体厚度（cm）	3	6	12	24	36
间隔时间（d）	5	10	20	40	50

复灌次数（指单孔需要反复灌浆多少次）以泥浆对坝体的压缩效果，一次注浆允许增加的厚度及浆体帷幕厚度等条件确定。一般第一序孔吸浆量占总灌浆量的60%以上，灌浆次数也相应多些，可为8~10次；第二、第三序孔主要起均匀帷幕厚度的作用，灌浆次数少些，一般为5~6次。总之，复灌次数一般不少于5次。

当每孔灌完后，可将注浆灌拔出，向孔内注满容重大于14.7kN/m³的稠浆，直至浆面升至坝顶不再下降为止。必须注意，在雨季及库水位较高时，不宜进行灌浆。

4. 冲抓套井回填

冲抓套井回填法是利用冲抓式打井机具，在土坝或堤防渗漏范围造井，用黏性土分层回填夯实，形成一道连续的套接黏土防渗墙，截断渗流通道，起到防渗的目的。此外，在回填黏土夯击时，夯锤对井壁土层挤压，使其周围土体密实，提高堤坝质量，从而达到防渗和加固的目的。

（1）确定套井处理范围。根据土坝工程渗漏情况，即渗漏量大小、出逸点位置、施工记录以及钻探、槽探资料分析，尽量确定全面渗漏范围。处理坝段长度，一般以渗漏点向左右沿轴线延伸约为坝高的1倍距离。如处理一个漏洞时，要考虑到漏洞不是一条直线，要适当扩大范围，其深度也要超过渗出点3m。

（2）套井防渗墙设计。冲抓套井回填黏土防渗墙处理堤坝渗漏的设计，主要包括冲抓套井平面布置、孔距、孔深、排距和防渗墙厚度等。

1）套井平面布置。套井防渗墙，在平面上按主井、套井相间布置，一主一套相交连成井墙，如图3-12所示。套井为整圆，主井被套井切割，呈对称蚀圆。从降低浸润线高度考虑，黏土心墙坝或均质坝套井应尽量布置在坝轴线上游侧，但为了与原防渗体连成整体，坝基防渗也可布置在上游河床上。

2）套井的排数与排距。套井的排数，即需要的套井回填黏土防渗墙的厚度，可根据渗透计算确定。计算内容侧重于渗透坡降的验算。确定防渗墙的有效厚度如下

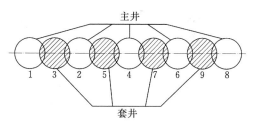

图3-12 冲抓套井造孔顺序排列示意图

$$T \geqslant \frac{\Delta H}{J}$$

$$\Delta H = H_1 - h$$

式中：T为防渗墙有效厚度；ΔH为防渗墙承担的最大水头；H_1为上游水位；h为防渗墙下游水位；J为防渗墙允许渗透坡降（对于黏土一般采用6~8）。

根据试验测得的资料，土坝由于冲抓建造防渗墙的侧向挤压作用，一般影响范围约为套井边缘外0.8~1.0m，其中符合设计干容重要求的有效环形厚度为0.2~0.3m。1排套井的实际有效厚度为1.3~1.4m，为安全计，采用有效厚度为1.1~1.2m。一般在高度25m以下的土坝防渗，可考虑1排套井，在施工中再根据渗漏情况，必要时可增设加强孔，以加厚防渗墙，满足防渗的要求。坝高超过25m，达到40m的土坝，可考虑采用2排或3排套井，根据几何关系推导，井距、排距、有效厚度计算公式见图3-13和表3-4。

表 3 - 4　　　　　　　　　　　　　计 算 公 式 表

钻井排数	最优 α 角	井距 L_i	排距 S_i	有效厚度 T_i
1	45°	$L_1 = 2R\cos\alpha$		$T_1 = 2R\sin\alpha$
2	38°34′	$L_2 = 2R\cos\alpha$	$S_2 = R(1+\sin\alpha)$	$T_2 = (1+3\sin\alpha)$
3	30°	$L_3 = 2R\cos\alpha$	$S_3 = R(1+\sin\alpha)$	$T_3 = (1+4\sin\alpha)$

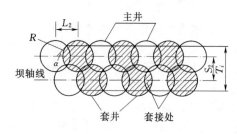

图 3 - 13　钻井平面套接布置示意图

当两排相切时，$S_2 = R\sqrt{4-\cos^2\alpha}$，$T_2 = R\sqrt{4-\cos^2\alpha} + 2R\sin\alpha$，如考虑有效环变厚度，则将有效厚度加入。

如为 2 排井，最优 $\alpha = 38°34′$，钻井直径 110cm，则井距 $L_2 = 2 \times 0.55\cos38°34′ = 0.86$m，排距 $S_2 = R(1+\sin\alpha) = 0.55(1+\sin38°34′) = 0.89$m；如为 3 排，$\alpha = 30°$，则井距 $L_3 = 0.95$m，排距 $S_3 = 0.83$m。

3）套井深度。根据坝体填筑质量确定，要求做到填筑质量较密实，保证紧邻防渗墙土体的渗透系数与防渗墙的渗透系数相接近，并深入坝体填筑质量较好的土层内 1~2m。对坝基漏水，深入不透水层或至较好的岩基。坝内设有涵洞的，为不影响涵洞质量，一般在洞顶以上 5m 处，不要冲击，而是采用钻头自重抓土。

4）套井孔距。孔距决定于两孔间的搭接长度。搭接长，则孔距小，增加了套井工程量；反之，搭接短，则孔距大，可减少总孔数。每个套井直径约为 1.1m。过去主要考虑搭接处要达到 70~80cm 厚度，套井中心距一般为 65~75cm。实践证明，由于夯击时侧向压力作用，套井搭接处的坝体渗透系数小于套井中心处的渗透系数。因此，套井搭接处的厚度虽然小于套井中心处，但防渗强度大于中心处，说明两孔套接处不会产生集中渗流，套井孔距可以加大。现在一般将井中心距离由 65~75cm 加大到 80~90cm，以节省工程量，降低工程造价。

（3）回填土料选择。回填土料的质量是套井回填成功的关键，对所选料场必须做土工物理力学指标试验，与原坝体指标对比，加以确定。一般要求是非分散性土料，黏粒含量在 35%~50%，渗透系数小于 10^{-5}cm/s，干密度要大于 15kN/m³，干密度与含水量通过现场试验控制在设计要求的范围内。

（4）此法适用于均质坝和宽心墙坝。

5. 混凝土防渗墙

混凝土防渗墙是利用钻孔、挖槽机械，在松散透水地基或坝（堤）体中以泥浆固壁，挖掘槽形孔或连锁桩柱孔，在槽（孔）内浇筑混凝土或回填其他防渗材料筑成的具有防渗等功能的地下连续墙。处理基础的防渗墙，将其上部与坝体的防渗体相连接，墙的下部嵌入基岩的弱风化层；处理坝体的防渗墙，其下部应与基础的防渗体相连接；处理坝体、坝基的防渗墙，可从坝顶造槽孔，直达基岩的弱风化层。在防渗加固中，只要严格控制质量，是可以截断渗流，从而保证已建坝体和坝基渗透稳定，并有效减少渗透流量，这对于保证险库安全，充分发挥水库效益起着重要作用。

（1）设计要点。采用混凝土防渗墙，其设计布置形式可分为两种：第一种为坝体坝基都出现渗漏的均质土坝和心墙土坝，混凝土防渗墙轴线一般布置在坝轴线附近的上游或坝轴线上，如图3-14和图3-15所示；第二种为坝基出现渗漏的斜墙土坝，在水库可以放空的条件下，混凝土防渗墙轴线一般布置在斜墙脚下，如图3-16所示，如坝体坝基均渗漏，其布置同均质土坝。

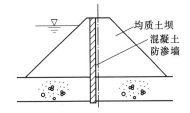

图3-14　均质土坝混凝土防渗墙位置示意图

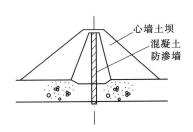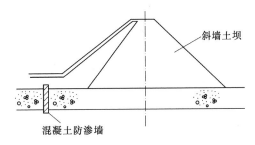

3-15　心墙土坝混凝土防渗墙位置示意图　图3-16　黏土斜墙土坝混凝土防渗墙位置示意图

1）防渗墙形式。一般采用槽孔式防渗墙。这种形式的混凝土防渗墙是由许多混凝土板墙套接而成的。施工时，先建造单号槽孔混凝土墙，后建造双号槽孔混凝土墙，由单、双号槽孔混凝土套接成一道墙，其槽孔混凝土墙壁应平整垂直，以满足设计要求的厚度。

槽孔长度应根据工程地质及水文地质条件、施工部位、成槽方法、机具性能、成槽历时、墙体材料供应强度、墙体顶留孔的位置、浇筑导管布置原则等综合确定，一般为5.0～7.5m。在保证造孔安全成墙，质量好的前提下，槽孔越长，套接接缝越少，墙的防渗性能越好。但浇筑混凝土时，要求混凝土的供应强度要大。槽形孔混凝土防渗墙平面布置如图3-17所示。

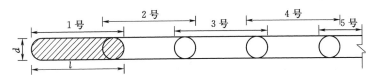

图3-17　槽形孔混凝土防渗墙平面布置示意图
d—混凝土桩柱直径；l—槽孔长度

防渗墙厚度的选择应根据：①满足渗透稳定条件的要求；②要考虑施工机械条件；③抗渗稳定决定于水力梯度，而水力梯度又随抗渗标号的提高而增强。一般根据最大水头和允许水力梯度确定防渗墙的厚度，一般为0.3～1.0m。

防渗墙工程一般采用柔性接头。墙段连接可采用接头管（板）法、钻凿法、双反弧桩柱法和切（铣）削法等。接头管（板）法是在国内外使用最多的一种墙段连接方法。该方法是在建造完成的一期槽孔混凝土浇筑前，在其端孔处下入钢制的接头管（板），待混凝土初凝后，用专用机械将管（板）拔出后，在两期槽孔之间形成一定形状的曲面接头。这种接头，在墙段连接处为楔形结构，两期墙段之间又嵌有 PVC 或橡胶止水带，防渗和止水效果较佳。我国承建的越南拜尚堪防渗墙中采用了这种墙段连接方式，取得了成功。该类接头方式适用深度有一定限制，一般不超过 30m。

钻凿法是一种我国最早并广泛采用的墙段连接方法，即采用冲击式钻机在已浇筑的一期槽（混凝土终凝后）两端主孔中套打一钻，重新钻凿成孔，在墙段间形成半圆形接缝连接的一种方法，它适用于低强度（<20MPa）的墙体材料。

双反弧桩柱法是先行建造并浇筑一期槽或圆桩，相邻一期槽孔（桩）之间的双反弧桩孔用特制的双反弧钻头钻凿，最后清除桩孔两端反弧上的泥皮及地层残留物，清孔换浆，浇筑混凝土，从而形成连续的墙体。该方法在国外多用于墙体深度 60m 的地下连续墙，如加拿大的马尼克－3 号主坝防渗墙最大墙深 131m，墙深超过 52m 的墙段采用的就是双反弧桩柱法。在国内，已有多个工程成功运用这一墙段连接方法，如长江三峡一、二期围堰等。四川冶勒水电站防渗墙试验工程，双反弧桩孔深度达 100m。

切（铣）削法是利用抓斗或液压镜切削或镜削一定宽度的一期混凝土而形成平面或锯齿状的接头。切削法适用于抗压强度较低的塑性混凝土或固化灰浆。切（铣）削法曾在小浪底左岸段防渗墙施工中采用，具体方法是：在防渗墙施工前先开挖横向接头孔，浇筑塑性混凝土后再开挖一、二期槽孔，两期槽孔的混凝土平接，位于槽孔中的塑性混凝土被切削后，上、下游各有一定厚度的塑性混凝土塞保护接缝，减少渗漏。这种方法可解决套打高强混凝土接头孔困难的问题。

2）防渗墙墙体材料的选择。防渗墙墙体材料一般分为刚性材料和柔性材料两类，主要有普通混凝土、黏土混凝土、塑性混凝土、固化灰浆和自凝灰浆等。

a. 普通混凝土。以水泥、粉煤灰为胶凝材料拌制的适合在水下浇筑的大流动性混凝土，其胶凝材料用量不宜低于 $350kg/m^3$，水胶比不宜大于 0.6，砂率不宜小于 40%。其是刚性墙体材料，主要用于对强度和抗渗性能要求较高的地下连续墙工程。

b. 黏土混凝土。除水泥、粉煤灰外，掺加了占胶凝材料总量 20% 左右的黏土的大流动性混凝土。在 20 世纪 90 年代以前，它是我国建造防渗墙使用最多的墙体材料。其变形模量仍然大大高于地基，仍属刚性墙体材料，不可与塑性混凝土相混淆。黏土混凝土中的黏土也可用膨润土替代，但其掺量较低，一般为水泥和膨润土总量的 10% 左右。

c. 塑性混凝土。水泥用量较低，并掺加较多的膨润土、黏土等材料的大流动性混凝土，它具有低强度、低弹模和大应变等特性。其水泥用量不宜少于 $80kg/m^3$，膨润土用量不宜少于 $40kg/m^3$，水泥与膨润土的合计用量不宜少于 $160kg/m^3$。防渗墙嵌入基岩内，与地基联合受力。由于地基覆盖层是松散的砂砾石料，在水库蓄水后，会产生较大变形，混凝土防渗墙也会产生裂缝。为防止裂缝，采用塑性混凝土，降低弹性模量，使之与地基弹性模量相接近，提高墙的抗拉强度，以适应地基较大变形。

d. 固化灰浆。在已建成的槽孔内，以固壁泥浆为基本浆材，在其中加入水泥、水玻璃、粉煤灰等固化材料以及砂和外加剂，经搅拌均匀后固化而成的一种低强度、低弹模和大极限应变的柔性墙体材料。固化灰浆单位体积的水泥用量不宜少于 $200kg/m^3$，水玻璃用量宜为 $35kg/m^3$ 左右，砂的用量不宜少于 $200kg/m^3$。

e. 自凝灰浆。以水泥、膨润土等材料拌制的浆液，在建造槽孔时起固壁作用，槽孔建造完成后，该种浆液可自行凝结成一种低强度、低弹模和大极限应变的柔性墙体材料。其水泥用量不应小于 $100kg/m^3$，如低于此值自凝灰浆将难以凝固。同时，其水泥用量不宜大于 $300kg/m^3$，如大于此值，其流动性的减弱和凝结时间的缩短，均不利于成槽施工。另外，为了保证成槽过程中浆液有较长时间的流动性，拌制自凝灰浆可加入缓凝剂。但如果成槽速度很快，或在气温较低的情况下施工，也可不掺加缓凝剂。

总之，不同种类的墙体材料有不同的性能适用范围，其材料组成、施工方法及造价也各不相同，应根据具体用途和工程条件选择墙体材料。墙体材料各项性能指标之间的匹配应合理，否则在施工中难以兼顾各项性能要求，既造成资源浪费，也不利于工程质量评定。各种墙体材料性能的一般适用范围参见表 3-5。

表 3-5 防渗墙墙体材料性能的一般适用范围

类型	抗压强度（MPa）	弹性模量（MPa）	抗渗等级	渗透系数（cm/s）	允许渗透坡降
普通混凝土	15.0~35.0	22000~31500	≥W6	≤4.19×10^{-9}	150~250
黏土混凝土	7.0~12.0	12000~20000	≥W4	≤7.8×10^{-9}	80~150
塑性混凝土	1.0~5.0	300~2000	—	$n\times10^{-6}$~$n\times10^{-8}$	40~80
固化灰浆	0.3~1.0	30~200	—	$n\times10^{-6}$~$n\times10^{-7}$	30~60
自凝灰浆	0.1~0.5	30~150	—	$n\times10^{-6}$~$n\times10^{-7}$	20~50

3）混凝土防渗墙与防渗体的衔接。当混凝土防渗墙与土体为插入式连接方式时，混凝土防渗墙顶应作成光滑的模型，插入土质防渗体高度宜为 1/10 坝高，高坝可适当降低，或根据渗流计算确定，低坝不应低于 2m。在墙顶宜设填筑含水率略大于最优含水率的高塑性土区。墙底一般宜嵌入弱风化基岩 0.5~1.0m。对风化较深或断层破碎带应根据其性状及坝高予以适当加深。

（2）成墙施工。泥浆下混凝土浇筑是混凝土防渗墙中最为常见的施工方式，以下仅就此进行简述。

泥浆下浇筑混凝土应采用直升导管法，导管内径以 200~250mm 为宜。直径过小容易发生堵管事故，甚至引发严重的质量事故，故在选择导管直径时应注意它与最大骨料粒径的匹配关系，国内外某些同类规范规定导管直径不小于最大骨料粒径的 6倍，故建议浇筑二级配混凝土采用直径 240mm 以上的导管，直径 150mm 的导管一般只适用于浇筑薄型混凝土防渗墙。一个槽孔使用两套以上导管浇筑时，中心距不宜大于 4.0m。导管中心至槽孔端部或接头管壁的距离宜为 1.0~1.5m。

开浇前，导管底口距槽底应控制在 150~250mm 范围内。此距离小于 150mm，不利于导管内泥浆排出，易发生塞管事故；超过 250mm，在混凝土供应不上时，会造成返浆、混浆事故。实际操作方法是：先将导管放至槽底，然后向上提升 150~250mm，将导管安放在槽口的井架上。开浇前，导管内应放入可浮起的隔离塞球或其他适宜的隔离物。开浇时宜先注入少量的水泥砂浆，随即注入足够的混凝土，挤出塞球并埋住导管底端。

混凝土浇筑过程中须遵守下列规定：导管埋入混凝土的深度不得小于 1m，不宜大于 6m；混凝土面上升速度不得小于 2m/h；混凝土面应均匀上升，各处高差应控制在 500mm 以内；至少每隔 3min 测量一次槽孔内混凝土面深度，每隔 2h 测量一次导管内的混凝土面深度，并及时填绘混凝土浇筑指示；槽孔口应设置盖板，避免混凝土由导管外撒落槽孔内；应防止混凝土将空气压入导管内。

混凝土终浇高程应高于设计规定的墙顶高程 0.5m，但不宜高于冻土层底部高程。

6. 倒挂井混凝土圈墙

倒挂井混凝土圈墙又称连锁井柱。此法是利用人工挖井，在井内浇筑混凝土井圈，然后在井圈内回填素混凝土，形成井柱，各井柱彼此相连，构成连锁井柱混凝土防渗墙。连锁井柱通常布置在上游坝脚处，用黏土铺盖并与坝体相连。

7. 高压喷射灌浆

高压喷射灌浆，简称高喷灌浆或高喷，其与静压灌浆作用原理有根本的区别。静压灌浆借助于压力，使浆液沿裂隙或孔洞进入被灌地层。当地层隙（洞）较大时，虽然可灌性好，但浆液在压力作用下，扩散很远，难于控制，要用较多的灌浆材料。高压喷射灌浆则是一种采用高压水或高压浆液形成高速喷射流束，冲击、切割、破碎地层土体，并以水泥基质浆液充填、掺混其中，形成桩柱或板墙状的凝结体，用以提高地基防渗或承载能力的施工技术，因而比静压灌浆的可灌性和可控性好，而且节省了灌浆材料。

该项技术具有设备简单、适应性广、功效高、效果好等优点，适用于淤泥质土、粉质黏土、粉土、砂土、卵（碎）石等松散透水地基（最大工作深度不超过 40m 的软弱夹层、砂层、砂砾层地基渗漏处理）。而在块石、漂石层过厚或含量过多的地层，应进行现场试验，以确定其适用性。

（1）高压喷射灌浆作用机理。

1）冲切掺搅作用。水压力高达 20～40MPa 的强大射流，冲击被灌地层土体，直接产生冲切掺搅作用。射流在有限范围内使土体承受很大的动压力和沿孔隙作用的水力劈裂力以及由脉动压力和连续喷射造成的土体强度疲劳等，使土体结构破坏。在射流产生的卷吸扩散作用下，浆液与被冲切下来的土体颗粒掺搅混合，形成设计要求的结构。

2）升扬置换作用。在水、气喷射时，压缩空气在水射束周围形成气幕，保护水射束，减少摩阻，使水射束能量不过早衰减，增加喷射切割长度。在喷射切割过程中，水、气、浆与地层中被切割下来的细颗粒掺混，形成气泡混合液，在能量释放过程中，沿切割内槽及孔壁与喷射管的间隙向上升扬流出孔口地面。由于压缩空气在浆液中分散成的气泡与地面大气的压差作用，使得冒出的浆液呈沸腾状，增加了升扬挟带能力，使切割掺搅范围内的细颗粒成分更容易被带出地面，而浆液则被掺搅灌入地层，使地层的组成成分产生变化。

3）充填挤压作用。在高压喷射束的末端及边缘，能量衰减较大，不能冲切土体，但对周围土体产生挤压作用，使土体密实；在喷射过程中或喷射结束后，静压力灌浆作用仍在进行，灌入的浆液对周围土体不断产生挤压作用，使凝结体与周围土体结合更加密实。

4）渗透凝结作用。高压喷射灌浆，除在冲切范围以内形成凝结体外，还能使浆液向冲切范围以外渗透，形成凝结过渡层，也具有较强的防渗性。渗透凝结层的厚度与被灌地层的组成级配及渗透性有关。在透水性较强的砾卵石层，其厚度可达 $10\sim50cm$；在透水性较弱的地层，如细砂层和黏土层，其厚度较薄，甚至不产生渗透凝结层。

5）位移袱裹作用。在高压冲切掺搅过程中，遇有大颗粒的卵石漂石等，可随着自下而上冲切掺搅，大颗粒将产生位移，被浆液袱裹，浆液也可在大颗粒周围直接产生袱裹充填凝结作用。

（2）设计要点。在进行高压喷射灌浆设计工作前，要详细了解被灌地基土层的工程地质和水文地质资料。同时，对病险土坝存在的问题，作进一步调查分析，选择相似的地基，做喷射灌浆围并试验，为设计提供可靠技术数据，对钻孔孔距和布置形式结合试验成果设计。

1）灌浆孔的布置。灌浆孔轴线一般沿坝轴线偏上游布置；有条件放空的水库，灌浆孔位也可以布置在上游坝脚部位；凝结的防渗板墙应与坝体防渗体连成整体，伸入坝体防渗体内的长度不小于1/10的水头；防渗板墙的下端，应深入基岩或相对不透水层 $0.5\sim2m$。

2）高喷墙的结构形式。根据工程需要和地质条件，高压喷射灌浆可采用旋喷、摆喷、定喷三种形式，每种形式可采用三管法、双管法和单管法。高喷墙的结构形式可采用下列形式，如图 3-18 所示。

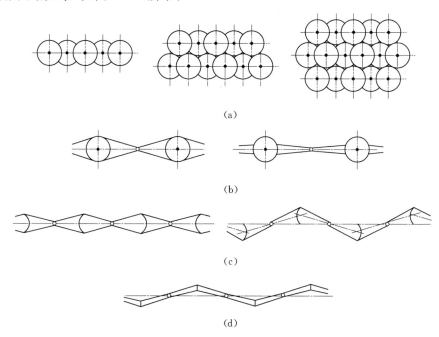

图 3-18 高喷墙的结构形式示意图

（a）单排、双排和三排旋喷套接；（b）旋喷摆喷、旋喷定喷搭接；（c）摆喷对接和折接；（d）定喷折接

各种形式高喷墙的适用条件如下：①定喷和小角度摆喷适用于粉土和砂土地层，大角度摆喷和旋喷适用于各种地层。②承受水头较小的或历时较短的高喷墙，可采用

摆喷折接或对接、定喷折接形式。③在卵（碎）砾石地层中，深度小于 20m 时，可采用摆喷对接或折接形式，对接摆角不宜小于 60°，折接摆角不宜小于 30°；深度为 20～30m 时，可采用单排或双排旋喷套接、旋喷摆喷搭接形式；当深度大于 30m 时，宜采用两排或三排旋喷套接形式或其他形式。

高喷灌浆孔的排数、排距和孔距，应根据对高喷墙的工程要求、地层情况、所采取的结构形式及施工参数，通过现场试验或工程类比确定。

3）灌浆材料。高喷灌浆浆液宜使用水泥浆。所使用的水泥品种和强度等级，应根据工程需要确定。宜采用普通硅酸盐水泥，其强度等级可为 32.5 级或以上，质量应符合规定，不得使用过期的和受潮结块的水泥。高喷灌浆浆液的水灰比可为 1.5：1～0.6：1（密度为 1.4～1.7g/cm³）。有特殊要求时，可加入膨润土、黏性土、粉煤灰、砂等掺和料及速凝剂、减水剂等外加剂。

在非黏性或低黏性土层中，孔口回浆中的细颗粒可经处理分离后得到含砂量、土量较少的水泥浆液，这种浆液可二次输送到搅拌机中再添加适量的水泥干料，经搅拌后又可制成能满足要求的高喷灌浆浆液，根据经验，所用回浆浆液的密度不应大于 1.25g/cm³，以保证重新制浆时能够掺加必需的水泥干料量和防渗墙体的质量。

在黏性土地层中进行高喷灌浆时，孔口回浆已混合了大量的黏性土颗粒，难以通过沉淀、过筛等处理方法从浆液中分离出去，在软塑至流塑状淤泥质土层中，其孔口回浆密度甚至可以超过进浆密度，这样的浆液不宜回收利用。

（3）高喷灌浆的施工。其一般工序为机具就位、钻孔、下入喷射管、喷射灌浆及提升、冲洗管路、孔口回灌等。当条件具备时，也可以将喷射管在钻孔时一同沉入孔底，而后直接进行喷射灌浆和提升。多排孔高喷墙宜先施工下游排，再施工上游排，后施工中间排。一般情况下，同一排内的高喷灌浆孔宜分两序施工。高压灌浆施工参数可按表 3-6 选用。

表 3-6　　　　　　　　　　高压灌浆施工参数选用

项 目		单管法	双管法	三管法
水	压力（MPa）			30～40
	流量（L/min）			70～80
	喷嘴数量（个）			2
	喷嘴直径（mm）			1.7～1.9
气	压力（MPa）		0.6～0.8	0.6～0.8
	流量（m³/min）		0.8～1.2	0.8～1.2
	气嘴数量（个）		2 或 1	2
	环状间隙（mm）		1.0～1.5	1.0～1.5
浆	压力（MPa）	25～40	25～40	0.2～1.0
	流量（L/min）	70～100	70～100	60～80
	密度（g/cm³）	1.4～1.5	1.4～1.5	1.5～1.7
	浆嘴数量（个）	2 或 1	2 或 1	2
	浆嘴直径（mm）	2.0～3.2	2.0～3.2	6～12
	回浆密度（g/m³）	1.3	1.3	1.2

续表

项　目		单管法	双管法	三管法
提升速度 v_2 （cm/min）	粉土层		$10\sim20$	
	砂土层		$10\sim25$	
	砾石层		$8\sim15$	
	卵（碎石）层		$5\sim10$	
旋喷	转速（r/min）		$(0.8\sim1.0)v$	
	摆速（次/min）		$(0.8\sim1.0)v$	
摆喷	摆角 粉土、砂土		$15°\sim30°$	
	砾石、卵（碎）石		$30°\sim90°$	

注　1. 对于振孔高喷，提升速度可为表列数据的 2 倍。

　　2. 单程为一次。

高喷灌浆过程中，若孔内发生严重漏浆，可采取以下措施处理：①孔口不返浆时应立即停止提升，孔口少量返浆时应降低提升速度；②降低喷射压力、流量，进行原位灌浆；③在浆液中掺入速凝剂；④加大浆液密度或灌注水泥砂浆、水泥黏土浆等；⑤向孔内填入砂、土等堵漏材料。

8. 灌浆帷幕

灌浆帷幕是在一定压力作用下，将水泥黏土浆或水泥浆压入坝基砂砾石层中，使浆液充填砂砾石孔隙胶结而成的防渗帷幕。

我国在砂砾石中做灌浆帷幕，1958年以来成功的只有密云、下马岭和岳城水库，近年来基本上没有用此方法进行砂砾石坝基处理。但国外成功的实例较多，如埃及的阿斯旺坝灌浆深度达 250m，加拿大米松·太沙基坝灌浆深度 150m，法国谢尔邦松坝灌浆深度 115m 等。当覆盖层较深，用混凝土防渗墙困难时，只有用灌浆帷幕才能解决。

（1）帷幕的位置。灌浆帷幕的位置应与坝身防渗体接合在一起，通常布置在心墙底部、斜墙底部或上游铺盖底部，如图 3-19 所示。

（2）帷幕的厚度。防渗帷幕的厚度 t 可按下式确定

$$t=\frac{H}{J} \tag{1-6}$$

式中：H 为最大设计水头，m；J 为帷幕的允许水力坡降，$J\leqslant3\sim4$。

对深度较大的多排帷幕，可根据渗流

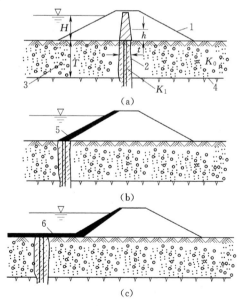

图 3-19　灌浆帷幕位置示意图

（a）帷幕在心墙下；（b）帷幕在斜墙下；

（c）帷幕在上游铺盖下

1—坝身；2—灌浆帷幕；3—砂砾石层；

4—不透水层；5—斜墙；6—上游铺盖

计算和已有的工程实例沿深度逐渐减薄。此时式（1-6）估算值是帷幕顶部的最大厚度。

若在黏土心墙下设置帷幕，其中水头 H 应考虑帷幕上游部分地基中的水头损失，这时的灌浆帷幕如图 3-19（a）所示，其厚度可用下式计算

$$t = \frac{H-h}{J\left(1-\frac{K_1}{K_0}\right)} - \frac{L}{\left(\frac{K_0}{K_1}-1\right)}$$

式中：H 为坝前水深；h 为心墙下游浸润线高度；K_0 为坝基土的渗透系数；K_1 为灌浆帷幕的渗透系数；L 为帷幕及帷幕前地基渗径长度。

（3）帷幕的深度。帷幕的底部深入相对不透水层不宜小于 5m，当相对不透水层较深时，可根据渗流分析，并结合类似工程研究确定。如图 3-19 所示，这样帷幕可起到全部封堵渗流通道的作用。

（4）浆液材料。帷幕灌浆的浆液分为水泥黏土浆、水泥浆和化学浆三类，具体应通过试验确定。如没有条件进行试验或尚未取得试验资料，可根据灌注部位，按可灌比、地基渗透系数或颗粒级配确定。

1）在砂砾石坝基内建造灌浆帷幕时，宜先按可灌比 M 判别其可灌性。可灌比 M 可按下式计算

$$M = \frac{D_{15}}{d_{85}}$$

式中：D_{15} 为受灌地层中小于该粒径的含量占总土重的 15%，mm；d_{85} 为灌浆材料中小于该粒径的含量占总土重的 85%，mm。

当 $M>15$ 可灌注水泥浆；$M>10$ 可灌注水泥黏土浆。

2）渗透系数。渗透系数的大小，可以间接地反映土壤孔隙的大小，根据渗透系数的大小，亦可选用不同的灌浆材料。

$K=800$m/d，水泥浆液中可加入细砂；$K>150$m/d，可灌纯水泥浆；$K=100\sim200$m/d，可灌加塑化剂的水泥浆；$K=80\sim100$m/d，可灌加 2~5 种活性掺和料的水泥浆；$K\leqslant80$m/d，可灌水泥黏土浆。

一般认为，水泥黏土灌浆较好的土层，渗透系数应大于 40m/d。砂砾石地基渗透系数大于 20~25m/d 的地层，一般在掺入一定数量的外加剂后，能接受水泥黏土浆或经过高速磨细的水泥与精细稀土制成的混合浆。

3）颗粒级配。

a. 粒径小于 0.1mm 的颗粒含量：认为砂砾石地基中粒径小于 0.1mm 的颗粒含量小于 5% 时，一般可能接受水泥黏土浆的灌注。

b. 根据以往对砂砾石地基进行灌浆的经验，国内曾经根据一些颗粒级配资料整理出 4 条极限曲线，作为砂砾石地基对不同灌浆材料的下限，如图 3-20 所示。

a）当欲灌浆地层的颗分曲线位于 A 线左侧时，该地层容易接受水泥灌浆。

b）当地层埋藏较浅（5~6m），其颗分曲线位于 B 线与 A 线之间时，该地层虽属表层，但也可以接受水泥黏土灌浆。

c）当地层的颗分曲线位于 C 线与 B 线之间时，该地层容易接受一般的水泥黏土

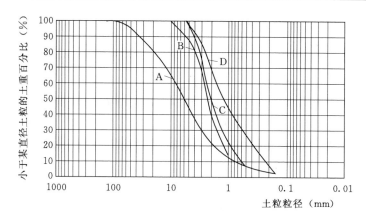

图 3-20 判别土壤可灌性的颗粒级配曲线

A—接受纯水泥浆的土壤分界线；B—接受水泥黏土灌浆的表层土壤分界线；C—接受一般水泥

黏土灌浆的土壤分界线；D—接受精细黏土与高细度水泥（或高速搅拌水泥浆）

的混合浆或加化学剂的黏土浆的土壤分界线

灌浆。

d) 当地层的颗分曲线位于 D 线与 C 线之间时，对该地层的灌浆就较复杂，须使用膨润土或精细黏土与高度磨细的水泥（或高速搅拌的水泥浆）制成的浆液，有时还须用加分散剂进行分散和降低黏滞度的细黏土作补充灌浆。

对所有砂层和砂砾石层，所有化学灌浆材料都是可灌的。

（5）帷幕的形式。帷幕的形式根据透水层的厚度选择。

1）均厚式帷幕。帷幕各排孔的深度均相同。在砂砾石层厚度不大，灌浆帷幕不是很深的情况下，一般多采用这种形式。

2）阶梯式帷幕。在深厚的砂砾石层中，渗透坡降随砂砾石层的加深（即随帷幕的加深）而逐渐减小，故设置深帷幕时多采用上宽下窄、呈阶梯状的帷幕。对帷幕宽的部位，其灌浆孔的排数应多设；对帷幕窄的部位，其灌浆孔的排数应少设。

（6）灌浆孔的布设。加固灌浆孔的布设常用方格形、梅花形和六角形，如图 3-21 所示。钻孔可采用机钻、锥钻、打管等各种成孔方法。

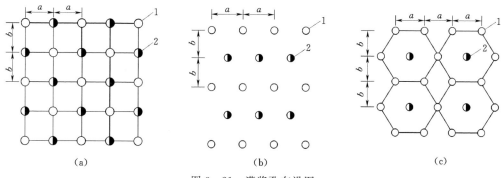

（a）　　　　　　　　　　（b）　　　　　　　　　　（c）

图 3-21 灌浆孔布设图

（a）方格形布孔图；（b）梅花形布孔图；（c）六角形布孔图

a—孔距；b—排距；

1—第一次序孔；2—第二次序孔

　　方格形布孔的主要优点是便于补加灌浆孔，在复杂的地区宜采用这种方法。而梅花形布孔和六角形布孔的主要缺点是不便于补加灌浆孔，对预计灌浆后不需要补加孔的地基多采用这两种形式布孔。

　　对于砂砾石厚度较浅的地基，一般设置 1～2 排灌浆孔即可；当地基承受的水头超过 25～30m 时，帷幕的组成则需要设置 2～3 排灌浆孔。

　　灌浆孔距主要决定于地层渗透性、灌浆压力、灌浆材料等，一般要通过试验确定。通常，孔距可初选为 2～3m。如果在灌浆施工过程中发现浆液扩散范围不足，则可采用缩小孔距、加密钻孔的办法来补救。

　　(7) 灌浆帷幕的方法。钻孔灌浆的方法主要有打花管灌浆、套管护壁、循环钻灌和套阀花管等，工程中推荐采用套阀花管法。

　　1) 打花管灌浆法。先在地层中打入一下部带尖头的花管，然后冲洗进入管中的砂土，最后自下而上分段拔管灌浆，如图 3-22 所示。该法比较简单，但遇卵石及砾石时打管很困难，故只适用于较浅的砂土层灌浆。

　　2) 套管护壁法。套管护壁法的施工，如图 3-23 所示。边钻孔边打入护壁套管，直至预定的灌浆深度，如图 3-23 (a) 所示；接着下入灌浆管，如图 3-23 (b) 所示；然后拔套管灌注第一灌浆段，如图 3-22 (c) 所示；再用同法灌注第二段，如图 3-23 (d) 所示，以及其余各段，直至孔顶。

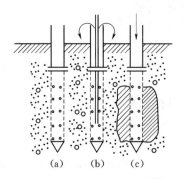

图 3-22　打花管灌浆法

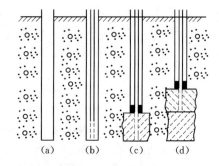

图 3-23　套管护壁灌浆法

　　3) 循环钻灌法。如图 3-24 所示，这种方法仅在地表埋设护壁管，而无需在孔中打入套管，自上而下地钻完一段灌注一段，直至预定深度为止。钻孔时需用泥浆固壁或较稀的浆液固壁。如砂砾层表面有黏性土覆盖，护壁管可埋设在土层中，如图 3-24 (a) 所示；如无黏土层，则可埋设在砂砾石层中，如图 3-24 (b) 所示。

　　4) 套阀花管法。用套阀花管法施工可分为 4 个步骤，如图 3-25 所示。

　　a. 钻孔，用优质泥浆 (如膨润土) 固壁，不用套管护壁，如图 3-25 (a) 所示。

　　b. 插入套阀管，为使套壳料的厚度均匀，应设法使套阀管位于钻孔的中心，如图 3-25 (b) 所示。

　　c. 浇注套壳料，用套壳料置换孔内泥浆，如图 3-25 (c) 所示。套壳料的作用是封闭套阀管与钻孔壁之间的环状空间，防止灌浆时浆液流窜，套壳在规定的灌浆段范围内受到破碎而开环，逼使灌浆浆液在一个灌浆段范围内进入地层。

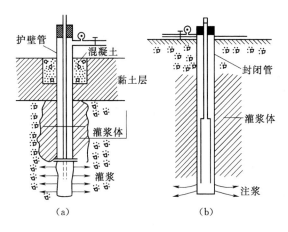

图 3 - 24 循环钻灌法

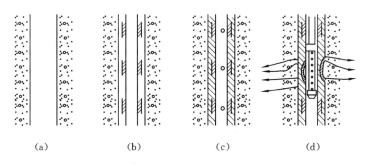

图 3 - 25 套阀花管灌浆法

d. 灌浆，待套壳料有一定强度后，在套阀管内放入带双塞的灌浆花管进行灌浆，如图 3 - 25（d）所示。灌浆方法的选用主要取决于施工队伍的经验和技术熟练程度，其中打花管法灌浆最为简单，套阀管法比较复杂一些，但施工质量较高。套阀花管法曾在密云水库成功地使用过。其优点是可根据需要灌注任何一个灌浆段，还可以在指定的孔段内进行复灌；可以使用较高压力，而灌浆时串浆、冒浆的可能性较小；钻孔和灌浆作业可分别进行，提高了设备利用率。其缺点主要是耗用钢管太多，造价较高。

在砂砾石层灌浆中，对灌浆压力的确定目前还缺乏统一的、比较准确的计算公式。灌浆初期，可先凭经验预估的压力灌浆，然后根据吸浆情况以及对地表的观察，视有无冒浆或抬动变形情况，再调整压力。

灌浆的施工机具比较简单，可采用专用灌浆泵，也可用普通的泥浆泵加设一个简单的搅拌器组成。对进浆量较小的粉砂层灌浆，还可采用简单的手压注浆泵或隔膜泵来代替。

（8）灌浆效果的检查。用灌浆法作基础加固和基础防渗处理，对其效果的检查目前还没有统一的标准，一般可用下列几个方法来进行判断。

1）浆液的灌入量。同一地区地基差异不是很大，可根据各孔段的单位灌入量来衡量。

2）压水试验。设检查孔做压水试验，以单位吸水量值表示帷幕防渗体的渗透性。

3.4.3.3　导渗

导渗为下排措施，将坝身或坝基内的渗水顺利地排出坝外，而使土粒保持稳定，不被带走，以达到降低浸润线，减少渗压水头，增加坝体与坝基渗透稳定的目的。当土坝原有防渗排水设施不能完全满足坝身、坝基渗透稳定要求，浸润线较高，坝身出现散浸，坝后发生沼泽化，甚至出现管涌、流土等渗透变形，危及上坝安全时，除加强防渗措施外，可将原有导渗设施进行改善或增设。导渗设施按导渗部位分为坝身和坝后两种。

1. 坝身导渗

（1）导渗沟法。适用于开挖散浸不严重的坝体，不会引起坝坡失稳，仅起降低浸润线和渗水出逸高程的作用。通常在下游坝坡面上开挖不同形状的沟，内填透水材料，如粗砂、砾石等，做成反滤层，沟深一般为 1～1.5m，沟宽应根据筑坝土料的透水性以及保持两沟之间的坝面干燥为原则确定。沟的顶部高程应高出渗水出逸点，并与坝后排水坝趾相连，如图 3-26 所示。导渗沟为防止雨水带土渗入堵塞，可在表面用黏性土回填夯实以起保护作用。按其平面形状有 I 形、Y 形和 W 形等，如图 3-27 所示。为使坝坡保持整齐美观，免被冲刷，导渗沟也可做成暗沟。为避免造成坝坡塌崩，不应采用平行坝轴线的纵向或接近纵向的排渗沟。

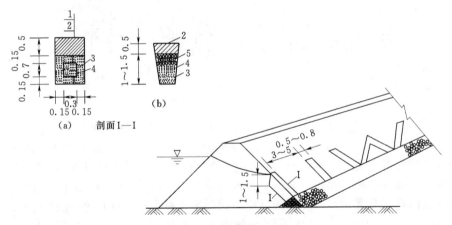

图 3-26　导渗沟示意图（单位：m）

1—草皮；2—回填土；3—粗砂；4—碎石；5—块石

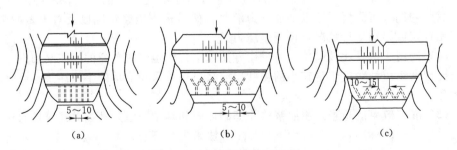

图 3-27　导渗沟型式示意图

（a）I 形导渗沟；（b）Y 形导渗沟；（c）W 形导渗沟

（2）导渗培厚法。适用于渗水严重，坝身单薄，坝坡较陡，需要在处理渗漏的同时增加下游坝坡稳定性的坝体。该法是在下游坡加筑透水戗台，或在原下游坝坡再贴坡补强，如图 3-28 所示。采用后者时应注意新老排水设施的连接，确保排水设备有效和畅通。

（3）导渗砂槽法。适用于散浸严重，坝坡较缓，导渗沟不能解决排水问题的坝体。在渗漏严重的坝坡上用钻机钻成相互搭接的排孔，搭接 1/3 孔径。通常孔径越大越好，孔深根据排渗要求而定。在孔槽内回填透水性材料，孔槽要和滤水坝趾相连。为保证具有良好导渗性能，钻孔用清水以静水压力固壁。为确保工程安全，在每钻好两组孔后，用木板和导管把两组隔离，并在每一组投放级配较好的干净砂料，如此类推，直到坝趾滤水体为止，形成一条导渗砂槽，如图 3-29 所示。

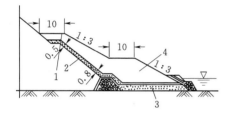

图 3-28　导渗培厚法示意图（单位：m）
—原坝体；2—砂壳；3—排水设施；4—培厚坝体

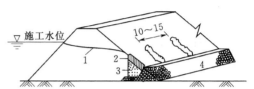

图 3-29　导渗砂槽法示意图（单位：m）
1—浸润线；2—填土；3—砂；4—滤水体

导渗砂槽能深达坝基，把坝体渗水迅速排走，有效地降低坝体浸润线。通常只要适当降低库水位即可施工，但需要一定机械设备，造价较高。

2. 坝后导渗

（1）透水盖重和排渗沟。透水盖重用石料按反滤原则铺设在坝体下游地面上，以其自重来平衡渗透压力。这种方法亦常用于堤坝的防汛抢险，透水盖重的厚度可根据单位面积土柱受力平衡条件求得，如图 3-30 所示。

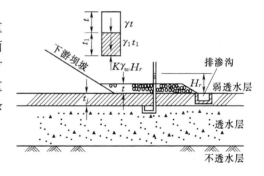

图 3-30　坝体下游的透水盖重和排渗沟

$$\gamma t + \gamma_1 t_1 = K\gamma_w H_r$$
$$t = \frac{K\gamma_w H_r - \gamma_1 t_1}{\gamma}$$

式中：t 为透水盖重的厚度；γ 为透水盖重的容重；H_r 为坝下游弱透水层底面上测压管水位与下游水位差；γ_w 为水的重度；t_1 为弱透水层厚度；γ_1 为弱透水层土体的浮容重；K 为安全系数，采用 1.5～2.0。

透水盖重应铺设到弱透水地基中水力坡降小于坝基土的允许水力坡降处。

设置排渗沟的目的一方面是为了有计划地集中坝身和坝基渗水，然后排向下游，以免下游坝坡坡脚积水；另一方面是当下游有不厚的弱透水层时，可利用排渗沟作为排水减压措施。排渗沟设在下游坝脚附近，对于一般均质透水层，排渗沟只需深入坝基 1～1.5m。当表层弱透水层较薄时，应穿过弱透水层以引走渗流和降低剩余水头；

当弱透水层较深时，排渗能力弱，故不宜用排渗沟。

排渗沟用作排除渗流水时，其过水断面根据渗流量确定；若兼起排水减压作用时，则应通过专门计算。排渗沟要有一定纵坡和排水出路，应按不冲不淤要求设计过水断面。

（2）减压井。减压井是在坝后地基内按一定距离钻孔，穿过弱透水层伸入强透水地基一定深度，孔的底部设有滤水管段，使深层承压水由滤水管段进入管内，经过导管导出地面排走，以减小渗透压力，防止渗透变形及下游地区沼泽化，这是解决有承压地基渗透变形的重要措施之一。

减压井虽有良好的排渗减压作用，但施工复杂，管理和养护要求高，运用几年后滤水管段易堵塞，故只用于：①上游铺盖太短或断裂，坝基为成层基础，渗流出逸坡降过高，其他导渗措施无效时；②在上游库水不允许放空，用"上防"有困难，允许安全控制渗流条件下损失部分水量时；③在施工、运用管理及技术经济上优于其他方法时。

减压井的设计主要是合理地确定轴线位置，井的直径、间距、深度与计算出流量。详细设计方法可参考有关书籍。

3.5　土坝及堤防白蚁的防治

白蚁分布极广，遍布世界各地，在已发现的 2600 多种白蚁中，绝大多数分布在热带和亚热带。截至 2000 年底，我国已发现的白蚁有 470 多种。大部分分布在长江以南的广大地区，向北渐渐稀少，全国除新疆、青海、宁夏、内蒙古、黑龙江、吉林等省（自治区）外，其余 24 个省（自治区、直辖市）都有其分布记录。

白蚁对堤坝的危害极大，我国古代早有记载。公元前 234 年，韩非子在《喻老篇》中载有"千里之堤以蝼蚁之穴溃"。公元前 156～公元前 140 年，《淮南子·人间训》亦记有"千里之堤以蝼螘之穴漏"（注：白蚁古代亦称飞螘），今日"千里金堤，溃于蚁穴"之说源出于此。白蚁之患不仅在古代严重威胁坝坝安全，就是当今，许多堤坝失事亦源于蚁患，例如 1998 年长江大洪水，由白蚁造成的管涌达几百处。

3.5.1　白蚁的种类及生活习性

白蚁是一种群栖生活的昆虫，以群活动，以巢居住。巢内白蚁组织严密，分工明确，行动统一。巢中有生殖性的繁殖蚁（俗称蚁王、蚁后）、工蚁和兵蚁。不同种类的白蚁担负不同性质的工作，活动规律亦各不同。繁殖蚁主要发展群体，产卵和繁殖，故活动量及活动范围小；兵蚁主要在巢内守卫群体安全，其任务是警卫及战斗，一般活动范围较小，在群体中为少数，约占 20%；工蚁最为繁忙，主要任务是开路、筑巢、搬运、采集食物、保护幼蚁、喂养母蚁、兵蚁和幼蚁等，总数最多，约占白蚁中的 80%，其活动范围最大，是对堤坝直接危害的主体。

白蚁的群栖性是分工严密，群体生存强，单个白蚁离群无法生存。白蚁的畏光性是喜暗怕光，长期过隐蔽生活，外出觅食、取水等先用泥土和排泄物筑成掩蔽体的泥路（泥被、泥线）与外界隔绝。只有长翅繁殖蚁分群时有趋光性。白蚁的整洁性反映在蚁巢内及蚁体经常保持整洁。巢内有不洁及同伙尸体时会立即清除，白蚁相遇时常相互舐舔，去掉身上尘灰和杂物。白蚁的敏感性表现在发现泥路有光或缺口时会迅速修堵，遇振时立即逃跑，受惊白蚁由上颚连续碰击发出"达"、"达"信号声，有时会整巢搬迁。白蚁活动与气温关系密切，黑翅白蚁适宜温度为 24～26℃，当气温达 10℃时开始觅食，平均温度达 15℃时，其觅食活动开始增加，在 20～25℃和相对湿度达 80%时，活动频繁。因此，繁殖蚁分飞建新巢大都在 4～6 月。白蚁的分群是繁殖发展的主要环节，分群经常在雷雨交加前后的傍晚、中午或夜晚发生，也有少数在雨停后分群。白蚁的嗜好性表现为各种群对食谱有明显的选择性，其嗜好程度也有较大的差异。白蚁的分群性表现为白蚁的传播主要靠羽化分群，黑翅土白蚁幼年巢发展到成年巢，必须经过五年以上的发展过程，才能形成成熟巢，出现有翅成虫分化现象。

我国堤坝白蚁主要危害种类有土白蚁属和大白蚁属的种类，而这两类各有 20 多种，其中长江流域的堤坝白蚁主要危害种类是黑翅土白蚁。长江流域以北，如安徽、江苏境内堤坝白蚁的主要危害种类是凶土白蚁，南方广东、广西、福建、江西等省（自治区）堤坝主要危害种类是黑翅土白蚁。其次在广东南部雷州半岛和海南境内主要危害种类是黄翅大白蚁。黑翅土白蚁的特点是繁殖蚁的翅是黑褐色、钻孔营巢深，对堤坝的破坏性大。黄翅大白蚁的工蚁和兵蚁比黑翅土白蚁的工蚁和兵蚁大，其繁殖蚁的翅为黄色，特点是打孔浅，蚁巢离地面只有几十厘米，其破坏性次于黑翅土白蚁。

根据对 200 多处水库普查，发现白蚁活动有下列规律：

（1）白蚁蚁巢一般在堤坝的迎水坡少，在背水坡多，而在背水坡茅草丛生处更多。

（2）对于不同土质的坝坡，蚁巢在黏性土坝坡多，而在砂性土坝坡少；在风化石里多，而在松散砂里少。

（3）蚁巢在常年蓄水位和浸润线以上的坝身多，而在以下的少。

（4）蚁巢在经常干燥河床处多，而在常年积水河床部位少。

（5）蚁巢在坝身两岸山坡有枯木、树根、杂草和古墓的地方多，而在山冈上少；在枯木林处多，而在水田少。

（6）蚁巢在填方堤段上部多，而在下部少；在老的堤坝多，而在新建的堤坝少。

（7）蚁巢在蓄水水位线高水位持续时间不长的水库土坝中多，而在持续高水位时间长的水库土坝中少。

湖北省黄梅县古角水库坝身蚁巢分布部位，背水坡占 88%，迎水坡占 12%，其中两岸山坡接头处占 64%，中间坝段占 36%，蚁巢在堤坝中的结构状况如图 3-31 所示。

3.5.2 预防土坝及堤防产生白蚁的措施

1. 堤坝白蚁的来源

白蚁在堤坝中的来源主要通过以下三条途径：①繁殖蚁转移到堤坝；②两岸山坡上的繁殖蚁蔓延到堤坝；③白蚁随着土料和木料、树根等混进堤坝。

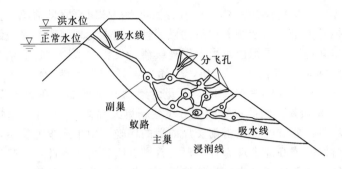

图 3-31 蚁巢结构组成图

2. 预防堤坝产生白蚁的措施

(1) 控制筑坝土料。对新建或扩建堤坝工程，应严格控制上坝土料中无蚁窝和无树皮、杂草之类的白蚁食料。附近山坡或堤边有白蚁时，应采用一切办法，先消灭附近的隐患。经常清除堤坝坡上或山头与坝体间的杂草，破坏白蚁孳生繁殖的基础及进入坝体的通道。若已找到较大蚁窝时，可用六六六粉烟雾剂或 80% 的敌敌畏乳剂稀释液灌入蚁洞，先把工蚁和兵蚁杀死。为防外面白蚁侵入堤坝，可在堤坝脚附近设置毒土防蚁层，即挖 0.5m×1.0m 的沟，填入黄泥，在填土夯实时每立方米中洒入 1% 浓度的"氯丹"水乳剂 5kg，或用可湿性六六六粉 0.5kg 拌入夯实，就可在数年内防止白蚁进入堤坝。

(2) 灯光诱杀。在水库坝脚或堤脚外 10～30m 沿纵向布置一排黑光灯，灯距 50～100m，诱杀堤坝附近的有翅成虫。在第一排灯的外围，根据地形地貌再布置第二排，诱杀野外向堤坝飞来的有翅成虫。当水库距村庄较近时，可在库内水面上架上浮动黑光灯，截杀库内向坝体飞来的有翅成虫。黄梅县古角水库的做法是：安放 20W 交流黑光灯，间距 200m，灯高 1.5～3.0m，灯具距水面 0.1～0.3m，灯下放置收集器（口径为 1m 左右的水盆或铁锅），收集器中存水 100L，掺六六六粉 0.5kg，煤油 0.25kg，并清除收集器半径为 10m 范围内的杂草，喷撒毒药，以毒杀落地飞蚁。经多年摸索对比，高黑光灯灭杀白蚁成效显著。湖北省浠水县白莲河水库用 12 盏高黑光灯，一天灭杀白蚁有翅成虫 37000 多只。广东省有一水库用 12 盏黑光灯，一个分飞季节（通常为 4～6 月）灭杀白蚁 45 万多只；另一水库用 22 盏黑光灯，一个晚上诱杀有翅成虫 19.9kg，整个分飞季节共诱杀有翅成虫 35.5kg，大大减少了白蚁的繁殖。

(3) 喷洒毒药。在白蚁分飞落地后，雌雄有翅成虫需爬行一段时间寻找空隙或洞穴以便筑巢。可将药剂喷洒在堤坝坡面上，灭杀落地的有翅成虫。我国常用的药剂是五氯酚钠水溶液（1%～2%）或 6% 可湿性六六六粉、煤油、柴油等。把药剂喷洒在表土或挖洞灌药剂。洞的间距为 0.5～1m，洞深 30cm，呈梅花形分布，灌后封好洞口，使坝和堤的表层土在一定时间内有药味，刚落地的繁殖蚁无法挖洞筑巢，很快即会死去。

(4) 保护白蚁的天敌。利用生物防治白蚁，主要是消灭白蚁的有翅成虫。在白蚁分飞季节各种鸟类会在空中捕食。堤坝坡上放养鸡群，能捕食落地有翅成虫。白蚁的其他天敌有青蛙、蟾蜍、蝙蝠和蚂蚁等。当有翅成虫将要离开分飞孔时，蟾蜍早已等在孔口，伺机而食。一对蚂蚁在几分钟内可以咬死 3 对脱翅繁殖蚁，并将白蚁尸体搬到蚁窝中。即使繁殖蚁入土筑巢，蚂蚁也可以入巢侵袭。因此，保护白蚁的天敌是消灭有翅成虫的途径之一。

(5) 灌浆毒杀白蚁。用灌浆机把掺有毒性药物（如五氯酚钠与石灰水泥混合拌制的泥浆）沿钻孔或蚁路灌入堤坝中，可使毒浆液注入主巢，把白蚁消灭在洞内。1986年广东省梅县采用广东省防治堤坝白蚁中心站试制的重量仅 43kg 的小型灌浆机，以浆液充填蚁巢，消灭白蚁试验成功。

(6) 其他。我国许多地区组织专业人员与群众相结合的灭蚁队，寻找挖掘白蚁的蚁巢。

3.5.3 堤坝白蚁的灭治方法

寻找土栖白蚁的蚁道及蚁巢是灭治白蚁的关键。只有掌握了其基本活动及营巢基本规律，才能有效地对堤坝白蚁采取药杀、熏烟、灌浆、翻挖等综合灭治方法。

1. 堤坝白蚁的寻找方法

(1) 普查法。根据白蚁的生活习性，工蚁外出寻食时需先修筑泥线、泥被，繁殖蚁出飞时要先筑分飞孔，故每年在白蚁活动旺盛季节（一般为 3～6 月和 9～11 月），组织人员寻找蚁路、泥线和泥被，顺着泥线，普查人员对已查出地点要有标记，并对周围细心察看，包括翻开附近枯树、牛粪、木材等，针对白蚁活动之处进行有计划地处理。

(2) 引诱法。白蚁喜食有纤维的物质，如干枯艾蒿、茅草、甘蔗皮渣、桉树皮等，可把这些捆扎好放在堤坝土栖白蚁容易出没处，定期翻看，是否有白蚁活动。这种方法简单易行。

(3) 锥探法。用钢锥锥探堤坝内有无白蚁巢，主要掌握钢锥下插时是否在堤坝中发现空洞（蚁洞）。

2. 寻找白蚁的蚁道

(1) 从泥被、泥线找蚁路。在发现泥被、泥线处先铲去 $1m^2$ 左右草皮，耐心用刀沿泥被削去泥皮，沿泥线不断渐进，当发现有半月形小蚁路时，先用白滑石粉喷入或用小草茎塞入，再沿着白滑石粉或草径追挖，当挖到拱形蚁路时，再追挖即可找到主蚁路。

(2) 在繁殖蚁分飞季节（4～6 月）从分飞孔找蚁路。黑翅白蚁在分飞前，由工蚁筑成凸形小新土堆，形如圆锥形的分飞孔，此孔有时多达上百个。扒开分飞孔，内有半圆形薄室即候飞室，一般从分飞孔下挖 30～50cm 即可找到主蚁路。这种方法有效，但受季节限制。

(3) 从铲杂草枯苑找蚁道。在铲杂草枯苑时，如果发现白蚁，可跟踪找出小蚁道，再顺着小蚁道追挖出主蚁道。

(4) 开沟截蚁路。一种是在泥线、泥被上方开一顺堤沟，深 1m，宽 0.5m，长 1.2m，以能容纳一人操作为宜，一般可以横截蚁路，沿着粗蚁路方向追踪主蚁路。另一种是在迎水坡正常水位附近或背水坡漏水线附近，开沟深 2m，面宽

1.2m，底宽 0.5m，断面呈梯形，均可切出不少大蚁路，找到后把原开挖沟分层夯实填起来。这种方法比较危险，易使堤坝滑坡，故目前用得较少，大部分单位采用第一种方法。

（5）从引诱坑（引诱堆、引诱桩、引诱箱）找蚁道。在白蚁活动季节，把白蚁喜食的木桩打入上堤内，可引来白蚁形成蚁路。这种方法简单易行，但引来的蚁路较小，追挖费工。设引坑，长 40cm，宽 30cm，深 30cm，坑距 5～15m，视白蚁分布密度而定坑距，坑内放白蚁喜食的艾蒿、甘蔗渣等，捆好后埋入坑内，坑面要盖严又能较易打开，引诱白蚁，顺蚁路追挖，但应注意，坑内不让蚂蚁侵入或雨水流进。引诱堆内存放物品与上类似，引来白蚁，顺小蚁路追挖主巢。

以上几种方法应根据实际情况选用。在找到蚁道后，要正确判断巢向。通常是沿蚁路大的一端，纵切蚁道。在工蚁、兵蚁活动频繁和腥酸味浓的一侧，向前挖时，兵蚁很快把路封堵，越接近主巢，兵蚁封堵越快，把守越严，把小草塞进去，兵蚁咬住不放。当蚁路相交时，应沿分叉的锐角方向追挖。对废路和封闭路要加以区别。废路内长有白、黄、黑色似头发样的苗丝或苗束，或有棉絮状的蛛网，或干燥光滑、有细小裂口等。封闭路是白蚁用土粒堵塞蚁路，有一道或数道土墙，通常追挖可找到主蚁路。只有找到主蚁路熏灌方法才能有效。

有时出现无数条错综复杂的蚁道，难以准确地判断巢向，就要结合堤坝白蚁的分布规律和近主巢方向蚁道特点，进行具体分析。否则，主道巢向判断错误，重灌既无效果，翻挖又浪费劳力。

3. 巢位确定

在防治白蚁时，找出巢位很重要。灭蚁先灭王，蚁王和蚁后都在很深的主巢中，如找不到蚁王及蚁后，灭蚁即告失败。确定主巢位有下列方法：

（1）追挖主蚁路找巢位。当发现蚁路由小变大，并有大量菌圃，越挖菌圃颜色越深，兵蚁把守越严，蚁路中腥酸味越浓，挖土锄土有空荡回声时，顺此即为主巢。

（2）分群孔几何图像找巢。土栖白蚁分群孔是堤坝白蚁最重要的地表外露特征，分群孔距主巢较近，并与主巢位置的分布有一定的规律性。通过分群孔在堤坝的分布图像进行追挖，一般可较快挖到蚁巢。

（3）利用锥探定位。锥进后有掉锥感觉，且拔出锥头有气味，这就是在主巢位附近，用毒浆灌入即可灭杀蚁王及蚁后。

（4）利用同位素探巢。找到主蚁路后，用同位素碘^{131}或锑^{124}3～4mCi，拌艾蒿茎粉制成比蚁路小的小条或小丸，被白蚁吃光后可用辐射仪探出 43cm 或 55cm 深的土中蚁路。

（5）探地雷达找巢。探地雷达探测白蚁巢，是根据白蚁生物学、生态学特性及探地雷达发射脉冲波的性质，用频率为 300MHz 或 500MHz 的天线，取样率为 512，时窗 80ns，探测剖面布线间距为 40cm。将探测所得的异常区位图像，采用密度分割式的方法进行处理，通过计算确定出异常区的平面坐标及深度位置而准确地标定蚁巢的位置，分布深度。然后进行垂直切片状开挖，获得白蚁巢。应用探地雷达探测堤坝白蚁工作效率高，不受死巢、活巢的限制，可精确确定蚁巢的地下空间位置和经过校正后准确确定蚁巢的规模大小，是目前灭白蚁护堤坝最理想的新方法和新技术。

还可根据白蚁菌圃中生长的可食鸡纵菌追巢。总之,各地在灭蚁过程中摸索出各种探找主巢的方法,有待进一步去总结。

4. 堤坝土栖白蚁灭杀方法

寻找到土栖白蚁的蚁道及蚁巢后,就要着手对白蚁进行灭治,较常用的有以下几种方法。

(1) 挖巢灭蚁。跟踪蚁道,挖掘主巢,是灭治堤坝白蚁的重要方法之一。在实践过程中,除了需要掌握蚁道变化特点,随时判断蚁巢的方位外,还有一些具体问题,值得严格注意。

找出较大的蚁道后,要用细枝条或竹签插入,以探测蚁道方向,在挖掘中要逐段探测跟挖。挖掘的泥土要堆置两侧,防止蚁道突变和拐弯。挖掘场地要保持与蚁道平行推进。切忌前低后高,避免土粒堵塞蚁道而迷失方向。在挖掘过程中,如发现近巢特征或见到主巢,要迅速扩大挖面,将主巢周围深挖,切断蚁道,使主巢悬立其中。取巢时,动作要快,及时找到王室,捕获蚁王蚁后。一旦出现搬迁逃跑,则应追灭到底。如果让蚁王蚁后逃跑,几年内又会卷土重来,所以堤坝历来就有"王后不灭,蚁患不息"的警句。

挖巢灭蚁较彻底,但工作量大,效率低。因此,实际工程中应采用挖巢与灌浆相结合的方法。即对巢大且深的堤坝,实施以灌为主的办法。同时,对蚁巢小而浅的堤坝,则采取挖巢为主的办法进行处理,但在汛期高水位不宜采取翻挖蚁巢方法。

(2) 灌浆灭杀。1985 年广东省梅县采用广东省防治堤坝白蚁中心站研制的灭蚁灵毒饵灌浆或喷洒充填洞穴,效果良好。灭蚁药物甚多,比较普遍采用的是 80% 的敌敌畏乳剂稀释 20000 倍,低压灌入坝体内堵塞蚁巢和蚁路,灭蚁效果良好,且不污染水质;也可用 6% 丙体可湿性六六六粉,或用 0.2% 的五氯酚钠溶液,拌泥浆灌入,均能取得较好的灭蚁效果。采用灌浆方法灭蚁时应注意选择浆孔位置和灌浆速度。位置一般要选在坝坡上部或坝顶向下灌,因为主巢一般靠上部多,灌浆行动要快,中间不能停顿,以防蚁路被堵住。

(3) 熏烟毒杀。把 80% 敌敌畏乳剂 10g、621 烟雾剂 500g、6% 可湿性六六六粉等放在封闭容器中,一端用铁管通入蚁路,另一端接鼓风机把毒烟灌入蚁巢,过 7～8min 拔出铁管,用泥把洞口堵住,3～5d 可以全歼洞内的白蚁;或采用六六六烟雾剂,配方:可湿性六六六粉 70% (毒剂),氯化钾 20% (大燃烧剂),香粉 7% (助燃剂) 和氯化铵 3% (降温剂) 拌匀燃烧,把烟雾灌入蚁穴。

(4) 熏蒸剂灭蚁。硫酸氟与磷化铝是主要用于杀灭堤坝白蚁的熏蒸剂。硫酸氟熏杀:工厂生产出售的硫酸氟是经液化后装入钢瓶内,有效成分含量 98%～99%。使用方法相似于压烟,将输气管插入主蚁道封堵严实后,用闸阀控制时间,供给大小等,有压力的毒气,自动压入蚁巢。每个巢群用药 0.7～1.5kg,两天以上可杀死全巢白蚁。磷化铝熏杀:利用磷化铝在空气中吸水后放出极毒的磷化氢气体毒杀白蚁。操作方法是找到较粗的主道,把孔口稍加扩大,然后取一端有节的竹筒,筒内装磷化铝 6～10 片 (每片重 2g),把开口一端压入蚁道,迅速用泥封住,以防产生的磷化氢毒气外逸。磷化铝在气温高于 24℃ 时 2～3d 可熏蒸完毕,在气温低于 15℃ 和相对湿度较低时,则需 5～6d 才能熏蒸完毕。由于磷化氢气体有剧毒,使用时必须戴好防毒面具，严格遵守操作规程，下雨或潮湿天气禁止使用。

（5）药物诱杀。灭蚁灵是一种高效、低毒的慢性胃毒剂，专用于防治蚁害。根据白蚁相互舔吮以及工蚁喂食等习性，以白蚁喜食的植物为诱饵引诱白蚁取食，然后将灭蚁灵均匀地喷洒在白蚁身上；或者把白蚁喜食的植物与灭蚁灵混合制成毒饵，投放到有白蚁经常活动的泥被、泥线内，分群孔内或蚁路内，再用树皮、瓦片或厚纸等物覆盖。使白蚁取食后，通过药物传递，10～15d 达到使全巢白蚁死亡的目的。灭蚁灵诱饵毒杀堤坝白蚁操作简单、用药量少（药剂量不超过 0.5g/巢），自然环境不受污染，安全可靠，成本低，效果好，是目前毒杀剂中较理想的药物。

目前常用的灭蚁方法是"找"、"挖"、"杀"、"灌"等，可收到一定的效果，每种方法各有优缺点，各地可根据实际情况选择采用。

白蚁是世界性的害虫之一，要有效消灭，除用常规方法外，还需要有新的方法，为此，许多学者正在探索灭蚁新方法和新途径。如利用保幼激毒破坏白蚁分工的协调关系，迫使群体白蚁不能正常生活；用追踪激素，能强有力引出白蚁以灭之；用微生物替代毒药来防治白蚁，因毒药灭蚁易造成人畜中毒及污染环境。多年前还有人提出用真菌及黄曲霉、白僵菌等使白蚁致病而死。上海昆虫研究所用保幼激毒处理的滤纸喂养工蚁群体，可使工蚁中的 45％分化为兵蚁，但所有这些都是在实验室中进行的，未曾进入实用阶段。因此，探索用更先进的方法，迅速、准确和有效地寻找和消灭白蚁，仍为今后进一步研究的课题。

第4章

混凝土坝和浆砌石坝的维护与修理

混凝土坝和浆砌石坝是水利枢纽工程中常见的挡水建筑物，其主要型式有重力坝、拱坝、大头坝等，当今利用混凝土或砌石材料发展起来的新坝型还有碾压混凝土坝和面板堆石坝等。混凝土坝和浆砌石坝具有共同优点：工程量较土石坝小；雨季也可施工，施工期允许坝顶过水，其抗冲刷、抗渗漏性能好；施工工艺已趋成熟。此外，混凝土坝可通过坝顶溢流，浆砌石坝能就地取材，节约水泥和钢材用量，节省施工模板和脚手架，只需少量施工机械，受温度影响较小，发热量低，施工期无需温控设备，施工技术简单。因此，混凝土坝和浆砌石坝在我国水利水电工程建设中被广泛采用。

混凝土坝和浆砌石坝易出现的病害主要在以下三个方面：

（1）坝的抗滑稳定性不够。对于挡水建筑物的大坝来说，必须同时满足强度和稳定两方面的要求，一般重力坝，其强度条件容易得到满足，而抗滑稳定性则往往成为设计控制条件，特别当坝基存在软弱夹层，而在设计施工阶段又没有充分考虑其对大坝稳定的影响，则大坝运行时很可能出现坝体失稳，这是大坝最危险的病害。

（2）坝体裂缝及渗漏。混凝土坝和浆砌石坝在运行中，受到各种荷载作用和地基变形的影响，坝体中比较容易产生裂缝，比如重力坝中的不均匀沉陷裂缝，拱坝中局部出现较大拉应力而产生的荷载裂缝，特别是在浆砌石坝中，由于其灰缝的抗拉强度较低，很容易产生裂缝。裂缝削弱了坝体的整体稳定和强度，缩短了渗径甚至是直接产生集中渗漏，不仅增大裂缝部位的扬压力，而且对大坝造成侵蚀，对大坝的安全和使用寿命造成危害。

（3）坝基及两岸的绕坝渗漏。水库在蓄水投入运行后，水流在上下游水位差作用下，均会在坝基和两岸山岩内发生绕坝渗流，当基础存在一定缺陷，施工时处理不彻底，则在运行期间渗透性不能满足要求而产生严重的渗漏现象，若不及时处理，会危及大坝安全。

4.1　混凝土坝和浆砌石坝的日常巡查与维护

混凝土坝和浆砌石坝的日常巡查与维护，能保障其安全运行，延长使用寿命，因此应制定相应的日常巡查与维护制度。

日常巡查与维护工作应由大坝管理单位指定有专业经验的技术人员来完成，并做好日常检查与维护记录，巡查中若发现异常迹象或变化，应及时报告处理。主要工作内容如下：

（1）大坝外观巡查、维护。保持坝体表面清洁完整，无杂草、积水和杂物，检查坝面混凝土脱落情况，大坝伸缩缝是否有错动现象，伸缩缝充填物是否老化脱落，有无其他新产生的裂缝和渗漏情况，一旦发现，做好笔录并及时汇报处理。

（2）大坝变形及渗流观测巡查。大坝变形观测和渗流观测能很好监测大坝的稳定性和安全性，定期对大坝进行变形观测和渗流观测，及时分析观测数据，如有自动观测设施，应该经常检查监测数据，发现异常情况，应及时汇报处理。

（3）大坝排水系统检查、维护。保持坝基排水系统和坝面排水系统完整、通畅，量水设施完好无损，集水井和集水廊道的淤积物应及时清除，发现新增加的渗漏溢出点要注意观察，并做好记录，注意观察排水系统的排水量变化情况。

（4）大坝泄水建筑物巡查、维护。对大坝泄水洞（孔）、溢流坝段等表面混凝土进行检查，保证表面混凝土光滑平整，无脱落剥蚀现象；保证进口闸门、启闭机无锈蚀和变形，启闭操作灵活到位；保证泄水建筑物进口进流顺畅，及时清理漂浮物和障碍物，出口消能充分，水流流态稳定，对坝基和两岸无淘刷冲蚀发生。

（5）大坝观测设施巡查、维护。经常检查大坝观测设施，确保完好无损，工作正常；对大坝变形观测设施宜加封保护装置，对渗流和水位等自动化观测设备，应经常检查避雷装置和电源装置，确保工作状态稳定可靠；经常检查自动观测数据，是否出现过大数据变动或偏差，如有异常，及时报告处理。

（6）严禁坝体及上部结构超载运行。兼做公路的坝顶，应设置路标和限荷标示牌，禁止超过设计标准的车辆通过坝顶及其交通桥。

（7）严禁在大坝附近爆破、炸鱼、采石、取土、打井、毁林开荒等危害大坝安全和破坏水土保持的活动。

4.2 重力坝失稳原因分析及防护措施

4.2.1 重力坝失稳原因分析

重力坝建于岩基上，当坝底为水平面时，通常用摩擦公式或剪摩公式校核其抗滑稳定性，即

$$K = \frac{F}{\sum P} = \frac{f(\sum W - U)}{\sum P} \tag{4-1}$$

$$K' = \frac{f'(\sum W - U) + c'A}{\sum P} \tag{4-2}$$

式中：F 为坝体沿地基接触面的摩擦力，也是阻止坝体滑动的阻滑力，kN；$\sum W$ 为水库蓄水后作用在坝体（滑动面以上部分）上垂直向下的力（水重、坝体自重等）的总和，kN；U 为垂直向上的坝基扬压力，kN；$\sum P$ 为作用在坝体上水平推力（包括水压力、泥沙压力及浪压力等）的总和，kN；f 为坝体与坝基之间的摩擦系数；f'、

c' 为坝体（混凝土或浆砌石）与坝基接触面的抗剪断摩擦系数、抗剪断凝聚力，kN/m²；A 为坝体与坝基连接面面积，m²；K、K' 分别为抗滑和抗剪断强度计算的抗滑稳定安全系数。

对于不同工程等别及建筑物级别的坝有不同 K 和 K' 值要求，可参照有关规范确定。在式（4-1）和式（4-2）中，有些参数是很难正确选定的，如 f 及 f'，试验室测值与现场测值会有较大差别，而且现场测值只是局部的，就坝整体接触面而论，不同部位亦各不相同，通常只能取用平均值。

影响重力坝稳定的主要因素有：坝和地基或软弱夹层的 f、c'、f' 值，所有作用于坝体的垂直荷载 ΣW 及水平荷载 ΣP，其中特别是地基的抗剪强度指标变化范围大，常对重力坝的稳定起着关键作用。因此，造成重力坝抗滑稳定性不足或失稳的原因应从多方面去分析，其中常见的原因有以下几方面：

（1）坝基地质条件不良，在勘测中对坝基地质缺乏全面和系统的分析研究，特别是对具有缓倾角的泥化夹层，其泡水后层间摩擦系数极小，软弱面的抗剪强度低、抗冲能力差。如在设计中采用过高的抗剪强度指标，当水库蓄满后在强大的水平推力作用下，易造成坝体抗滑稳定性不足。例如湖南省双牌电站坝后冲刷坑原设计深度比实际冲刷深度浅，地基又为倾向下游的缓倾角夹层，结果坝基出现临空面，使电站大坝出现险情，经采取预应力钢索锚固措施才排除险情，耗资 800 余万元。

（2）施工时坝基清理不彻底，开挖深度不够，使坝体置于强风化层上，在水库蓄水时因坝基渗流造成地基软化，形成坝与地基接触面之间的抗剪强度值减小，扬压力增大，使坝体不安全。

（3）设计坝体过于单薄，自重不够，在水平推力作用下，上游坝趾处出现裂缝，从而增大底部渗透压力，减轻了坝体有效重量，使坝体稳定性不够。

（4）运用不当，管理不善，造成库水位超过设计水位，甚至形成洪水漫顶，加大了坝体的水平推力；或管理不善造成排水设备堵塞，帷幕断裂，使扬压力变大，坝体的抗滑稳定性降低。

大坝抗滑稳定性不足，往往是由多种因素造成的，因而在研究处理措施时应针对造成坝体稳定性不足的主要原因，采用合理措施进行综合处理，才能有效地增加坝体抗滑稳定性。

4.2.2　增加重力坝稳定性的措施

从稳定性分析公式中看出，要增加 K 值，可采取多种措施，如增加坝体的铅直力 ΣW，减小扬压力 U，提高滑动面的抗剪强度指标 f 值，对具有软弱夹层的地基应设法增加尾岩抗体被动抗力。显然，依靠减小水平推力 ΣP 来增加坝体稳定性是困难的。下面就上述措施分述于下。

4.2.2.1　增加坝体所受铅直向下力

目前采用增加坝体所受铅直向下力 ΣW 的措施有加大坝体剖面和预应力锚索加固两种方法。

1. 加大坝体剖面

可在上游面或下游面加大剖面以增加坝体自重。从上游面加大剖面可增加坝体自重及垂直水重，并可改善坝体防渗条件，但要降低库水位、修筑围堰才能进行施工作业。加大下游剖面施工比较简单，但只能利用加大部分坝体的自重，不能利用水重，也不能改善防渗条件。通常加大坝体剖面来增加坝体自重是不经济的。坝体的加大部分应通过抗滑稳定性计算来确定，同时应考虑施工期对坝体上游趾处应力的影响，注意新旧坝体间的结合。

2. 预应力锚索加固（预锚加固）

此方法是从坝顶钻孔到坝基，孔内放置钢索，其下部应锚入新鲜基岩中。在坝顶一端施加拉力，使钢索受拉，坝体受压，以增加坝体的稳定性。这种方法最早是1943年在阿尔及利亚的谢尔法砌石重力坝中采用。该坝蓄水后，发现剖面尺寸不够，采用预应力锚索加固方法加固坝体，收到了较好的效果。这是早期取得的成功实例，如图4-1所示。

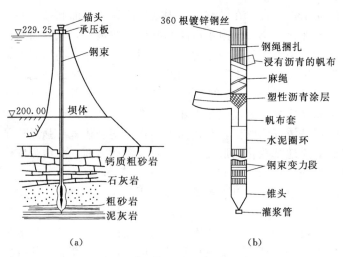

图 4-1　谢尔法坝预锚加固图
(a) 剖面图；(b) 锚索构造

该坝锚固时钻孔直径为 25.4cm，间距 4m，穿坝后深入地基 22～24.5m。在孔底部直径扩大为 33cm 锚定段，两个扩大部分间距为 3m，如图 4-1 (a) 所示。首先把钢丝切成适当长度，然后绑扎成钢束，内包 25.4mm 的灌浆管，管外放 360 根涂有沥青的镀锌钢丝，用韧性钢丝绳捆绑，捆绑间距 50cm。包括防锈层在内，钢束平均直径 20.3cm。钢丝下端 7m 不加涂层保护，只在中间捆扎一圈韧性钢绳，使捆扎圈的上下部分鼓出，与钻孔扩大部分相对应以便锚固。在该段钢丝束上端设一水泥圈环，下端设一铁锥头。钢索自坝顶放入孔内，通过灌浆管先以压力水冲洗，再灌入 1:1 的水泥砂浆，将下端设有防护层的 7m 一段锚入基岩内。在钢束顶端，将钢丝分散编结在坝顶的混凝土锚头内，然后每根钢束用 3 台 4400kN 的千斤顶张拉，逐步拉到 11000kN，相当于每米坝长增加重力 2689kN。加固后库水位比原水位提高了 3.05m，经多年观测，效果良好。坝内钢丝束的应力略有减小，个别钢束拉力降低了 3%，只要用千斤顶张拉就很容易恢复到原有拉力。

由于用锚索加固大坝取得了成功，全世界已有 60 余座大坝采用这一方法。1964

年我国对梅山连拱坝肩采用锚索加固坝体取得成功后，又相继在陈村、双牌等处使用，以加固坝肩和坝基。

预锚加固法特别适用于坝基夹层深而多的情况，当下伏坚硬完整岩石时，会取得很好的效果。国外较为典型的预锚加固工程有美国的拉卜利尔坝、密尔顿湖坝，这些坝分别运行了 50 余年，沉陷基本趋于稳定。对于抗倾覆预锚加固，通常在上游锚固效果较好，锚固力产生很大的抗倾覆力矩，增加坝体稳定，并改善坝体及坝基中的应力状态。

我国湖南省零陵地区的双牌电站，库容 4.14 亿 m^3，装机容量 13.5 万 kW，灌溉 2.13 万 hm^2，为一综合利用的大型水利枢纽，1958 年兴建，1961 年投入运行。1971 年 9 月在 6～7 号坝墩空腔渗压观测中，发现渗水中带黄色絮状物，孔内渗水水位高出下游水位 7.5m，涌水量达 55L/min，情况异常。同年 11 月，进行补充勘探试验，发现坝基存在 5 层破碎夹层，原帷幕已损坏，有轻度管涌，加之坝下游经多年冲刷，形成深 18m 的冲刷坑，使基岩下游出现临空面，经计算，在正常蓄水位时，坝基有沿夹层滑动的危险。因此，采取限制蓄水位措施进行加固处理。

双牌水库坝基地质主要为砂岩板岩互层，构造简单，褶皱平缓，岩性新鲜，风化甚浅。岩层倾向下游，倾角平缓，一般为 8°～12°，顺水流的视倾角为 7°～9°，原设计中 f（混凝土与板岩间以及板岩层间）分别采用 0.62 和 0.50，$c'=0$。经查明，河床基岩破碎夹层的抗剪强度计算指标仅能取 $f=0.42～0.48$，$c'=0$，复核坝基破碎夹层的抗滑稳定安全系数 $K=0.86$，因此急需加固。

在坝基加固时，采用预锚综合处理。将原挑流鼻坎下延 26.7m，远离坝脚，在延长段的底部用高强钢束锚固岩层，钢束穿过 5 层夹层入基岩深部，锚孔倾向上游 70°，孔径 $\phi130mm$。这一方案对施工运行干扰小（汛期停工）。整个加固采用预锚孔 274 个，每孔平均增加重力 3185kN，使最危险的 6 号、7 号坝墩抗滑安全系数由 0.965 提高到 1.19，坝踵变形减少 1.14mm，处理工作于 1981 年完成。

双牌水库系坝趾预锚加固，如图 4-2 所示，最大缺陷是对坝体抗倾覆不起作用，据电算结果，加固后坝基正应力及坝踵局部主拉应力可能增大，故应设置第二道排水孔。

4.2.2.2　减小扬压力

减小扬压力比依靠增加坝体重量来提高坝体抗滑稳定更有效，应予首先考虑。通常减小扬压力的措施有补强帷幕灌浆、加强坝基排水及采用防渗阻滑板等方法。

1. 补强帷幕灌浆

这种措施既能减小扬压力，又能减小坝基渗漏，保证软弱夹层的渗透稳定，一般大中型工程常采用此法。通常是在坝体中预留灌浆廊道，若无预留灌浆廊道，可在上游坝侧或深水钻孔。双牌水库大坝采用后者，在原帷幕线上重新布置两排水泥灌浆帷幕，前排为中孔中压副排帷幕，孔深 20～30m；后排为高压深孔主排帷幕，孔深穿过 5 层夹层至相当不透水层（$w<0.01$）以下 5m，孔深 30～40m，排距 1m，孔距 3m，交错布置。补强帷幕通常采用水泥砂浆作为灌浆材料，如果坝基有断裂，裂缝细微，漏水严重时，可用化学灌浆，但造价较高。

2. 加强坝基排水

在帷幕下游加强坝基排水，这是减小扬压力最经济、最有效的措施。根据国内几

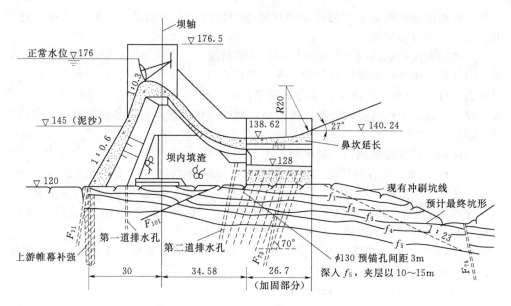

图 4-2　双牌溢流坝基础加固剖面图（单位：m）

座大型水库工程实际观测结果，设帷幕和排水与未设帷幕和排水时的渗透压力折减系数分别为 0.45～0.6 和 0.2～0.4。从某种意义上看，排水对减小渗透压力的作用比设置帷幕更为明显。自从法国马尔巴塞坝失事后，排水措施几乎成为混凝土坝必须采用的结构措施。我国有些工程采用"闭络式抽水减压系统"以减小扬压力，效果很显著。其布置为：在帷幕后设纵横排水，将坝基渗水汇集于低于下游水位的集水井，井内设水泵抽水至下游，排水系统不与下游连通，自成系统。如新安江、刘家峡和葛洲坝二江泄水闸等工程均采用这种排水系统。

3. 上游设置防渗阻滑板

沿上游河床表面设置混凝土防渗阻滑板，利用板上水重，可增加沿基岩表层的抗滑作用，对软弱夹层可增加其正应力，提高抗剪强度。

4.2.2.3　提高软弱夹层的抗剪强度指标

我国有些工程试验表明，软弱夹层抗剪强度极低，黏结力 $c' \approx 0$，f 在 0.2～0.25，因此，提高 f 值是增加坝体抗滑稳定性的重要措施。软弱夹层较浅时，通常可用换基法，清除表层软弱夹层，换填混凝土；对于中浅层软弱夹层，亦可采取浅层明挖，较深部位灌浆的综合措施；对埋藏较深的软弱夹层，换基工作量太大，可以开挖几排孔洞，中间填塞混凝土，如巴西伊泰普水电站，坝高 196m，为了提高坝基抗滑稳定性，纵横布置 8 排混凝土洞塞。此外，还可用坝踵深齿切断软弱夹层，使滑动面下移至完整的岩基中。

4.3　混凝土坝和浆砌石坝的裂缝处理

4.3.1　裂缝原因及分类

裂缝是混凝土坝和浆砌石坝中常见的病害，其产生的根本原因是坝体温度变化、地基不均匀沉陷及其他因素引起的应力和变形超过了混凝土强度或砂浆与石料的胶结强度和坝体抵抗变形的能力。在混凝土坝和浆砌石坝中,裂缝按产生的具体原因不同,可分成以下四类。

1. 变形裂缝

坝体由于温度和湿度变化引起收缩和膨胀变形以及基础和上部荷载不均匀引起不均匀沉降变形而导致裂缝。这种裂缝是由于变形要求得不到满足而产生应力,当这种应力超过坝体材料的极限允许应力值时就产生裂缝。变形裂缝产生后,往往因变形得到部分或全部满足而产生应力松弛。尽管混凝土和浆砌石材料强度高,但其韧性差,不能很好地适应变形要求,因而易产生裂缝。混凝土坝和浆砌石坝中产生的裂缝,多属于变形裂缝。

变形裂缝又可进一步分为以下几种:

(1) 温度变形裂缝。温度变形裂缝在混凝土坝中十分突出,在施工时,混凝土在入仓温度及其水化热温升的作用下,混凝土内部温度上升很快,坝体混凝土凝固后,混凝土内部的温度逐步降低,其体积也要发生收缩变形。当混凝土因降温变形受到岩基或老混凝土垫层的约束时,将会在坝体内靠近约束处产生约束裂缝。这类裂缝常在混凝土浇筑后2~3个月或更长时间出现,裂缝较深,有时是贯穿性的,破坏了坝体的整体性。

(2) 干缩裂缝。在混凝土坝浇筑后,随着表层水分散失,温度降低,表层产生因体积收缩导致的裂缝,称为干缩裂缝。裂缝为表面性的,宽度较小,多在0.05~0.2mm,其走向纵横交错,成龟裂状,没有规律性。

(3) 塑性裂缝。混凝土坝浇筑以后,硬化初期尚处于一定的塑性状态时,因骨料自重下沉导致塑性变形而产生的裂缝称为塑性裂缝。裂缝出现在结构表面,形状不规则且长短不一,互不连贯。

(4) 沉陷裂缝。沉陷裂缝是由不均匀沉陷产生的。混凝土坝和浆砌石坝中的沉陷裂缝,往往发生于存在断裂破碎带、软弱夹层或节理发育、风化不一的基础中,坝基础受力后产生不均匀沉陷,坝体材料受剪切破坏而产生裂缝。另外,当相邻坝段荷载悬殊,而基础又未作必要加固处理时,也易产生沉陷裂缝。沉陷裂缝两侧坝体常有垂直方向和水平方向的错动,多数为上下游贯通,坝顶至坝基贯通,缝宽较大,随气温变化略有变化。水库蓄水后,沉陷裂缝还可能继续发展。因此,沉陷裂缝的存在会严重影响大坝的安全和正常运用。

2. 施工裂缝

混凝土坝和浆砌石坝中的有些裂缝,是由施工过程中的一些因素引起的,如混凝土振捣不实,分块浇筑新旧混凝土接缝处理不好等,均会留下施工裂缝。裂缝一般为深层或贯穿性的,走向与工作缝面一致。竖直施工缝开裂往往较大,一般大于0.5mm;水平施工缝开裂较小。

3. 荷载裂缝

荷载裂缝是由坝体内主应力引起的,所以有时称应力裂缝。大坝在施工和运行期间,在外荷载的作用下,坝体结构内应力超过一定的数值,沿垂直或大致垂直主应力方向会产生裂缝。荷载裂缝常属于深层或贯穿性裂缝,缝宽沿长度方向和深度方向变化较大，受温度变化的影响较小。

4. 碱骨料反应裂缝

在混凝土坝中，由于使用了不适当的骨料，致使骨料中某些矿物质与混凝土微孔中的碱溶液发生化学反应引起体积膨胀而导致的裂缝。裂缝无一定走向，大多呈龟裂状，缝宽较小。

4.3.2 裂缝处理原则

（1）对于影响坝体强度的裂缝（例如荷载裂缝），修补方法与修补材料应主要考虑恢复坝体的强度，使其满足安全稳定的要求，裂缝修补应与整个大坝的加固补强措施一起综合考虑。

（2）对于不影响坝体强度而只影响坝体耐久性的渗漏性表层裂缝，处理时主要考虑防渗的要求，做好表层防护防渗处理。

（3）因坝基不均匀沉陷引起裂缝，应先加固地基；拱坝因坝肩岩体不稳而引起裂缝，则应在提高坝肩岩体的稳定性后，再进行裂缝处理。

（4）受气温变化影响较大的裂缝（常称活缝），应在低温季节开度较大的情况下进行处理。采取的处理措施应使裂缝在处理后仍有一定伸缩余地，故宜用弹性材料修补。

（5）不受气温影响的稳定性裂缝（常称死缝），一般可以用高强度的固性修补材料作永久性处理。

4.3.3 裂缝处理措施

混凝土坝和浆砌石坝中的裂缝处理，常采用表层处理、填充处理、灌浆处理、加厚补强坝体四种措施。

4.3.3.1 裂缝的表层处理

坝体表层出现的细微裂缝，缝宽一般小于0.3mm，且在坝面分布范围较大，只影响耐久性而不影响坝体安全性，对此可采用表层处理。处理方法主要有表面喷涂、表面贴补、表面喷浆（混凝土）等。

1. 表面喷涂

（1）环氧树脂等有机材料喷刷。先用钢丝刷或风沙枪清除表面附着物或污垢，并凿毛、冲洗干净；对凹处先涂刷一层树脂基液，再用树脂砂浆抹平；最后在整个施工面喷涂或涂刷2~3遍，第一次喷涂采用稀释涂料，涂膜总厚度应大于1mm。喷涂材料主要有：环氧树脂类、聚酯树脂类、聚氨酯类、改性沥青类等。该处理方法施工速度快，工作效率高，适合大面积表面微细裂缝处理或碳化防护处理。

（2）普通水泥砂浆涂抹。先将裂缝附近混凝土凿毛并清洗干净，用标号不低于425号的水泥和中细砂以1:1~1:2的灰砂比拌成砂浆涂抹。涂抹的总厚度一般为1~2cm。在竖面或顶部，一次涂抹过厚往往会因自重而脱落，因此宜分次涂抹，最后压实抹面收光。3~4h后即进行养护，防止收浆过程中发生干裂或受冻。

（3）防水速凝灰浆（或砂浆）涂抹。对有渗漏的裂缝，普通水泥砂浆难以涂抹时，可采用防水速凝灰浆（或砂浆）涂抹，也可用防水速凝灰浆（或砂浆）封堵塞后，再用普通水泥砂浆涂抹。

　　防水速凝灰浆（或砂浆）是在灰浆（或砂浆）内加入防水剂（同时又是速凝剂），以达到速凝和提高防水性能的目的。防水剂市场有销售，也可自行配制，其配合比见表 4－1。

表 4－1　　　　　　　　　　　　　　防水剂配合比（重量比）

编号	材料名称	化学名称	分子式	配合比	材料颜色
1	胆矾	硫酸铜	$CuSO_4 \cdot 5H_2O$	1	水蓝色
2	红矾	重铬酸钾	$K_2Cr_2O_7$	1	橙红色
3	绿矾	硫酸亚铁	$FeSO_4 \cdot 12H_2O$	1	绿色
4	明矾	硫酸铝钾	$KAi(SO_4)_2 \cdot 12H_2O$	1	白色
5	蓝矾	硫酸铬钾	$KCr(SO_4)_2 \cdot 12H_2O$	1	紫色
6	水玻璃	偏硅酸钾	K_2SiO_2	400	无色
7	水		H_2O	40	

　　配制时将水加热至 $100℃$，然后把表 4－1 中编号 1～5 种材料（或其中 2～4 种，但总重量应达到取 5 种的重量，并使每种重量相等）加入水中，继续加热，不断搅拌，待全部溶解后，降温至 30～40℃，再注入水玻璃内，并搅拌均匀，0.5h 后即可使用。不用时应在非金属容器内密封保存。

　　防水剂灰浆和砂浆的配合比见表 4－2。

表 4－2　　　　　　　　　　　　防水剂灰浆（或砂浆）配合比（重量比）

名称	水泥	砂	防水剂	水	初凝时间（min）
速凝灰浆	100		69	44～52	2
中凝灰浆	100		20～28	40～52	6
速凝砂浆	100	220	45～58	15～28	1
中凝砂浆	100	220	20～28	40～52	3

注　水泥标号一般不低于 425°的硅酸盐水泥，砂子为中细砂。

　　配制防水速凝灰浆（或砂浆）时，应先将防水剂（或水玻璃）按重量比稀释，再注入到水泥或水泥与砂的拌合物内并迅速拌匀。配制的灰浆（或砂浆）有速凝的特点，为便于操作，初凝时间不宜选择过短，表中初凝时间仅供参考；在涂抹前应进行试拌，以掌握凝固时间。一次拌量不宜过多，随拌随用，避免浪费。

　　（4）环氧树脂砂浆等涂抹。当涂抹的坝体表面有抗冲刷或有耐磨要求时，或者需要提高修补强度或柔性时，宜用环氧树脂砂浆等涂抹。环氧砂浆通常在普通砂浆中加环氧树脂、固化剂、增塑剂、稀释剂而配成，其优点是强度比普通砂浆高，弹模低，极限拉伸大，其缺点是热膨胀系数大，当温度剧烈变化时能使环氧砂浆与老混凝土脱开。为了提高涂抹层的耐久性，环氧砂浆宜用于温度变化小，日光不易照射的部位。环氧砂浆的一种配方见表 4－3，涂抹工艺与普通水泥砂浆相同。

表 4 - 3　　　　　　　　　　　环氧砂浆配方（重量比）

材料名称	比例（重量）	备　注	材料名称	比例（重量）	备　注
6101 号环氧树脂	100	主剂	石棉粉	10	填料
600 号聚酰胺树脂	15	固化剂	水泥	200	填料
邻苯二甲酸二丁酯	10	增塑剂	砂	400	细骨料
690 号环氧丙烷苯基醚	10	稀释剂			

2. 表面贴补

表面贴补是在混凝土裂缝处用黏结剂贴补有一定强度和防渗性能的片材，一般在裂缝条数不多的情况下采用。贴补片材有橡皮、塑料带、紫铜片和玻璃丝布，并用环氧材料作黏结剂。裂缝的贴补可根据其干湿情况，采用不同固化剂配制的环氧黏结剂。对于渗水漏水的裂缝，应先用防水速凝灰浆等封堵材料封堵后，再进行贴补处理。以下介绍橡皮和玻璃丝布的贴补方法。

（1）橡皮贴补。将裂缝两侧表面凿成宽 14～16cm、深 1.5～2cm 的槽，要求槽面平整无油污灰尘。橡皮按需要尺寸裁剪（若长度不够，可将橡皮搭接部位切成斜面，锉毛后用胶水接长），厚度以 3～5mm 为宜，并将表面锉毛或放在工业用浓硫酸中浸 1～2min，取出后立即用清水冲洗干净，晾干待用。

在处理好的混凝土表面刷上一层环氧基液，再铺一层厚 5mm 的环氧砂浆，顺裂缝划开宽 5mm 的环氧砂浆，填以石棉线，然后将粘贴面刷有一层环氧基液的橡皮从裂缝的一端开始铺贴在刚涂抹好的环氧砂浆上。铺贴时要用力均匀压紧，直至环氧砂浆从橡皮边缘挤出为止，如图 4 - 3 所示。为使橡皮不致翘起，需用包有塑料薄膜的木板将橡皮压紧；为防止橡皮老化，应在橡皮表面刷一层环氧基液，再抹一层环氧砂浆保护。

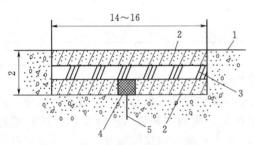

图 4 - 3　橡皮贴补示意图（单位：cm）
1—原混凝土面；2—环氧砂浆；3—橡皮；
4—石棉线；5—裂缝

（2）玻璃丝布贴补。玻璃丝布的品种较多，贴补常用的是中碱无捻玻璃丝布，其特点为强度高、耐水性好、气泡易排除和施工较方便。玻璃丝布的厚度以 0.2～0.4mm 为宜，因厚度越大对胶液的浸润力越差。玻璃丝布表面的油蜡在使用前必须除去，以提高黏结力。处理油蜡的方法一般是将其放入皂液里（或用高温和化学等方法）煮沸 0.5～1h，然后取出用清水漂净，晒干待用。

粘贴前要将混凝土表面凿毛整平并清洗干净，如表面不平整时，可用环氧胶或环氧砂浆抹平。粘贴时先在粘贴面上均匀刷一层环氧基液，其厚度小于 1mm，并使粘贴表面均为基液所浸润，不能有气泡产生，再将事先裁剪好的玻璃丝布拉直，由一端向另一端铺设，刷平贴实，使环氧基液渗出玻璃丝布，不存留气泡；若玻璃丝布内存有气泡，可用刀将丝布划破，排除气泡，然后用刷子刷平贴紧，最后在玻璃丝布上再刷一道环氧基液。按同样方法可贴第二层、第三层玻璃丝布。上层玻璃丝布应比下层稍宽1～2 cm，以便压边，如图4-4所示。玻璃丝布的层数视情况而定，一般粘贴2～3层即可。

环氧玻璃丝布又称玻璃钢，具有强度高、抗冲耐磨和抗气蚀性好的特点，适用于高速水流区及一般的裂缝修补。

3. 表面喷浆（混凝土）

如大坝表面裂缝分布范围大，为了保证施工质量，加快施工进度，常用喷浆（混凝土）方法。施工工艺是先将修补坝面进行凿毛处理，用喷射机械将配好的砂浆喷射坝面，形成一层保护层。

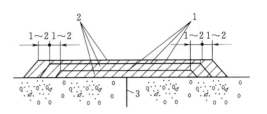

图4-4 玻璃丝布贴补示意图（单位：cm）
1—玻璃丝布；2—环氧基液；3—裂缝

当需要提高喷浆强度时，可以采用钢丝网喷浆。砂浆采用425～525号硅酸盐水泥为宜，每立方米砂浆中水泥用量不低于500kg，水灰比控制在0.40～0.50为宜，砂料选用偏粗中砂，这样既节约水泥，又减小收缩。喷射压力控制在0.1～0.3MPa，施工自下向上，分层喷射，每层喷射间隔时间为20～30min，总厚度为5～10cm。为了保证修补效果，应最后进行收浆抹面，并注意湿润养护7d。详细施工工艺参见DL/T 5181—2003《水电水利工程锚喷支护施工规范》和SL 377—2007《水利水电工程锚喷支护技术规范》。

4.3.3.2 裂缝的填充处理

坝体表层出现明显的、宽度大于0.3mm的裂缝，且裂缝条数不多，裂缝深度较大时，宜采用填充处理。具体做法是沿着裂缝凿成U形或V形槽，槽顶宽约10cm，将槽清洗干净后填充密封材料，如图4-5所示。填充材料可用水泥砂浆、环氧砂浆、弹性环氧砂浆、聚合物水泥砂浆等。

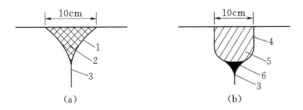

图4-5 裂缝填充修补示意图
1—V形凿槽；2—填充材料；3—裂缝；4—U形凿槽；
5—弹性填充材料；6—槽底塑料片材

如果凿开后发现钢筋混凝土结构中顺缝钢筋已经锈蚀，则将混凝土凿除到能充分处理已锈的钢筋部分，再将钢筋除锈，然后在钢筋上涂以防锈涂料，并先在槽中填充嵌缝材料。

在对坝体活缝进行填充处理时，宜凿成U形槽，槽底垫上一层与混凝土不粘的材料（一般用塑料片材），再填充弹性嵌缝材料，使其与槽两侧黏结。底槽因有塑料垫层，嵌缝材料与槽底混凝土不黏结，而其沿槽的整个宽度可以自由变形，裂缝发生张拉变形时，不会被拉开。此外，应注意在使用普通水泥砂浆作填充材料时，应先湿润槽壁，而使用其他填充材料时，则宜保持槽内干燥。但无论采用何种嵌补材料，槽内均不能有渗水现象出现，否则，必须先用速凝灰（砂）浆堵漏，或者先进行导渗，使凿槽内无渗水现象，再进行填充处理。

4.3.3.3　裂缝的灌浆处理

坝体出现深层裂缝，对坝体的整体稳定性和防渗有影响时，应采用灌浆法进行修补处理。灌浆修补法属裂缝内部处理法，是用压力设备将浆液压入坝体裂缝及内部缺陷中，填充其空隙，浆液凝结、硬化后，起到补强加固、防渗堵漏、恢复坝体整体稳定性的作用。此外，灌浆处理还可以用来对大坝基础进行防渗的加固处理。由于灌浆处理对深层裂缝和缺陷处理效果好，在水利工程维护管理中得到了广泛的应用。下面仅就坝体裂缝灌浆处理技术作介绍。

1. 灌浆材料（浆材）

裂缝灌浆处理的目的有两个：一是补强加固；二是防渗堵漏。补强加固要求浆材固化后有较高的强度，能恢复坝体的整体性，因此宜采用环氧树脂、甲基丙烯酸酯、聚酯树脂、聚氨酯等化学材料。防渗堵漏要求浆材的抗渗性能好，而不一定要求较高的强度，因此一般选用可溶性聚氨酯（LW）、丙烯酰胺（Am－9）、水泥和水玻璃等。此外，选用灌浆材料还应掌握两条原则：一是材料的可灌性。不管是补强加固还是防渗堵漏，所选材料必须能够灌入裂缝，充填饱满，而且灌入后能够凝结固化，以达到补强加固和防渗堵漏的目的。二是浆材的耐久性。首先是所选用的材料在使用时要求性能稳定，不易起化学变化，不易被侵蚀或溶蚀破坏，另外所选材料与裂缝混凝土有足够的黏结强度，不易脱开，这条原则对活缝来说尤为重要。

灌浆材料品种繁多，常用的浆材有水泥类浆材、环氧类浆材、丙烯酰胺类浆材、聚氨酯类浆材、甲基丙烯酸酯类浆材等。

（1）水泥类浆材。水泥类灌浆材料有普通水泥浆材、超细水泥浆材、硅粉水泥浆材、膨胀水泥浆材等四种。

水泥类浆材配方的水灰比为 0.5：1～1：1。普通水泥浆材宜采用 525 号硅酸盐水泥；超细水泥浆材用比表面积约大于 $8000cm^2/g$ 的水泥；硅粉水泥浆材硅粉掺量约为 7%～10%；膨胀水泥浆材可用膨胀水泥，也可用硅酸盐水泥掺膨胀剂配制成膨胀水泥浆材，膨胀剂 UEA 掺量为 10%～12%。

（2）环氧类浆材。环氧类浆材是由环氧树脂（主剂）、固化剂（间苯二胺、乙二胺）、稀释剂（丙酮、苯、甲苯、二甲苯、环氧丙烷苯基醚、环氧丙烷丁基醚等）、增塑剂（邻苯二甲酸二丁酯等）组成，其典型配方见表 4-4。

表 4-4　　　　　　　　　　　　　环氧类浆材配方（重量比）

材料名称		环氧树脂 6101	邻苯二甲酸二丁酯	二甲苯	环氧氯丙烷	乙二胺	间苯二胺
配方	1	100	10	90	20	15	
	2	100	10	60	20		17
	3	100	10	60		10	

（3）丙烯酰胺类浆材。丙烯酰胺类浆材是化学浆材中出现较早的一种，在美国商品名称为 Am—9，我国称其为丙凝。丙凝浆材具有黏度低，可灌性好，凝结时间可调节，抗渗性好等特点，其常用配方列于表4-5。表中所列重量百分比仅仅是化学材料部分，它只占全部浆材的10%，其余的90%的水量未列入表中。丙烯酰胺类浆材在聚合前有一定毒性，操作人员应佩戴橡胶手套进行操作，切不可大意。

表4-5 丙烯酰胺类浆材常用配方

材 料 名 称		作 用	重量百分比（%）
甲液	丙烯酰胺	主剂	9.5
	N-N甲撑双丙烯酰胺	交联剂	0.5
	β-二甲氨基丙腈	促进剂	0.1～0.4
	或三乙醇胺	促进剂	0～0.4
	或硫酸亚铁	促进剂	0～0.01
	铁氰化钾	阻聚剂	0～0.01
乙液	过硫酸胺	引发剂	0.5

（4）甲基丙烯酸酯类浆材。甲基丙烯酸酯浆材通常简称甲凝。这类材料的主要特点是黏度低，可灌性好，力学强度高，多用于混凝土裂缝补强。甲凝浆材由主剂和引发剂、促进剂、除氧剂、阻聚剂等改性剂组成，其典型配方见表4-6。

表4-6 甲基丙烯酸酯类浆材配方

材料名称	作 用	用 量	材料名称	作 用	用 量
甲基丙烯酸甲酯	主剂	100	对甲苯亚磺酸	除氧剂	0.5～1.0
过氧化苯甲酰	引发剂	1～1.5	焦性没食子酸	阻聚剂	0～0.1
二甲基苯胺	促进剂	0.5～1.5			

注 计量单位液体为L，固体为kg。

（5）聚氨酯类浆材。聚氨酯类浆材是一种防渗堵漏效果较好，固结效能较高的分子化学灌浆材料。国内有氰凝、SK型聚氨酯浆材、LW和HW水溶性聚氨酯浆材等；国外有日本的塔斯（TACCS）和海索尔（HYSOL-OH）等。

聚氨酯类浆材分油溶性和水溶性两类，而水溶性聚氨酯又分高强度（HW）和低强度（LW）两种。

2. 灌浆施工工艺

大坝裂缝灌浆处理施工工序大致分为以下几项：

（1）钻孔埋管。钻孔埋管是压力灌浆施工的第一步，其施工质量的好坏将影响到整个工程的灌浆进程和处理质量。钻孔可使用机钻、风钻、电锤钻。孔位可定为骑缝孔或斜钻孔两种。孔径可根据实际情况选定，但不宜太大，以免出浆过多。孔距则根据裂缝的宽窄而定，大致为50～150cm。钻孔埋管前一定要仔细清洗孔壁，同时压水（或压气）检查裂缝的走向、串通情况，然后才埋管。遇到与裂缝不通的死孔，可以另行处理，不必埋管，以减少无效劳动。

（2）嵌缝止浆。裂缝灌浆之前一般都要做嵌缝止浆，以防止加压灌浆时浆液流失，并保证裂缝中浆液充填饱满。嵌缝方法基本与前述的裂缝填充法相同。

（3）压水或压气检查。压水或压气检查的目的为：①在钻孔洗孔之后，检查钻孔是否与裂缝串通，通则有效，不通则需重新钻孔；②在埋管之后检查埋管是否与裂缝串通，出现问题及时处理；③表面嵌缝以后，通过压水（或压气）检查嵌缝的质量如何，发现漏水（漏气）现象及时修补，压水检查时的进水速度和数量还可以作为灌浆控制的参考；④在灌浆完成之后，通过检查孔进行压水（或压气）检查，以确定灌浆效果，如检查孔仍能进水（或进气），说明裂缝还未充填饱满，可利用检查孔进行补充灌浆。

（4）灌浆。灌浆是关键性的工序，在灌浆过程中应特别注意施工工艺。灌浆方式有双液法和单液法两种。凝胶时间短的浆材多使用双液法，浆液在孔口混合后马上进入裂缝迅速凝固；凝胶时间长的浆材多用单液法，一般使用注浆泵或压浆罐进行。灌浆压力一般为 $0.2\sim0.6MPa$，可根据进浆速度、进浆量和边界条件选定，压力不宜太高，以防止施工破坏。注浆次序对于垂直裂缝应由下而上，对于水平裂缝应由一端向另一端灌注，或由中间向两端灌注。应尽量排除裂缝中的水（气），以保证浆液充填密实饱满。浆液的稀稠度应根据裂缝的宽窄及时调整，裂缝太宽需要浓浆时，可在浆液中加入填料，以节约浆材用量。裂缝灌浆，一般选择冬季气温最低、裂缝开度大的时候进行。水泥灌浆施工可参照 DL/T 5148—2001《水工建筑物水泥灌浆施工技术规范》的规定执行。

4.3.3.4　加厚补强坝体

由于坝体单薄，本身强度不足而出现较多应力裂缝和沉陷裂缝时，宜采用加厚坝体的方法进行处理，既可封缝堵漏，又可加强坝体的整体稳定性和改善坝体的应力状态。坝体一般在上游加厚，其尺寸应由应力核算确定。对浆砌石坝，在施工处理时，应特别注意新老砌体的结合，若在其间设置混凝土防渗墙，则效果更好。

例如四川省威远县团结水库，其挡水建筑物为坝高 22m 的浆砌条石拱坝。1966年 10 月建成，1967 年 5 月蓄水至 21m 高时，发现在坝身高度 6.8m 和 10.4m（从坝基算起）两处产生了水平裂缝，缝长分别为 10m 和 5m，缝口有压碎现象，漏水较严重。同年 6 月 16 日放空水库进行检查，又发现坝体中部有一竖直裂缝，从坝顶向下，长 7.6m，缝宽 5mm，而且在其右侧 8m 处还另有一竖直裂缝，长 5m，缝口稍窄。此外，还有几条微小裂缝分布于坝顶。具体分布如图 4-6（a）所示。

经检查分析，坝体水平裂缝产生的原因主要是：坝体纵剖面处宽度突然缩窄，造成应力集中；石料质量差，裂缝处条石标号仅为 100 号左右；砂浆质量差，裂缝部位曾用过不合格的水泥，而且砂浆拌合时未严格控制质量。水平裂缝是由于坝体应力超过了砌体的抗剪强度而引起的应力裂缝，而竖直裂缝则是水库放空时，因坝身回弹而被拉裂。

像这样坝体有严重的应力裂缝，其处理方法不仅仅是单纯对裂缝进行修补，而应从增强坝体整体强度和稳定性，改善坝体应力条件入手。故该坝裂缝处理采用了加厚坝体和填塞封闭裂缝的处理方法，如图 4-6（b）所示。在原坝上游面沿水平裂缝凿

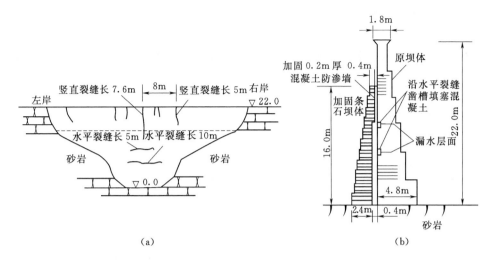

图 4-6　团结水库浆砌石拱坝裂缝处理

槽填塞混凝土，然后在上游面加筑混凝土防渗墙及浆砌石加厚坝体；竖直裂缝在凿槽后以高标号水泥砂浆填塞封闭。裂缝处理后，1969 年重新蓄水，1973 年蓄满，除坝身 3.2m 高处有少量浸水外，没有再出现裂缝和漏水情况。

加厚坝体的处理费用较高，故选择加固方案时要周全考虑，非常必要时才采用这种方法。

4.4　混凝土坝和浆砌石坝的渗漏处理

4.4.1　渗漏的原因及危害

混凝土坝和浆砌石坝的渗漏，按其发生的部位可分为坝体渗漏、坝基渗漏、坝基面上渗漏和绕坝渗漏四种，其产生的原因较多，大致可归纳如下：

（1）坝体因地基出现不均匀沉陷或超标准荷载作用产生贯通坝体裂缝而引起渗漏。

（2）坝体砌体石料和混凝土抗渗标号较低，库水渗过坝体在下游面或廊道里形成浸湿面。

（3）坝体在砌筑过程中，施工质量控制不好，振捣不实，产生局部缝隙；施工分缝不当或处理不好，留下施工缝；砌筑时砌缝中砂浆不够饱满，或施工时砂浆不够饱满，存在较多孔隙；施工时砂浆过稀，干缩后形成裂缝，造成坝体与坝基接触不良等。这些因施工质量差产生的缝隙均易导致渗漏。

（4）勘探工作不仔细，地基中留有隐患未能发现和处理；坝基岩石裂缝处理不当或不彻底，以及帷幕灌浆质量不好都会产生坝基渗漏。

（5）大坝在运用过程中，由于物理和化学等因素的作用引起的帷幕损坏，坝体接缝止水老化破坏，混凝土受环境水侵蚀造成抗渗性能降低，以及强烈地震造成的破坏等，都可产生渗漏。

坝体及坝基渗漏的主要危害：①产生较大的渗透压力，甚至影响坝体的稳定；

②坝基和绕坝的长期渗漏，可能使地基产生渗透变形，严重时将危及大坝安全；③影响水库蓄水和水库效益发挥；④长期穿坝渗漏会逐渐造成混凝土溶蚀，严重的溶蚀破坏会因降低坝体混凝土强度而危及大坝安全；⑤在严寒地区，渗漏溢出处易产生冻融破坏。

因此，对大坝渗漏必须加强检测，严格控制；发现渗漏，及时查明原因，分析危害性，并进行相应的处理。

4.4.2　渗漏处理的措施

渗漏处理的基本原则是"上截下排"，以截为主，以排为辅。处理措施要综合考虑渗漏产生的部位、原因、危害程度以及处理条件等因素，一般先提出几种可能的处理方案，经技术经济比较后确定。

1. 坝体渗漏的处理

坝体渗漏在上游迎水面处理效果较好，首先降低上游库水位，使渗漏入口露出水面，再根据渗漏的具体情况采用相应修补措施。对于裂缝引起的漏水，可以采用 4.2 节所述的裂缝修补方法加以处理；对于伸缩缝止水损坏而引起的漏水，可以对止水进行局部或全部更换。当迎水面封堵渗漏有困难，且渗漏在大坝背水面漏出比较集中，又不致影响大坝结构稳定性时，可以在大坝背水面进行封堵，以减少或消除漏水，改善工作环境。采用背水面封堵处理时，对集中渗漏较大的孔洞，可先将沟口稍作处理并清洗干净，再楔入木楔或棉絮麻丝等物，在减小射流势头的情况下，用速凝灰浆或速凝砂浆直接封堵，最后用普通砂浆或环氧树脂类砂浆抹平；对渗漏量较大的裂缝，可先沿缝凿槽，并在漏水量较大的部位稍微扩大，埋入导水铁管，铁管内径的大小和沿裂缝埋设的根数应视渗漏量大小和漏水缝长短而定，然后用棉絮沿缝填塞，将渗漏水从铁管引出，再用速凝灰浆或速凝砂浆封闭槽口，最后将铁管凿除，集中封堵漏洞。对于无明显渗漏通道的非集中的坝体渗水问题，可以采用内部灌浆的方法处理，浆材宜采用具有防渗固结效果好的化学浆材，参照 DL/T 5148—2001《水工建筑物水泥灌浆施工技术规范》。

2. 坝基渗漏（或接触渗漏）的处理

如果观测到大坝坝基扬压力升高，或排水孔涌水量增大等情况时，可能是原帷幕失效，岩基断层裂隙增大，坝体与基岩接触不良，排水系统受堵等所致，应及时查明原因，确定处理方法。

对于原帷幕深度不够或孔距过大而引起的渗漏，除加深原帷幕外，还可根据破碎带构造情况增设钻孔，进行固结灌浆。坝体与基岩接触不良造成的渗漏，可采用灌浆处理。对于排水不畅或堵塞的情况，可设法疏通，必要时增设排水孔，以改善排水条件。排水虽可降低扬压力，但会增加渗漏量，对有软弱夹层的地基容易引起渗透变形，要慎重对待。

有的低坝无帷幕设施，渗漏的处理亦应查明地质和施工情况，采用补做帷幕或进行接触灌浆处理。

坝基灌浆防渗处理工艺，参照灌浆规范进行。在防渗灌浆处理期间，要通过坝基渗流仪器设施，密切关注大坝渗漏情况，以此检验防渗处理效果。

3. 浇坝渗漏处理

对于绕坝渗漏，可在上游面封堵，也可进行灌浆处理。如出现下游山坡湿软和渗漏现象，可能由绕坝渗漏或地下泉水引起，应根据库水涨落与渗水量大小的关系，判别渗水来源。对于地下泉水所引起的渗漏，因入口难以找到，可根据地质地形的具体情况，采用铺设反滤层或打导洞等方法，将水导引出来。

第 **5** 章

输水建筑物的维护与修理

　　水利工程中为了满足灌溉、发电、供水和排水等要求，修建了各种用于输送水流的建筑物，如输水隧洞、涵管（洞）、渡槽、倒虹吸、渠道等，称为输水建筑物。无论是数量还是工程投资，输水建筑物在水利工程中，特别是在灌区工程中，占有相当大的比例，其中有些输水建筑物（如坝下涵管）的运行好坏，还直接危及枢纽中主体建筑物（如大坝）的安全。因此，输水建筑物的维护十分重要，对病害建筑物应及时妥善处理。

　　输水建筑物常见的共同病害有以下三种类型：

　　（1）水流作用引起的破坏。输水建筑物在长期运行过程中，临水面直接接触水流，在水压力、流速、泥沙、冰凌、漂浮物以及水中侵蚀介质等作用或影响下，建筑物常常会受到来自水流的破坏作用，主要破坏形式有冲蚀（冲磨、气蚀）、淘刷、淤塞、环境水侵蚀等。

　　（2）基础的变形或约束引起的破坏。输水建筑物多以地基、围岩、墩柱排架以及其他建筑物为基础，由于输水建筑物沿线布置往往较长，基础对建筑物的作用荷载、基础的非均匀沉陷或变形引起的内力，温度荷载作用下地基的约束力等均会造成输水建筑物的破坏，主要破坏形式是建筑物失稳、裂缝、渗漏等。

　　（3）进口控制设备的老化、锈蚀破坏。

　　由于不同的输水建筑物的工作特点有差别，本章按照建筑物类型分别介绍维护与处理方法。

5.1　输水隧洞的维护与修理

　　输水隧洞是以输水为目的，在岩、土体中通过开挖形成的隧洞，如渠系上的输水洞、枢纽中的发电输水隧洞、泄水隧洞以及导流洞等。在节理发育及比较破碎的岩石或土基中开凿输水隧洞，通常要用混凝土、钢筋混凝土等材料进行衬砌，以防止水流冲刷和坍塌。用隧洞输水运行可靠，维修任务小，也比较安全。

　　输水隧洞按其正常运行时受压状态的不同，可分为无压隧洞和有压隧洞两类。隧洞输水时水流不充满全洞，在洞内形成自由表面，称无压隧洞；输水时水流充满全洞，且有一定压力水头的，称有压隧洞。

输水隧洞的组成可分为进口段、洞身段和出口段三部分。

1. 进口段

输水隧洞的进口段通常都布置有拦污栅、检修闸门及工作闸门。深水进口还要在闸门槽处设置通气孔。有压隧洞的工作闸门一般布置在隧洞出口处。常用的输水隧洞进口段形式有竖井式、塔式和岸塔式三种，可根据隧洞的任务、进口的地质、地形及气候条件等选取。

2. 洞身段

输水隧洞的洞身段断面形式，一般是根据水力条件、衬砌结构受力条件、地质条件和施工条件等因素而定的。一般情况下，有压隧洞大都采用圆形断面，也有采用马蹄形的，这主要是为了改善衬砌的受力条件。无压隧洞断面形式常用圆形、城门形、马蹄形等。

3. 出口段

输水隧洞的出口段，因其功用和附近地质条件不同，布置也不一样。除发电隧洞外，出口段一般都布置消能设施，常用的有消力池和挑流鼻坎。一般消力池下游接灌溉渠道，而挑流鼻坎常布置在离大坝等主体建筑物较远且附近地质条件较好的隧洞出口处。

5.1.1　输水隧洞的日常检查与维护

输水隧洞的日常检查与维护，可预防病害的发生，延长其使用寿命，更重要的是能及时发现病害，及时处理，杜绝事故的发生。输水隧洞的日常检查与维护的工作内容和要求如下：

（1）经常注意检查隧洞进出口处山体岩石的稳定性，对于易崩塌的危岩应及时清理，防止堵塞水流。

（2）运行前，检查输水隧洞洞身有无裂缝、洞身衬砌有无脱落、止水是否破坏等。

（3）闸门启闭要缓慢进行，切忌流量猛增或突减，以免洞内产生超压、负压和水击现象。按无压流设计的隧洞，须控制输水流量，避免隧洞在有压流状态下工作。

（4）运行期间应防止隧洞在明、满流交替流态下工作。通常是注意倾听洞内是否有异常声响，如果听到咕咕咚咚的响声，说明洞内有明、满流交替现象，应立即减小输水流量。

（5）停水期间应对隧洞作全面检查，洞内是否出现裂缝、冲磨和空蚀等损坏，发现问题及时处理。

（6）对启闭设备和闸门要经常进行检查和养护，保证其完整性和操作灵活性。

5.1.2　输水隧洞常见的病害分析

据有关资料分析统计，我国水利工程中的输水隧洞病害大致可以分六大类，即衬砌裂缝漏水、空蚀、冲磨、混凝土溶蚀破坏、隧洞排气与补气不足以及闸门锈蚀变形与启闭设备老化。

1. 裂缝漏水

裂缝漏水为输水隧洞最常见的病害。造成这种病害的原因是多方面的，如伸缩缝、施工冷缝和分缝处理不好，止水失效；混凝土施工质量差，灌浆孔没有封堵；存在地质断层或软弱风化岩层没有处理或处理不当。由于产生原因不同，漏水方式也不同，有集中漏水，分散漏水，也有大面积渗水。产生的裂缝有环向裂缝和纵向裂缝，此外还有干缩裂缝。

20 世纪 90 年代山东省对输水隧洞老化问题进行了调查，据不完全统计，全省有 35 座大中型水库输水隧洞洞身发生裂缝，占总数的 20% 以上。裂缝绝大多数为环向裂缝，其中不少输水洞的裂缝仍在继续发展。例如山东省昌里水库输水隧洞在 1987 年检查时，仅发现有 2 条裂缝，而到 1991 年已发展至 6 条，有的缝宽由 0.2mm 发展到 6mm。另外，裂缝大多伴有漏水现象。根据分析，造成输水隧洞洞身裂缝漏水，多由于基础不好，施工质量差，工程材料不合格，混凝土溶蚀，钢筋锈蚀，压力隧洞水锤作用产生谐振波的破坏等原因所致。

2. 空蚀

在输水隧洞中，当高速水流流过体型不佳或表面不平整处，水流会与边壁分离，造成局部压强降低。当流场中局部压强下降低于水的气化压强值时，将产生空化，形成空泡水流。空泡进入高压区会突然溃灭，对边壁产生巨大的冲击力，这种连续不断的冲击力和吸力造成边壁材料疲劳损伤而引起剥蚀破坏称为空蚀。实际工程调查表明，不仅大型输水隧洞存在空蚀问题，中小型输水隧洞亦有不同程度的空蚀现象发生。在工程实践中，一般认为明流中平均流速大于 15m/s，就有可能产生空化；压力隧洞进口上唇等断面处流速大，压力低，易发生空蚀，如图 5-1 (a) 所示；闸门槽处不平整引起水流与边界分离形成漩涡，易造成空蚀，如图 5-1 (b) 所示；闸门局部开启，门后易产生负压引起洞顶空蚀，如图 5-1 (a) 所示。湖北省黄梅垅坪原输水隧洞，为有压隧洞，兼发电和下游灌溉渠道输水。由于闸门启闭设施变形无法开启到位，只能局部开启运行，后停水检查发现，在闸门后约 1m 处隧洞顶部产生严重空蚀现象，深处蚀坑深度超过 20cm，衬砌钢筋外露，如图 5-2 (a)、(b) 所示。此外，在隧洞分岔处、消力墩周围、施工不平整的部位和出口闸门单孔开启时的闸墩端部，如图 5-1 (c)、(d)、(e)、(f) 所示，以及隧洞出口挑流坎反弧末端等处均易产生空蚀破坏。

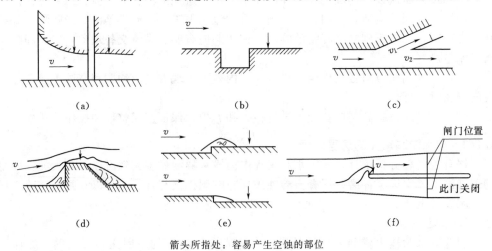

(a)   (b)   (c)

(d)   (e)   (f)

箭头所指处：容易产生空蚀的部位

图 5-1 容易产生空蚀的部位

(a) 隧洞进口；(b) 闸门槽处；(c) 隧洞分岔处；(d) 消力墩；(e) 不平整处；(f) 隧洞出口单孔开启

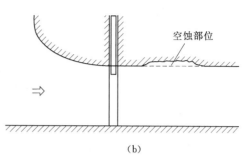

（a）　　　　　　　　　　　　　　　　　　　　　　　　（b）

图 5-2　垅坪原输水隧洞空蚀破坏

（a）实际空蚀图片；（b）实际空蚀部位

3. 冲磨

含沙水流经过输水隧洞，将主要对隧洞底部混凝土产生不同程度的冲磨破坏。产生冲磨破坏的隧洞，其水流流速越大，泥沙（包括推移质和悬移质）含量越高，冲磨破坏越严重。此外，冲磨破坏程度还与隧洞体形好坏有一定关系，体形不佳处冲磨程度更为严重。根据山东省 20 世纪 90 年代的调查，全省大中型水库的输水隧洞发生冲磨破坏的有 11 座，其中米山水库的输水隧洞冲蚀面积达 90% 以上。湖北省黄梅县垅坪水库输水隧洞，由于进口低且太靠近山坡，没能有效地防止山洪挟带泥沙入洞，造成隧洞陡坡段底部严重冲磨，钢筋保护层被冲磨掉，且多处外露的环向螺纹钢筋被磨得光亮。

4. 混凝土溶蚀破坏

隧洞由于长期受到水流的冲刷和山岩裂隙水沿洞壁裂缝向洞内渗漏，极易产生溶蚀破坏。实际工程中隧洞的溶蚀破坏大致可分为两种，一种是输送的水流对隧洞洞壁混凝土的溶蚀。这种溶蚀主要表现在洞内壁表层混凝土中有效成分 $Ca(OH)_2$ 被溶蚀并被带走，从而大大降低了表面强度。一般情况下水流偏酸性，混凝土中易溶成分含量高，就很容易造成这种破坏。湖北省阳新县小青山水库输水隧洞，由于洞壁混凝土骨料选用的是石灰石（$CaCO_3$），经过近 30 年的运行，裸露在表面的石子均遭到严重的溶蚀，形成许多 $1 \sim 2cm$ 深的小坑，且使表层约 3mm 厚的混凝土失去强度。另一种溶蚀破坏主要表现在内部混凝土易溶物质被穿壁渗流溶解并析出，在内壁表面析出白色的沉淀物（$CaCO_3$）。这种溶蚀破坏对表面强度影响不大，但当溶解析出有效成分较多时，会严重降低隧洞整体强度，甚至导致其中钢筋锈蚀。湖北省红安县金沙河水库泄水洞，渗漏水从洞壁混凝土中带出碳酸钙（$CaCO_3$），沉淀物处处皆是。由于长时间未用此洞泄水，该洞如同一个小的溶洞，"石钟和石笋"随处可见，最大一处石笋重约 40kg。

5. 隧洞排气与补气不足

过去由于缺乏经验，对隧洞闸门后通气认识不足，设计时未设有通气孔或给出的尺寸太小，实际工程中由此造成的隧洞损坏和事故也不少。如江西省柘林电站的坝下导流洞为抛物线顶拱的混凝土涵洞，宽 9m，高 12m，按明流设计，最大泄量为 400m³/s。1971 年汛期发生暴雨洪水，导流洞超标准运行，最大流量达 1500m³/s。泄洪期间，每隔 5min 一次，从洞内传出"轰隆隆"的响声。水位升高后，洞内又夹杂着"噼噼啪啪"的声音，站在坝顶上有明显的震感，水位继续升高，隧洞呈有压流，异常声音消失，振动减弱。事后进洞检查，发现闸门槽附近有严重的空蚀破坏。该工程实例的破坏现象在明流输水隧洞运行过程中比较常见，由于高速水流水面掺气将洞内水面以上的空气逐渐带走，造成洞内压力降低，直至空气完全被带走而形成洞顶负压，随着水流流动，又会有部分空气从进出口补充，洞顶压力又会恢复到明流时的正常状态，这样周而复始，有压无压交替运行，洞内水流水面波动，造成周期性的振动和声响，不仅影响隧洞泄流，而且易引起隧洞衬砌的疲劳破坏，危及到隧洞或其他建筑物的安全。

因此，设计隧洞时宜在进口闸门后设置通气孔，目的是不断地向泄水洞内补充空气，防止洞内压力降低，从而有利于防止空蚀的发生和保证正常泄流。如果通气孔孔径过小或被堵塞，布置位置不当或者根本未设通气孔，泄流时补气不足，将可能造成隧洞内压力不稳定或负压，导致隧洞内流态不稳和局部空蚀，严重的将引起整个隧洞结构振动，危及隧洞安全。在压力输水隧洞中，洞内排水需要关闭事故检修闸门时，则要补气；在充水准备开门时，则要排气。因此通气孔在压力隧洞检修闸门启闭过程中起着排气和补气的作用。如补气不足，会影响洞内安全排水；如排气不足，则使洞内压力骤增，达到一定程度时会危及隧洞结构设备和周围人员的安全。

6. 闸门锈蚀变形与启闭设备老化

由于隧洞闸门工作环境恶劣，养护很不方便，因此隧洞闸门锈蚀现象十分普遍，特别是水库深式泄水隧洞闸门，由于启闭运行次数很少，锈蚀更为严重。据 20 世纪 90 年代初山东省对全省大中型水库输水隧洞闸门的调查统计，闸门锈蚀变形比较严重的有 67 座，占 40%，其中大型 17 座，中型 50 座。闸门启闭设备老化损坏也比较突出，主要表现在启闭机启门力和闭门力不足，启闭设备部件损坏，闸门螺杆弯曲或断裂等。

5.1.3 输水隧洞常见病害的治理

输水隧洞的病害多种多样，且每种病害产生的原因也不一定相同，在此只就常见病害提出治理措施。

1. 裂缝漏水的修理

（1）用水泥砂浆或环氧砂浆修补裂缝。隧洞的裂缝由于漏水，修补工作难度大，因此在进行砂浆封缝之前，应做好堵漏处理。一般先用速凝砂浆快速封堵，如果渗漏量较大，且渗漏不集中，宜先埋设排水管由一处集中排出漏水，待大面积修补完毕并有相当强度之后，再将集中排水孔封堵。砂浆修补裂缝的详细措施参见第 4 章。

（2）灌浆处理。施工质量较差的隧洞裂缝漏水和孔洞漏水，可以采用灌浆处理。对于内径较大的隧洞，钻孔机能在洞中作业，采用洞内灌浆更经济。一般在洞壁内按梅花形布设钻孔，灌浆时由疏到密，灌浆压力一般采用 0.1~0.2MPa。由于压浆机械多放在洞外，输浆管路较长，压力损耗大，所以灌浆压力应以孔口压力为控制标准。浆液的配合比可根据需要选定，如江西省跃进水库处理混凝土涵洞时，水泥浆的水灰比由 10:1 一直用到 4:10，灌浆效果都很好。具体灌浆工艺见第 4 章。

2. 空蚀的处理

输水隧洞的空蚀，初期往往不被人们所重视，认为剥蚀程度较轻，不会影响隧洞安全。但是随着剥蚀程度的加深，水流条件更加恶化，加速了空蚀的发展进程，严重时造成整个空蚀区域衬砌的结构破坏，甚至发生坍塌事故。因此应及时分析空蚀原因，及时处理。

(1) 修改隧洞不合理体型，改善水流边界条件。隧洞体型与流线不吻合产生空蚀的部位多在进口。渐变进口形状应避免直角，单圆弧曲线最好改成椭圆曲线，如图 5-3 所示。

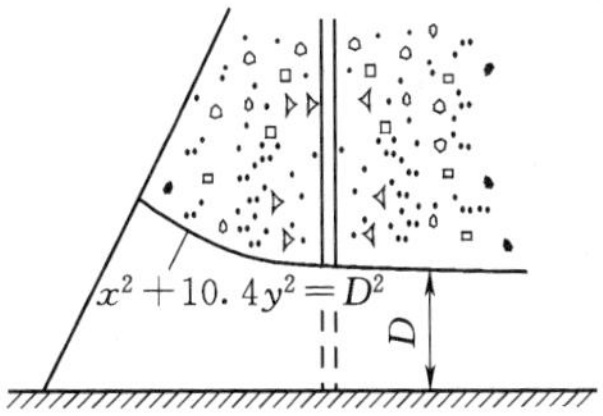

常用的矩形断面进口椭圆曲线方程为

$$\frac{x^2}{D^2} + \frac{y^2}{(0.31D)^2} = 1 \qquad (5-1)$$

或

$$x^2 + 10.4y^2 = D^2 \qquad (5-2)$$

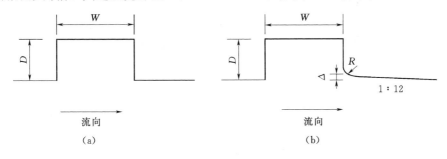

图 5-3　进口段椭圆曲线示意图

式中：x、y 为水平、竖向坐标；D 为输水隧洞洞径。

闸门槽与洞身之间应设渐变段。经试验和工程实践证明，对大中型输水隧洞宜改用带错距和倒角的斜坡型门槽（标准门槽），并将棱角削圆，以 1:12 斜坡与下游两侧边墙相连接，使水流平顺，从而可减轻和避免空蚀发生。通常建议：标准门槽适宜宽深比为 $W/D = 1.5 \sim 2.0$，较优错距比 $\Delta/D = 0.05 \sim 0.08$；低水头小型输水隧洞，可采用矩形门槽，其适宜宽深比 $W/D = 1.6 \sim 1.8$，如图 5-4 所示。

图 5-4　门槽形式

(a) 矩形门槽；(b) 标准门槽

(2) 控制闸门开度和设置通气孔。闸门的开度在很大程度上决定了门后水流条件的好坏，尽量避免闸门在易产生振动的开度下运行。对无压洞和闸门部分开启的有压洞，以及无通气孔或通气孔孔径不足的隧洞，应在可能产生负压区的位置增设通气孔。通气孔的通气量，可用下列公式进行核算

$$q = 0.04Q\left(\frac{V}{\sqrt{gh}} - 1\right)^{0.85} \qquad (5-3)$$

式中：q 为通气量，m/s；Q 为输水隧洞闸门开度为 80% 时的流量（或允许最大流量），m³/s；V 为收缩断面的平均流速，m/s；h 为收缩断面水深，m；g 为重力加速

度，m/s²。

求得需要的通气量后，通常采用气流速度为 30～50m/s，即可根据公式估算出通气孔的面积大小或管径。如取通气孔中气流速度为 40m/s，则式（5-3）可改写成求通气孔面积 A 的公式

$$A = 0.001Q\left(\frac{V}{\sqrt{gh}} - 1\right)^{0.85} \tag{5-4}$$

由于闸门开度在 80% 时需要进气量最多，所以计算通气面积时要用开度为 80% 时的水深和流量，对于有些输水隧洞水头很高不允许闸门开度达 80% 时，可用允许的最大流量和相应的水深。

此外，在隧洞其他易产生负压造成空蚀破坏的部位，亦可采取通气减蚀措施。通气减蚀方法在国内外高水头泄水建筑物中常采用，效果明显，也很经济。主要型式有突扩式、底坎式、槽式和坎槽结合式等，如图 5-5 所示。我国冯家山溢洪洞下通气槽为坎式，坎高 $\Delta = 30$cm，洞底宽度 $b = 7.2$m，$\Delta/b = 1/24$，该点流速为 30m/s，通气效果良好。

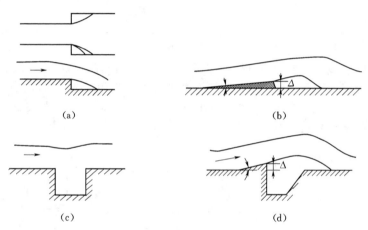

图 5-5　主要通气减蚀型式
(a) 突扩式；(b) 底坎式；(c) 槽式；(d) 坎槽结合式

（3）空蚀部位的修复。对隧洞中已遭空蚀破坏的部位，除了上述针对气蚀原因进行修改体型和通气减蚀外，还应及时修补已被空蚀部位。一般可用耐空蚀的高强度修补材料修补，如环氧砂浆，其修补工艺见 4.3 节有关内容。

3. 冲磨破坏处理

冲磨破坏的修补效果好坏主要取决于修补材料的抗冲磨强度，抗冲磨强度高的材料比较多，选用时主要从造成冲磨破坏的水流挟沙是以悬移质为主还是以推移质为主来考虑。

（1）悬移质冲磨破坏修补材料。

1）高强水泥砂浆、高强水泥石英砂浆。工程实践证明，高强水泥砂浆是一种较好的抗冲磨材料，特别是用硬度较大的石英砂代替普通砂后，砂浆的抗磨强度有一定提高。水泥石英砂浆价格低、工艺简单、施工方便，是一种良好的抗泥沙磨蚀材料。水泥

石英砂浆水灰比 0.35，灰砂比 1：1.5，水泥用量 890kg/m³，28d 抗压强度可达 70MPa，其抗磨蚀强度约为 C30 混凝土的 5 倍，可经受最大流速 35～50m/s 的冲击。当最大流速在 20m/s 左右，平均含砂量为 80～100kg/m³ 时，平均厚度为 10cm 的 28d 抗压强度为 60MPa 的高强水泥石英砂浆抗磨层，可经历 1 万～1.5 万 h 的泄流排砂。

2）铸石板。铸石板具有优异的抗磨、抗空蚀性能，根据原材料和工艺方法的不同，目前主要有辉绿岩、玄武岩、硅锰渣铸石和微晶铸石等。三门峡泄流排砂钢管出口鼻坎混凝土表面于 1968 年汛前用环氧砂浆作为黏结层铺砌了约 30m 铸石板，1968～1980 年累计运行 12600h 的情况看，铸石板表面磨损轻微。实践证明，铸石板是最佳的抗磨、抗空蚀材料之一，但其缺点是质脆，抗冲击强度低；施工工艺要求高，粘贴不牢时，高速水流易进入板底空隙，在动水压力作用下将板掀掉冲走。例如在刘家峡溢洪道的底板和侧墙、碧口泄洪洞的出口等处所做的抗冲耐磨试验中铸石板均被水流冲走。因此，目前已很少采用铸石板，而是将铸石粉碎成粗细骨料，利用其高抗磨蚀的优点配制高抗冲磨混凝土。

3）环氧砂浆。环氧砂浆配方见 4.3 节，它具有固化收缩小，与混凝土黏结力强，机械强度高，抗冲磨及抗空蚀性能好等优点。其抗冲磨强度约为 28d 抗压强度为 60MPa 的水泥石英砂浆的 5 倍，C30 混凝土的 20 倍，合金钢和普通钢的 20～25 倍。固化的环氧树脂本身抗冲磨强度并不高，但由于其黏结力极强，含沙水流要剥离环氧砂浆中的耐磨砂粒相当困难，因而用耐磨骨料配制的环氧砂浆，其抗冲磨性能相当优越。

4）高抗冲耐磨混凝土（砂浆）。高抗冲耐磨混凝土（砂浆）是选用耐磨蚀粗细骨料、高活性优质混合材、高效减水剂和水泥配制而成的，其水泥宜选用 C_3S 含量高的水泥（C_3S 矿物含量不低于 45%），细骨料宜选用细度模数为 2.5～3.0 的中砂。常用的磨蚀骨料品种有花岗岩、石英岩、刚玉、各种铸石和铁矿石等。高活性优质混合材有硅粉和粉煤灰。减水剂宜选用非引气高效减水剂，而水灰比宜控制在 0.30 左右。选择高抗冲耐磨混凝土（砂浆）配合比的原则是：尽可能提高水泥石的抗冲磨强度和黏结强度，同时尽量减少水泥石在混凝土中的含量。实际工程中已经应用的抗冲耐磨混凝土（砂浆）有硅粉抗磨蚀混凝土（砂浆）、高强耐磨粉煤混凝土（砂浆）、铸石混凝土（砂浆）和铁矿石骨料抗磨蚀混凝土（砂浆）等。

5）聚合物水泥砂浆。聚合物水泥砂浆是在水泥砂浆中掺加聚合物乳液改性而制成的一类有机无机复合材料。这类砂浆的硬化过程是：伴随着水泥水化产物形成刚性空间结构的同时，由于水化和水分散失，使得乳液脱水，胶粒凝聚堆积并借助毛细管力成膜，填充结晶相之间的空隙，形成聚合物空间的网状结构。聚合物相的引入，既提高了水泥石的密实性、黏结性，又降低了水泥石的脆性，因此是一种比较理想的薄层修补材料，其耐磨蚀性能亦较掺聚合物乳液改性前的水泥砂浆有明显提高，因而可用于有中等抗冲磨空蚀要求的混凝土冲磨空蚀破坏的修补。最常用的聚合物砂浆有丙乳（PAE）砂浆和氯丁胶乳（CR）砂浆。

（2）推移质冲磨破坏修补材料。高速水流挟带的推移质，除了对泄水建筑物过流表面混凝土有磨损作用以外，还有冲击砸撞作用。这就要求修补材料除具有较高的抗磨蚀性能外，还应具有较高的冲击韧性。以前在含推移质河流上修建泄水建筑物常用的抗冲磨衬护材料有钢板、铸铁板、条石、钢轨间嵌填条石或铸石板等，近十几年来研究开发的有高强抗冲磨混凝土、钢纤维硅粉混凝土、钢轨间嵌填高强抗冲磨混凝土等。

1）钢板。钢板具有很高的强度和抗冲击韧性，故抗推移质冲磨性能好。在石棉冲砂闸、渔子溪一级冲砂闸等工程中分别使用 14 年和 8 年，抗冲效果良好。钢板厚度一般选用 12～20mm，与插入混凝土中的锚筋焊接。钢板间接缝要焊牢，在沉陷缝位置焊接增强角钢。钢板衬护施工技术要求较严，由于锚固不牢或灌浆不密实而被砸变形、冲走的现象也曾发生。例如映秀湾水电站拦河闸因钢板焊缝不牢，回填灌浆不密实，钢板在推移质撞击下，沿焊缝整块破裂，有 1/3 被冲走。

2）高强抗冲耐磨混凝土。见本节"悬移质冲磨破坏修补材料"中的"4）高抗冲耐磨混凝土（砂浆）"，应用时要加配钢筋网增强。

3）钢纤维硅粉混凝土。试验证明，掺入钢纤维虽然对提高硅粉混凝土抗磨蚀性能的作用不明显，却能改善硅粉混凝土的脆性，提高抗冲击韧性。当钢纤维掺量为 0.5%（体积比）时，钢纤维硅粉混凝土的抗空蚀强度约为硅粉混凝土的 10 倍，受冲击断裂破坏时所吸收的冲击能量约为硅粉混凝土的 1.75 倍，因而适合用于受推移质冲砸破坏的混凝土的修补。该材料已被用于映秀湾水电站拦河闸底板和渔子溪二级水电站排砂洞等工程抗推移质冲磨破坏的修补。

4）钢轨间嵌填抗冲磨混凝土。钢轨间嵌填抗冲磨混凝土，是由高强度和高抗冲击性的钢轨与抗冲磨混凝土构成的复合衬砌，专门用于抵抗挟带有大粒径推移质高速水流对泄水建筑物的强烈冲砸磨损破坏。钢轨可沿水流方向水平设置，也可垂直过流面竖立设置。20 世纪 60 年代对石棉二级电站冲砂闸的推移质冲磨破坏的修补即开始使用 32kg/m 轻轨铸石砖组合材料，效果良好。渔子溪二级电站排砂洞从 1986 年投入运行至 1993 年，共进行过 5 次汛后检查，经过多次的修补实践后认为钢轨是理想的抗冲蚀材料。

5.2　涵管（洞）的维护与修理

涵管（洞）是指埋设在堤、坝以及路基下，用来输水或泄水的水工建筑物，其断面形式常有矩形、圆形和城门形。涵管有现浇的，也有预制的，一般圆形小口径涵管大多为预制安装的。涵管（洞）外侧填筑土石料，底部有直接置于土基或岩基上的，也有放置在基座上的；主要作用荷载有自重、外侧土压力、内外水压力和温度应力。在我国，绝大多数土石坝中埋设有坝下涵管，各大河流的干支堤下埋设有大量的输水和泄水涵洞，因此涵管（洞）是一种应用较多的输水建筑物。

5.2.1　涵管（洞）的日常检查与维护

加强对涵管（洞）的日常检查与维护，对充分发挥其工程效益，延长使用寿命，杜绝事故发生有着重要意义。特别是坝下涵管，一旦发生断裂漏水事故，将威胁大坝安全。据有关统计，大坝因坝下涵管失事而造成事故的占 13%。

涵管（洞）的日常检查与维护工作主要有以下内容：

（1）保证涵管（洞）进口无泥沙淤积，发现泥沙淤积及时清理。

（2）保证涵管（洞）出口无冲刷淘空等破坏，并注意进出口处其他连接建筑物是否发生不均匀沉陷、裂缝等。

（3）按明流设计的涵管（洞）严禁有压运行或明流、满流交替运行。启闭闸门要缓慢进行，以免管（洞）内产生负压、水击现象。

（4）路基或坝下涵管（洞）顶部严禁堆放重物，禁止超载车辆通过或采取必要措施，以防止涵管（洞）的断裂。

（5）能够进人的涵管（洞）要定期派人入内检查，查看有无混凝土剥蚀、裂缝漏水和伸缩缝脱节等病害发生。发现病害，应及时分析原因并修补处理。

（6）对坝下有压涵管，在运行期间要注意观察外坝坡出口附近有无管涌和逸出点抬高现象，若发现此现象应查明是否由涵管断裂引起的，并尽快采取必要处理措施。

（7）注意保养闸门、启闭机械设备，保证运用灵活。

5.2.2 涵管（洞）裂缝病害分析

实际工程中涵管（洞）的病害常分为以下几类，即裂缝、空蚀、混凝土溶蚀、闸门及启闭设备锈蚀老化等，其中涵管（洞）的裂缝比隧洞中的裂缝更为常见，是涵管（洞）的突出病害。以下仅就涵管（洞）的裂缝或断裂产生的原因进行分析。

（1）沿管（洞）身长度方向荷载作用不均匀以及地基处理不良，易在沿管（洞）长方向产生过大的不均匀沉陷差。在地基产生不均匀沉陷的过程中，底部或顶部产生较大的拉应力，侧部产生较大的剪应力，特别是当拉应力超过涵管管身材料的极限抗拉强度时，则造成管身横向开裂。如图5-6所示的安徽省三湾水库涵管，由于涵洞洞身和闸门竖井交界处未设沉陷缝，在门井下游洞身引起环向断裂。此种原因产生的裂缝特点是在裂缝附近荷载悬殊，或裂缝两边伴有一定的上下错位。

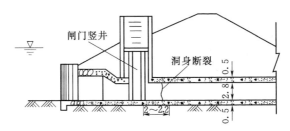

图5-6 三湾水库涵管断裂示意图（单位：m）

（2）由于混凝土涵管在温度发生变化时会产生伸缩变形，当涵管（洞）分缝距离过长，管壁收缩受到周围土体摩擦约束产生的拉应力超过管壁的抗拉强度时，管身就易被环向拉裂。这种裂缝实质是温度变形裂缝，其特征是裂缝管壁四周都贯穿，且部位大致在每节管的中部区域。

（3）设计强度不够或施工质量差。实际工程中往往因设计考虑不周，或没有严格按设计尺寸施工，或超荷载运行以及浇筑质量差等，造成涵管整体强度不足。其特点是裂缝多，且环向和纵向裂缝都有，同时伴随有其他病害如蜂窝麻面、孔洞和大面积渗漏发生。例如广西壮族自治区那板水库坝下涵洞，原设计为洞身上部填土高度10m

的临时性导流洞，后改为填土高度为 48.8m 的永久性工程，对原来的涵洞未采取任何补强措施，造成洞身盖板出现 170m 长的纵向裂缝。又如江西省幸福水库涵管上下半圆分开浇筑，施工时接触面未凿毛清洗，插钎不够，运行后出现孔洞 119 处，漏水点 21 个，环向裂缝 11 条，蜂窝麻面 11 处，漏水严重。

5.2.3 涵管（洞）的修理

涵管的病害种类及产生的原因较多，在此仅就其裂缝的修理加以介绍，其他病害的处理分别见相关章节。

（1）由荷载不均匀及地基不均匀沉陷引起的裂缝，在处理前应先查明引起裂缝的原因，并采取相应措施。当无法调整荷载时，常进行地基加固处理，以提高地基承载能力防止地基的不均匀沉陷继续发生。进行基础灌浆处理的具体施工工艺见土石坝灌浆处理。在完成基础处理、消除产生裂缝的不利因素之后，再处理裂缝，其处理措施参见 4.2 节和 5.1 节有关内容。

（2）涵管伸缩变形受到约束而产生的环向变形裂缝，因裂缝随环境温度变化而变化，是活缝，对其修补就不能用刚性材料。合理的作法是将已产生的伸缩变形裂缝作为伸缩缝处理。具体方法是：①在涵管内侧沿裂缝开凿槽顶宽 10cm 的"U"形或"V"形槽，深度达到受力钢筋层；②用压缩空气清扫槽内残渣或用高压水冲洗，若裂缝钢筋锈蚀，应除锈；③烘干槽壁；④涂刷胶粘剂或界面处理剂；⑤嵌入压抹弹性填充材料；⑥粘贴或涂抹表面保护材料。

（3）对涵管因整体管壁强度不足，混凝土质量差的处理措施通常有以下几种：

1）内衬。内衬有预制水泥管、钢管、钢丝网混凝土预制管等。若涵管允许缩小过水断面，用预制水泥管较为经济；若不允许断面过多缩小，可用钢管内衬。无论采用何种内衬管料，都要使新老管壁接合面密实可靠，新管接头不漏水。例如福建省梁山水库涵管原为浆砌石箱涵，施工质量差，漏水点 130 多处，采用灌浆等修补无效。1985 年底用长轴 1m，短轴 0.6m 的钢管内衬在 1.2×0.7 的箱涵内，下面放置了 $\phi3.81cm$ 钢管两排，既可用于排除漏水，又可用作内衬钢管施工时的轨道；钢管外与原涵之间每焊完一节就用砂浆及混凝土浇灌，最后用压力灌浆补强，如图 5-7 所示。

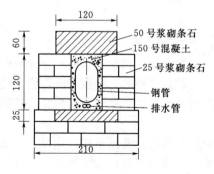

图 5-7 箱涵内衬椭圆形套管
（单位：cm）

50号浆砌条石
150号混凝土
25号浆砌条石
钢管
排水管

2）钢丝网喷浆、喷混凝土。钢丝网喷浆（混凝土）是一种简单易行的修补方法，不用支护模板，但需要用喷混凝土机械。钢丝网一般用 $\phi3\sim4mm$ 的高强度冷拉钢丝，采用间距为 $6\sim12cm$ 的网格，钢丝牢固地绑扎在钢筋骨架上，保护层厚度不大于 2cm。若采用钢筋网，网格间距适当加大到 10cm×30cm。喷混凝土层厚度一般为 $8\sim10cm$，最小 5cm。一次喷射厚度一般不小于最大骨料粒径的 1.5 倍，若设计厚度超过一次喷厚，可进行二次抢喷，一般每层隔时间为 $20\sim30min$。喷射混凝土以采用

425 号～525 号硅酸盐水泥为宜，每立方米砂浆中水泥用量不低于 500kg，水灰比控制在 0.40～0.50 为宜，砂料选用偏粗中砂，既节约水泥，又减小收缩。喷射压力为 0.1～0.3MPa，喷射一般采用先底部，后侧墙，再顶拱，最后收浆抹面。由于喷射层厚度较薄，应注意湿润养护 7d。例如湖北省大观桥水库，涵管为 1.2～1.8m 马蹄形断面，全长 78.75m。由于管壁混凝土掺有生石灰，质量差，发生环向裂缝，导致严重漏水。1987 年采用钢筋网喷混凝土处理，钢筋直径为 6.5mm，钢筋网格 10cm×10cm，现场编织，骨架钢筋直径为 12mm，钢筋网与骨架焊牢；喷混凝土厚度控制在 5～6cm，混凝土配合比为水泥∶砂（含石子）为 1∶2.5（石子含量 10%～12%）；处理后未见裂缝、漏水等异常现象。

3）重建新管。当涵管断裂损坏严重，涵管直径较小，无法进人处理时，可封堵旧管，重建新管。重建新管有开挖重建和顶管重建两种。开挖重建一般工程量较大，只适用于低坝；顶管重建的优点是换管不需要开挖坝体，从而大大节省了开挖回填土石方工程量，并缩短了工期。同时，顶管是在已建成的土坝内进行的，坝体孔洞已具有一定的拱效应，故顶管所承受的压力较小，涵管本身的材料用量也较节省。

顶管方法有两种：一种是导头前人工挖土法，即在涵管导头前先用人工挖进一小段，断面略大于涵管外径，弃土运出管外，然后用油压千斤顶将涵管顶进，每挖进一段顶进一次，不断循环挖土和顶管，直至完工。每段挖土长度视坝体土质而定，紧密的黏性土可达 6m 以上，土质差的则在 0.5m 左右。另一种是挤压法，即在第一节预制管前端装一刃口的钢导头，用油压千斤顶将预制管顶进，使钢导头切入坝体土内，然后用机械或人工将挤入管内的土切断运走，这样不断顶入和运土，直至顶完。

5.3 渡槽的维护与修理

渡槽一般由输水槽身、支承结构、基础、进口建筑物和出口建筑物组成。实际工程中，绝大部分是钢筋混凝土渡槽，有整体现浇的和预制装配的。常用的槽身断面形式有矩形和 U 形两种。支承结构常用梁式、拱式、桁架式、桁架梁及桁架拱式、斜拉式等。

5.3.1 渡槽的日常检查与维护

据 1991 年对全国 136 个大型灌区内 8863 处渡槽的调查统计结果表明，老化损坏的有 3900 处，占总数的 44%。除了设计与施工方面遗留的缺陷外，运行期间正常的维修养护难以得到保证是造成这些渡槽严重损坏的主要原因。因此，加强对渡槽的日常检查和维护工作十分重要。

渡槽的日常检查与维护工作包括以下内容：

（1）经常清理渡槽的进出口及槽身内的淤积及漂浮物，以保证渡槽的正常输水能力。原设计未考虑交通的渡槽，应禁止人、畜通行，防止意外事故发生。

（2）经常检查支承结构是否产生过大的变形、裂缝，渡槽基础是否被水流冲刷淘空。对跨越多沙河流的渡槽，应防止河道淤积以免洪水位抬高而危及渡槽的安全。

（3）北方寒冷地区的渡槽，在冬季应注意检查支承结构基础是否有冻害发生，保证地表排水和地下排水能正常工作。

（4）发现槽身因裂缝或止水破坏造成漏水，应及时检修，防止冲刷基础和造成水量浪费。

5.3.2 渡槽的常见病害分析

渡槽的常见病害有冻害、混凝土碳化及钢筋锈蚀、支承结构发生不均匀沉陷和断裂、混凝土剥蚀、裂缝和止水老化破坏、进口泥沙淤积和出口产生冲刷等。此外，近十余年来有些渡槽因设计原因，在槽中出现涌波现象，造成槽身溢水（如西排子河，淮河渡槽等）。以下仅就冻害、混凝土碳化及钢筋锈蚀作详细分析，其他病害分析参见第 4 章及本章其他节的相同病害分析。

1. 冻害机理分析

在黑龙江、吉林、辽宁和新疆等寒冷地区，渡槽工程常遭到冻害破坏。例如黑龙江省五常县 20 世纪 60～70 年代共修建渡槽 54 座，因冻害遭到不同程度破坏的有 40 座，占总数的 74%。渡槽工程的冻胀破坏主要表现在基础的冻胀破坏和进出口的冻融破坏。

（1）冻胀破坏。寒冷地区的渡槽多采用图 5-8 中的基础形式。桩基及排架下板式基础的冻害破坏，如图 5-8（a）、（b）所示，外观上表现为不均匀上抬，纵向中间基础上抬量大，越往两边抬量越小，呈"罗锅形"。例如黑龙江省五常县的光明渡槽，基础采用水下沉桩，埋深 6m，建于 1965 年，中间桩每年上抬量 10～20cm。为保证春季通水，每年需要在通水前将已冻拔的桩顶截掉。由于年年上拔和截桩，最后导致渡槽倒塌。吉林省榆树县玉皇庙灌区的周家店渡槽建于 1969 年，排架下板式基础设计埋深 1.6m（当地冻深 1.7m），施工中又提高 50～60cm，结果使基础置于冻层之内。由于基础板底部受法向冻胀力作用，1969～1983 年的 14 年间，中间基础上抬量达 0.93m，使渡槽纵向呈"罗锅形"而严重影响正常通水。

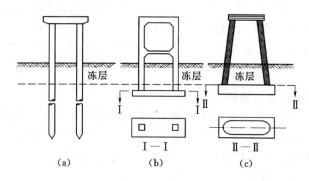

图 5-8　渡槽基础形式

(a) 桩基；(b) 排架下板式基础；(c) 槽墩下钢性基础

在顺水流方向，渡槽桩基由于向阳和背阳条件不同，致使柱阴面上抬量大，阳面上抬量小，加之渡槽两端斜坡边桩柱向沟内侧倾斜，常使渡槽在平面上产生弯曲。

渡槽基础的不均匀上抬，主要是切向冻胀力作用的结果。当基础周围土中水分冻结成冰时，冰便将基础侧面与周围土颗粒胶结在一起，形成冻结力。当基础周围土冻胀时，如图 5-9 所示，靠近桩柱的土体冻胀变形受到约束，从而沿基础侧表面产生方向向上的切向冻胀力。由此可知，切向冻胀力的产生必须满足两个条件：基础和地基土之间存在冻结力的作用；地基土在冻结过程中产生冻胀。

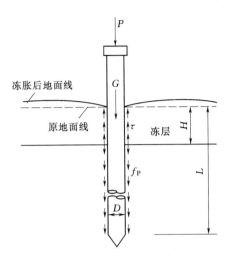

影响切向冻胀力大小的主要因素有地基土的粒度成分、含水量、温度、基础材料性质和基础表面粗糙程度等。对于桩基来说，在切向冻胀力作用下的冻胀上抬通常由以下两种原因所致：其一是由于桩柱上部荷载、桩重力及桩柱与未冻土间的摩擦力不足以平衡总冻拔力而产生整体上抬，即

$$P + G + \pi D(L-H)f_p < \pi DH\tau$$
$$(5-5)$$

图 5-9　切向冻胀力对基础的作用

式中：P 为桩柱盖梁以上荷载；G 为桩柱（包括盖梁）重力；D 为桩柱直径；L 为桩入土深度；H 为冻层深度；f_p 为极限摩阻力；τ 为单位切向冻胀力，可参照表 5-1 选取。

表 5-1　　　　　　　　　　标　准　切　向　冻　胀　力　值　　　　　　　　　　单位：N/cm²

黏性土		I_l	$I_l \leqslant 0$	$0 < I_l \leqslant 1$	$I_l > 1$
	τ	非过水建筑物	0~3.0	3.0~8.0	8.0~15.0
		过水建筑物	0~5.0	5.0~15.0	15.0~25.0
砂类土		S_r 或 W_0（%）	$S_r < 0.5$ 或 $W_0 \leqslant 12$	$0.5 \leqslant S_r \leqslant 0.8$ 或 $12 < W_0 \leqslant 18$	$S_r > 0.8$ 或 $W_0 > 18$
	τ	非过水建筑物	0~2.0	2.0~5.0	5.0~10.0
		过水建筑物	0~4.0	4.0~8.0	8.0~16.0

注　1. 表中 I_l 为液性指数，S_r 为饱和度，W_0（%）为天然含水量。

　　2. 粉黏粒含量大于 15% 的碎石土，视其含水量按表中砂类土采用；粉黏粒含量小于 15%，视其含水量按表中 $S_r < 0.5$ 或 $0.5 \leqslant S_r \leqslant 0.8$ 采用。

　　3. 粉质黏性土和粉黏粒含量大于 15% 的砂类土，用表中较大值。

其二是由于在冻拔力作用下，桩柱截面尺寸或配筋不满足抗拉强度要求，造成断桩。断桩位置多发生在冻土层底部或桩柱抗拉最薄弱截面处。

（2）冻融破坏。混凝土是由水泥砂浆和粗骨料组成的毛细复合材料。混凝土在拌和过程中加入的拌和水总要多于水泥所需的水化水。这部分多余的水便以游离水的形式滞留于混凝土中，形成占有一定体积的连通毛细孔。这些连通毛细孔就是导致混凝土遭受冻害的主要原因。由美国学者 T. C. Powerse 提出的膨胀压和渗透压理论证明，吸水饱和的混凝土在冻融过程中，遭受的破坏应力主要有两方面来源：一是混凝土孔隙中充满水，当温度降低至冰点以下而使孔隙水产生物态变化，即水变成冰，其体积要膨胀 9%，从而产生膨胀应力；二是与此同时，混凝土在冻结过程中还可能出现过冷水在孔隙中的迁移和重分布，从而在混凝土的微观结构中产生渗透压。这两种应力在混凝土冻融过程中反复出现，并相互促进，最终造成混凝土的疲劳破坏。目前这一冻融破坏理论在世界上具有代表性和较高的公认程度。

如果混凝土的含水量小于饱和含水量的 91.7%，那么当混凝土受冻时，毛细孔中的膨胀结冻水可被非含水孔体吸收，不会形成损伤混凝土微观结构的膨胀压力。因此，饱水状态是混凝土发生冻融剥蚀破坏的必要条件之一。另一必要条件是外界气温的正负变化，其能使混凝土孔隙中的水发生反复冻融循环。工程实践表明，冻融破坏是从混凝土表面开始的层层剥蚀破坏。

2. 混凝土碳化及钢筋锈蚀机理分析

钢筋混凝土结构中的钢筋，在强碱性环境中（pH 值为 12.5～13.2），表面会生成一层致密的水化氧化物（$r\text{-}Fe_2O_3 \cdot H_2O$）薄膜，呈钝化状态的薄膜保护钢筋免受腐蚀。通常周围混凝土对钢筋的这种碱性保护作用在很长时间内是有效的，然而一旦钝化膜遭到破坏，钢筋就处于活化状态，就会受到腐蚀的可能性。

使钢筋钝化膜破坏的主要因素如下：

（1）由于碳化作用破坏钢筋的钝化膜。当无其他有害杂质时，由于混凝土的碳化效应，即混凝土中的碱性物质［主要是 $Ca(OH)_2$］与空气中的 CO_2 作用生成碳酸钙，化学反应式为 $CO_2 + Ca(OH)_2 \longrightarrow CaCO_3 + H_2O$，使水泥石孔结构发生了变化，混凝土碱度下降并逐渐变为中性，pH 值降低，从而使钢筋失去保护作用而易于锈蚀。

（2）由于 Cl^-、SO_4^{-2} 和其他酸性介质侵蚀作用破坏钢筋的钝化膜。混凝土中钢筋锈蚀的另一原因是氯化物的作用。氯化物是一种钢筋的活化剂，当其浓度不高时，亦能使处于碱性混凝土介质中的钢筋的钝化膜破坏。

（3）当混凝土中掺加大量活性混合材料或采用低碱度水泥时，也可导致钢筋钝化膜的破坏或根本不生成钝化膜。

当钢筋表面的钝化膜遭到破坏后，只要钢筋能接触到水和氧，就会发生电化学腐蚀，即通常所说的锈蚀。一旦处在保护层保护下的钢筋发生锈蚀，因生成的铁锈体积膨大，很容易将保护层膨胀崩落，从而使钢筋暴露在自然环境中，更加快了锈蚀进程。

实际上，对一般输水建筑物来说，上述混凝土碳化导致钢筋锈蚀是主要的，但又是难以避免的。混凝土的碳化速度快慢与混凝土的材料性质、水灰比、振捣密实度、硬化过程中的养护好坏以及周围环境等因素有关。许多研究表明，混凝土中的碳化速度服从 Fick 第一扩散定律，有

$$D = \alpha\sqrt{t} \qquad\qquad (5-6)$$

式中：D 为碳化深度；t 为碳化龄期，以建筑物的实际使用年限计算；α 为碳化速度系数。

由于混凝土是一种多相复合材料，建筑物及其各部位所处的环境条件不相同，因此碳化速度系数很难用一个统一不变的数字表达式来描述。实际工程中常根据建筑物实际检测结果用式（5-7）来评价其碳化速度快慢和估计其耐久年限。

$$t_1 = t_0 \left(\frac{D^2}{D_0^2} - 1 \right) \tag{5-7}$$

式中：t_1 为结构或建筑物剩余使用寿命，年；t_0 为结构或建筑物已使用年数，年；D 为钢筋保护层厚度，mm；D_0 为实测碳化深度，mm。

大量的实际工程检测表明，同一建筑物的上部结构碳化深度往往比下部结构大。由于渡槽中的结构构件多采用小体积钢筋混凝土轻型结构，钢筋保护层厚度有限，现浇渡槽结构的施工和养护难度较其他输水建筑物大，因此，渡槽的碳化和钢筋锈蚀较其他建筑物更为突出。

5.3.3 渡槽的老化病害防治与修理

5.3.3.1 渡槽冻害的防治

1. 冻胀破坏的防治措施

为了防止渡槽基础的冻害，可采用消除、削减冻因的措施或结构措施，也可将以上两种措施结合起来，而采用综合处理方法。

（1）消除、削减冻因。温度、土质和水分是产生冻胀的三个基本因素，如能消除或削弱其中某个因素，便可达到消除或削弱冻胀的目的。在实际工程中，常采用的措施有换填法、物理化学方法、隔水排水法和加热隔热法。其中换填法是指将渡槽基础周围强冻胀性土挖除，然后用弱冻胀的砂、砾石、矿渣、炉灰渣等材料换填，如图 5-10 所示。换填厚度一般采用 $30\sim80$cm。采用换填法虽不能完全消除切向冻胀力，但可使切向冻胀力大为减小。在采用砂砾石换填时，应控制粉黏粒的含量，一般不宜超过 14%。为使换填料不被水流冲刷，对换填料表面必须进行护砌。

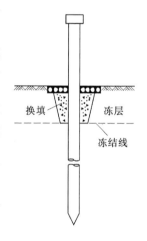

图 5-10　换填措施

（2）防治冻害的结构措施。结构措施可归纳为回避和锚固两种基本方法。

1）回避法是在渡槽基础与周围土之间采用隔离措施，使基础侧表面与土之间不产生冻结，进而消除切向冻胀力对基础的作用。实际工程中常用油包桩和柱外加套管两种方法。油包桩是在冻层内的桩表面涂上黄油和废机油等，然后外包油毡纸，在油毡纸外再涂油类，做成二毡二油或三油。套管法是在冻土层范围内，在桩外加一套管，套管通常采用铁或钢筋混凝土制作。套管内壁与桩间应当留有 $2\sim5$cm 间隙，并在其中填黄油、沥青、机油、工业凡士林等。

2）锚固法是采用深桩，利用桩周围摩擦力或在冻深以下将基础扩大，通过扩大部分的锚固作用防止冻拔。

2. 冻融剥蚀修补

（1）修补材料。修补材料首先应该满足工程所要求的抗冻性指标，SL 191—2008《水工混凝土结构设计规范》规定，混凝土的抗冻等级在严寒地区不小于 F300，寒冷地区不小于 F200，温和地区不小于 F100。通常用的修补材料有高抗冻性混凝土、聚合物水泥砂浆，预缩水泥砂浆等。

1）高抗冻性混凝土。配制高抗冻性混凝土的主要途径是选择优质的混凝土原材料，掺加引气剂提高混凝土的含气量，掺用优质高效减水剂降低水灰比等。当然，良好的施工工艺和严格的施工质量控制也是非常重要的。一般情况下，当剥蚀深度大于5cm，即可采用高抗冻性混凝土进行修补。根据工程的具体情况，可以采用常规浇筑或滑模浇筑、真空模板浇筑、泵送浇筑、预填骨料压浆浇筑、喷射浇筑等多种工艺。预填骨料压浆浇筑的优点是可大幅度减少混凝土的收缩，施工模板简单。由于预填骨料已充满了整个修补空间，即使收缩发生也不至于使骨料移动。喷射混凝土近年来被广泛地应用于混凝土结构剥蚀破坏的修补加固。这是因为喷混凝土修补施工具有特殊的优点：①由于高速喷射作用，喷混凝土和老混凝土能良好黏结，黏结抗拉强度约为0.5～2.85MPa；②喷射混凝土施工作业不需要支设模板，不需要大型设备和开阔场地；③能向任意方向和部位施工作业，可灵活调整喷层厚度；④具有快凝、早强特点，能在短期内满足生产使用要求。

2）聚合物水泥砂浆（混凝土）。聚合物水泥砂浆（混凝土）是通过向水泥砂浆（混凝土）中掺加聚合物乳液改性而制成的一类有机—无机复合材料。聚合物的引入，既提高了水泥砂浆（混凝土）的密实性、黏结性，又降低了水泥砂浆（混凝土）的脆性。近年来，在我国应用比较广泛的改性聚合物乳液有丙烯酸酯共聚乳液（PAE），氯丁胶乳（CR）。聚合物乳液的掺加量约为水泥用量的10%～15%，水灰比一般为0.30左右。为防止乳液和水泥等拌和时起泡，尚需要加入适量的稳定剂和消泡剂。与普通水泥砂浆（混凝土）相比，改性后砂浆（混凝土）的抗压强度降低0～20%，极限拉伸提高1～2倍，弹模降低10%～50%，干缩变形减小15%～40%，比老混凝土的黏结抗拉强度提高1～3倍，抗裂性和抗渗性大幅度提高，抗冻等级能达到F300以上，因此聚合物水泥砂浆（混凝土）是一种非常理想的薄层冻融剥蚀修补材料。例如北京市西斋堂水库溢洪道底板冻融剥蚀2～3cm，1986年采用PAE砂浆修补，至今效果良好。

当冻融剥蚀厚度为10～20mm且面积比较大时，可选用聚合物水泥砂浆修补；当剥蚀厚度大于3～4cm时，则可考虑选用聚合物水泥混凝土修补。由于聚合物乳液比较贵，因此从经济角度出发，当剥蚀深度完全能采用高抗冻性混凝土修补（大于5cm）时，应优先选用抗冻混凝土修补。

3）预缩水泥砂浆。干性预缩水泥砂浆是一种水灰比小，拌和后放置30～90min再使用的水泥砂浆。其配合比一般为：水灰比0.32～0.34，灰砂比1∶2～1∶2.5，并掺有减水剂和引气剂。砂料的细度模数一般为1.8～2.0。预缩水泥砂浆的性能特点是强度高、收缩小、抗冻抗渗性好，与老混凝土的黏结劈裂抗拉强度能达到1.0～2.0MPa，且施工方便，成本低，适合于小面积的薄层剥蚀修补。铺填预缩水泥砂浆以每层4cm左右并捣实为宜。由于水灰比低，加水量少，故需要特别注意早期养护。

（2）施工工艺。为了保证丙乳砂浆与基底黏结牢固，要求对混凝土表面进行人工凿毛处理，并用高压水冲洗干净，待表面呈潮湿状，无积水时，再涂刷一层丙乳净浆，并立即摊铺拌匀的丙乳砂浆。铺设丙乳砂浆分两层进行，第一层为整平层，第二层为面层。为增加整平层和基底的黏结强度，在抹平过程中将砂浆捣实，抹光操作30min后，砂浆表面成膜，立即用塑料布覆盖，24h后洒水养护，7d后自然干燥养护。

施工水泥宜用 525 号早强普硅水泥及部分 425 号普硅水泥。水灰比为 $0.25 \sim 0.312$，乳液水泥用量比为 $0.26 \sim 0.28$。

5.3.3.2 混凝土碳化及钢筋锈蚀处理

一般情况下，不需要对混凝土的碳化进行大面积处理，因为施工质量较好的水工建筑物，在其设计使用年限内，平均碳化层深度基本上不会超过平均保护层厚度。一旦建筑物的保护层全部被碳化，说明该建筑物的剩余使用寿命已不长，对其进行全面碳化处理，投资较大，没有多大实际意义。如建筑物的使用年限不长，绝大部分碳化不严重，只是少数构件或小部分碳化严重，对其进行防碳化处理十分必要。当建筑物钢筋尚未锈蚀，宜对其作封闭防护处理。

（1）采用高压水清洗机清洗结构物表面，清洗机的最大水压力可达 6MPa，可冲掉结构物表面的沉积物和疏松混凝土，清洗效果较好。

（2）以乙烯—醋酸乙烯共聚乳液（EVA）作为防碳化涂料，其表干时间为 $10 \sim 30min$，黏结强度大于 0.2MPa，抗 $-25 \sim 85℃$ 冷热温度循环大于 20 次，气密性好，颜色为浅灰色。

（3）用无气高压喷涂机喷涂，涂料内不夹带空气，能有效地保证涂层的密封性和防护效果；分两次喷涂，两层总厚度达 $150\mu m$ 即可。

钢筋锈蚀对钢筋混凝土结构危害性极大，其锈蚀发展到加速期和破坏期会明显降低结构的承载力，严重威胁结构的安全性，而且修复技术复杂，耗资大，修补效果不能完全保证。因此，一旦发现钢筋混凝土中钢筋有锈蚀迹象，应及早采取合适的防护或修补处理措施。通常的措施有以下三个方面：

（1）恢复钢筋周围的碱性环境，使锈蚀钢筋重新钝化。将锈蚀钢筋周围已碳化或遭氯盐污染的混凝土剥除，并重新浇筑新混凝土（砂浆）或聚合物水泥混凝土（砂浆）。

（2）限制混凝土中的水分含量，延缓或抑制混凝土中钢筋的锈蚀。一般采用涂刷防护涂层，限制或降低混凝土中氧和水分含量，提高混凝土的电阻，减小锈蚀电流，延缓或抑制锈蚀的发展。国外的研究资料表明：涂刷有机硅质憎水涂料，能够明显降低混凝土中锈蚀钢筋的锈蚀速度，但不能完全制止钢筋的继续锈蚀。因而，防水处理仅能当作临时的应对措施，延缓钢筋混凝土结构的老化速度，直到有可能采取更有效的修补处理对策。

（3）采用外加电流阴极保护技术。外加电流阴极保护，就是向被保护的锈蚀钢筋通入微小直流电，使锈蚀钢筋变成阴极，被保护起来免遭锈蚀，并另设耐腐蚀材料作为阳极，亦即阴极保护作用是靠长期不断地消耗电能，使被保护钢筋为阴极，外加耐蚀辅助电极作为阳极来实现。这种保护技术在海岸工程的重要结构中应用较多，在输水建筑物未见采用。

5.4 倒虹吸管的维护与修理

倒虹吸管是渠道穿越山谷、河流、洼地，以及通过道路或其他渠道时设置的压力输水管道，是一种交叉输水建筑物，是灌区配套工程中的重要建筑物之一。倒虹吸管一般由进口、管身段和出口三部分组成。管身断面形式常见有圆形和箱形两种。国内灌区工程中的倒虹吸管，绝大多数是钢筋混凝土管和预应力钢筋混凝土管，只有少量的钢管和素混凝土管。钢筋混凝土管和预应力钢筋混凝土管既有预制安装的，也有现浇的。根据 1991 年水利部组织的对全国 136 处大型灌区的实际调查结果，各大灌区共有倒虹吸管 2463 座，其中老化损坏的有 1212 座，占总数的 49%，这说明我国各大灌区的倒虹吸管老化损坏的数量所占比例甚大。

5.4.1 倒虹吸管的日常检查与维护

倒虹吸管的日常检查与维护工作主要包括以下内容：

（1）在放水之前应做好防淤堵的检查和准备工作，清除管内泥沙等淤积物，以防阻水或堵塞；多沙渠道上的倒虹吸管，应检查进口处的防沙设施，确保其在运用期发挥作用；注意检查进出口渠道边坡的稳定性，对不稳定的边坡及时处理，以防止在运用期塌方。

（2）停水后的第一次放水时，应注意控制流量，防止开始时放水过急，管中挟气，水流回涌而冲坏进出口盖板等设施。

（3）在运行期间应经常注意清除拦污栅前的杂物，以防止压坏拦污栅和壅高渠水，造成漫堤决口。

（4）在过水运行期间，注意观察进出口水流是否平顺，管身是否有振动；注意检查管身段接头处有无裂缝、孔洞漏水，并做好记录，以便停水检修。

（5）注意维护裸露斜管处镇墩基础及地面排水系统，防止雨水淘刷管、墩基础而威胁管身安全。

（6）注意养护进口闸门、启闭设备、拦污栅、通气孔以及阀门等设施和设备，保证其灵活运行。

5.4.2 倒虹吸管的主要病害及原因分析

我国灌区倒虹吸管工程大多是在 20 世纪 50～60 年代兴建的，由于设计、施工和维护方面的不足，再加上运行年限久，大多出现了不同程度的老化病害。现就倒虹吸管可能发生的主要破坏形式和原因，按部位大致归纳如下。

（1）进出口段易发生的破坏形式及其原因有：①挡土墙或挡水墙失稳，引起的原因主要是地基沉陷或超载；②墩、墙裂缝和漏水，裂缝产生的原因主要是由温度引起的温度裂缝和不均匀沉陷引起的应力裂缝，此外，还有施工冷缝；③混凝土表面剥落，主要由冻融破坏（北方地区）和钢筋锈蚀等引起的；④沉沙拦污设施、闸门及启闭设备的破坏和失效，主要是由于运行管理不善，年久失修，设备老化所致。

（2）管身段常见的破坏形式及其原因有：①处在斜坡段的裸露管镇墩失稳，管身脱节或断裂，主要是由于斜坡段镇墩基础沉陷、滑坡以及被雨水冲刷所致。②管身裂缝。裂缝有环向裂缝和纵向裂缝。环向裂缝主要是由于管节分段过长，纵向收缩变形受到基础或坐垫约束而产生的；纵向裂缝是倒虹吸管中最常见的病害，主要是由于管内外温差变化而引起的温度变形裂缝，常出现在管顶部，其原因一是由于现浇管顶施工质量难以保证，二是因外露的管顶部受阳光直射，管内外温差较下部大。③节头止水破坏。其原因可归结为止水材料自身老化或接头脱节而使止水拉裂。④钢筋锈蚀。

引起钢筋锈蚀的因素很多，从实际工程调查发现，倒虹吸管中的钢筋锈蚀多发生在裂缝处或缺陷处，由于钢筋外露失去碱性环境保护，钢筋钝化膜被破坏而锈蚀。

5.4.3 倒虹吸管的裂缝处理措施

倒虹吸管的破坏形式很多，其中管身段裂缝，尤其是纵向裂缝，几乎是倒虹吸管的"通病"，故有"十管九裂"之说。因此，仅就倒虹吸管的裂缝修补进行介绍，其他病害处理请参考相关章节的有关内容。

裂缝的直接危害是使倒虹吸管漏水和导致钢筋锈蚀，必须采取有效的修补措施，以维持倒虹吸管的正常运行和延长其使用寿命。对倒虹吸管裂缝处理的基本原则有：①要力求消除或减少引起裂缝的不利因素。纵向裂缝主要是由内外温差产生过大的温度应力造成的，应从减小内外温差入手；②对于有足够强度的倒虹吸管所产生的裂缝，对其修补的目的是堵缝止漏，以防止钢筋锈蚀；③对于强度不足、施工质量差的倒虹吸管所产生的裂缝，在修补裂缝的同时考虑加固补强。

对于不同性质或特征的裂缝，其处理措施应有所不同，具体处理方案如下：

（1）缝宽在 0.05mm 以下的，可以不作任何处理而照常使用，缝处钢筋一般不会在使用期内发生严重的锈蚀。

（2）缝宽在 0.05～0.1mm 内的裂缝，仅作简单的防渗处理即可，一般只需在管内侧裂缝处喷涂一层涂料。涂料通常由数种原材料（黏结剂、稀释剂、溶剂、填料等）或其中一部分混合而成，其中的黏结剂是活性成分，它把各种原材料组分结合在一起形成黏聚性的防护薄膜。常用的黏结剂有双组分环氧树脂、双组分聚氨树脂、单组分聚氨酯、环氧聚氨乙烯酯等，其中聚氨酯类涂料对混凝土黏结力高（1.0MPa），延伸率大（45%），能适应混凝土微裂缝变形，高温（80℃）不流动，低温（20℃）不脆裂，并且耐酸、碱侵蚀。

（3）缝宽在 0.1～0.2mm 内的裂缝，可以在内管壁裂缝处采用表面覆盖修补，覆盖材料宜采用弹性环氧砂浆。弹性环氧砂浆有两种：一种是采用柔性固化剂（室温下固化），既保持环氧树脂的优良黏结力，又表现出类似橡胶的弹性行为，在修补过程中释放热量低而平缓；固化物弹性模量小，伸长率大。另一种是以聚硫橡胶作为改性剂，使弹性环氧砂浆的延伸率大到 25%～40%，但抗压强度大幅降低，28d 抗压强度仅 17～19MPa。弹性环氧砂浆的配方见表 5-2。施工时，首先用钢丝刷子将混凝土表面打毛，清除表面附着物，用水冲洗干净并烘干，然后在基底涂抹一层环氧树脂，再抹配好的环氧砂浆。同时，在管外采取必要的隔温措施，比较经济实用的隔温措施是在露天倒虹吸管两侧砌砖墙，在管与砖墙之间填土，并保持管顶土厚 40cm 以上。

表 5-2　　　　　　　　　　弹性环氧砂浆配方

组成材料	用量	备注	组成材料	用量	备注
618 环氧树脂	100	主剂	CJ-915 固化剂	64	柔性固化剂
聚硫橡胶	20	增弹剂	石英粉	700	填料
MA 固化剂	15	潮湿水下环氧固化剂	砂	2100	细骨

注　计量单位：液体为 L，固体为 kg。

（4）缝宽在 0.2～0.5mm 内的裂缝，较好的防渗修补方法是在内侧用弹性环氧砂浆或环氧砂浆贴橡皮，并同样做好隔温处理。修补施工工艺为：

1）混凝土表面处理。为保证环氧砂浆修补层有足够厚度，增加与混凝土的黏结力，并保持管道过水断面原形，要对裂缝处理范围内的混凝土表面凿毛，其宽度为 40cm，深度为 1～2cm。凿毛面要平整、干燥，松动粉尘应用钢刷刷净，再用丙酮（或甲苯）清洗干净。

2）橡皮板的选用与处理。为适应裂缝伸缩及承受内水压力的要求，宜选用 4～6mm 的普通橡皮板。橡皮板与环氧黏结面的脱膜必须去掉。处理方法是将橡皮板在浓度为 92％～98％ 的浓硫酸中浸泡 5～10min（若无法浸泡，可在表面涂刷 7～10min），并用铲刀除掉脱模及油污，然后用清水冲洗干净，晾干备用。用浓硫酸清洗时，应注意不使橡皮表面变脆和干裂。

3）施工顺序。在处理好的混凝土面上，刷一层环氧基液，等 0.5～1.5h 后抹第一层环氧砂浆，目的是抹平混凝土表面，因此砂浆的平均厚度不超过 0.5cm。待初凝后，再刷一层基液，同样等 0.5～1.5h 后抹第二层环氧砂浆（厚度 1cm）。同时也给橡皮板的黏结面上涂刷一层基液，随即贴到砂浆层上，依次压平挤出空气，然后立即用模板顶托橡皮板，以木撑加楔充分顶紧。经过 24h 后拆除模板，并沿橡皮周边约 5cm 刷一层基液，再用环氧砂浆封边，以保证边缘密封平整，黏结牢固。等 24h 后，在封边砂浆上涂上一层基液收面，养护 7～14d，处理过程即告完毕，如图 5-11 所示。

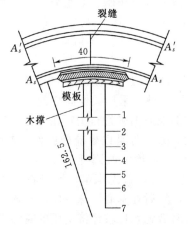

图 5-11　环氧砂浆贴橡皮施工（单位：cm）

1—打毛、清洗、干燥；2—环氧基液打底；3—抹环氧砂浆 0.5～1.0cm；4—贴橡皮 0.4～0.6cm；5—模板支撑；6—环氧砂浆封口；7—环氧基液收面

（5）裂缝在 0.5mm 以上的，说明倒虹吸管的强度严重不足。如果裂缝处的钢筋锈蚀严重，再进行修补处理，则效果不佳，应考虑换管。如果锈蚀不严重，对此类裂缝进行处理时应考虑全面加固补强措施。全面加固补强措施通常有内衬钢板及内衬钢丝网喷浆层两种。

1）内衬钢板。内衬钢板是在混凝土管内衬砌一层厚 4～6mm 的钢板（厚度根据强度计算确定），钢板事先在工厂卷好，其外壁与钢筋混凝土内壁之间留 1cm 左右的间隙，钢板从进出口运入管内就位，撑开，再电焊成型，而后在钢筋混凝土管与钢管之间，进行灌浆回填。其优点是强度指标能达到规范要求，加固后安全可靠，能长期正常运用。例如湖南省大圳灌区某倒虹吸管，用此法处理后运用正常，效果良好。其缺点是造价高，用钢材多，施工也比较困难，且必须加强维修，方能延长钢衬管的使用寿命。

2）内衬钢丝网喷浆层。钢丝网喷浆施工方法已在水工建筑物教材中作了介绍，此处不再赘述。

5.5 渠道的维护与修理

在灌区工程中，渠道占灌区工程总投资的比例相当大。渠道设计、施工质量好坏，以及在投入运行之后的维护管理状况，直接关系到灌区工程的输水灌溉效益。然而，我国绝大部分灌区渠道工程老化病害严重。水利部于1991年组织了全国大型灌区老化损坏状况调查，共涉及到全国23个省（自治区、直辖市）的196处大型灌区，过水能力在1m³/s以上渠道总长18.8万km，衬砌段长度2.02万km，占总渠长10.7%。渠道老化损坏状况见表5-3。

表5-3　　　　　　196处大型灌区干支渠老化损坏状况调查结果统计表

统计项目	险工渠段长	险工渠段内各种损坏长度			
		塌、滑或可能塌滑	冲淤严重	严重漏水	衬砌破坏
统计长（km）	53862	7477	39614	36436	6564
比例（%）	28.65	4.0	21.1	19.4	32.44

表中的险工渠段指非一般维修所能解决问题的严重损坏渠段。表中除衬砌破坏段长度栏中的百分比为衬砌破坏段长度与砌段渠道的长度之比外，其余均为各相应险段长度与渠道总长度之比。

1999年以来，党中央和国务院对灌区节水改造工作十分重视，各级水利部门加大了工作力度。目前，全国渠系水的利用率只有40%，渠系节水的潜力极大。因此，节水的重点应放在减少渠道输水损失上，要通过采取渠道防渗和管道输水等措施，提高渠系水的利用率。对灌区渠道的维护和管理工作，要配合灌区节水改造工作进行，加大科学技术含量，维护和修补也要有一个长远的目标。

5.5.1 渠道的日常检查与维护

渠道的日常检查与维护工作有以下内容：

（1）严禁在渠道上拦坝壅水，任意挖堤取水，或在渠堤上铲草取土、种植庄稼和放牧等，以保证渠道正常运行。在填方渠道附近，不准取土、挖坑、打井、植树和开荒种地，以免渠堤滑坡和溃决。

（2）严禁超标准输水，以防漫溢。严禁在渠堤堆放杂物和违章修建建筑物。严禁超载车辆在渠堤上行驶，以防压坏渠堤。

（3）防止渠道淤积，有坡水入渠要求的应在入口处修建防沙防冲设施。及时清除渠道中的杂草杂物，以免阻水。严禁向渠道内倾倒垃圾和排污。

（4）在灌溉供水期应沿渠堤认真仔细检查，发现漏水渗水以及渠道崩塌、裂缝等险情应及时采取处理措施，以防止险情进一步恶化。检查时发现隐患应做好记录，以便停水后彻底处理。

（5）做好渠道的其他辅助设施的维护与管理工作。这些辅助设施有量水设施与设备，安全监控仪器设备、排水闸、跌水及两岸交通桥等。

5.5.2 渠道的常见病害及原因分析

渠道的病害形式多种多样,以下仅就严重影响渠道输水,或危及渠道安全的常见病害加以分析。

(1) 渠道坍塌、滑坡破坏。渠道在输水或暴雨期间,渠堤或两边高挖方边坡易出现滑坡、坍塌事故。这主要是边坡过陡,在雨水渗流和水流冲刷作用下失稳所致。

(2) 渠道裂缝、孔洞漏水和渗水。渠堤裂缝主要是由渠基发生沉陷,边坡抗滑失稳以及施工中新旧土体接触处理不当所致。孔洞除了筑渠时夹树根腐烂所致外,主要是蚁、鼠、蛇、兽等动物在渠堤中打洞造成的,当渠道未作硬化衬砌时,隐患穿堤就引起集中漏水。土渠修筑质量不好,防渗效果差,易引起散浸。

(3) 渠道淤积与冲刷。渠道淤积主要是由于坡水入渠挟带大量泥沙所致,此外,有些灌渠引水水源含沙量大,取水口防沙效果不好也会带来泥沙淤积。渠道冲刷主要发生在狭窄处、转弯段以及陡坡段,这些渠段水流不平顺且流速较大。

(4) 渠基沉陷。高填方渠道由于修筑时夯筑不实,或基础处理不好,在运行过程中逐渐下沉,造成渠顶高程不够,渠底淤积严重。有衬砌的渠道在填方与挖方处产生不均匀沉陷易引起裂缝。

(5) 渠道冻胀破坏。北方地区冬季寒冷,渠道衬砌在冻融作用下产生剥蚀、隆起、开裂或垮塌破坏。

5.5.3 渠道的修理

渠道的病害,有的处理相对较容易,有的处理则需要一定的技术。考虑到国家已加大节水灌溉的投入,渠道最终可实现全部防渗衬砌,故结合一些主要病害,介绍防渗的技术修理。

1. 高边坡渠段的修理

高边坡渠段易塌方崩岸。当塌方渠段为岩石边坡时,可以采用混凝土锚喷支护,并做好地表排水设施。若塌方渠段为土质边坡时,较为彻底的修理方法是在该渠段修建箱涵或管道,以达到彻底防止高坡崩塌造成的渠道淤堵,且能满足渠道防渗的要求。

2. 渠道转弯冲刷的修理

渠道转弯冲刷易顶冲淘空渠堤,造成渠堤崩塌。合理的处理措施是采用混凝土衬砌,加大衬砌的断面尺寸,以起到挡土墙和防冲墙的作用。

3. 渠道的沉陷、裂缝、孔洞的修理

处理措施一般有翻修和灌浆两种,有时也可采用上部翻修下部灌浆的综合措施。

(1) 翻修。翻修是将病害处挖开,重新进行回填。这是处理病害比较彻底的方法,但对于埋藏较深的病害,由于开挖回填工作量大,且限于在停水季节进行,是否适宜采用,应根据具体条件分析比较后确定。翻修时的开挖回填,应注意下列各点:

1) 根据查明的病害情况,决定开挖范围。开挖前向裂缝内灌入石灰水,以利掌握开挖边界。开挖中如发现新情况,必须跟踪开挖,直至全部挖尽为止,但不得掏挖。

2) 开挖坑槽一般为梯形,其底部宽度至少 0.5m,边坡应满足稳定及新旧填土接合的要求，一般根据土质、夯压工具及开挖深度等具体条件确定。较深坑槽也可挖成阶梯形，以便出土和安全施工。

3）开挖后，应保护坑口，避免日晒、雨淋或冰冻，并清除积水、树根、苇根及其他杂物等。

4）回填的土料应根据渠基土料和裂缝性质选用，对沉陷裂缝应用塑性较大的土料，控制含水量大于最优含水量 $1\%\sim2\%$；对滑坡、干缩和冰冻裂缝的回填土料，应控制含水量等于或低于最优含水量的 $1\%\sim2\%$。挖出的土料，要试验鉴定合格后才能使用。

5）回填土应分层夯实，填土层厚度以 $10\sim15cm$ 为宜，压实密度应比渠基土密度稍大些。

6）新旧土接合处，应刨毛压实，必要时应做接合槽，以保证紧密结合，并要特别注意边角处的夯实质量。

（2）灌浆。对埋藏较深的病害处，翻修的工程量过大，可采用黏土浆或黏土水泥浆灌注处理。处理方式有重力灌浆法和压力灌浆法。重力灌浆仅靠浆液自重灌入缝隙，不加压力。压力灌浆除浆液自重外，再加机械压力，使浆液在较大压力作用下，灌入缝隙，一般可结合钻探打孔进行灌浆，在预定压力下，至不吸浆为止。关于灌浆方法及其具体要求，可参照有关规范执行。

（3）翻修与灌浆结合。对病害的上部采用翻修法，下部采用灌浆法处理。先沿裂缝开挖至一定深度，并进行回填，在回填时预埋灌浆管，然后采用重力或压力灌浆，对下部病害进行灌浆处理。这种方法适用于中等深度的病害，以及不易全部采用翻修法处理的部位或开挖有困难的部位。

渠基处理好以后，就可进行原防渗层的施工，并使新旧防渗层结合良好。

4. 防渗层破坏的修理

渠道的防渗技术方法和形式较多，且各有特点。对防渗层的修补处理，要根据防渗层的材料性能、工作特点和破坏形式选择下列修补方法。

（1）土料和水泥土防渗层的修理。对土料防渗层出现的裂缝、破碎、脱落、孔洞等，应将病害部位凿除，清扫干净，用素土、灰土等材料分别回填夯实，修打平整。对水泥土防渗层的裂缝，可沿缝凿成倒三角形或倒梯形，并清洗干净，再用水泥土或砂浆填筑抹平，或者向缝内灌注黏土水泥浆。对破碎、脱落等病害，可将病害部位凿除，然后用水泥土或砂浆填筑抹平。

（2）砌石防渗层的修理。对砌石防渗层出现的沉陷、脱缝、掉块等，应先将病害部位拆除，冲洗干净，不得有泥沙或其他污物粘裹，再选用质量及尺寸均适合的石料，砂浆砌筑。对个别不满浆的缝隙，再由缝口填浆并捣固，务使砂浆饱满。对较大的三角缝隙，可用手锤楔入小碎石，缝口可用高一级的水泥砂浆勾缝。对一般平整的裂缝，可沿缝凿开，并冲洗干净，然后用高一级的水泥砂浆重新填筑、勾缝。如外观无明显损坏、裂缝细而多、渗漏较大的渠段，可在砌石层下进行灌浆处理。

（3）膜料防渗渠道的修理。膜料防渗层除在施工中发生损坏，应及时修补外，在运行中一般难以发现损坏。如遇意外事故而出现损坏，可用同种膜料粘补。膜料防渗层常见的病害主要是保护层的损坏，如保护层裂缝或滑坍等，可按相同材料防渗层的修补方法进行修理。

（4）沥青混凝土防渗层的修理。沥青混凝土防渗层常见的病害主要是裂缝、隆起和局部剥蚀等。对于 1mm 细小的非贯穿性裂缝，当春暖时，都能自行闭合，一般不必处理；2～4mm 的贯穿性裂缝，可用喷灯或红外线加热器加热缝面，再用铁锤沿缝面锤击，使裂缝闭合粘牢，并用沥青砂浆填实抹平。裂缝较宽时，往往易被泥沙充填，影响缝口闭合，应在缝口张开最大时（每年 1 月左右），清除泥沙，洗净缝口，加热缝面，用沥青砂浆填实抹平。对剥蚀破坏部位，经冲洗、风干后，先刷一层热沥青，然后再用沥青砂浆或沥青混凝土填补。如防渗层鼓胀隆起，可将隆起部位凿开，整平土基后，重新用沥青混凝土填筑。

（5）混凝土防渗层的修理方法有以下几种：

1）现筑混凝土防渗层的裂缝修补。当混凝土防渗层开裂后仍大致平整，无较大错位时，如缝宽小，可采用过氯乙烯胶液涂料粘贴玻璃丝布的方法进行修补；如缝宽较大，可采用填筑伸缩缝的方法修补。对缝宽较大的大型渠道，可用下列填塞与粘贴相结合的方法修补。

清除缝内、缝壁及缝口两边的泥土、杂物，使之干燥。沿缝壁涂刷冷底子油，然后将煤焦油沥青填料或焦油塑料胶泥填入缝内，填压密实，使表面平整光滑。填好缝 1～2d 后，沿缝口两边各宽 5cm 涂刷过氯乙烯涂料一层，随即沿缝口两边各宽 3～4cm 粘贴玻璃丝布一层，再涂刷涂料一层，贴第二层玻璃丝布，最后涂一层涂料即完成。涂料要涂刷均匀，玻璃丝布要粘平贴紧，不能有气泡。

伸缩缝填料和裂缝处理材料的配合比及制作方法见表 5-4。

表 5-4　　　　　　　　　填料和裂缝处理材料的配合比制作方法

用途	材料名称	配合比（重量比）	制 作 方 法
填筑伸缩缝	沥青砂浆	沥青∶水泥∶砂＝1∶1∶4	按配比将沥青在锅内加热至 180℃，另一锅将水泥与砂边搅边加热至 160℃，然后将沥青徐徐加入水泥与砂锅内，边倒边搅拌，直至颜色均匀一致，即可使用
	焦油塑料胶泥（聚氯乙烯胶泥）	煤焦油∶废聚氯乙烯薄膜∶癸二酸二辛酯（或 T50）∶粉煤灰＝100∶（15～20）∶2（T50 为 4）∶30	按配比将脱水煤焦油加温至 110～120℃，加入废聚氯乙烯薄膜碎片、癸二酸二辛酯（或 T50），边加边搅约 30min，待材料全部溶化后，加粉煤灰继续加温搅拌，温度达到 110℃时即可使用
处理裂缝	过氯乙烯胶液涂料	过氯乙烯∶轻油＝1∶5	按配比将过氯乙烯加入轻油中，溶化 24h 即可使用
	煤焦油沥青填料	煤焦油∶30 号沥青∶石棉绒∶滑石粉＝3∶1∶0.5∶0.5 或 3∶0.5∶0.8∶0.8	按配比将沥青加入煤焦油中，加温至 120～130℃，待全部溶化后，加入石棉绒和滑石粉，搅拌均匀后，即可使用

注　1. 煤焦油宜采用煤 3 或煤 5，优先采用煤 3。

　　2. 制作焦油塑料胶泥所用的废聚氯乙烯膜，应洗净、晾干、撕碎后再用。制作聚氯乙烯胶泥，仅用新鲜的聚氯乙烯粉代替废聚氯乙烯膜即可。前者价低，宜优先选用。

　　3. 制作中应防火，注意安全。

2）预制混凝土防渗层砌筑缝的修补。预制混凝土板的砌筑缝，多是水泥砂浆缝，容易出现开裂、掉块等病害，如不及时修补，不仅加大渗漏损失，而且将逐渐加重病害，造成更大损失。修补方法是：凿除缝内水泥砂浆块，将缝壁、缝口冲洗干净，用与混凝土板同标号的水泥砂浆填塞，捣实抹平后，保温养护不得少于 14d。

3）混凝土防渗板表层损坏的修补。混凝土防渗板表层损坏，如剥蚀、孔洞等，可采用水泥砂浆或预缩砂浆修补，必要时还可采用喷浆修补。

a. 水泥砂浆修补。首先必须全部清除已损坏的混凝土，并对修补部位进行凿毛处理，冲洗干净，然后在工作面保持湿润状态的情况下，将拌和好的砂浆用木抹子抹到修补部位，反复压平，用铁抹子压光后，保温养护不少于 14d。当修补部位深度较大时，可在水泥砂浆中掺适量砾料，以减少砂浆干缩和增强砂浆强度。

b. 预缩砂浆修补。预缩砂浆是经拌和好之后再归堆放置 30～90min 才使用的干硬性砂浆。当修补面积较小又无特殊要求时，应优先采用。

拌制方法是：先将按配比（灰砂比 1：2 或 1：2.5）称量好的砂、水泥混合拌匀，再掺入加气剂的水溶液翻拌 3～4 次（此时砂浆仍为松散体，不是塑性状态），归堆放置 30～90min，使其预先收缩后，即能使用。水灰比（一般为 0.32 或 0.34）应根据天气阴晴、气温高低、通风情况等因素适当调整。现场鉴定砂浆含水量多少的方法是用手能将砂浆握成团状，手上有潮湿而又无水析出为准。由于加水量少，要注意水分均匀分布，防止阳光照射，避免出现干斑而降低砂浆质量。

修补时，先将修补部位的损坏混凝土清除，进行凿毛、冲洗干净后，再涂一层厚 1mm 的水泥浆（水灰比为 0.45～0.50），然后填入预缩砂浆，并用木锤捣实，直至表面出现少量浆液为止，最后用铁抹子反复压平抹光，并盖湿草袋，洒水养护。

c. 喷浆修补。喷浆修补是将水泥、砂和水的混合料，经高压喷头喷射至修补部位，施工工艺参见 5.2 节有关喷浆修补。

4）混凝土防渗层的翻修。混凝土防渗层损坏严重，如破碎、错位、滑坍等，应拆除损坏部位，填筑好土基后重新砌筑。砌筑时要特别注意将新旧混凝土的接合面处理好。接合面凿毛冲洗后，需要涂一层厚 1mm 的水泥净浆，才能开始砌筑混凝土。然后要注意保温养护。

翻修中拆除的混凝土要尽量利用。如现浇板能用的部分，可以不拆除；预制板能用的，尽量重新使用；破碎混凝土中能用的石子，也可作混凝土骨料用等。

第6章

寒冷地区水工建筑物的冻害与防治

我国季节冻土区面积达 513.7 万 km^2，占全国总面积的 53.5%，主要分布在东北、华北、西北和青藏高原地区。在季节冻土地区，由于冬季地表土壤冻结、水库水面结冰等，给水工建筑物的安全带来严重危害，寒冷地区的水工建筑物冻害破坏非常普遍和严重，尤其是中小型工程受冻害特别突出。例如，黑龙江省最大的自流灌区——查哈阳灌区，支渠以上的 112 座骨干工程，除了渠首泄洪闸加以维修扩建至今尚保持完好外，有 93 座工程不同程度遭受冻胀破坏，占 83%，保持基本完好的只有 19 座，仅占 17%；吉林省南部的梨树灌区，支渠以上的建筑物 100 余座，冻害破坏的占 80%～90%。由于冻害破坏，给水利建设、工程施工、工程维修及工程管理等造成很大危害。20 多年来，查哈阳灌区多数建筑物更换了两三次，投入了大量的资金，但问题仍未根本解决。

因此，我国严寒地区的冻害是水工建筑物破坏的主要原因之一，应充分研究和掌握冻土的特性、建筑物冻害的原因及其规律，从而采取切实可行的有效措施加以治理。

严寒地区冻害主要表现为三个方面，即冻胀、冻融和冰冻破坏。冻胀破坏主要是土体因冻结而膨胀，导致建筑物破坏的现象；冻融破坏是土体或混凝土等材料冰结溶解后，产生的破坏现象；冰冻破坏主要是发生水面结冰后，与其接触的建筑物表面上产生的破坏现象，如静冰、动冰压力破坏。土层冻胀、融化，冻融逐年交替进行，加上水面结冰后的冰压力作用，使水工建筑物的强度和稳定性遭到破坏。

6.1 水工建筑物的冻胀破坏与防治

6.1.1 水工建筑物冻胀破坏机理

1. 冻土及冻胀的概念

当温度降低到 0℃ 或 0℃ 以下时，土中孔隙水便会冻结成冰，由于水的相变，其体积增大 9%，这种现象称为土的冻结。冻结土层自冻结前原地表面算起的深度称为土的冻结深度（冻深）。把这种具有负温度并且含冰、冻结着松散固体颗粒的土称为冻土。

在冻结过程中，土中的水冻结成冰，其体积产生了膨胀，外观表现为地面不均匀的升高，这种现象称为土的冻胀。这种有冻胀的土称为冻胀土，冻而不胀的土称为非冻胀土。

2. 影响土冻胀的主要因素

造成冻胀破坏的原因比较复杂，一般认为与气候变化、地理地貌、地层分布、岩性结构、颗粒组成、物理力学性质、地下水埋深、毛细上升高度等因素有关，但是主要是受土质、水分来源和负气温三方面因素的影响。消除其中任何一个条件，就可以消除冻胀。

(1) 土质。土的颗粒是产生土层冻胀的重要因素。土石颗粒的大小对土体的冻胀性有显著影响，粉粒含量高的黏性土，冻胀量最大。这是由于这种土的孔隙微管尽管很细小，但还有足够的渗透性，不能阻止水从下层土进入冻结区；同时，毛细水头较高，当地下水位较高时，毛细水的移动，助长了水分积聚。粗粒土如砂土，由于它本身不存在薄膜水，没有水分转移的条件，并且毛细水头很低，在冻结过程中水分不能积聚。水分转移量的大小决定了冻胀量的大小。因此，按土质本身来说，碎石、砾石没有冻胀性；中砂和细砂稍有冻胀；粉砂和砂壤土冻胀性属于中等；粉土、粉质壤土和粉质黏土冻胀性最突出。

另外，土壤中矿物质成分决定土壤的离子交换能力，改变土壤中阳离子的组成情况，有可能显著减轻冻胀程度。而 Na^+、K^+ 减轻冻胀效果最强，因此在某些基础处理工程中采用 NaCl 和 KCl 进行土壤人工盐化处理以消除冻胀现象。

(2) 水分。水分多少是冻胀的内因。这里指的水分，包括土层含水量的多少和地下水位的高低。土中的含水量对于没有外来水分补给的封闭性冻胀主要决定于冻结前土壤持水数量，而对于有外来水分补给的开敞式冻胀，由于在冻结过程中冻结土的下卧土体内的水分不断向冻结面迁移补给，从而增加了土体含水量和冻胀性。即使土体初始含水量较小，由于水分迁移补给充分，冻胀也就强烈。可见在冻胀过程中，水分迁移运动起着主导作用。冻前地下水位越浅，补给条件就越充分，冻胀就越严重。因此设法减少土体含水量和降低地下水位是防治建筑物冻害的重要措施之一。

(3) 负气温。负气温是造成冻胀的外因。负温总量（冬季日平均负温的总和）大，土层冻结深度就大，从而冻胀总量也大。负温总量是影响冻深的主要因素，但不是唯一的因素，负气温随时间的变化不同，对冻深和冻胀发展过程的影响也不同。在气温缓慢下降且负温持续时间较长的条件下，未冻结区的水分不断向冻结区迁移积聚，能在土层中形成冰夹层，形成的土层冻结深度大，冻胀也较严重。如果气温骤降，冷却强度很大，表层冻结面迅速向下推移，毛细管道被冰晶体堵塞，不能迁移，冻胀也较小。因此，应采取保温及隔热措施，来阻止冷气的侵入，提高土体温度，减小冻深，减小地基土的冻胀性。

3. 冻土的融化

土中水分由固态冰转变为液态水，称为冻土的融化。冻土融化时，会使水工建筑物的强度和稳定性遭到破坏。一方面，由于冻土融化时土粒间冰的黏聚力消失，造成土结构的破坏和强度的急剧减弱；另一方面，由于融化水沿毛细管汇入地下水或停留在土体内，原冻胀土恢复冻胀前的原状将产生不均匀的沉陷，使水工建筑物的强度和稳定性遭到破坏。

6.1.2　水工建筑物冻胀破坏现象

由于水工建筑物的结构形式不同，而且种类繁多，因此在基土的基底法向力、基侧水平冻胀力和切向冻胀力单独或组合作用下，建筑物产生的破坏形式也不尽相同。常见的破坏现象有以下几种。

1. 渠道衬砌的破坏

渠系水工建筑物因线长、面广、工程数量多，冻害造成的危害比较普遍。渠道的破坏形式通常有下面四种：

(1) 鼓胀及裂缝。衬砌渠道的冻胀裂缝多出现在尺寸较大的现浇混凝土的顺水流方向，缝位一般在渠坡坡脚以上 1/4～3/4 坡长范围内和渠底中部，裂缝方向大多平行于渠道走向，裂缝宽度、长度大小不等。

(2) 隆起架空。在地下水位较高的渠段，渠床基土距地下水位近，冻胀量大，而渠顶冻胀量小，造成混凝土衬砌大幅度隆起、架空。这种现象一般出现在坡脚或水面以上 0.5～1.5m 坡长处和渠底中部，有时也顺坡向上形成数个台阶状。

(3) 滑塌。渠道衬砌的冻融滑塌主要有两种形式：一种是由于冻胀隆起、架空，使坡脚支承受到破坏，衬砌板垫层失去稳定平衡，因而在基土融化时，上部板块顺坡向下滑移、错位、互相重叠；另一种是渠道边坡基土融化，大面积滑动，导致坡脚混凝土被推开，上部衬砌板塌落下滑。亦有一些小型混凝土衬砌的 U 形渠槽在冻胀时整体上抬，但融沉时可能由于不均匀沉陷出现错位和塌陷。

(4) 整体上抬。对于弱冻胀地区和衬砌整体性较好的渠道（如小型混凝土 U 形渠道），在冻胀力的作用下，可使混凝土衬砌整体上台。

2. 板式基础的破坏

板式基础主要指溢洪道、水闸等建筑物底板及其进出口底板基础。这类结构一般是受基土的基底法向冻胀力产生弯矩作用而破坏的。由于底板面积较大，自身强度低，在不均匀的冻胀或融沉下极易发生不规则裂缝，一般很难恢复原状。底板逐年受冻胀和融化沉陷作用，发生破坏，主要有以下三种：

(1) 底板整体上抬。对于较小的工程或整体刚度较大的底板，如小型涵闸底板，受不均匀冻胀和融沉作用后，虽未发生裂缝，但不能完全复原，底板逐年上抬，使相邻部位错开或挤压，造成基础淘刷或工程失事。

(2) 底板断裂。对于两侧约束能力强、中间板式基础刚度小的闸室，易产生中间纵向裂缝，如图 6-1 (a) 所示；对于底板横跨较大、刚度较小的情况，当边墙荷载较大，受冻胀影响时，底板与挡土墙的结合处易产生纵向剪断，如图 6-1 (b) 所示；具有齿墙底板的断裂和隆起，大部分发生在水闸、渡槽、涵洞等建筑物的进出口部位，如图 6-1 (c)、(d)、(e) 所示。

(3) 底板分缝处挤断、错位。冻胀和融沉作用，会使底板分缝处挤裂、错位和拉开，产生凹凸不平现象，影响过水。

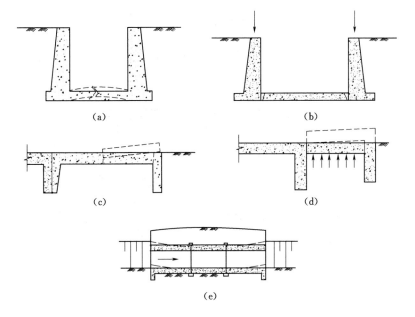

图 6-1 板式基础断裂破坏形式

(a) 中间纵缝；(b) 接头开裂；(c) 挠曲开裂；(d) 不均匀上抬；(e) 小型涵洞进出口上抬

3. 桩墩基础的破坏

桩墩基础主要是指桥梁、渡槽等建筑物的基础。对桩墩基础起作用的主要是切向冻胀力。当切向冻胀力大于桩墩荷载、自重和桩墩与基土之间的摩擦力时，产生上拔，即冻拔力，基础上拔后，夏季一般难以完全复原，冻拔量将逐年累加（有的一个冬季冻拔量达 20～30cm）。埋入基土的深度随冻拔量增加逐年减少，摩擦力随之减弱，冻拔量加大，形成恶性循环，直至破坏为止。其破坏形式主要有以下两种：

（1）上部结构呈波浪形或横向弯曲。这类变形主要是由于冻拔量不均造成的，如桩墩切向冻拔量不等或背阳侧冻拔量大于向阳侧，严重者将影响工程继续使用，如图 6-2 (a)、(b) 所示。

（2）岸边上部结构挠曲断裂。由于基础冻融交替、冻胀力不等，在渡槽进出口处，常会出现结构挠曲断裂。轻者会使槽身与进出口连接止水破坏而影响使用，重者还会使桩柱变形，导致槽身断裂或落架，造成事故，如图 6-2 (c) 所示。

4. 支挡结构的破坏

支挡结构主要是指挡土墙、闸室边墩、上下游翼墙、陡坡边墙、渡槽进出口边墙等。这类结构冻胀破坏形式主要有以下几种：

（1）挡土墙倾斜。因挡土墙后填土多次冻融作用，相应地产生墙后水平冻胀力，使挡土墙前倾，如图 6-3 (a) 所示。挡土墙前倾变位过大，常使挡土墙永久缝间止水被扯断，进而导致侧向渗径短路，严重的前倾变位有时导致倾倒破坏。

（2）挡土墙剖面斜裂缝。在挡土墙后冻土水平冻胀力与墙前静冰压力共同作用下，当墙身强度不足时，使墙体受水平剪力而在剖面上产生近 45°的斜裂缝，如图 6-3 (b)所示。

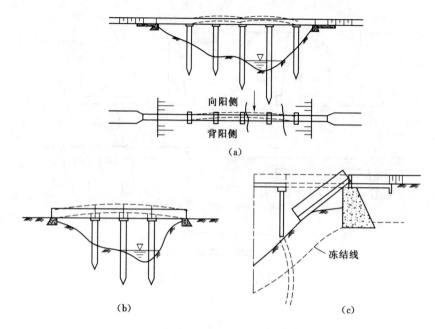

图 6-2　桩（墩）基础冻害破坏形式

（a）不均匀上抬（正向、侧向）；（b）均匀上抬（正向、侧向）；（c）槽身落架

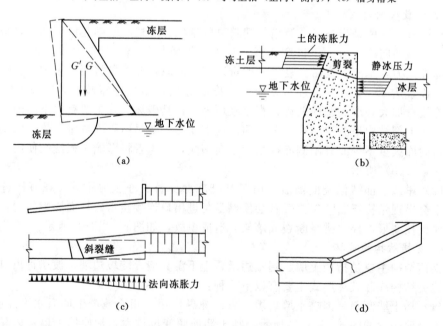

图 6-3　挡土墙冻害破坏形式

（a）挡土墙受冻害前倾；（b）挡土墙墙身受剪产生斜裂缝；
（c）挡土墙长度方向斜裂缝；（d）挡土墙拐角裂缝

（3）挡土墙长度方向斜裂缝。当挡土墙基础埋深小于冰冻深度时，由于沿长度方向不均匀冻胀和融沉作用，使挡土墙受剪而产生与水平方向成 45°的斜裂缝，如图 6-3（c）所示。

（4）拐角裂缝。在挡土墙拐角处往往受到来自地面及两个墙后回填土三向冻结影响，一般该处冻深大于其他部位，且约束大、冻胀力大，受弯、扭、剪等作用，使拐角处开裂，如图 6-3（d）所示。

6.1.3 水工建筑物冻胀破坏防治

水工建筑物冻害防治，应在设计、施工和管理运用各方面采取措施。对于已建工程，除从结构方面考虑外，主要应从削减产生冻胀的条件入手，从而抑制冻胀，达到防冻目的。

1. 渠道衬砌的冻害防治

防治渠道衬砌冻害，是寒冷地区渠系管理的一项重要工作。为减少冻害，渠系布置应尽量避开黏、粉质土壤和高地下水位地段，并使渠线行经砂砾石等排水性能良好的地带，还要远离灌水农田及其他水源。对于冬季不过水的渠道，运行中尽量在大冻前停止过水或提前冬灌，对渠道的裂缝及时维修，减少水的渗漏补给。对于冬季过水渠道应注意渠道水结冰、排冰，防止冰冻破坏，还可以定时改变渠道过水流量，造成渠道水流变化，防止渠道结冰等。此外，常见的防冻方法有下列几种。

（1）渠床处理法。

1）压实法。对基土压实，可使土壤的干容重增加，孔隙率降低，透水性削弱，从而减少冻胀变形。压实法有原状土压实和翻松压实两种，前者压实深度小，后者压实深度大。对于疏松、多隙的强湿陷性黄土，还可以用先浸水使其逐渐湿陷后再进行夯实的方法。

2）换填法。对于易吸收水分、冻胀性强的土质，可以采用换填法处理渠床，如在易冻胀区换填砂砾料，置换深度随土壤性质和地下水补给条件而异，一般应大于冻土深度的 60%。置换材料与原状土之间应设置反滤层，在冻深较大的地区，换填的垫层下应有畅通的排水设施，以更好地发挥抗冻效果。

3）化学法。该法是采用化学的方法来降低基土中所含水分的冰点或控制水分子的迁移速度。如使基土人工盐渍化，或在土中掺入油渣砂、三合土等憎水物质改良土壤。

（2）防渗排水法。

1）排水法。在渠床冻层下设置纵、横向暗管排水系统，排水管可采用带级配的反滤砂石料，也可用波纹塑料管或土工织物等材料，来降低地下水位和基土含水量，把渠床冻结层中的重力水或渠道旁渗水排出渠外。

2）隔水法。在衬砌板下采用埋藏式隔膜（如土工膜、塑料薄膜、沥青油毡等）隔断地下水对冻层的补给，达到防治冻害的目的。

（3）隔热保温。将隔热保温材料铺设在衬砌体背后，同时注意排水，隔断下层土的水分补给，提高渠底地温减轻或消除寒冷因素，达到抗冻目的。

适用于保温的材料很多，如：用聚苯乙烯泡沫、玻璃纤维等作为保温层；或用杂草、作物桔秆、炉灰渣、刨花、树皮、木屑等；也有用天然的冰雪堆积作为保温层；

蓄水建筑物还可蓄水保温。其中，聚苯乙烯硬质泡沫塑料板是目前在隔热防冻措施中应用较多的一种土工合成材料。

（4）优化结构形式。优化衬砌结构形式，可有力地提高防渗抗冻能力。目前各地常用的形式有肋梁板型、冂形板、板膜结合型、U形、矩形和暗管型等。

1）肋梁板型。在混凝土衬砌板下每隔1m左右，加一断面为矩形的肋梁，梁高20cm，梁宽10～20cm，构成由连续T形梁组成的肋梁板。这种板的刚度大，抗冻性好。

2）冂形板。这种板的四周都是肋梁，为预制混凝土装配结构。它的特点是可利用板下的空气起保温作用，同时也可利用空间消纳土基冻胀所产生的变形，因肋梁的约束作用，使其抵抗冻胀破坏能力大大增加。

3）板膜结合型。在混凝土板下铺设隔水膜，如塑料薄膜、沥青或沥青油毡等材料，使板膜联合防渗，从而更有效地减轻冻害。为就地取材，可用干砌石、浆砌石或预制混凝土板等护面，下面铺隔水膜。

4）暗管输水。即将明渠改成管道，埋藏于地下。其特点是不占地，输水损失小，使用寿命长，防止水质污染，运行费用低等，由于置于冻土层以下，不受土层冻胀的影响，防冻效果好。例如，在甘肃省临泽县黑河流域节水改造工程中沙河干渠、红星二支渠等工程采用了这种设计，防冻效果明显。

2. 板式基础的冻害防治

板式基础的冻害防治，常采用深埋基础、更换基土、倒置盒形基础、反拱式和分离式底板等几种方法。

（1）深埋基础。将基础底面深埋于冰冻层以下一定的深度，以避免冻土法向冻胀力的破坏。一般应埋入冰冻层以下25cm，因基础底面位于冻层以下，故底面上无法向冻胀作用，仅有基础侧面的切向冻胀力，在自重和上部荷载作用下，足以抵抗切向冻胀影响。这种方法简单、效果较好。

（2）更换基土。把地基中易冻胀的土层挖除，更换排水性能好、不易冻胀的砂、碎石、砾石等材料，以削减或消除地基土的冻胀能力。这种方法多用于冻结深度较浅和地下水位不高的情况。例如，查哈阳灌区的引黄节制闸就是用2.5m深的砂砾石置换黏土地基的，运行5年来效果很好。

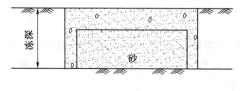

图6-4　倒置盒形基础

（3）倒置盒形基础。这种基础的四周有框，盒底朝上，内部填砂为盒形，如图6-4所示。其特点是刚度大、整体性强、省材料且防冻性能较好，多用于小型工程。

在有砂石料的地区，若地下水位低于边框底面高程，则可在盒基范围内将透水性差易冻结的土换成砂石等易透水料，以大大降低基底法向冻胀力的作用。对砂石较少的地区，可只在边框底部铺一层砂，以切断毛细管，断绝外部水源的补给，有效降低陈胀量，如图6-5（a）所示。当地下水位高于边框高程时，可做成封闭盒形基础，如图6-5（b）所示。

（4）反拱式和分离式底板。地基土质较好和地下水位不高时，闸底板可以利用反

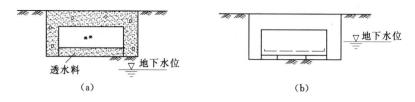

图6-5　盒形基础断绝外水补给的方法

拱来抵抗冻胀力，如图6-6（a）所示。有的小型水闸采用底板和闸墩、边墙分离，连接处用沉陷缝，并设止水，底板受下面冻胀反力作用时，允许有轻微上抬，不致破坏闸底，如图6-6（b）所示。

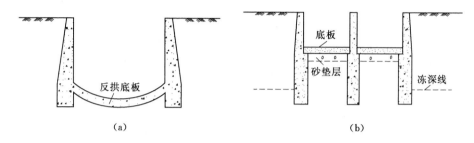

图6-6　闸底板结构示意图

（a）反拱式底板；（b）分离式底板

3. 桩墩基础的冻害防治

（1）深埋基础。通过增加桩墩的埋入深度，提高抗冻拔的能力，一般情况下，桩柱深度超过7m时，其稳定性较好。

（2）更换基土。把易冻胀的黏土换填成碎石、卵石，即使在饱水的情况下，冻结时也不会形成水分迁移的条件，不会形成冰夹层，发生冻胀。

（3）锚固型基础。在最大冻土层以下，把桩墩底部基础扩大，利用摩擦力和通过冻胀反力对基础的锚固作用，达到消除冻胀力，防治冻害的目的。常用的形式有扩大式桩、变径桩、锚固梁式桩、阶梯式桩、爆扩桩、扩孔柱等，如图6-7所示。

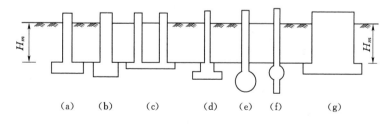

图6-7　锚固型桩基示意图

（a）扩大式桩；（b）变径桩；（c）锚固梁式桩；（d）阶梯式桩；（e）爆扩桩；（f）扩孔桩；（g）扩大式墩台

H_m—当地最大冻深

锚固型基础承载力高、结构简单、施工方便，具有抗冻效果好等特点。例如，黑龙江省垦区长水河农场丰收桥小区截流沟上的3、4桥即采用扩大式基础，运行7年来，未发生冻胀现象。注意，基础一定不能做在冻土层以内，以免增大冻土与基础的接触面，从而加大冻害危险。

（4）基础隔离法。用憎水材料或其他方法使基础侧表面不与冻胀土直接接触，不产生冻结力，进而消除切向冻胀力对基础的作用，从而达到抵御冻害的目的。例如，在桩墩基础接触冻层处涂抹沥青等憎水材料使桩基与冻土隔离；也有用类似油套管结构的方法来防止桩柱基础冻拔。油套管结构的防冻效果较好，但结构较复杂。

4. 支挡结构的冻害防治

（1）深埋基础法。把基础底面深埋于冻土层以下 25cm，以消除基底法向冻胀力作用，多用于冻深在 1.5m 内的地区，深埋基础尽管消除了基底法向冻胀力，但墙后切向冻胀力依然存在。因此，可采用重力式或半重力式结构，以提高抗冻效果，如图 6-8 所示。

（2）基础换砂法。对于埋深工程量过大的情况，可将一部分基础换砂，因冻融影响主要位于挡土墙前趾，在换砂时前趾应大于冻深，后趾可略浅于冻深，如图 6-9 所示。

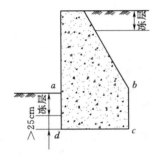

图 6-8　深埋基础挡土墙　　　　　图 6-9　挡土墙下的换砂基础

（3）墙后换填法。在保证侧向渗径长度的前提下，在墙后换填非冻胀土，以消除或削减水平冻胀力，这是减少冻胀力的常用方法。建议置换范围为图 6-10 所示的阴影部分（H_d 为最大冻深）。也可在墙与冻土之间设三角形减压槽，如图 6-11 所示。当墙后填土冻胀时，楔形土体将向上隆起，从而减小墙后冻胀力。

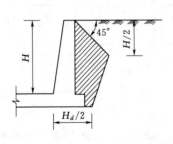

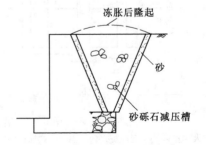

图 6-10　挡土墙换填范围图　　　　图 6-11　减压槽换填土形式

（4）空箱式挡土墙。利用空箱中的空气保温，减小冻深，从而减小冻胀力。新疆阿克苏地区近年来采用"日"字形预制混凝土空箱当土墙，运行多年来没有冻胀现象发生。

（5）L形挡土墙。L形挡土墙的底板可以受到冻胀反力的作用，从而增加稳定性。

（6）隔水排水法。墙后一般要设排水设施，及时排除填土表层积水，减少地表入渗，降低土壤含水量，从而减轻土的冻胀作用。在水工建筑物中，挡土墙后排水设置应满足侧向防渗长度的要求，在满足侧向防渗要求的前提下，应尽量设置墙后排水。

隔水封闭法是挡土墙防冻胀破坏的既经济又有效的方法，这种方法可结合回填土一并进行。这种措施既可保证封闭土体含水量不增加，又可防止外水补给，所以会起到遏制冻胀的作用，隔水材料可采用土工防渗膜。

（7）自锚桩基础。这种方法一般适宜于冻层深度较大的地区，当地基为黏性土时，如图 6-12 所示。自锚桩基础对爆扩孔要求严格，多用于地下水位低、黏土层较厚的情况。对于地下水位较高且地基黏土层较薄或卵石层以及淤泥地基，可否采用爆扩桩需要进行现场试验决定。

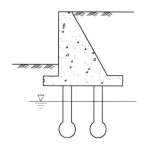

图 6-12　自锚桩基础

6.2　水工建筑物的冻融破坏与防治

冻融破坏是土体或混凝土等材料冰结溶解后，产生的破坏现象。土体融沉的危害是由于土体的冻胀产生的，因此做好冻胀的防治，不发生冻害，土体融沉的危害就不攻自破了，所以本节重点探讨水工建筑物混凝土的冻融破坏机理及防治措施。

6.2.1　混凝土冻融破坏的机理

混凝土是由砂浆及粗骨料组成的毛细孔多孔体，在拌制时，为了达到必要的和易性，拌合水的加入总是多于水泥的水化水，多余的水便以游离水的形式滞留于混凝土中形成连通的毛细孔，并占有一定的体积，这种自由活动水的存在，是导致混凝土遭受冻害的主要原因。由美国学者 T.C.Powerse 提出的膨胀压和渗透压理论，吸水饱和的混凝土在其冻融的过程中，遭受的破坏应力主要由两部分组成：其一是当混凝土中的毛细孔水在某负温下发生物态变化，由水转变成冰，体积膨胀 9%，因受毛细孔壁约束形成膨胀压力，从而在孔周围的微观结构中产生拉应力；其二是当毛细孔水结成冰时，由凝胶孔中过冷水在混凝土微观结构中的迁移和重分布引起的渗管压。

另外凝胶不断增大，形成更大膨胀压力，当混凝土受冻时，这两种压力会损伤混凝土内部微观结构，只有当经过反复多次的冻融循环以后，损伤逐步积累不断扩大，发展成互相连通的裂缝，使混凝土的强度逐步降低，最后甚至完全丧失。从实际中不难看出，处在干燥条件的混凝土显然不存在冻融破坏的问题，所以饱水状态是混凝土发生冻融破坏的必要条件之一，另一必要条件是外界气温正负变化，使混凝土孔隙中的水反复发生冻融循环，这两个必要条件，决定了混凝土冻融破坏是从混凝土表面开始的层层剥蚀破坏。

6.2.2　混凝土冻融破坏的特征

开始破坏时，在混凝土表面出现粒径 2~3mm 的小片剥落，随着服务年限的增加，剥落量及剥落粒径增大，由几毫米到几厘米，剥落由表及里。剥蚀一经开始，发展速度很快，根据环境温度、钢筋混凝土受力状态、保护层厚度、结构尺寸的不同，冰融破坏对结构安全的影响程度也大不相同。如吉林省丰满水电站，大坝某处水平施工缝张口宽达 1cm 以上；又如唐海县双九河嘴东挡潮闸始建于 1976 年，到 1986 年许多混凝土构件已产生很多裂缝，钢筋裸露。

6.2.3　影响混凝土抗冻性的主要因素

1. 水灰比

水灰比直接影响混凝土的孔隙率及孔结构。随着水灰比的增加，不仅饱和水的开孔总体积增加，而且平均孔径也增加，在冻融过程中产生的冰胀压力和渗透压力就大，因而混凝土的抗冻性必然降低。国内外的有关规范规定了用于不同环境条件下混凝土最大水灰比及最小水泥用量。

2. 含气量

含气量也是影响混凝土抗冻性的主要影响因素，特别是加入引气剂形成的微细孔对提高混凝土抗冻性尤为重要，因为这些互不连通的微细气孔在混凝土受冻初期能使毛细孔中的静水压力减少，即起到减压作用。在混凝土受冻结冰过程中，这些孔隙可以阻止或抑制水泥浆中微小冰体的形成。一般情况下，为充分防止混凝土受冻害，气孔的间距应为 0.25mm，最佳含气量为 5%～6%。混凝土中含气量及气孔分布的均匀性可用掺加引气剂或引气型减水剂、控制水灰比和骨料粒径等方法来控制。

3. 混凝土的保水状态

混凝土的冻害与其孔隙的保水程度紧密相关。一般认为含水量小于孔隙总体积的 91.7% 就不会产生冻结膨胀压力，该数值被称为极限保水度。在混凝土完全保水状态下，其冻结膨胀压力最大。

4. 混凝土的受冻龄期

混凝土的抗冻性随其龄期的增长而提高。因为龄期越长水泥水化就越充分，混凝土强度越高，抵抗膨胀的能力就越大，这一点对早期受冻的更为重要。

5. 水泥品种

水泥品种和活性都对混凝土抗冻性有影响，主要是因为其中熟料部分的相对体积不同和硬化速度的变化。混凝土的抗冻性随水泥活性增大而提高，普通硅酸盐水泥混凝土的抗冻性优于混合水泥混凝土，更优于火山灰水泥混凝土。总结已建工程的运行实践和室内混凝土的抗冻性试验，国内各种水泥抗冻性高低的顺序为：普通硅酸盐水泥＞硅酸盐大坝水泥＞矿渣硅酸盐水泥＞火山灰（粉煤灰）硅酸盐水泥。

6. 骨料质量

混凝土中的石子和砂在整个混凝土原料中占有的比例为 70%～93%。骨料的好坏对混凝土的抗冻性有很大的影响，主要体现在骨料吸水率及骨料本身的抗冻性上。吸水率大的骨料对抗冻性不利。一般的碎石及卵石都能满足混凝土抗冻性的要求，只有风化岩等坚固性差的骨料才会影响混凝土的抗冻性。

7. 外加剂及掺和料

减水剂、引气剂及引气减水剂等外加剂均能提高混凝土的抗冻性。引气剂能增加混凝土的含气量，并使气泡均匀；减水剂则能降低混凝土的水灰比，从而减少孔隙率，最终都能提高混凝土的抗冻性。

6.2.4 提高混凝土抗冻性能的措施

1. 掺用外加剂

加气剂的种类很多，我国常用的加气剂主要有松香热聚物和松香皂，也有用合成洗涤剂的。掺入加气剂的缺点在于气泡的存在减少了混凝土的有效受力断面，使混凝土的强度和耐磨性略有降低。加气剂掺用量常为水泥重量的 $0.06‰\sim0.12‰$，混凝土的强度一般会降低 $10\%\sim15\%$。在确定加气剂用量时，必须结合具体条件，通过混凝土含气量等项试验来选定。

2. 严格控制水灰比，提高混凝土密实度

水灰比是影响混凝土密实性的主要因素。降低水灰比较为有效的方法是掺减水剂，特别是高效减水剂。许多研究成果和生产实践证明，掺入水泥重量的 $0.5\%\sim1.5\%$ 的高效减水剂，可以减少水泥用量的 $15\%\sim25\%$，抗冻性也相应提高。

3. 掺用纤维

纤维能够均匀地分布在混凝土内部，可以大幅度提高混凝土的强度和抗折性能，当混凝土在受冻胀作用时，纤维起到拉伸作用，因此对混凝土有一定的抗冻融作用，可以大大提高混凝土寿命。

4. 严格控制混凝土施工质量

对引气混凝土，应采用机械搅拌方式，搅拌时间为 $2\sim3min$。对非引气混凝土，应采用真空模板，等混凝土发生泌水后，将其表面及附近水分抽吸排出，使混凝土表层形成一定厚度、非常致密的保护层。

5. 加强早期养护或掺入防冻剂，防止混凝土受冻

混凝土早期冻害直接影响混凝土的正常硬化及强度增长，因而冬季施工时必须对混凝土加强早期养护或适当掺入早强剂或防冻剂，严防混凝土早期受冻。常用的热养护方法有电热法、蒸汽养护法及热拌混凝土蓄热养护法，目前我国通常使用的还是蒸汽养护法。

6. 及时对冻融破坏混凝土维修加固

大多数水工混凝土冻融破坏的建筑物，可采用凿旧补新的方法进行修补加固处理。即把已遭冻融破坏的混凝土凿除，再浇筑新的高抗冻融破坏能力的混凝土。为了确保新老混凝土的结合良好，需要在清除已破坏的混凝土之后，在坚固的老混凝土表面钻孔并埋设锚筋。当锚筋与老混凝土之间产生一定强度后，清洗混凝土表面，保持表面润湿不积水，涂刷一定厚度无机凝胶，再浇筑新混凝土抗冻层即可。

6.3 水工建筑物的冰冻破坏与防治

6.3.1 水工建筑物冰冻破坏现象

寒冷和严寒地区的水库，库水面在冬季将冻结成冰盖，其厚度有时可达 1m 以上，冰与四周岸边坝坡冻结在一起，在温度升高时，冰盖膨胀产生巨大的静冰压力使河岸护坡和水工建筑物（如进水塔、桥墩和胸墙等）遭到破坏。如半个世纪前，官厅

水库进水塔架即因静冰力剪断；黑龙江省多座水库土坝护坡块石被静冰扰动破坏。春季破碎的冰块受风或流水作用，又会产生撞击在坝面的动冰压力，可造成水工建筑物的挤压或剪切破坏。

6.3.2　水工建筑物冰冻破坏防治

土坝护坡对抵抗风浪作用显著，但往往因厚度小，而不能抵抗静冰压力和动冰撞击。若按冰压力设计，则护坡厚度太大，既不经济也不利于施工。工程管理中要以防为主，发现破坏及时修复。下面介绍几种常用的防治方法。

1. 吹气防冻法

在需要防冰的建筑物附近，装设供气管路，每隔一定的距离设出气管口，并插入防冰部位的水下，用风泵或空气压缩机供气，通过定时在水下吹气，搅动水面，保持水面不结冰。吹气的次数，根据当地气候变化情况灵活掌握。一般经验是，日平均气温为$-5℃$左右时，每天吹气$4\sim5$次，即可达到不结冰的要求，日均气温$-10℃$以下的地区，应适当增加吹气次数。还应注意吹气机械的保温管理。

2. 抽水防冻

将潜水泵吊放在防冻部位的水下，在潜水泵出口以胶管连接一段钢管，钢管上钻有小孔眼，钢管平放于水面以下$10\sim20cm$处。安装时使钢管孔眼朝向水面方向，潜水泵开动后，水通过钢管的小孔上喷，使水面处于动荡状态，达到防止结冰的目的。

3. 梢捆防冻

这是一种地方性的办法，在盛产梢柴的地区，可将其用铁丝捆成圆柱状，当库面刚结成薄冰层时，沿坝坡面与水面的交线，先将薄冰刨碎，再放入梢捆。当冰盖形成时，静冰压力首先作用在梢捆上，使冰盖与护坡脱离接触，从而起到对冰压力的缓冲作用，使护坡免受破坏。

4. 破冰防冻

在护坡前将冰盖每隔一定时间刨碎一次，开一条宽$0.5\sim1.5m$不冻槽，以防止护坡受静冰压力破坏。应在冰冻初期就破冰，以免冰层结厚而不易打碎。每隔一定时间打一次，使整个结冰季节保持槽不结冰。这种方法简单易行，但应有专人负责，定期进行。

此外，还可以用专门的破冰机械破冰。

5. 塑料薄膜防冻

在水下坝坡表面铺塑料薄膜引滑，在冰层内人为造成滑动斜面，使冰层膨胀时沿塑料布所在的斜面滑动，以消减冰压力。

6. 调节水位防冻

根据新疆、黑龙江几座水库的经验，控制水库水位一定的升降速度，可消除冰压力破坏。

第 7 章

水工建筑物检查与观测

水工建筑物是常常建筑在地质构造复杂、岩土特性不均匀的地基上，承受有经常变化的荷载，自身结构与构造也很复杂的构筑物。虽然有限元法、模型试验技术和电子计算机及电子技术已得到高度发展和普遍应用，已经可以解决一些结构复杂、地基极不均匀的水工建筑物的结构和稳定计算，但是由于建筑材料和地基岩土的物理力学指标难于测定，复杂地基的地质构造还很难模拟，荷载、施工及环境因素对水工建筑物的影响还很难较准确预测，所以水工建筑物的设计还带有一定的经验性和近似性，由此造成的水工建筑物失事时有发生。而水工建筑物的破坏常常由量变到质变，这一过程靠人的直觉是很难发现的。为了解水工建筑物在施工过程和运行过程中的实际性态，以便及时采取相应的防范措施，提高工程质量，延长工程寿命和防止突发性事故，保证建筑物长期安全运行，需要对建筑物进行定期检查和必要的观测。此外，通过对现有水工建筑物观测成果的分析研究，又可对设计规范、计算方法进行验证和改进，充实和发展水工建筑物设计理论和施工技术。所以，近年来各国都十分重视水工建筑物的检查与观测工作。

水工建筑物的观测项目通常分为内部观测与外部观测两大类。应力、应变、温度、接缝、裂缝、渗透压力、基础变形等观测，因观测仪器与设备常埋在混凝土、地基和岸坡内部，故称为内部观测。竖向位移、水平位移、挠度、扬压力及渗流量等观测，其观测仪器与设备常安装在建筑物或岸坡的表面，故称为外部观测。由于篇幅限制，本章仅介绍水工建筑物的渗流、变形、位移、温度与应力的监测和观测资料的整理分析，其他项目可参见有关书籍。

7.1 水工建筑物的渗流观测

水库建成蓄水后，在上下游水位差的作用下，水将通过坝体、坝基和坝头两岸材料的孔隙、岩石的节理裂隙向下游流动，这种渗流的性态及其对水工建筑物的破坏现象和过程，不易从表面觉察，而在出现问题之后又往往难以补救。渗流引起大坝破坏的比例相当高，在失事的土石坝中占 1/3 以上，此外，水库水的过量渗漏、水库岸坡的稳定性、水库的诱发地震等，也都与渗流的作用密切相关。

　　水工建筑物的种类很多，其中堤坝所涉及的渗流问题最广，技术要求极为复杂，一旦造成工程失事，其危害性甚大，故对其渗流的监测非常重要。

7.1.1　土坝坝体的渗流观测

　　土坝坝体渗流观测，主要是在坝内埋设一定数量的测压管，通过量测测压管内的水位及其变化，掌握坝体内的渗流情况和浸润线的位置。

　　测压管的布置应根据水库的重要性和规模，土坝的坝型、断面尺寸，坝基的地质条件，坝体的防渗、排水结构等情况确定。

　　布置测压管的观测断面一般应选择在最重要、最有代表性、能控制主要渗流情况和估计有可能出现异常渗流情况的横断面上，如最大坝高断面及地质情况复杂的断面等。布置测点断面的间距一般为 $100\sim200m$，当坝体较长，断面情况基本相同时，断面间距可适当增大。对于大型水库和重要的中型水库，大坝的观测断面不应少于 3 个，每个断面测压管不少于 3 根。每个观测断面内，测压管的数量及位置应视坝型、坝体及防渗设施的尺寸、排水设备的型式、地基情况而定，应使观测结果能真实地反映各观测断面内浸润线的几何形状及其变化和坝体各部分（坝身、防渗与排水设施）的工作情况。

　　各种坝型的坝体渗流测压管的布置参见图 7-1。

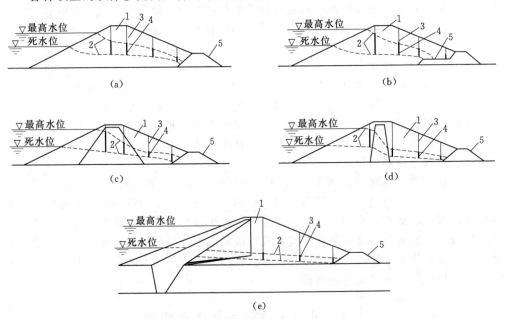

图 7-1　土坝坝体测压管布置图

(a) 有堆石排水棱体均质坝；(b) 有褥垫式排水均质坝；(c) 有堆石排水棱体宽心墙坝；

(d) 有堆石排水棱体窄心墙坝；(e) 有堆石排水棱体斜墙坝

1—土坝；2—浸润线；3—测压管；4—进水管；5—排水体

　　图 7-1 (a) 为设堆石排水棱体的均质土坝，宜在上游坝肩和排水棱体内坡与下

游水位（下游无水时为坝基）交点上游侧附近各设 1 根测压管，其间可视具体情况设 1 至数根测压管。

图 7-1（b）为设褥垫式排水的均质土坝，宜在上游坝肩和褥垫式排水的上游端部各设 1 根测压管，其间可视具体情况设 1~3 根测压管，褥垫式排水体的上面可布设 1~2 根测压管。

图 7-1（c）为设堆石排水棱体的宽心墙坝，宜在心墙内设 2~3 根测压管，在心墙下游面附近的坝体透水料中和排水棱体内坡与下游水位（下游无水时为坝基）交点的上游侧附近各设 1 根测压管，其间可视具体情况布设 1~2 根测压管。

图 7-1（d）为设堆石排水棱体的窄心墙坝，宜在心墙上下游侧附近的坝体透水料内各设 1 根测压管，排水棱体内坡与下游水位（下游无水时为坝基）交点的上游侧设 1 根测压管，坝体的下游中部透水料中可视情况布设 1~2 根测压管。

图 7-1（e）为设堆石排水棱体的斜墙坝，应在紧靠斜墙下游的坝底面设 1 根进水管段倾斜（坡度约 5%）的 L 形测压管，以免破坏斜墙的不透水性；在排水棱体内坡坡脚上游侧附近设 1 根测压管；两测压管之间可视具体情况布设 1 至数根测压管。

其他类型土坝坝体内测压管的布置，可参照上述原则视具体情况确定。

7.1.2　土坝坝基的渗流观测

土坝坝基渗流压力观测的目的是为了了解坝基透水层中渗水压力的沿程分布，以判断坝基防渗和排水设施的工作效能，并决定是否需要在下游渗流出口处采取必要的导渗措施。为此，选择几个有代表性的渗流断面，每个断面上布置若干个测压管，用以观测各测点处的渗流压力水头，测压管的构造与坝体渗流观测相同。

坝基中测压管的布置主要与坝基土层情况、防渗及排水设施的结构型式、坝基可能产生渗透破坏的部位有关。对于比较均匀的透水地基，一般沿坝轴线选择 2~3 个有不同代表性的横断面，每个断面又视情况不同布置 3~5 根测压管。对于比较复杂的透水地基，应视具体情况适当增加观测断面的数量和每个断面测点的个数。图 7-2 给出了均匀透水地基上几种常用坝型的坝基测压管的布置。

图 7-2（a）为设水平铺盖均质坝透水地基中测压管的布置。一般于上游坝肩、排水棱体前后各设 1 根测压管，根据具体情况，再在下游坝体的下部设 1~2 根测压管。

图 7-2（b）为设截水槽心墙坝地基中测压管的布置。一般是在截水槽的上下游和排水棱体的上下游侧各布置 1 根测压管。设防渗帷幕心墙土坝地基中的测压管也是如此布置。

图 7-2（c）为设截水槽斜墙坝地基中测压管的布置。一般是在截水槽下游侧和排水体的上下游侧各布置 1 根测压管。设灌浆帷幕斜墙坝的坝基中也可照此布置测压管。

图 7-2（d）为设水平铺盖斜墙坝地基中测压管的布置。一般应视铺盖的长短，自其上端至下端布置 3~4 根测压管，在排水体的上下游侧各布置 1 根测压管。

坝基中测压管的埋设应视坝型和其在坝基中的位置而定，以埋设时不破坏大坝防渗体为准，有的可在施工期或初次蓄水前进行，有的仅能在防渗体施工前埋设。在砂砾石层中造孔时,可将孔的上半部直径加大,采用泥浆固壁,在钻进至进水管段 2～3m 时,应停止使用泥浆固壁,而改用套管钻进。

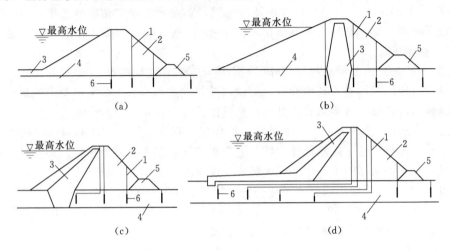

图 7-2　土坝透水地基中测压管布置图

（a）设水平铺盖的均质坝；（b）设截水槽的心墙坝；（c）设截水槽的斜墙坝；（d）设水平铺盖的斜墙坝

1—测压管；2—坝体；3—防渗体；4—透水地基；5—排水体；6—进水管

7.1.3　土坝的绕坝渗流与近坝区地下水位观测

　　水库蓄水后,库水绕过坝体防渗设备两端与岸坡或混凝土建筑物接触部分向下游的渗流称为绕坝渗流。绕坝渗流观测主要用以分析这些部位的防渗和排水措施的工作状况,预防可能出现的渗透破坏。绕坝渗流观测是在上述部位埋设测压管或孔隙水压力计,测点的布置以能使渗流观测成果绘出渗流水面,并分析其变化规律为准。

　　绕坝渗流测点的布置,应根据坝体与坝基防渗和排水设施的型式与特点、两岸的地质情况或混凝土建筑物的轮廓形状而定。一般应满足以下要求。

　　（1）两岸绕渗的测点应沿流线布置 2～3 排,每排设 3～4 根测压管,如图 7-3所示。

　　（2）若河槽两侧有台地,对于台地绕渗区的观测,应在垂直坝轴线方向设 2～3排测压管,每排至少设 3 个测点。

　　（3）对有可能比较集中的透水层,应布设 1～2 排测压管。

　　（4）对于有自由水面的绕渗观测,其测点的埋设深度应视地下水的情况,至少应深入到筑坝前的地下水位以下。对于具有不同透水层的渗流观测,测压管应深入到透水层中。

7.1.4　混凝土坝的坝基扬压力观测

　　为了解混凝土建筑物基底扬压力的分

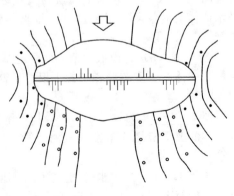

●—坝头绕渗测压管　○—河槽两侧阶地绕渗区测压管

图 7-3　绕坝渗流测压管布置示意图

布及其变化，以判断基础防渗设施的工作是否正常，需对坝基扬应力进行观测，必要时应分析异常原因和采取相应措施。

扬压力测点的布置，应根据枢纽工程的重要性、规模，大坝的类型、断面大小，坝基地质情况，防渗与排水的结构型式而定。为能较准确地绘出各有代表性的典型断面上坝基的扬压力分布图，一般应按以下原则布置：

（1）观测断面一般选在最大坝高、主河床、地质情况较差、设计时进行稳定计算的断面处。一般选择 3～7 个断面，大多采用 3～4 个。重力坝的横向廊道可作为测压断面，如图 7-4 所示，以便于观测。支墩坝和连拱坝的支墩可作为测压断面，即将测压管布置在支墩内。

（2）为了解坝基防渗设施的效果，应在灌浆帷幕、齿墙、铺盖及板桩等前后各布置 1 个测点。帷幕前的测点最好采用渗压计而不用测压管，以免形成渗流通道。

（3）为了解排水体的效果，应在坝基排水孔、水闸和溢洪道护坦排水孔的下游侧布设 1 个测点。

（4）建筑物底面中部和紧靠下游面处各布置 1 个测点，沿水闸边墙和上下游翼墙适当位置布设几个测点。

（5）横断面上的测点数，一般是 3～10 个，大多是 4～7 个，但不得少于 3 个。测点间距一般在 5～20m 以内，常采用 10m 左右，可采用上游较下游密的布置，也可大致等间距布置。若测点布置在一个完整的岩石内，将来测出的扬压力很小或为零，而不能反

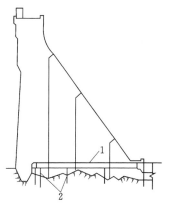

图 7-4　重力坝坝基扬压
力测压管布置
1—廊道；2—测压管

映坝基真实的扬压力，特别是最大的扬压力，应在坝基开挖完成验收后对测点进行适当调整，将其布置在可能产生最大扬压力的基岩裂隙上。

（6）在一个测压断面中，如地基有两种以上不同性质的岩层或发现断层、夹层等缺陷时，可在透水性较大的岩层或断层、夹层中增设测点，或采用多管式测点。

（7）重力坝和宽缝重力坝可按上述要求布置。重力拱坝的测点一般沿径向布置，测点间距可以小些；薄拱坝一般可不进行扬压力观测。

（8）除上述横断面外，通常也选择一个纵断面布置测点，如图 7-5 所示，每一坝段布置 1～2 个测点，测点轴线位于灌浆帷幕轴线与排水孔轴线之间，横断面上的靠上游测点最好包括在纵断面中。

7.1.5　渗流量观测

渗流量的观测是为了通过了解渗流量的变化规律，分析大坝防渗和排水设施的工作状况，判断大坝的工作是否正常。

渗流量观测的布置，应根据坝型、坝基地质条件、渗漏水的出流和汇集条件确定。对于土石坝，通常是将坝体和坝基排水设备中的渗水分别引入集水沟，在集水沟中布置量水设备进行观测。如果坝体和坝基的渗水可分区拦截则应分区观测，并将分

区集水沟汇集于总集水沟，并观测总渗流量，以利渗流分析。对于圬工坝，渗流可以由坝内廊道中的排水沟引至集水井，观测集水井排水量，也可以在坝下游设集水沟观测总渗流量。

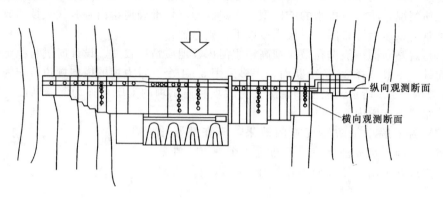

图7-5　重力坝坝基扬压力观测平面布置图

集水沟和量水设备的布置，应使其不受坝面及两岸排泄雨水和泄水建筑物泄水的影响，并应结合地形尽量使集水沟顺直，并便于观测。

7.1.6　观测设备

1. 测压管

常用的测压管主要有金属管、塑料管和无砂混凝土管等。测压管一般自下而上由进水管段、导管和管口部分组成。

(1) 金属管。金属管通常采用直径为50mm的钢管或镀锌管制成。

1) 进水管段。如图7-6所示，测压管的进水管段既能顺利进水，又能防止泥土入内而被堵塞。为此在管上沿纵向钻4~6排进水孔，孔径为6~8mm，上下孔距为100~120mm，横向交错布置。为防止土粒进入管内，管外壁焊4~8根直径6~8mm的纵向钢筋，其外侧按螺旋状地缠绕12~14号镀锌铅丝，外面包扎两层过滤层，内层可采用马尾网、玻璃丝布、铜丝网、尼龙丝布等，外层可采用棕树皮。过滤层外再包扎两层麻布。进水管段的长度应根据土料的性质确定，对于黏土或壤土坝体或坝体防渗体，应为自最高浸润线以上0.5m至最低浸润线以下1m；对透水料坝体，其长度应不小于3m。由于少量细颗粒进入管内在所难免，所以进水管段下部应预留0.5~2.0m的管段用做泥沙沉淀。

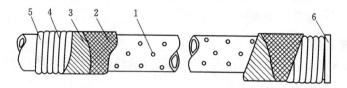

图7-6　测压管的进水管段构造图

1—进水孔；2—第一层过滤层；3—第二层过滤层；4—两层布；5—铅丝；6—封闭底管

2) 导管。用于将测压管引出坝面，以便观测管内水位。导管的直径与材料和进水管段相同，其底端与进水管段顶端牢固连接。

3）管口保护设备。安装在测压管管口的保护设备是用于避免人为破坏和石块、杂物等落入管中，并防止雨水、地表水进入管中。

（2）塑料管。塑料测压管的构造与金属测压管基本相同，一般用直径50mm的塑料管制成，在其进水管段上沿纵向钻8排进水孔，孔径5mm，孔距50mm，左右交错排列。

塑料测压管不会锈蚀、腐烂，且重量轻，制造安装方便，造价低，是一种较好的测压管材料。

2. 水位观测设备

测压管中水位观测的常用仪器有电测水位器、示数水位器、压气U形管、遥测水位器和测深钟等。

（1）电测水位器。如图7-7所示，电测水位器主要由测头、吊索和指示器等组成。指示器通常为微安表；吊索一般为坚韧、伸缩性小的电缆，每隔1m设一长度标志；测头是用以探测水面位置的。当测头内电极接触水面时，指示器立即有反映，即刻停止吊索下放，并读出测压管口处的吊索长度标志，因测压管管口高程已知，从而可求得管内水位高程。电测水位器是较好的移动式水位测试器。

（2）示数水位器。如图7-8所示，示数水位器主要由示数器、传动系统、测头浮子、平衡块和吊索等组成。它一般固定在测压管管口，当管内水位升降时，浮子式测头也随之升降，通过吊索使传动轮转动，从而使示数器显示水面高程读数。

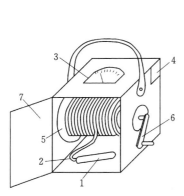

图7-7 电测水位器
1—测头；2—电缆（吊索）；3—微安表指示表；
4—电池盒盖；5—滚筒；6—手摇柄；
7—仪器盒门

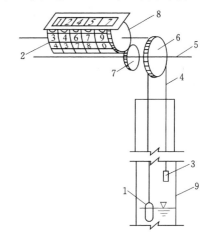

图7-8 示数水位器示意图
1—浮子式测头；2—五位计数器；3—平衡块；
4—吊索；5—轴；6—传动轮；7—传动齿轮；
8—齿轮；9—测压管

（3）压气U形管。如图7-9所示，压气U形管主要由U形管、压气球、连通管和金属管头等组成。观测时将金属管头插入测压管中水面1.0m以下，用压气球持续压气，当测压管内持续冒气泡，而U形管中水银面的升降停止时，说明测压管里金属管头中的水体已全部排出，此时读出U形管中两端水银面的高差H（精确至毫

米），即可按下式确定测压管中的水位高程

$$\nabla = \nabla_1 - (H_1 - h) - \left(\frac{d}{D}\right)^2 h \tag{7-1}$$

式中：∇ 为测压管中水位高程，m；∇_1 为测压管管口高程，m；H_1 为金属管头底面至管口距离，m；h 为金属管头底面的入水深度，m，$h=13.6H$；H 为 U 形管中水银面的高差，m；d 为金属管头的外径，m；D 为测压管内径，m。

（4）遥测水位器。我国多采用南京水文水利自动化研究所生产的 YS100 型和 SDA 型遥测水位计。

YS100 型遥测水位计能自动巡测 1～100 点的测压管水位，并显示数码，自动打印在记录纸上。如图 7-10 所示，YS100 型遥测水位计主要由传感器、中转站和主机三部分组成。传感器为安装在测压管孔口的水位电压变送器，内有永磁直流微电机带动伸入测孔内的测头重锤，自动跟踪水面升降，并通过精密多圈电位器和标准电压，将水位升降的线性变化转换成角度变化，再将角度变化转变为相应的电压变化，通过导线输入中转站，其输出电压信号正比于水位变化。该仪器适用于管内水位最大变幅 10m，最小读数 1cm，观测精度 1％，遥测距离不小于 1km，观测速度为 6 点/s，一次自动巡测 1～100 个测点的情况。

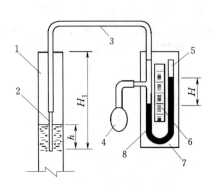

图 7-9　压气 U 形管示意图
1—测压管；2—金属管头；3—连通管；
4—压气球；5—U 形管；6—标尺；
7—木板；8—水银

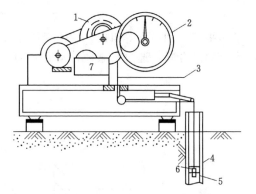

图 7-10　YS100 型遥测水位计构造图
1—测量轮；2—度盘；3—测线；4—护罩；
5—测压管；6—测锤；7—微电机

SDA 型遥测水位计能自动逐点观测、手动逐点观测及选点观测，容量为 79 点，适用于水位最大变幅 25m，最小读数 1cm，最大误差小于 1cm±0.1％水位变幅。SDA 型遥测水位计主要由自动水位计、传输电缆、终端主机、打印机等组成。每个测压管上安装 1 台水位计，即水位传感器，安装在观测室内的主机可呼叫遥测各测压管水位，并由打印机自动打印出各管号及相应水位值。

（5）基础扬压力测压管。坝基的扬压力测压管与土坝浸润线测压管类似，其观测设备视管内水位而定。如管中水位低于管口，其观测仪器和方法与土坝浸润线的观测相同；如高于管口，则采用压力表（图 7-11）或水银压差计（图 7-12）。

压力表分为固定式和装卸式，其量程范围应比所量测的最大压力大 1/3～2/3。观测时先打开闸阀，待压力表针稳定后读取读数，一般读取两次，且两次读数差值应小于表盘最小刻度单位，测压管水位应为读数与压力表座高程之和。

水银压差计的安装与压力表相同。压差计通常由直径为 10mm、高度大于 400mm 的 U 形玻璃管和带有刻度标尺的木板组成。标尺零点设在压差计中间高度

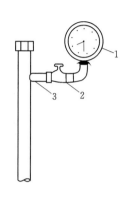

图 7-11 压力表与测压管的连接
1—压力表；2—阀门；3—焊接

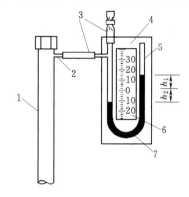

图 7-12 水银压差计与测压管的连接
1—测压管；2—焊接；3—胶皮管；4—木板；
5—U 形管；6—标尺；7—水银

处，安装时先向 U 形管中注入水银，并使水银面与标尺零点齐平，再用胶皮管连接压差计与测压管，并从三通管上口的胶管向管内注水，水满后将胶管扎紧即可。观测时，两侧水银面的读数 h_1 和 h_2 应读至毫米，通常应读两次，且两次的差值不应大于 1mm。测压管的水位高程按下式确定

$$\nabla = \nabla_0 + 13.6(h_1 + h_2) - h_2 \tag{7-2}$$

式中：∇ 为测压管水位，m；∇_0 为标尺零点高程，m；h_1、h_2 为压差计水银面读数，m。

（6）渗压计。渗压计埋设后仅有电缆伸入观测廊道或伸出坝体，电缆易与黏性土或混凝土结合，不至于形成渗流通道，而且除不受灌浆影响外，也不需要设置专门的横向廊道，施工方便可靠，节约钢材并便于遥测和自动记录，因此这是值得推荐的渗流观测仪器。

渗压计的型式有多种，常用的有差动电阻式、电阻应变片式和钢弦式三种，它们的结构型式、工作原理和安装埋设方法见有关文献。

（7）量水堰。量水堰是建于专门混凝土或砌石集水沟直线段上最常用的量水设备，利用量水堰固有的水力特性进行流量量测。量水堰一般为薄壁堰，垂直于水流方向竖直安装，堰板与集水沟边墙及底板的交接处必须牢固和不透水，堰板强度应能承受最大流量而不致变形和损坏。堰板上游面应平整而光滑。堰板缺口垂直于板面，堰口厚度应在 1～2mm 之间，缺口要加工成锐缘，倾斜面在下游，斜面与板面夹角应小于 45°，缺口附近的堰板一般由耐腐蚀的铜板等制成。

根据过水断面的不同，量水堰通常分为三角堰（测流范围 1～100L/s）、梯形堰（测流范围 10～300L/s）和矩形堰（测流范围 50～300L/s）三种。量水堰的详细尺寸及安装要求等可参考有关书籍。

量水堰的堰前水位，一般由安装的固定水尺或水位测针测得，根据堰顶高程可得

堰顶水头，从而按相应量水堰的流量公式算出汇集于集水沟中的渗流量。

7.2　水工建筑物的变形观测

水工建筑物的变形观测主要包括水平位移、竖向位移、土坝固结及裂缝与接缝观测等。

水工建筑物位移观测的测点布置应能全面反映建筑物的变形，根据建筑物的特点、规模、重要性、施工及地质条件，选择有代表性的断面布设测点，并常将水平位移与竖向位移测点设置在同一标点上。

土坝的观测断面应选择最大坝高、地质地形变化较大、典型坝段、坝下设有涵管等断面处。观测断面一般不少于 3 个，每个断面上不少于 4 个测点，上游坝坡的正常水位以上至少设 1 个测点，下游坝肩上设 1 个测点，下游坝坡的马道上也应设测点。

重力坝的下游坝肩和坝趾各设 1 个纵向观测断面，纵向断面上的各坝段中点或两端布设测点。

拱坝可在坝顶设 1 个纵向观测断面，纵向断面上每隔 40～50m 设 1 个测点，拱冠、1/4 拱跨和拱端处各设 1 个测点。

7.2.1　水平位移观测

建筑物水平位移观测的方法是用光学或机械方法设置一个基准线，每次测出建筑物上各测点相对基准线的位置，即可求得测点的位移。根据所设基准线的不同，可分为垂线、引张线、视准线和激光准直线等。另外，采用大地测量的方法有边角网与交会点、导线法等。土石坝的坝体内也常埋设相对位移计、测斜仪等观测内部水平位移。

根据 SL 601—2003《混凝土大坝安全监测技术规范》及 SL 551—2012《土石坝安全监测技术规范》的规定，水平位移的正负号以向下游和向左岸为正，反之为负。

水平位移的观测，首先是在不受建筑物变形影响的岩基或坚实的土基上设工作基点，通过观测建筑物上各测点与工作基点间相对位置的变化而得到各测点的位移。观测方法不同，对工作基点的要求也不同。

1. 视准线法

图 7-13 为视准线法观测土坝水平位移平面布置图。坝轴线 AB 为一观测断面，abcde 为其上观测点。为观测坝轴线上各测点的水平位移，必须在观测断面上、且不受建筑物变形影响的两岸岩基或坚实土基上设工作基点 A、B。为校核工作基点在垂直坝轴线方向的位移，在纵向观测断面的工作基点延长线上应设置 1～2 个校核基点，如图中 A′、B′。当建筑物长度超过 500m 或轴线为折线时，为提高观测精度，可在观测断面中设 1 个或几个等间距的非固定工作基点，如图 7-14 中的 M 点。

观测的方法与步骤是：通过设在工作基点 A（或 B）的精密经纬仪，观察在对岸工作基点 B（或 A）安装的固定觇标中心，该视线即为视准线。由于 AB 两点位于不受建筑物变形影响的两岸稳定的岸坡上，即认为视准线 AB 是固定不变的，可作为观测建筑物变形的基准线。各观测点即水平位移标点安装好后，测出

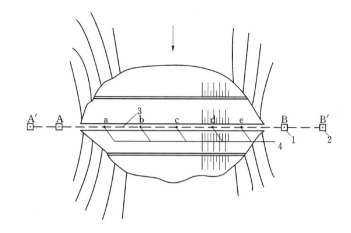

图 7-13　土坝水平位移观测平面布置图

1—工作基点；2—校核基点；3—视准线；4—位移标点

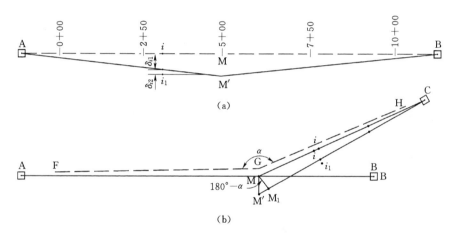

图 7-14　增设非固定基点的水平位移观测

（a）建筑物长度大于 500m；（b）建筑物轴线为折线

其中心与视准线的距离 δ_{ao}、δ_{bo}、δ_{co}、δ_{do}、δ_{eo}、…作为初始偏距记录下来。在以后的观测中，先将经纬仪安置于一个工作基点，如 A 点，后视工作基点 B 上固定觇标，构成视准线，固定经纬仪上、下盘，前视 A 点侧二分之一建筑物长度范围内的标点。观测时用旗语或报话机指挥标点处的持标者移动活动觇标，使觇标中心线与经纬仪望远镜的竖丝重合，持标者根据位移标点在活动觇标分划尺上所对应的刻度，记录读数，读数一般取两次的平均值。然后再按上述方法倒镜观测一次，取两次观测值的平均值作为第一测回的观测结果。随后按同样方法观测第二测回，两次测回的差值不应大于 4mm，否则应重新测。按上述方法测定工作基点 A 至建筑物中点间的各位移标点后，再将经纬仪移置于 B 点，按上述方法与步骤观测 B 点至建筑物中点间的各位移标点。

视准线法观测建筑物水平位移的记录格式见表 7-1。

表 7 - 1 水平位移观测记录表

测点A后视B 观测者_____ 记录者_____ 校核者_____

测点	测回	观测日期			正镜读数			倒镜读数			一次测回读数 (mm)	二次测回平均读数 (mm)	埋设偏距 (mm)	上次位移量 (mm)	间隔位移量 (mm)	累计位移量 (mm)	备注
		年	月	日	次数	读数 (mm)	平均值 (mm)	次数	读数 (mm)	平均值 (mm)							
10 (0+150)	1	2006	5	12	1 2	+35.4 +32.8	+34.1	1 2	+34.6 +33.8	+34.2	+34.2	+33.7	+28.3	+32.5	+1.2	+5.4	
	2	2006	5	12	1 2	+33.2 +34.6	+33.9	1 2	+32.6 +31.8	+32.2	+33.1						

注 1. 埋设偏距为位移标点的初测成果,即位移标点在位移前与视准线的初始偏差。

2. 位移方向以向下游方向者读数为"+",向上游方向者读数为"-"。

当建筑物长度超过 500m 时,因受到经纬仪望远镜放大倍率和折光等因素的影响,往往误差较大。为提高观测精度,在建筑物的适当位置设 1 个或几个非固定工作基点,如图 7 - 14 (a) 中 M 点。由于 M 点随建筑物的变形而产生位移至 M′,所以,在位移观测时,应先通过固定工作基点测出 M′点的位置,即得 M 点的位移量。因 M 点的位移量很重要,一般应进行 8 个测回,每个测回的成果与平均值的偏差不应大于 2mm。此时可将 M′点作为工作基点,以 AM′ 和 BM′ 分别为新的视准线,测定 M′附近 250m 范围内各标点的位移量。以标点 i 为例,各标点的实际位移量按下式求得

$$\delta_i = \delta_{i1} + \delta_{i2} - \delta_{i0} \tag{7-3}$$

式中:δ_i 为标点 i 的实际位移量;δ_{i1} 为 M 点位移至 M′点引起 i 点的位移量;δ_{i2} 为相对于视准线 AM′的 i 点的位移量;δ_{i0} 为 i 点相对于视准线 AB 的初始偏距。

当建筑物轴线为折线时,如图 7 - 14 (b) 所示,除轴线及其延长线上的 A、B、C 三点为固定工作基点外,尚应增设轴线折点处 M 为非固定基点。M 点的位移以 AB 基准线测得,应观测 8 个测回取平均值。FG 范围内标点的位移以 AM′为视准线观测,并用前述方法求各标点的实际位移量。GH 范围内标点的位移以 M′C 为视准线观测,也用前述方法求各标点的实际位移量,其中因 M 点位移至 M′引起 i 点的位移量由下式求得

$$\delta_{i1} = \frac{\overline{Ci}}{\overline{CM}} \overline{MM'} \cos(180° - \alpha) \tag{7-4}$$

式中:δ_{i1} 为 M 点位移至 M′点引起 i 点对视准线 MC 的位移量;$\overline{Ci}$、$\overline{CM}$、$\overline{MM'}$ 分别为各相应点间的距离;α 为建筑物轴线的折转角。

2. 小角度法

小角度法观测建筑物水平位移的步骤与视准线法基本相同,先将经纬仪安置于工作基点 A,将水平度盘对准零,固定上盘,后视工作基点 B 构成视准线 AB,再固定下盘,放松上盘,前视位移后的标点 i_1,读出 Ai_1 方向线与视准线 AB 间的夹角 α_{i_1},如图 7 - 15 所示。因 α_{i_1} 一般均较小,所以 i_1 点偏离视准线的距离 ii_1 和 i 点的实际位移值 i_0i_1 可近似按下式计算

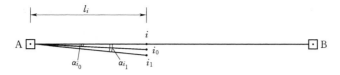

图 7-15　小角度法水平位移观测示意图

$$ii_1 = \frac{2\pi l_i}{360°}\alpha_{i_1} \times 1000 = Kl_i\alpha_{i_1} \tag{7-5}$$

$$i_0 i_1 = Kl_i(\alpha i_1 - \alpha i_0)$$

式中：ii_1 为点偏离视准线的距离，mm；K 为常数，$K=0.004848$；l_i 为位移标点 i 与工作基点 A 的距离，m；α_{i_1} 为方向线与视准线 AB 夹角，（°）；α_{i_0} 为位移标点 i 的实际安装位置 i_0 点和工作基点 A 的连线与视准线 AB 的夹角，（°），即初始偏离角。

3. 前方交会法

当建筑物的轴线为曲线或折线，甚至有些测点观测人员无法到达时，如图 7-16 的拱坝顶面及其下游面上的一些测点，采用视准线法已不可能。此时可根据建筑物下游地形特点，在不受建筑物变形影响的山坡上，设工作基点 A、B 和校核基点 C、D 形成一控制网，也称边角网。A、B、C、D 各点间的水平距离及其方位角均可事先测出。如 i 点是坝上的位移标点，i_0 为初测时标点 i 的位置，通过设在基点 A 和 B 上的经纬仪测得 Ai_0 方向线和 Bi_0 方向线与基线

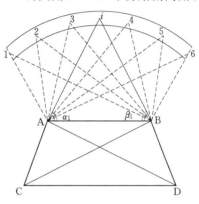

图 7-16　前方交会法观测拱坝位移

AB 的夹角（也称交会角）分别为 α_{i_0} 和 β_{i_0}，并计算出点坐标 x_{i_0}、y_{i_0}，即位移标点 i 的初始坐标值。当建筑物变形后，i_0 点位移至 i_1 点，用同样方法测出位移标点 i_1 的交会角 α_{i_1}、β_{i_1}，并算出其坐标 x_{i_1} 和 y_{i_1}，则 i 点的位移分量和总位移量可分别由下式求得

$$\left. \begin{array}{l} \delta_{x_i} = x_{i_1} - x_{i_0} \\ \delta_{y_i} = y_{i_1} - y_{i_0} \end{array} \right\} \tag{7-6}$$

$$\delta_i = \sqrt{\delta_{x_i}^2 + \delta_{y_i}^2} \tag{7-7}$$

4. 引张线法

引张线法是在建筑物观测断面的两端，不受建筑物变形影响的地方设立两个工作基点，基点间设若干位移观测点，再在基点间拉紧 1 根 0.8～1.2mm 的不锈钢丝作为基准线，如图 7-17 所示，通过观测各测点相对基准线的偏差得各测点的水平位移。当工作基点设在两岸有困难时，也可以设在坝内，但应用其他观测方法对基点的位移进行观测，以求得各测点绝对位移。

除不锈钢丝的测线外，引张线法的其他设备还有端点装置和测点装置。如图 7-18所示，端点装置有墩座、夹线装置、滑轮、线锤连接装置和重锤组成。墩座一般用刚度较大，与地基牢固连接的钢筋混凝土或金属结构，以承受测线传来的张力。图 7-19 为具有 V 形槽的混凝土板夹线装置，为防止损伤测线，槽口镶有铜片，槽

顶盖有用螺丝固定的压线板。夹线装置的安装，应使通过重锤经滑轮拉紧后的测线与V形槽中心线一致，并高出槽底，且与墩座上的滑轮中心剖面在同一平面上。不观测时将重锤垫起，使测线放松。

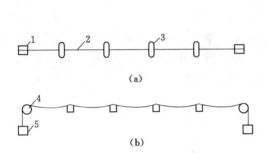

(a)

(b)

图 7-17　引张线示意图

（a）平面图；（b）立面图

1—端点；2—引张线；3—位移测点及浮托

装置；4—定滑轮；5—重锤

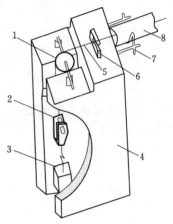

图 7-18　端点装置

1—滑轮；2—线锤连接装置；3—重锤；

4—混凝土墩座；5—测线；6—夹角

装置；7—钢筋支架；8—保护管

测点装置为图 7-20 所示的金属容器，它固定于建筑物上，间距为 20～30m，其中设有水箱和标尺。水箱内盛水，用水面上的浮船支托测线。标尺是一条刻度至毫米、长 15cm 的不锈钢尺，安装在固定于金属容器内壁的槽钢上，尺面应水平，尺身应与测线垂直。各测点标尺的安装高程应相同，误差不超过 ±5mm。

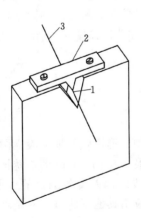

图 7-19　夹线装置

1—V形槽；2—压板；3—钢丝

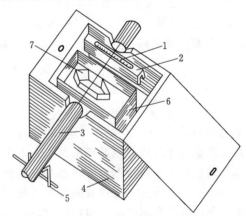

图 7-20　测点结构图

1—标尺；2—槽钢；3—测线保护管；4—保护箱；

5—保护管支架；6—水箱；7—浮船

观测时先将重锤放下，待测线拉紧后将夹线装置旋紧，并在水箱中加水，用读数显微镜或两用仪观测。

　　引张线法多用于混凝土坝或砌石坝等建筑物的水平位移观测，所需设备简单，精度较高，多在廊道内观测，不受气候影响。

　　5. 垂线法

　　垂线法的基准线是一根一端固定铅直张紧的不锈钢丝，一般安装在混凝土坝内的竖井、管、空腔内。顶端固定的称正垂线，其下端系一个 $10 \sim 15 \mathrm{kg}$ 的重锤将其张紧，重锤悬浮在装有不冻锭子油或变压器油的油箱内，油箱高 $40 \sim 50 \mathrm{cm}$，直径 $40 \mathrm{cm}$。在安装结束、重锤稳定时，钢丝呈铅直位置。当坝体变形时，垂线也随着移位，即可测得顶点相对坝基测点的位移，同时也测得顶点相对所设各高程测点的位移。坝基测点与各高程测点相对位移差值即为各相应测点对坝基测点的位移值。这种正垂线为一点支承多点观测式，如图 7 - 21（a）所示。若在各测点设夹线装置，当垂线由某测点夹线装置夹紧，可直接测得该测点相对坝基点的位移。该装置则称为多点支承一点观测式，如图 7 - 21（b）所示。

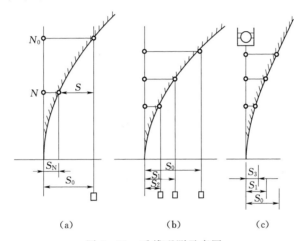

图 7 - 21　垂线观测示意图
（a）多点观测正垂线法；（b）多点支承正垂线法；（c）多点观测倒垂线法

　　当垂线的下端固定在新鲜基岩内，上端用浮体装置将钢丝张紧作为基准线，可直接测得各测点相对于基准线的基岩锚固点的位移，则称为多点观测的倒垂线法，如图 7 - 21（c）所示。

　　6. 激光准直法

　　激光准直法是利用具有方向性强、亮度高、单色性和相干性好的新型光源——激光对大坝变形进行观测的方法，其观测精度与效率高，有利于实现自动化观测。

　　激光准直法分大气激光准直法和真空激光准直法。在大气激光准直法中，国内主要研究了激光束直接准直法、具有衍射效应和投影成像的准直法及波带板激光准直法。以下介绍波带板激光准直法和真空激光准直法。

　　（1）波带板激光准直法。波带板激光准直法主要由激光器的点光源、波带板和接收靶三部分组成。如图 7 - 22（a）所示，激光器的点光源和接收靶分别安置在两端的固定工作基点上，波带板安置在位移标点上。从激光器发出的激光束，通过圆形波带板的聚焦作用，在接收靶上形成一个圆形亮点，若采用方形波带板，则形成十字亮线。在接收靶上测定亮点或十字亮线的中心位置，便可确定位移点的位置，从而求出其偏离值。

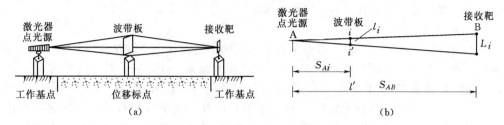

图 7 - 22 波带板三点准直示意图
(a) 波带板三点准直布置；(b) 三点准直的偏离值

在波带板激光准直法的观测中，因图示位移标点的位移会引起接收靶上圆形亮点或十字亮线的位置变动。如图 7 - 22 (b) 所示，当波带板由 i 点位移至 i' 点时，接收靶可读得亮点或十字亮线的偏离值 L_i，由相似三角形得

$$\frac{l_i}{L_i} = \frac{S_{Ai}}{S_{AB}}, 令 K_i = \frac{S_{Ai}}{S_{AB}}$$

则
$$l_i = K_i L_i \tag{7-8}$$

其他各测点位移的观测同上。

除上述目测法外，国内还研制了光电自动跟踪观测仪，可进行自动遥测。

(2) 真空激光准直法。我国首创的真空管道激光准直装置，已在大坝观测中成功应用。它将波带板和激光束放在一个管道系统中，管道抽真空后进行观测，能大大减小大气折光和湍流对观测的影响，其精度可达基准线长度的 1×10^{-7}。

真空激光准直系统是激光束在低真空管道中传输，且每个测点设有波带板的三点激光准直系统。其基本原理和观测方法与波带板激光准直法相同。

由于大气中存在折射率梯度，它不仅直接引起光束偏折，而且它和湍流的瞬间变化会引起光束漂移及光斑抖动。气体在管道中的流动状态与真空度有关，一般情况下当管道中为粗真空 $(1.3 \times 10^3 \sim 1.0 \times 10^5 \text{Pa})$ 时，为湍流态；低真空 $(1.3 \times 10^{-1} \sim 1.3 \times 10^3 \text{Pa})$ 时，为层流态；高真空 $(1.3 \times 10^{-6} \sim 1.3 \times 10^{-1} \text{Pa})$ 时为分子流态。激光束通过粗真空气体时，折射和光斑抖动都还存在；通过低真空气体时，光束的漂移和光斑抖动现象消失，折射也大大减弱；通过高真空气体时，光斑抖动及折射均消失。所以，合理确定真空管中的真空度是真空激光准直系统的关键问题。因为要获得高真空度代价太大，故大坝变形观测中以低真空度为宜。

真空激光准直系统已成功地应用于我国的大坝水平位移观测中，如长江三峡大坝的观测。这是一种很有发展前途的方法。

7. 导线法

在拱坝的水平位移观测中，视准线法、激光准直法等只能观测坝顶的位移，而为了观测拱坝的径向和切向位移，以全面监视和分析其工作状态，还需要在坝体廊道或基础廊道内布设测点，可用导线法进行观测。

如图 7 - 23 所示，导线布置在坝体廊道内，一般每一坝段设置一点。导线观测墩采用槽钢插入坝体墙内。为减少方位角的传递误差，提高测角效率，采取隔点设站，即分为测站点和中间点。测站点装有强制对中底盘、微型觇标和轴杆头。导线的两端点设倒垂点，以测定两端点的绝对位移。

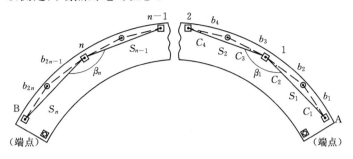

⊡——导线测站点   ○——导线中间点   ◈——倒垂点

图 7-23   导线布设示意图

S_i—投影边；β_i—实测转角；b_i—实测边；C_i—实物投影角

用精密经纬仪定期测定转折角 β_1，β_2，…，β_n 和投影角 C_1，C_2，…，C_n，用标准铟瓦水准尺或带尺测定导线点间的长度 b_1，b_2，…，b_n，分别测定导线两端点 A、B 至倒垂线的径向和切向值，即可据此推算各导线点在拱坝上的径向位移和切向位移。

8. 测斜仪

测斜仪是用以观测土石坝或岩体内部水平位移的仪器，可预埋在填土中或钻孔埋设。测斜仪有固定式和滑动式两种，固定式埋在结构物内固定点上，滑动式则须配测斜管（跟踪管道）使用。如图 7-24（a）所示，测斜管是有 4 个相互垂直导槽的铝合金管或硬质塑料管，而测斜仪则由测头（探头）、测斜管、电缆和测尺、测读仪表组成，如图 7-24（b）所示。当土体产生位移时，则测斜管一起移位，测斜管的位移即为坝体的位移。向管内放入的测头可测得各不同分段点处的倾角 θ_i，则相应的位移增量为

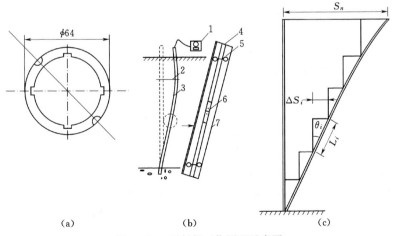

(a)   (b)   (c)

图 7-24   测斜仪工作原理示意图

1—测斜仪表；2—水平位移；3—测斜角；4—电缆和测尺；5—导向滑轮；6—测头；7—测斜管

$$\Delta S_i = L_i \sin\theta_i \qquad (7-9)$$

若测斜管底为不动点时，则自管底以上任一测深总位移量为

$$S_n = \sum_{i=1}^{n} L_i \sin\theta_i \qquad (7-10)$$

式中各符号的含义如图 7-24 (c) 所示。

测斜仪的测头传感器主要有滑线电阻式、电阻片式、钢弦式和伺服加速计式等。南京水利科学研究院研制的电阻片式测斜仪和美国 Sinco 公司及 Geokon 公司生产的测斜仪都已在我国得到应用。

测斜仪的埋设应特别注意测斜管不受扭曲，管壁周围填土时应细心操作且密实，否则会对观测成果造成很大误差。

7.2.2　竖向位移观测

竖向位移与水平位移一起，构成大坝的变形。在坝身自重及外界因素等影响下，大坝及其基础沿竖直方向产生位移，坝体沿某一铅直线或水平面还会产生转动变形。所以，对大中型工程，竖向位移和倾斜也是必测项目。

坝体竖向位移观测多采用几何水准和静力水准测量的方法，坝基竖向位移常采用多点位移观测。

倾斜观测方法分直接观测法和间接观测法。直接观测法是采用气泡倾斜仪或遥测倾斜仪直接测读坝体的倾斜角。气泡倾斜仪适用于倾斜变化较大或坝体局部区域的变形，所以多用于坝体中、上部的观测。通过相对竖向位移观测确定坝体倾斜的方法为间接法，其具体观测与直接观测法相同。

1. 几何水准观测

在两岸不受坝体变形影响的部位布置水准基点或起测基点，并在坝体上布置适当的竖向位移标点，用水准仪定期观测水准基点或起测基点与各标点间的高程变化，可求得各标点的竖向位移。

水准测量法常采用三级点位——水准基点、起测基点和位移标点；两级控制——由水准基点校测起测基点、由起测基点观测竖向位移标点。大坝规模较小时，也可直接由水准基点观测竖向位移标点。

(1) 水准基点。水准基点是竖向位移及其他高程测量的参照基准点，应选择在不受坝体变形影响，地基坚实稳固，与坝距离适当、便于引测的位置，埋设应可靠。水准基点的个数应视工程规模而定，中小型工程一般设 1~2 个即可，大型工程需设 2~3 个，对规模较大的大型水库，特别是自重较大的坝应建立精密水准网系统。精密水准网应包括所有的水准基点和起测基点，并力求构成闭合环线，以提高观测精度。水准基点多采用深埋钢管标，深埋双管标和混凝土水准基点。

(2) 起测基点。为不受坝体与坝基变形影响，水准基点与大坝一般较远，与竖向位移标点的高差也较大，每次观测时都从水准基点起测很不方便。为此，可在每排竖向位移标点延长线的两端岸坡上选择坚实可靠的位置设起测基点，其埋设高程与该排竖向位移标点的高程不宜相差太大。

(3) 位移标点。竖向位移标点的排数，通常依坝高确定。混凝土坝的坝顶和基础廊道

内应各设 1 排，高坝的中间廊道内也应设 1～2 排。每排测点布置，一般每坝段设 1 个，重要部位应增加测点。对于土石坝，竖向位移标点的布置，应兼顾纵、横向。如图 7-25 (b) 所示，纵向应选择在坝顶和合适高程的马道上；横向应布置在能控制主要变位情况的横断面上，横断面间距一般为 50～100m，每一横断面上布置不少于 4 点。

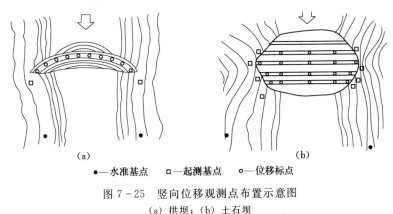

图 7-25　竖向位移观测点布置示意图
（a）拱坝；（b）土石坝

　—水准基点　　□—起测基点　　○—位移标点

2. 静力水准观测

静力水准观测法是利用连通管液压相等原理，用连通的水管将起测基点与各竖向位移标点相互连接，因水管内的水面是一条水平线，可通过测出水面与各起测基点和各位移标点的高差，求出各位移标点相对于起测基点的标高，前后两次观测所得相对标高的差值即为各标点在两次观测间隔时间内的位移量。所以，这种利用连通管液压相等原理的静力水准观测法也称为连通管法。

如图 7-26 所示，连通管可做成固定式和活动式两种。活动式的连通管通常由外

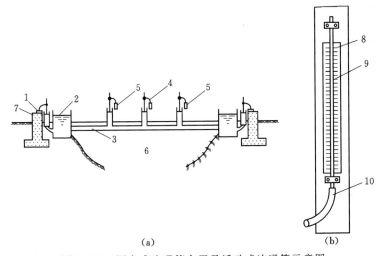

图 7-26　固定式连通管布置及活动式连通管示意图
（a）固定式连通管布置示意图；（b）活动式连通管示意图
1—起测基点；2—水箱；3—埋设的连通管；4—水位测针；5—竖向位移标点；
6—建筑物；7—钢筋混凝土基座；8—刻划标尺；9—玻璃管；10—胶管

径 1.4cm、长 120cm 的玻璃管和内径 1.2cm、长 20m 的胶管及刻有厘米分划的标尺组成。观测时由两人各执一刻划标尺，分别直立于两个相邻的测点上，两测点水位高度读数差即为两测点的高差。

7.2.3　土坝的固结观测

土坝施工期和运行期的沉陷量观测称为固结观测。由于土坝各层的沉降量是随其上部荷载的大小而不同，所以除总沉陷量外，还应对坝体不同高程处的沉降量进行观测，以推求坝体各分层的固结量。

土石坝坝体内部的固结和沉降，通常是在坝内分层埋设横臂式沉降仪、电磁式沉降仪、干簧管式沉降仪、水管式沉降仪和深式标点组的方法。

坝体固结观测点的布置，应根据工程的重要性、地形地质及施工情况，选择原河床断面、最大坝高断面和合龙段。一般可设 1～3 个观测断面。

下面介绍横臂式沉降仪和深式标点组两种观测设备的观测。

1. 横臂式沉降仪

如图 7-27 所示，它主要由管座、带横臂的细管和中间套管三部分组成。管座为 1 根底部用铁板密封、直径 50mm、长 1.1m 的铁管，铅直地埋入直径 135mm、深 1.4m 的钻孔内。若为土基，管座四周应回填与周围相同的土料，并夯实；若为岩基，应回填水泥砂浆。带横臂的细管是 1 根直径 38mm 的铁管，每节长 1.2m，用 U 形螺栓将 1 根长 1.2m、两端焊有翼板的角钢与细管正交连接并焊死。细管两端插入套管，接口处用浸沥青的麻布包裹。套管为直径 50mm 的铁管，长度比测点间距短 0.6m。观测时先用水准

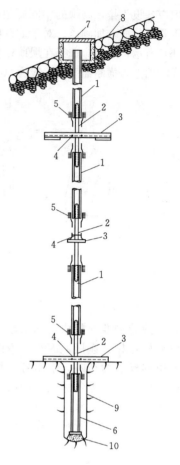

图 7-27　横臂式沉降仪示意图
1—套管；2—带横臂的细管；3—横臂；
4—U 形螺栓；5—浸沥青的麻布；
6—管座；7—保护盒；8—块石
护坡；9—岩石；10—砂浆

仪测出管口高程，再用测沉仪或测沉棒自下而上依次测定各细管下口至管顶的距离，然后可按表 7-2 的格式求得两测点间的固结量。

2. 深式标点组

深式标点组是由埋设在坝内不同高程的 2 个或 2 个以上的深式标点组成。如图 7-28 所示，深式标点由底板、与底板相连的标杆和套管三部分组成。底板是一块边长 1～1.5m，厚 40cm 的混凝土板，或厚 10mm 的铁板。标杆是一根下端固定在底板上的直径 50mm 的铁管。套管是直径 100mm 的铁管。当填土超过底板预埋高程 50cm 时，挖一方坑埋设底板及第 1 节标杆、第 1 节套管，套管底距底板表面为 20～50cm。埋设完第 1 节标杆后，随即测出底板及第 1 节标杆顶部高，并算出管顶至底板的距离，随后填土，再依次埋设上部各节标杆及套管，标杆与套管间用弹性钢片或导环支

撑。每次安装标杆前都应测出原标杆顶部高程，并算出已安装的标杆长度，竣工时可得整个标杆的累计长度。每次用水准测量出的标杆顶部高程减去标杆长度，即为底板高程。两次测得的底板高差，即为间隔时间内底板的沉降量。

表 7-2　　　　　　　　　　　固结观测成果计算表

固结管编号_____　　　　　　　　　　　　　　　　　　间隔时间_____

上次观测日期____年____月____日　　　　　　　　本次观测时间____年____月____日

测点编号	管顶高程（m）	测点至管顶距离（m）	本次观测的测点高程（m）	测点始测高程（m）	测点垂直位移量（mm）	测点始测间距（m）	本次观测的测点距离（m）	本次累计固结量（mm）	上次累计固结量（mm）	间隔时间内固结量（mm）	备　注
	(1)	(2)	(3)＝(1)－(2)	(4)	(5)＝(4)－(3)	(6)	(7)	(8)＝(6)－(7)	(9)	(10)＝(8)－(9)	上次是指本次的前一次
一											上次是指本次的前一次
二											
三											
四											
五											

7.2.4　裂缝及伸缩缝观测

1. 土工建筑物的裂缝观测

为掌握裂缝的现状及发展，以便分析裂缝对建筑物的影响和研究处理措施，对缝宽大于 5mm，或宽虽小于 5mm 但长和深均较大，或贯穿性的裂缝，以及弧形缝、竖直错缝等，均需要进行定期观测。土工建筑物的裂缝观测，应对裂缝进行编号，并分别观测其位置、长度、宽度及深度。裂缝长度的观测，采用缝端分别打入小木桩或用石灰水标明的方法，再用皮尺等沿缝迹量出其长度。缝宽的观测可在有代表性的测点处用尺直接量得，也可在测点缝的两侧打小木桩，桩顶钉铁钉，用尺量出钉间距及钉距缝边的距离，便可求得缝宽，钉间距离的变化即为缝宽的变化。缝深的观测可采用钻孔取样的方法。采用挖坑和竖井的方法也可观测缝宽、缝深和两侧土体的相对位移。

2. 混凝土建筑物的裂缝观测

混凝土建筑物裂缝观测包括裂缝的分布、长度、宽度及深度，对漏水裂缝还应观测其漏水情况。如有条件，应同时对混凝土温度、气温、水温及建筑物上游水位进行观测。裂缝发生初期，宜每天观测一次；裂缝发展变缓后，可减少测次；气温及水位变化较大时，应增加测次。

裂缝的位置与长度观测，可在裂缝两端用油漆画线作标志，或绘制方格坐标丈量。裂缝宽度可用倍数放大镜观测，重要的裂缝可在缝两侧埋设金属标点，用游标卡尺测定缝宽的变化。裂缝的深度可用细金属丝探测或用超声波探伤仪测定。

3. 接缝观测

为适应温度变化、地基不均匀沉陷和满足施工要求，混凝土建筑物通常都设接缝。为了解接缝随建筑物温度、气温、水温及上下游水位变化的开合情况，掌握其变化规律及灌浆效果，以综合分析建筑物的运行状态，应进行接缝观测，并同时对温度、水位等相关因素进行观测。

大坝接缝观测的测点常布置在最大坝高、地质复杂、地形变化较大或进行应力应变观测的坝段上。测点可设在坝顶、下游坝面、廊道内或坝体某一部位，同时还应视需要，选择有代表性的纵横缝埋设测点，以观测接缝灌浆后缝的变化情况。大坝接缝的测点处常埋设金属标点，差动式电阻测缝计（图7-29），或弦式测缝计，以测量缝宽的变化。

差动式电阻测缝计的工作原理与电阻应变计相同。在浇筑低块混凝土时先将测缝计旋入套筒内，再小心回填附近混凝土，接缝的张合便会使测缝计受拉或压，由其受拉压的程度便可测得接缝的张合程度。

用金属标点观测接缝，是在缝的两侧埋设 2 个或 3 个金属标点，用游标卡尺量测标点间距的变化。此外，还可用图 7-30 所示的型板式三向标点观测缝的变化。型板式三向标点是分别锚固于缝侧混凝土上的两块宽约 30mm、厚 5~7mm 的金属板，金属板弯曲成互为直角的 3 段，每段焊上 1 个不锈钢的或铜的标点，埋设后量出 3 对标点的距离 x、y、z，作为初始值，缝宽变化后，量出的 3 对标点距离与其初始值之差，即为伸缩缝沿 X、Y、Z 方向的变化。

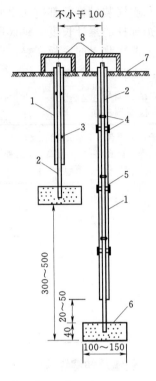

图 7-28　深式标点组示意图
（单位：cm）
1—套管；2—标杆；3—导环；4—管筐；
5—铁垫圈；6—混凝土底板；
7—地面；8—保护盖

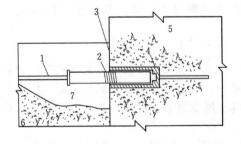

图 7-29　差动式电阻测缝计埋设图
1—电缆；2—波纹管；3—接缝；4—套筒；
5—高浇筑块；6—低浇筑块；7—挖去的混凝土

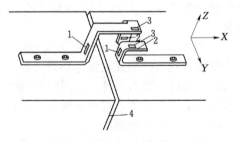

图 7-30　型板式三向标点示意图
1—观测 X 方向的标点；2—观测 Y 方向的标点；
3—观测 Z 方向的标点；4—伸缩缝

7.3 水工建筑物的温度与应力观测

7.3.1 混凝土坝的温度观测

为掌握大坝施工期混凝土的散热情况，以改进浇筑方法、确定灌浆的时间、研究温度对坝体应力和体积变化的影响、防止温度裂缝和分析大坝的运行状态，就需要对坝体混凝土水化热产生的温升及蓄水后的水库水温、周围气温、太阳辐射等引起的坝体内外温差进行观测。

混凝土坝的温度观测，是在混凝土浇筑时埋设电阻式温度计，并用电缆引至测站的线箱内，由比例电桥测出温度计电阻，再转换成相应的温度。

温度观测断面和测点的布置，应考虑坝体结构的特点、施工方法和其他项目的观测，掌握坝内温度分布及其变化规律。温度测点常布置在应力观测的坝段和观测断面上，坝体中部略稀，接近坝面较密，在钢管、廊道、宽缝及伸缩缝附近应增加测点。已埋有差动式电阻应力计的测点可兼测温度，不必另埋温度计。

重力坝的温度观测，应在观测断面上按网格布置测点，网格间距8～15m。重力坝的引水坝段属空间温度场，需要设置垂直于引水管道的观测截面。图7-31为重力坝温度观测断面的测点布置示意图，为便于埋设，各排测点应尽可能选在施工浇筑层的表面。

拱坝一般是在拱冠和1/4拱跨的梁上设3～7个观测截面，如图7-32所示，每个截面上至少布置3个测点，坝顶和拱座应力观测的截面应适当加密测点。

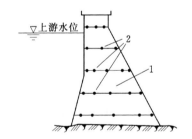

图7-31 重力坝观测断面温度测点布置示意图　　图7-32 拱坝观测断面温度测点布置示意图
1—重力坝；2—测点　　　　　　　　　　　　　　1—拱坝；2—测点

坝体边界温度测点，应在距上游坝面5～10cm的坝内布置间距为1/15～1/10坝高的温度测点，死水位以下测点的间距可加大一倍。下游坝面因受日照影响，可适当布置若干表面温度计，温度计应平行于坝面埋设。

为了解基岩温度及基岩内部的散热情况，应沿坝体与基岩接触线、接触线中部的基岩不同深度处（如0、1.5m、3.5m等）埋设温度计，如图7-33所示。

7.3.2 应力观测

为保证大坝安全，除坝体和坝基保持稳定外，坝体的应力还应在坝体材料强度的允许之内。大坝应力的观测就是了解坝体应力的分布，找出最大应力（拉、压和剪应力）的位置、大小和方向，为大坝的安全评估和加固维修提供可靠的依据。

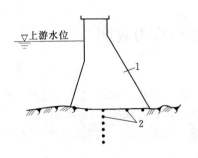

图 7-33　基岩温度测点布置示意图
1—坝体；2—测点

大坝应力观测的布置一般先选定观测坝段，在观测坝段内再选定垂直于坝轴线的观测断面，然后再选定不同高程的水平截面作为观测截面，最后在观测断面和观测截面上布置测点。

观测坝段、断面、截面和测点布置，一般应满足以下基本要求：

（1）能测出最大应力的大小和方向。

（2）观测成果便于与设计和模型试验相验证。

（3）为获得正确成果，在重要测点上仪器埋设可适当重复，以防止仪器因质量问题或施工破坏而失效，并可进行校核。

（4）各相关因素的观测设备布置要相互配合，以利于对建筑物进行全面综合的分析。

（5）应便于施工和观测。

（6）有特殊要求时，观测布置应与之相适应。

1. 重力坝应力观测

一般是在溢流坝段和非溢流坝段中各选 1 个有代表性的坝段作为观测坝段，对重要的和基础地质情况复杂的工程，还可以增加观测坝段。每个观测坝段内布置 1～2 个观测断面，每个断面上选 1～3 个观测截面。坝体应力观测的重点是靠近底部的基础观测截面，由于距坝底越近，水压力和坝体自重引起的应力越大，因此基础观测截面的应力状态在坝体强度和稳定控制方面起着关键作用。为避免基坑开挖不平和边界变化造成的应力集中，基础观测截面距坝底面不宜小于 5m。每个截面可布置 3～5 组应变计组，测点距坝面不得小于 3m。对有纵缝的坝体，可在纵缝两侧 1.5～2.0m 处各增设测点。为了解坝体表面的应力，可在坝体表层的不同深度处增设测点。

重力坝的测点通常埋设五向应变计组，如图 7-34（b）所示，其中四向布置于观测断面上，另一向与观测断面垂直。重力坝的坝踵与基岩接触面应埋设单向应变计、单个测缝计和钢筋应力计，以校核设计的坝踵应力。在应变计和应变计组附近应同时埋设无应力计。

经过已建工程的长期观测和计算方法的不断完善，重力坝的应力观测布置已趋于简化，有的重力坝甚至不设应力观测设施。

2. 拱坝应力观测

拱坝应力观测的断面一般为拱冠和拱座的径向断面，重要拱坝的 1/4 拱跨的径向断面也应作为观测断面。应视具体情况，沿坝高选取几个观测截面，最低截面距坝基面不应小于 5m。在观测截面上，一般在距上、下游坝面 1m 左右和截面中心各布置 1 测点。若观测温度应力的变化或厚度较大的坝，可适当增加测点。

拱坝的测点通常埋设九向或五向应变计组，如图 7-34 所示。五向应变计组的四向布置在悬臂梁的径向断面上，另一向在坝轴线的切线方向上。为观测坝面应力，应在距坝面不同深度的测点上埋设三向应变计组，其中 1 支平行于坝轴线（切向），1 支垂直于坝面（径向），另 1 支为竖向。在拱坝的上游坝踵与基岩接触面，应埋设单向应变计、单个测缝计和钢筋应力计，以校核设计的坝踵应力。在应变计和应变计组附近应同时埋设无应力计。

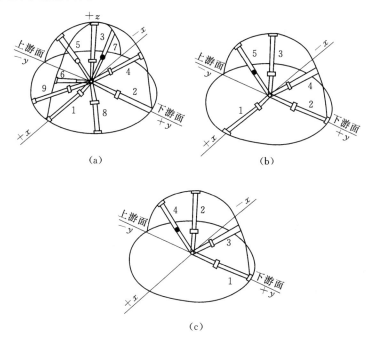

图 7-34 应变计组示意图

(a) 九向应变计组；(b) 五向应变计组；(c) 四向应变计组

3. 土坝应力观测

一般是根据土坝的结构、地形地质情况确定其观测布置。通常可选 1～2 个横断面作为观测断面，再根据具体情况，在观测断面的不同高程布置 2～3 排测点，如图 7-35 所示，每排测点可分别布置在防渗体内、坝壳内及两者接触面。

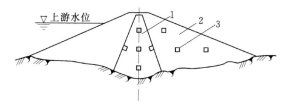

图 7-35 土坝应力测点布置示意图

1—心墙；2—坝壳；3—测点

土坝应力观测常采用土压计。土压计应成组（每组 2～3 个）埋设，以测合力的大小与方向。每组各测头的间距应不小于测头的尺寸。如与孔隙水压力计配合埋设，则可求得各测点总应力。

4. 混凝土面板堆石坝应力观测

混凝土面板是大坝防渗、保证工程效益的关键构件，为此，需要对面板进行应力观测。如图 7-36 所示，测点的布置，通常是在中部、靠岸坡和两者之间选取观测板。当最大坝高不在中部时，应将中部观测板移至最大坝高板。岸边观测板不宜取最靠岸边的第一、第二块。在观测板的正常水位以下布置应力计和钢筋计测点，顺坡向可不均匀布置，板中部以下可适当加密。

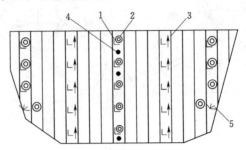

图 7-36　混凝土面板堆石坝面板观测布置示意图
1—两向应变器；2—无应力计；3—钢筋计；4—温度计；5—四向应变器

所有测点均布置在面板的中性面上，并沿水平和顺坡向按规则的网格排列。顺坡向应有一列测点在对称线上。坝面中部或河床最深处的观测面板上的测点，沿不同高程应不少于 4 个。靠周边缝 2m 左右的测点应布置四向应变计组，4 支应变计应依次相差 45°布置在板的平面内。远离周边缝的测点布置二向应变计组，2 支应变计应在板平面内，并相互垂直。

　　5. 特殊部位的应力观测

除上述典型水工建筑物常规部位的应力观测外，对一些特殊的部位，如廊道周围、引水管道周围、闸墩等部位应布置钢筋计观测钢筋应力。在钢管、蜗壳等水工钢结构上布设钢板计监测钢板应力。在一些承受侧向土压力的部位，如水闸的岸墙、翼墙及溢洪道边墙等部位设土压计，用于观测接触面上的土压力。

7.4　水工建筑物观测资料的整理分析

水工建筑物的观测资料不仅反映其实际工作的状态，同时也反映了建筑物运行过程中各影响因素与观测量之间的关系。分析并掌握这种关系，不仅能够正确解释建筑物的工作性态，检验建筑物的设计与计算，而且可以更好地监控建筑物的工作，并预测建筑物的运行状态。

7.4.1　对观测资料整理分析的要求

观测资料的整理分析，应该做到及时、细致和实事求是，能对建筑物的工作状况作出及时的分析、解释、评估和预测，并为有关科研提供有价值的可靠依据。为此，应做到以下几点：

（1）可靠。对观测数据应通过合理性和可靠性检验，识别和剔除粗差数据，消除或减少系统误差，正确评价其精度。所采用的统计分析方法应科学合理，计算软件须经过考证。

（2）及时。观测资料的整理分析应及时，满足对建筑物安全分析的需要。特别是在施工期、洪水期或遭遇强烈地震，以及建筑物出现异常或险情时，不仅需加密测次，更应能作出及时分析，以利采取相应措施。所以，大型工程的重要观测项目，应尽可能在线实时监控。

（3）全面。观测资料应能全面反映建筑物各特征部位、各特征时段（施工期、第一次蓄水、正常运行和超常运行期等）观测项目的实际情况，以满足对建筑物进行全面分析的要求。

（4）先进。对重要的水工建筑物，不仅应有先进的数据采集系统、系统软件、支持软件、通信系统等软硬件，而且应有采用先进的反分析理论和方法所开发的应用软件和管理系统，能实现高水平的分析和预测预报。

7.4.2 观测资料的整理与整编

从原始的现场观测数据，变成便于使用的成果资料，要进行一定的加工，并以适当的形式加以表示，这就是观测资料整理。对年度观测资料或多年观测资料进行收集、整理、审定，并按一定规格编印成册，称为观测资料整编。在整理、整编中要进行观测数据的检验、计算、填表、绘图以及编写说明和刊印成册等工作。

7.4.2.1 原始观测数据的检验

对人工现场观测和自动化仪器所采集的数据，应首先检查作业方法是否合乎规定，再检查各个数据的数值是否在规定的限差之内，是否存在粗差或系统误差。对于粗差（疏失误差），应采用物理判别法及统计判别法，根据有关准则（如拉依达准则、肖维勒准则、格拉布斯准则、狄克逊准则等）进行检查、判别、推断，对确定为异常的数据，应立即重测或剔除。不正常的观测系统除产生粗差外，还存在系统误差。这种系统误差的数值一般都较大，其影响可能使观测成果无法解释，甚至导致错误的判断，对建筑物安全产生不利的后果。对于系统误差，应根据物理判别法、剩余误差观察法、马林可夫准则法、误差直接计算法、阿贝或阿贝—黑尔美特检验法、符号检验法、t 检验法及 χ^2 检验法等进行鉴别，分析原因，并用修正、平差、补偿等方法加以消除或削弱。对于偶然误差，要通过重复性量测数据用计算均方根偏差的方法评定其实测值观测精度，并且通过对各观测环节的精度分析及误差传递理论推算间接量测值的最大可能误差。对于观测系统中的方法、装置、环境等引起的误差可通过理论分析和实际试验加以研究，判断误差大小，找出改进措施，以提高观测精度。

7.4.2.2 观测物理量的计算

观测的原始数据经检验和处理后，便可依据观测的方法和仪器特性，采用相应的方法和计算式将其转换为对应的物理量，如水平位移、竖向位移、应力、应变等。若有多余的观测数据（如边角网测量、环线或附合测量等），可先做平差处理后再进行物理量换算。

物理量的计算公式应正确，使用的计算机程序应经考核检验，所用参数应符合实际情况。计算中应采用国际单位制。有效数字的位数应与仪器读数精度一致。计算成果应进行全面校核、重点复核与合理性审查等，以确保成果准确无误。

准确确定观测基准值十分重要，因为它是以后每次观测的参照基准。内部观测仪器基准值的确定，应根据仪器性能、混凝土特性及周围温度等，从初期各次合格的观测中选定。变形观测的位移、接缝变化等皆为相对值。基准值是计算监测物理量的相对零点，一般宜选择水库蓄水前数值或低水位期数值，各种基准值至少应连续观测 2次，合格后取均值使用。一个观测项目同时埋设的若干同组测点的基准值宜取同一测次的测值，以便比较。

7.4.2.3 观测资料整理分析

对观测资料的整理分析是对资料进行分析和反分析的第一步和基础性工作。因此，下面简单介绍观测资料整理分析的有关内容。

1. 土工建筑物变形资料的整理

土工建筑物，例如土坝，在建成初期水库蓄水后，随着水位升高及坝体土料的湿陷，首先会产生向上游方向的水平位移，随后在水压力作用下又将产生向下游方向的位移，同时在自重等作用下，也将产生竖向位移（沉陷）。

（1）水平位移观测资料的整理。水平位移的观测资料通常可按以下方式整理：

1）水平位移过程线。以观测点的水平位移为纵坐标，以时间为横坐标，绘制水平位移过程线，如图 7-37 所示。在水平位移过程线图中，通常还画上水库水位过程线，以便对照分析。

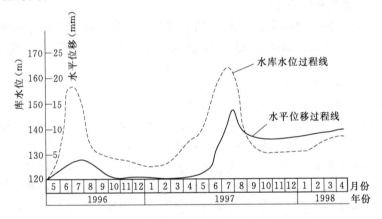

图 7-37   土坝坝顶水平位移过程线

2）水平位移分布图。以水平位移观测断面为横坐标，以水平位移为纵坐标，按一定比例尺将各测点的水平位移标于图中，如图 7-38（a）所示。

3）水平位移沿高程分布图。以同一测次观测的断面各高程测点的水平位移为横坐标，测点的高程为纵坐标，即可绘制土坝水平位移沿高程的分布图。

（2）竖向位移观测资料的整理。

1）竖向位移过程线。以观测点的累计竖向位移或相对竖向位移（竖向位移与坝高比值的百分数）为纵坐标，以时间为横坐标，绘制竖向位移过程线。

2）纵断面竖向位移分布图。以纵向观测断面为横坐标，以断面上各测点竖向位移为纵坐标，绘制纵断面竖向位移分布图，如图 7-38（b）所示。

3）竖向位移等值线图。在建筑物平面内各测点位置上，标出其相应的竖向位移（沉陷）值，并将竖向位移相等的各点连成曲线，即可绘制竖向位移等值线图，如图

7-39 所示。

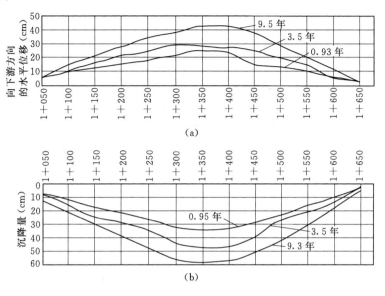

图 7-38　土坝位移分布图

2. 混凝土建筑物变形资料的整理

以混凝土坝为例，混凝土建筑物的变形具有一定的特点和规律性：

（1）水平位移的变化具有一定的周期性，一般是每年夏季坝体向上游方向变形，冬季向下游方向变形，如图 7-40 所示。

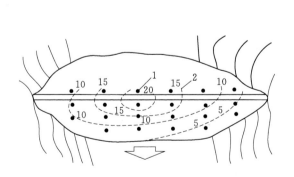

图 7-39　竖向位移等值线图（单位：mm）

1—测点；2—竖向位移等值线

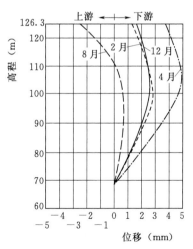

图 7-40　拱冠断面挠度曲线

（1980 年）

（2）水平位移随库水位的升降而变化，一般是同步发生的，如图 7-41 所示。一般情况下水压力所引起的水平位移都是向下游方向的。

（3）温度对坝体水平位移的影响较大，随坝型、坝体厚度、水库水位的不同而有

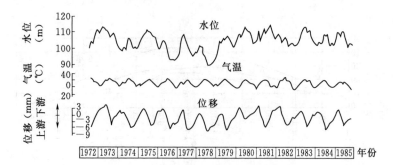

图 7-41　陈村拱坝水平位移过程线

一定的滞后。一般重力坝滞后时间长，可达 90～120d，而拱坝滞后时间较短，一般为 15～60d。

（4）对水平位移而言，在坝体上部，温度变化的影响较大，水压力的影响较小；而在坝体下部，温度变化的影响减小，水压力的影响增大。

（5）拱坝的切向位移和重力坝的左右岸方向的位移远小于径向和上下游方向的位移值。例如陈村拱坝的切向位移为径向位移的 20%，覆窝重力坝为 10% 以下。

（6）竖向位移的大小与建筑物高度、水库的水位、温度的变化和坝基的地质情况有关。对同一座坝，最高坝段的竖向位移较岸坡坝段大；测点的位置越高竖向位移也越大。温度升高，混凝土膨胀，因此坝体升高，温降相反。

1）水平位移资料的整理。可绘制水平位移过程线、挠度曲线（以横坐标表示水平位移，以纵坐标表示测点高程，即可绘制同一垂线上各测点水平位移的挠度曲线）、水平位移分布图等。

2）竖向位移资料的整理。可绘制竖向位移过程线、竖向位移分布曲线（图 7-42）等。

3）伸缩缝观测资料的整理。伸缩缝的变化与温度密切相关，可绘制伸缩缝宽度的变化与气温的关系曲线，如图 7-43 所示。

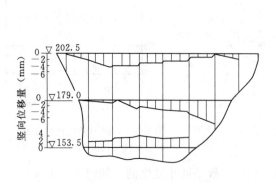

图 7-42　竖向位移分布曲线

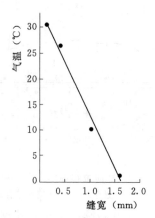

图 7-43　伸缩缝宽度与
气温关系曲线

3. 渗流观测资料整理分析

(1) 测压管水位整理分析。测压管水位的整理通常包括绘制测压管水位过程线、测压管水位与上游水位关系曲线等。

测压管水位一般随库水位的变化而相应地变化，但略有滞后，滞后的时间与土料的性质或基岩的透水性有关。如果在某一时段内测压管水位不随库水位变化，而是持续升高，则应分析原因，判断是否防渗设施遭破坏、导渗设备淤堵或排水不畅或者土坝坝体产生管涌等。

测压管水位与上游水位关系曲线是以测压管水位为横坐标，以上游库水位为纵坐标，将实测结果点绘在图上。如果点比较密集，则可通过这些点的中间绘出一条曲线，即为测压管水位与上游水位关系曲线，如图 7-44 所示。如果上述测点并不密集，则可按观测顺序将各点依次连接，形成一个回环状的曲线，如图 7-45 所示。

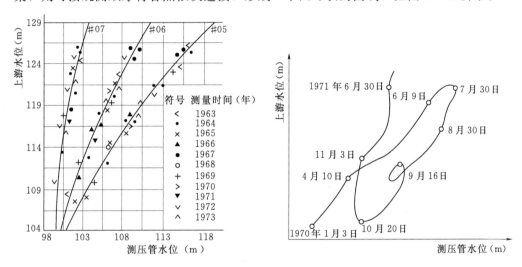

图 7-44 测压管水位与上游水位关系曲线   图 7-45 测压管水位与上游水位关系过程图

在一般情况下，测压管水位随库水位而变化，但存在滞后现象，所以有时候库水位由降落开始上升时，测压管水位仍然下降，或库水位由上升开始降落时，测压管水位仍然上升，因此使测压管水位与上游库水位过程线呈回环状。在一些情况下，由于坝趾处排水条件的改变，测压管水位随库水位的关系曲线会出现左右偏移。关系曲线向左偏移，说明库水位相同时测压管水位逐年降低，这可能是坝前淤积，防渗条件逐渐好转，也可能是由于渗透破坏所致。如关系曲线右移，说明库水位相同时测压管水位逐年升高，这可能是由于排水堵塞造成的。

(2) 渗流量整理分析。渗流量观测资料一般可绘制成渗流量过程线和渗流量与水库上下游水位关系曲线。

在渗流量过程线图上一般还需绘上下游水位过程线、降雨过程线等。通过对比分析，如果渗流量随库水位变化，但略有滞后，则属正常情况；如果渗流量过程线有突然变化，则应查明原因，是否由降雨或其他原因引起。

通过渗流量与上下游库水位的关系可以判断：如果关系曲线稳定不变，则属正常情况；如果关系曲线随时间向左偏移，则说明土坝上游淤积，渗流量逐年减小；如果关系曲线右移，说明渗流量逐年增大，坝体、坝基可能遭到破坏。

（3）浸润线分析。在土坝横断面上，绘出测压管位置和设计浸润线，然后选择有代表性的实测测压管水位绘于图上，即为实测浸润线。

如果实测浸润线与设计浸润线相差不大，属正常情况；如果两者相差较大，则应分析原因。如果实测浸润线高于设计浸润线，可能是由于下游排水堵塞所致；如果实测浸润线上游部分与设计浸润线相差不多，而下游部分较低，则可能是下游坝体遭受冲刷破坏所引起。

（4）坝基扬压力观测资料整理分析。

1）绘制扬压力测压管水位过程线，分析其变化，分析方法与前面所述测压管水位相同。

2）绘制扬压力水头和扬压力测压管水位的纵向分布图，如图 7－46 所示。通常扬压力水头和扬压力测压管水位的纵向分布与坝高的纵向分布一致，河床部分较大，两岸较小。如果某处扬压力较相邻测压管的扬压力大许多，说明该处防渗帷幕和排水效果差或有缺陷。

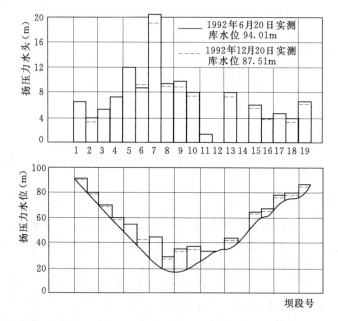

图 7－46　扬压力水头和扬压力测压管水位纵向分布图

3）绘制建筑物横断面上扬压力分布图，计算渗压系数，与设计比较。通常，实测值不应超过设计值，若扬压力实测值的分布面积大于设计值的分布面积，说明建筑物的稳定有问题，应加强防渗和排水措施。若扬压力分布面积逐年减小，说明上游淤积使渗透减弱。

7.4.2.4　观测资料成果整编

水工建筑物观测资料汇总、整编、刊印成册和建档是一项很重要的工作。资料整编一般以日历年为整编时段，并在汛前完成上一年度的整编工作。整编对象为水工建筑物及其地基、边坡、环境因素等各监测项目在该年度的全部资料。在资料的整编过程中，应对其进行考证、检查、校核与精度评定，编制资料及成果表、图，并对观测情况及资料使用加以说明。考证与检查工作主要是对各测点的坐标、各仪器仪表的检查与率定参数、水位基面、高程基面、水准基点、位移基点、扬压力测孔孔口高程及压力表中心高程等一一核查考证，不得有丝毫差错，因为它们关系到所有观测成果的正确与否。对观测成果的检查主要是对其合理性检查。一般是将资料与历史测值比较，与相邻测点比较，与同一部位其他有关项目的测值（或成果）变化规律比较。对不太合理的数据，应加以说明，不属十分明显的错误，一般不应随意舍弃和改正。对观测成果的校审，主要是抽校，对各时段的统计数据、成果图表格式的统一性检查和对同一数据在不同表、图中出现的一致性抽检，以及对资料进行全面综合审查。资料整编时，应给出对主要监测项目的精度评定或估计，说明误差范围以供使用时参考。

整编的资料中要有详尽的观测说明，应包括测点布置图及考证表，仪器设备的型号与参数说明，观测与计算方法及基准值与正负号的简要介绍，考证、检查、校审与精度评定情况的说明等。

对整编成果质量的总要求是：项目齐全、方法正确、数字准确、图表完整、规格统一、说明完备等。整编成果应无大的错误，细节性错误的出现率不超过 0.05%。整编后的全部成果，除刊印成册外，还应存入光盘，一并存档。

7.4.3 观测资料的分析与反分析

对观测资料进行分析时，一方面要对监测效应量的情况和规律进行研究；另一方面要对影响效应量的有关因素加以考察。影响监测值的因素有观测因素、环境因素和结构因素等三方面。观测因素中属于不可避免的偶然误差会影响观测值的精确性（精度），观测系统误差会影响观测值的正确性，而观测中的粗差会使测值被歪曲失真。分析监测资料时要对它们加以分辨和处理。影响监测值的环境因素有大坝上下游水位、坝区气温、坝前水温、坝区降水、坝两侧岸坡地下水、坝前淤积以及可能传播到坝址的较强地震的震动等；施工期还有坝自重的变化、坝附近的开挖、填筑、爆破振动等因素。这些因素中的主要者应与大坝监测效应量有同期对应观测数值，并在监测分析中加以考虑。大坝结构及地质状况是决定效应量监测值的内因，分析监测资料时，对坝的结构布置、几何尺寸、材料性能、地质条件、地基处理情况等要有清楚的了解，并应把结构因素和监测成果密切联系起来进行研究。

监测资料分析又可以分为常规分析、定量正分析和定量反分析等环节，分别简述如下。

7.4.3.1 常规分析

常规分析又称初步分析。对每个监测项目的各个测点都应作常规分析。通过常规分析可以初步判断监测量变化是否正常，并找出监测量的主要影响因素，为进一步深入作定量分析提供基础。

常规分析应对各个测点的观测值进行特征值统计。特征值通常指算术平均值、最大值、最小值、极差、方差、标准差等。必要时还需统计变异系数、标准偏度系数、标准峰度系数等离散和分布特征。

对比分析也是一种基本的常规分析。可将新的监测值与历史同条件测值比，与历史最大值、最小值比，与近期数值比，与相邻测点数值比，与相关项目数值比，与设计计算值及模型试验值比以及与安全监控值比等，判断测值是否正常。对于经检验分析初步判为异常的观测值，应先检查计算有无错误，量测系统有无故障，如未发现疑点，应及时重测一次，以验证观测值的真实性。经多方比较判断，确信该观测量为异常值时，应及时向上级报告。

常规分析中还应对监测值的空间分布情况、沿时程的发展情况（特别是有无趋势性变化和趋势性变化的特征、速率）以及测值变化与有关环境因素及结构因素的变化之间的关系，加以考察分析，作出定性判断。

考察监测量的过程线，可以了解该监测量随时间而变化的规律及变化趋势，得知其变化有无周期性，最大值、最小值是多少，一年或多年的变幅是多大，各时期变化速率如何，有无反常的升降，有无不利的趋势性变化等。对图上同时绘有环境因素如水位、温度、降水量等的过程线，还可了解监测量和这些因素的变化是否相对应，周期是否相同，滞后多长时间，两者变化幅度的大致比例等。对图上同时绘有多个测点或多个项目监测值的过程线，则可以通过比较了解它们相互间的联系及差异所在。

考察测值的分布图，可以了解监测量随空间而变化的情况，得知其分布有无规律，最大值、最小值出现在什么位置，各测点之间特别是相邻测点间的差异大小，是否有突变等。

对于图上同时绘有坝高、弹性模量、地质参数的分布图，可以了解测值分布是否与它们有对应关系以及关系如何。对于图上绘出多条同一项目不同时期的分布线，可以借之了解测值的演变情况。而对于绘有同一时间多个项目测值的分布线族，可对比它们的同异而判知各项目之间关系是否密切、变化量是否同步等情况。

考察监测量和环境量之间的相关图、复相关图或过程相关图，除可了解监测量与环境因素之间的直观关系以外，还可以从各年度相关线（或点据）位置的变化情况发现测值有无系统的变动趋向，有无突出异常点等。

7.4.3.2　定量正分析

根据效应量的监测数据，联系其影响因素，对效应量的状况及变化规律所作的定量分析，常称为正分析。正分析是监测资料分析中很基本的一环，是对大坝性态作出评价、安全性作出判断的前提。通常正分析多通过建立和使用数学模型来实现，无论是人工的或自动化的资料分析系统，都应具备建立数学模型、检验模型、校正模型和使用模型进行解释和预测的功能。

常用的大坝监测数学模型有统计模型、确定性模型和混合模型。此外，还可建立和使用时间序列模型、空间分布模型、趋势分析模型等。

建立模型时，先可根据需要对数据作预处理，如中心化处理、平稳化处理等，然后根据理论知识、工程经验及数学分析进行模型结构的论证和辨识。再采用适当的方法如最小二乘法、加权最小二乘法、递推算法及自适应算法等进行模型参数估计，从而建立模型数学式。

对建立的模型，应进行检验。主要检验有：对模型估计量及各因子相关显著性的统计检验，对模型拟合效果及残差系列随机独立性的检验，物理关系及参数数值的合理性检查，后采样的预测效果检验等。检验后发现模型结构和参数不合理或不满意时应作校正，可通过物理分析法调整模型结构，用反分析法校正参数，用对残差系列再建模的组合模型法进一步提取有规律成分。

数学模型应能对监测量的变化规律及与有关因素的关系作出解释，并据以发现有无异常问题，对监测值反映的结构性态作出评价、判断，应根据数学模型进行预测分析，预测包括对未来长时期内监测值变化范围及极值的推断，对特定条件下监测值的仿真计算等，宜采用多种模型的预测组合进行预测值估计。

7.4.3.3　定量反分析

对监测数据作出合理解释和准确预测，还需进行反分析，以从实测数据中提取有关结构和地基以及荷载的信息。通常反分析主要是指对结构和地基材料物理力学实际参数的反演，这些参数如混凝土和基岩的弹性模量、泊松比、线胀系数、导热系数、渗透系数、流变参数等。此外还可开发对结构内部几何性状（如裂缝、软弱面）以及不够明确的外荷载（如等效温度荷载、动力荷载）的反分析功能。从部分测点的温度、位移、渗流、应力推求一定范围内的温度场、位移场、渗流场、应力场（包括地应力场），也是一类有实用价值的反分析功能，可结合实际工程的监测需要予以开发、实现。

7.4.4　观测资料分析的统计模型

数学模型是定量正分析的主要手段。数学模型的建立主要有物理方法、统计方法和混合方法三种。物理方法是利用力学手段（弹性或弹塑性理论、有限元方法）来确定结构效应与各影响因素之间的关系，再根据结构效应的计算量与观测量的最小二乘拟合，建立起观测量与影响因素间的数学模型，也称之为确定性模型。统计方法是通过对观测资料的统计分析，建立观测量与影响因素之间的数学模型，即统计模型。混合方法是部分确定性因素通过力学方法与观测量建立函数关系，部分通过统计方法与观测量建立关系，这样所得的模型称为混合模型。统计模型比较单一简便，且只要观测资料的系列较长，就能获得良好的精度。因此，下面主要介绍统计模型。

统计模型是由各主要影响因素对观测量的影响分别叠加而构成的。例如，大坝的变形和应力等观测量的主要影响因素是上下游水位、温度和时间效应等因素，其数学模型为

$$\delta(t) = \delta_w(t) + \delta_T(t) + \delta_d(t) \tag{7-11}$$

式中：$\delta(t)$ 为观测量在时间 t 时的统计量；$\delta_w(t)$ 为水压因素在时间 t 时对观测量的影响分量；$\delta_T(t)$ 为温度因素在时间 t 时对观测量的影响分量；$\delta_d(t)$ 为时间因素在时间 t 时对观测量的影响分量。

式（7-11）中各影响分量的数学形式，一般可由经验、工程类比和曲线拟合等方法确定。

（1）水压分量。水压对观测量的影响分量多用以下幂多项式表达

$$\delta_w(t) = A_0 + \sum_{i=1}^{n} A_i [H(t)]^i \tag{7-12}$$

式中：A_0 为常数；A_i 为系数；$H(t)$ 为 t 时刻建筑物前的水深；n 为项数，通常 $n=3\sim4$，观测量为渗流量时，多取水深或水位的一次幂。

（2）温度分量。建筑物内部各点的温度不同，且随外界环境产生非均匀变化。所以，某一时刻温度场对观测量的影响分量常用多点温度分量的线性组合表示

$$\delta_T(t) = B_0 + \sum_{j=1}^{l} B_j T_j(t) \tag{7-13}$$

式中：B_0 为常数；B_j 为系数；$T_j(t)$ 为 j 号测点在 t 时刻的温度测值；l 为温度测点数。

当温度场基本稳定时，温度分量亦可用各种温度因子的影响分量的线性组合表示

$$\delta_T(t) = B_0 + \sum_{k=1}^{m} \sum_{j=1}^{n} B_{kj} T_{kj}(t) \tag{7-14}$$

式中：B_{kj} 为系数；$T_{kj}(t)$ 分别为分坝址处气温、水温、坝体 i 号测点温度测值；气温常取 t 时刻前各时段气温均值，水温为不同深度的多点温度，坝体温度有时可取坝体断面的特征温度（平均温度、线性温度和非线性温度）；m 为温度观测项数，如计入气温、水温和坝体温度时，则 $m=3$；n 为各温度观测项目的测点数。

（3）降水分量。降雨是渗流量的影响因素，其对渗流观测量的影响分量的表达式类似式（7-14），降雨测值应取 t 时刻前各时段内降雨的累计测值。

（4）时效分量。当荷载不变时，观测量随时间而变化的部分称时效分量，通常可用直线式、多项式、对数式、指数式、双曲线式函数等表示，即

$$\delta_d(t) = C_0 + \sum_{i=1}^{n} C_i(t - B_i) \tag{7-15}$$

$$\delta_d(t) = C_0 + \sum_{i=1}^{n} C_i \ln \frac{t+1}{B_i+1} \tag{7-16}$$

$$\delta_d(t) = C_0 + \sum_{i=1}^{n} C_i(1 - e^{-B_i}) \tag{7-17}$$

$$\delta_d(t) = C_0 + \sum_{i=1}^{n} C_i \frac{t}{B_i+t} \tag{7-18}$$

式中：C_0 为常数；C_i、B_i 为系数；t 为观测时间。

（5）待定系数的确定。当上述统计模型确定后，其中自变量是各影响因素的实测值，其参数即待定系数由统计分析确定。统计分析的方法有逐步回归分析、多元回归分析、谐量分析、主成分分析、因子分析、岭回归分析、时间序列分析和灰色控制理论等，其中最常用的是逐步回归分析法和谐量分析法。有关逐步回归方程的建立和求解及拟合周期观测数据的实用谐量分析法的原理、步骤和应用可参阅有关书籍。

第 8 章

水工建筑物老化病害的检测与评估

新建的水工建筑物，在设计合理、质量合格的情况下，应能满足规范确定的可靠性。随着使用年限的增长，建筑物老化病害现象的出现与其功能逐渐降低是并存的，由此可见，建筑物的老化与可靠性的概念是密切相关的。

1. 老化的定义

水工建筑物的"老化"一词虽已广泛运用，但在学术上还没有形成一个公认的定义。根据对老化影响因素及表现形式的理解不同，可归纳为以下几类提法：

（1）认为水工建筑物的老化主要是工程材料的老化，自然及人为因素均有影响。如有人定义为：老化是随着时间的推移和外界各种因素（包括人为和自然的因素）对建筑物的作用，发生几何形状和性能变化的一个由量变到质变的过程。通常说水工建筑物的老化表现在外观损坏、断裂、碳化、钢筋锈蚀、渗漏等方面，直到功能丧失。

（2）将老化作为耐久性概念的反义词，老化原因不包括人为和灾害性因素。日本耐久性委员会提出：老化是指由于物理、化学、生物等各种原因造成的建筑物性能的降低，但不包括地震、火灾等灾害原因。

（3）认为建筑物或工程老化不同于材料老化，对影响老化的因素，有的提法比较笼统，有的则明确认为不包括人为因素。

分析对比以上各种提法，可得出以下几点认识：

（1）目前水利工程所讨论的老化，主要指"物理老化"，不包括由于设备及技术上的落后造成的"无形老化"。

（2）工程老化是指建筑物或设备功能衰减直至丧失的一种现象，而建筑物的功能包括安全性、适用性及耐久性三个主要方面。因此，除涉及材料性能及耐久性外，还应根据建筑物的用途不同考虑建筑物整体或构件以及地基的稳定性、抗渗性、过流能力、消能保证率等。由此可见，材料老化仅为建筑物老化的一个主要组成部分，不应将两者等同起来。

（3）对既有建筑物，其老化影响因素主要指正常运行条件下的各种外界因素，即建筑物设计、校核情况下的各种荷载和作用，不包括超标准的特大洪水、地震等灾害性因素，也不包括人为破坏。

根据上述认识，一般认为水工建筑物的老化可定义为：水工建筑物随着使用年限的增加，在外界因素（不包括人为破坏和超标准的荷载）作用下，其预定功能逐渐降低直至失效的现象。

2. 水工建筑物老化病害的定义

"老化病害"泛指其在使用期内，受各种外界及内在因素和人为因素的作用，导致其预定功能降低的现象。

8.1　水工建筑物的安全检测

无论是为避免旧建筑物出现事故，对需要进行加固改造的建筑物进行投资排序，还是确定建筑物加固改造的合理方案，首先要对建筑物进行全面、系统和科学的检测，找出其隐患。

概括起来，国外混凝土建筑物使用的检测方法有：回弹法、超声脉冲速度法、超声反射法、钻芯法、声发射法、电测法等，其中不少方法应用了计算机技术、仿真技术等，具有很高的技术水平。国内在此领域的研究较晚，但近年来，特别是在工业与民用建筑领域也得以快速发展，并已制定了一些有关的规范或规程，以此带动了水工建筑物领域的发展。

8.1.1　水工建筑物的历史与现状调查

在对建筑物进行安全检测之前，详细调查其历史与现状，能对安全检测起到事半功倍的效果，对建筑物的历史与现状调查是安全检测的一个重要组成部分。

8.1.1.1　设计情况调查

建筑物老化病害的不少病因都是起源于先天不足，而设计方面的缺陷又是这种病因的最主要因素之一，因此在对某一建筑物进行安全检测之前，首先应对其设计情况进行较为详细的调查，从中发现设计方面的不足，并由此确定重点检测的项目和内容。

1. 设计程序

设计程序的调查主要是了解工程和建筑物设计中各个阶段的有关批文及程序是否齐全，设计单位资质等。一般来说，水利工程的设计是在整体规划的基础上进行的。在规划中，为使各建筑物相互协调、配合、共同而充分发挥作用，对各建筑物的作用都有十分具体的要求。设计程序主要包括对工程的初步设计和技施设计等。

2. 设计资料

建筑物的设计资料比较多，概括起来主要包括以下几个方面的资料。

（1）规划资料。规划中对建筑物的任务和要求都十分明确，这是建筑物设计的最主要依据之一。若设计时无规划资料，或规划不够合理，建筑物的设计也就不可能合理。因此，在对建筑物安全检测之前，了解建筑物设计时有无规划资料，以及规划对建筑物的任务和要求，与运行以来工程所担负的任务是否一致，这就反映出规划是否合理或合理的程度。由此则可能发现一些老化病害的病因。

（2）水文气象资料。水文气象资料主要包括水文分析及水利计算、当地的气象等有关资料，是建筑物设计所不可缺少的基础资料之一。水文气象资料是否齐全，设计中是否正确运用了这些资料，都直接影响着结构设计、施工设计方案的合理与否。有些工程的设计中，水文气象资料不足或根本没有，这就造成了有些建筑物挡水高度不够，输水或泄水能力不足等；有的泄水建筑物不满足汛期过洪的要求，或对建筑物基础的严重冲刷等。

（3）工程地质与水文地质资料。地基的好坏直接影响着建筑物的稳定性，这是决定建筑物安全与否的关键因素。在大规模的水利工程的建设中，由于对工程地质与水文地质问题的忽视或认识不够，致使工程产生严重后果的教训是非常多的。据有关统计资料表明，仅 20 世纪前 50 年中，世界上遭受破坏的 1000 多座水工建筑物中，就有 80% 是因为收集的地质资料不足或设计、施工时未充分考虑工程地质条件或考虑不当所引起的。因此，在对病害建筑物进行检测之前，收集和了解工程设计时和以后补测的有关工程地质与水文地质勘测报告及相关资料，对确定安全检测的项目，寻找老化病害的原因是非常有益的。

（4）设计图纸和计算书与说明书。设计图纸和计算书与说明书是建筑物的最为重要的档案，也是安全检测、安全复核、可靠性评定及加固改造的最为基础的关键资料，所以在进行安全检测之前，一定要设法收集到这些重要资料，特别是工程的竣工图。对于曾经加固或改造过的工程，其加固改造的设计图纸更是必不可少的。通过了解和分析研究，初步确定老化病害的可能病因，如是否可能因为结构形式不合理、截面尺寸偏小、混凝土的标号偏低、配筋量不足等。这样就可以在安全检测之前选择较为具体的检测项目，做到有的放矢，达到事半功倍之目的。

8.1.1.2 施工情况调查

一般来说，设计质量、施工质量及运行与维修养护的好坏是决定质量和工程寿命的三大因素。因此，收集施工资料，研究施工质量，并从施工质量上寻找老化病害的原因是必要的。

需要收集的施工资料主要有：当时施工依据的技术标准、规范、规程的名称，钢材、水泥的出厂合格证和试验报告，砂石料的来源及质量报告或记录，混凝土的配合比和试块的试验报告，混凝土材料中外加剂（若有）的品种与数量，砂浆的配比与试块的试验报告，焊条（剂）的合格证，焊接试（检）验报告，地基承载力试验报告，地基开挖验槽记录，施工日志，沉降观测记录，隐蔽工程验收报告，结构吊装、验收记录，工程分项、分布和单元工程质量评定验收报告，与施工有关的其他技术资料。特别应对施工期间发现的质量问题和处理的详细情况进行重点而细致的调查。

8.1.1.3 运行与维修养护情况调查

运行与维修养护情况的调查主要包括运行环境、作用荷载、运行故障（事故）及其处理方法、日常的维修与管理等。

1. 运行环境

水工建筑物的运行环境主要包括水文气象，如多年平均与极端最高和最低温度、昼夜的极端温差、建筑物运行（如过水）时的最大温差，地区平均及最大降雨强度，空气中的最大湿度及有害物质（氯离子等）的含量，近距离内有无会对其安全产生影响的其他建筑物等。

2. 荷载

任何一座水工建筑物都是依据一定荷载进行设计的，也就是说它只能适应于一定范围的荷载。在工程运行中，出现设计中任何未预计到的或"超标准"荷载的作用都会对建筑物造成危害，甚至破坏。

在调查中应详细了解各种可能出现的作用荷载。对那些有可能作用、且属于设计中未曾预计到的荷载或"超标准"荷载，是否真的出现过、将来可能出现的概率要特别加以重视，务必了解清楚。

3. 维修养护

正常的维修养护能够提高建筑物的耐久性，否则将会大大缩短其使用寿命。

正常的维修养护主要包括定期的全面检查，不定期的重点检查，及时了解建筑物的变形、位移和内力等，并做好记录。当发现异常现象时，应及时进行分析研究，并制定有关的措施。对建筑物出现的一般性的、局部的破坏，应采取及时的修复。对于较大的问题（病害），应有详细的记载，包括发生的时间、发生时运行的详细状况、破坏的程度、不同时期的形态、上报主管部门的时间及主管部门的有关意见等，都应有详细的记载。

8.1.1.4　老化病害情况调查

对建筑物的老化病害症状的调查内容主要包括以下诸方面：老化病害的种类，发生或发现的时间，最初的症状和程度，症状的发展过程及目前的程度，是否还在继续恶化，症状是否随荷载变化及随荷载变化的程度，观测的频度和所采用的方法及使用的仪器设备，严重病害发生后运行是否正常和是否采取了降低标准运行的措施，是否进行过修复及加固与改造（若进行过，加固的时间，加固设计与施工的单位，采用的方法、材料与工艺、加固后的效果等均属调查的内容），管理人员或有关专家对老化病害产生的原因和对加固与改造方法的初步意见等，所有这些都十分重要。

8.1.2　回弹法推定混凝土的强度

混凝土的抗压强度是其弹性模量、抗拉强度、抗弯强度、抗剪强度、抗疲劳性能和耐久性等各种物理力学性能指标的综合反映，都随其提高而升高。所以，混凝土的强度是决定混凝土结构和构件受力性能的关键因素，也是评定结构和构件性能的最主要的参数。

目前常用于建筑物混凝土强度检测的方法，大致可分为非破损法和局部破损法两类。非破损法主要有表面硬度法（压痕法、回弹法）、声学法（超声脉冲法、共振法）、射线法、电磁法等，局部破损法主要有取芯法、拉出法、剪切法、综合法等。压痕法的误差较大，只能粗略推求混凝土的强度。这里主要介绍常用的回弹法。

回弹法是通过测混凝土表面硬度，推定混凝土强度的方法之一，其优点是比较简单、方便，能在较短的时间内获得许多测定值，且对建筑物构件无任何损伤。但是，这种方法只能得到混凝土表面附近的硬度，不能测出混凝土内部的情况，即使根据水泥和骨料种类、龄期、养护条件等，对测值进行适当修正，其混凝土强度的推算值，也不可避免地存在 15%～20% 的误差。

1. 回弹法的工作原理

混凝土的表面硬度与抗压强度存在着一定的关系，在条件相同时，表面硬度越大，抗压强度也越高。在具有定值动能（被压缩特定弹簧）的弹击锤作用下，通过金属撞击杆弹击混凝土表面时，金属撞击杆的动能一部分转变为混凝土的变形能而被混凝土吸收，其余的动能则以反力的形式回传给金属撞击杆。显然，混凝土吸收的能量取决于其表面的硬度，表面的硬度越小，弹击后的表面塑性变形和残余变形也越大，混凝土吸收的能量也越多，回传给金属撞击杆的能量则越少；反之，混凝土表面的硬度越大，回传给金属撞击杆的能量则越多，也说明混凝土的强度越高。混凝土回传给金属撞击杆的能量的大小，可通过弹簧的回弹指示，得到指针在刻度尺上的读数——回弹值，再由通过试验方法建立的回弹值与混凝土强度间关系的数学模型或相关曲线，换算出混凝土的抗压强度。这种通过测混凝土对金属撞击杆弹击的回弹值，测得或推定混凝土强度的仪器称为回弹仪。

2. 回弹仪及其操作方法

回弹仪具有结构简单、便于维修保养；容易校正、易消除系统误差；影响测试精度的因素少、已建立具有一定测试精度的测强相关曲线；轻巧、适合野外和现场使用；操作方便高效、易于现场大量随机测试等优点，获得了广泛的应用。

目前国内生产的回弹仪的规格很多。HT3000 型回弹仪适合于大体积混凝土结构强度的测试，如大坝、水闸底板的厚度不小于 70cm 的构件。对于一般结构（渡槽、水闸等）混凝土强度的检测，应采用中型回弹仪，如国产 HT225 型即为较适用的中型回弹仪，其标准能量为 2.207J。HT20 型回弹仪，也称砂浆回弹仪，标准能量为 0.196J，适合于砌体缝中砂浆强度的测试。

为确保回弹仪的性能稳定和可靠的测试精度，回弹仪应进行定期的率定和检验。回弹仪在新仪器使用之前、超过检定有效期限（半年）、累计弹击次数超过 6000 次、经常规保养后钢砧率定值不合格、遭受严重撞击或其他损害、主要零件更换之后、久置不用或对测值有怀疑时，均需对其进行率定和校验。回弹仪的率定必须由法定部门并按照国家现行标准 JJG 817—1993《混凝土回弹仪》对回弹仪进行检定。率定方法和维护保养见 JGJ/T 23—2001《回弹法检测混凝土抗压强度技术规程》。

回弹仪的操作方法可见仪器使用说明书。

3. 现场测试技术及数据整理

（1）测区数量和选取的原则。

1）每一被测结构或构件上应选不少于 10 个测区，对某一方向尺寸小于 4.5m 且另一尺寸小于 0.3m 的构件，其测区数可适当减少，但不应少于 5 个。

2）相邻两测区的间距应控制在 2m 以内，测区离构件端部或施工缝边缘的距离不宜大于 0.5m，且不宜小于 0.2m。

3）测区应选在使回弹仪处于水平方向检测混凝土浇筑面。当不能满足这一要求时，可使回弹仪处于非水平方向检测混凝土浇筑侧面、表面或底面。

4）测区宜选在混凝土浇筑的侧面，也可以选在一个可测面上，且应均匀分布。在构件的重要部位及薄弱部位必须布置测区，并应避开预埋件。

5）测区的面积不宜大于 $0.04m^2$，以能容纳 8～16 个回弹测点为宜，一般取 15cm×15cm 或 20cm×20cm。

6）检测面应为混凝土表面，并应清洁、平整、干燥，不应有疏松层、浮浆、油垢、涂层、以及蜂窝、麻面，必要时可用砂轮清除疏松层和杂物，且不应有残留的粉末或碎屑。

7）对弹击时颤动的薄壁、小型构件应进行固定。

测区应编号，必要时应在记录纸上绘制测区布置示意图和描述外观质量情况。

（2）测点布置及数据整理。

每一测区均布 16 个测点，当一个区有两个试面时，各均布 8 点。相邻测点间距一般不小于 3cm，各测点仅弹击一次。测点应避开外露的石子和气孔。明显变异的测值（测点处可能有隐藏在表层下的石子和气孔）应舍弃，并补充测点。测点距结构或构件边缘或外露钢筋、铁件的距离一般不小于 5cm。

回弹值计算，先剔除各测区 16 个测点回弹值中的 3 个最大值和 3 个最小值，再计算余下 10 个测值的平均值 $\overline{R}$ 作为测区平均回弹值，精确至 0.1。

$$R_m = \frac{1}{10} \sum_{i=1}^{10} R_i \tag{8-1}$$

式中：R_i 为第 i 个测点的回弹值。

4. 结构混凝土强度的推定

混凝土强度的推定，可采用单个（逐个）推定法或抽样推定法。对单个构件的强度推定，采用单个推定法；对于生产工艺条件相同，强度等级相同，原材料、配合比基本一致、龄期相近的成批构件，可采用抽样推定法。抽样应严格遵守"随机"的原则，抽样的构件数量不应少于构件总数的 30%，且不少于 3 个。当发现部分抽检构件的强度异常时，应对这部分构件进行单个推定。

推定方法的具体步骤如下：

（1）确定测区混凝土强度。根据修正后的测区平均回弹值，由回弹测强曲线（f—N 关系曲线）求测区混凝土强度。回弹测强曲线应优先采用专用测强曲线；无专用测强曲线时，用地区测强曲线；两者全无时，可按修正后的平均回弹值及平均碳化深度由 JGJ/T 23—2001 附录 A 查表得测区混凝土强度。

结构或构件的测区混凝土强度平均值可根据各测区的混凝土强度换算值计算。当测区数为 10 个及以上时，应计算强度的标准差。平均值与标准差应按下列公式计算

$$m_{f_{cu}^c} = \frac{1}{n} \sum_{i=1}^{n} f_{cu,i}^c \tag{8-2}$$

$$S_{f_{cu}^c} = \sqrt{\frac{\sum_{i=1}^{n} (f_{cu,i}^c)^2 - n(m_{f_{cu}^c})^2}{n-1}} \tag{8-3}$$

式中：$m_{f_{cu}}$ 为结构或构件的测区混凝土强度换算值的平均值，MPa，精确至 0.1MPa；n 为对于单个检测的构件，取一个构件的测区数，对批量检测的构件，取被抽检构件测区数之和；$S_{f_{cu}}$ 为结构或构件的测区混凝土强度换算值的标准差，MPa，精确至 0.01MPa。

（2）结构或构件的混凝土强度推定公式。

1）当测区数少于 10 个时

$$f_{cu,e} = f_{cu,min}^c \tag{8-4}$$

式中：$f^c_{cu,\min}$为构件中最小的测区混凝土强度换算值。

2）当构件或构件的测区强度值中出现小于 10MPa 时

$$f_{cu,e} < 10\text{MPa} \tag{8-5}$$

3）当构件或构件的测区数不少于 10 个或按批量检测时

$$f_{cu,e} = m_{f^c_{cu}} - 1.645 S_{f^c_{cu}} \tag{8-6}$$

（3）对批量检测的构件。当该批构件混凝土强度标准差出现下列情况之一时，则该批构件应全部按单个构件检测。

1）当该批构件混凝土强度平均值小于 25MPa 时

$$S_{f^c_{cu}} > 4.5\text{MPa}$$

2）当该批构件混凝土强度平均值不小于 25MPa 时

$$S_{f^c_{cu}} > 5.5\text{MPa}$$

5. 检测报告

检测后应按 JGJ/T 23—2001 附录 F 的规定撰写检测报告。报告中除检测的结果表外，还应包括强度推定的计算、修正，使用测强曲线的出处。此检测结果为构件混凝土强度，该强度与标准养护或同条件养护试件强度存有差异，因此不能据此结果对构件的设计强度等级给出合格与否的结论。

8.1.3 混凝土的老化病害检测

8.1.3.1 裂缝的检测

水工混凝土结构的裂缝是最普遍的病害之一。某些裂缝反映结构构件承载能力不足，甚至是结构破坏的先兆；某些裂缝反映结构构件的刚度偏小，会产生较大的挠度或引起渗漏；某些裂缝会加速混凝土碳化、腐蚀、钢筋锈蚀和保护层脱落，降低结构的耐久性；某些裂缝仅影响外观或给人以不安全感。

一般来讲，裂缝具有直观性，易被发现。但如水下结构或高空结构的裂缝有时确不易被发现。在建筑物的定期检查和维修养护中，只要认真检查和注意观察渗漏情况，对裂缝的出现总是可以发现的。

1. 检测内容

裂缝的检测应包括以下内容：

（1）裂缝的部位、数量和分布状态。

（2）裂缝的宽度、长度和深度。

（3）表面裂缝还是贯穿裂缝。

（4）裂缝的形状，如上宽下窄、下宽上窄、中间宽两头窄（枣核形）、对角线形、斜线形、八字形、网状形等。

（5）裂缝的走向，纵向、横向、斜向、沿主筋向还是垂直于主筋向。

（6）裂缝周围混凝土的颜色及其变化情况，有无析出物，有无保护层脱落、粉层空鼓，有无渗漏迹象，有无爆裂现象。

（7）裂缝的活动特性，是指裂缝宽度的发展情况以及受某些因素（如时间、荷载、季节等）影响的变化情况，裂缝的宽度和长度是否已稳定、是否有周期性、是否有自愈闭合性。

2. 测量方法

(1) 常规方法。

1) 裂缝宽度。裂缝的宽度一般是指裂缝最大宽度与最小宽度的平均值。此处的裂缝最大宽度和最小宽度分别指该裂缝长度的 10%～15% 范围内较宽区段及较窄区段的平均宽度。裂缝宽度的测量，一般可用混凝土裂缝测定卡、刻度放大镜（20倍）、量隙尺（塞尺）等测定；也可贴跨缝应变片，根据应变测值了解裂缝在短时间内宽度的微小变化及其活动性质。

2) 裂缝长度。裂缝开度的增大，一般都伴随有裂缝的延伸，是裂缝危害性可能增大的征兆。裂缝长度可用钢板尺、钢卷尺等测定，也可以在裂缝末端附近垂直裂缝尖端粘贴应变片，根据应变测值的变化即能获知裂缝是否延伸以及延伸速度等情况。

3) 裂缝深度。裂缝的深度系指表面裂缝口到裂缝闭合处的深度。裂缝深度可用不同直径的细钢丝或塞尺探测；也可用注射器向缝中注射有色液体，待干燥后沿缝凿开混凝土，由液体渗入深度判定裂缝深度；还可以用取芯法或超声脉冲法测定。

(2) 超声脉冲法。

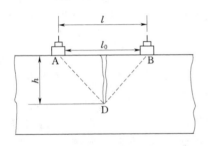

图 8-1　超声检测混凝土垂直裂缝

1) 测垂直裂缝深度。如图 8-1 所示，当混凝土裂缝中充满空气而无固体介质时，声波主要由 A 点绕缝端 D 点达到 B 点，由声波在混凝土中传播的距离、速度，便可计算垂直裂缝的深度。

首先应测定在混凝土中的传播速度。将发射、接收换能器置于裂缝附近（无裂缝处）、质量均匀的混凝土表面，两换能器边缘间距 $l_{0i}=100mm$、150mm、200mm、250mm、300mm，分别测读超声波穿过的时间 t_{0i}，由此可求得超声波通过混凝土的速度 v（也可不求）。

再将发射、接收换能器分别置于混凝土表面裂缝的两侧（图 8-1），以裂缝为轴线对称，即换能器中心连线与裂缝走向垂直。改变换能器的间距（中心距）$l_i=$ 100mm、150mm、200mm、250mm、300mm 等，读取相应的超声波传播时间 t_i，并由声速计算出声波传播的距离 L_i。通过几何关系可得垂直裂缝的深度 h_i（mm）的计算式

$$h_i = \frac{l_i}{2} \sqrt{\left(\frac{t_i}{t_{0i}}\right)^2 - 1} \tag{8-7}$$

式中：l_i 为换能器中心间的直线播距离，mm；t_i 为过缝平测时的声时值，μs；t_{0i} 为无缝平测时的声时值，μs。

按上式可算出一组 h_i 值，若 h_i 大于相应的 L_i 值时，应舍去，再取余下 h_i 值的均值作为裂缝深度判定值。如余下的 h_i 值少于 2 个时，需增加测试的次数。

混凝土中声波会受钢筋的干扰，当有钢筋穿过裂缝时，发射、接收换能器的布置应使换能器连线离开钢筋轴线，离开的最短距离粗略估计约为计算裂缝深度的 1.5 倍。若钢筋太密，无法避开，则不能用超声脉冲法检测裂缝深度。

本方法适用于深度在 600mm 以内的结构混凝土裂缝检测。

2) 测斜裂缝深度。先在无缝处测定混凝土中的超声传播声速 v，然后按以下方法判断裂缝的倾斜方向。

如图 8-2 所示，将发射、接收换能器分别置于裂缝两侧的 A、B_1（B_1 处应靠近裂缝）处，测出传播时间。而后把 B_1 处的换能器向外稍许移动至 C_1 处，如传播时间减小，则裂缝向换能器移动方向倾斜。然后再固定 C_1 点，移动 A 点，重复测试一次，以便确认裂缝倾斜方向。

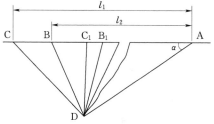

图 8-2 斜向裂缝检测

裂缝深度的检测步骤如下，将发射、接收换能器分别对称置于裂缝的两侧（图 8-2）A、B 两点，读得声时 t_1；然后移动 B 至 C，读得声时 t_2；可得

$$\overline{AD} + \overline{DB} = vt_1 \qquad (8-8)$$

$$\overline{AD} + \overline{DC} = vt_2 \qquad (8-9)$$

$$\overline{BD}^2 = \overline{AD}^2 + l_1^2 - 2\,\overline{AD}l_1\cos\alpha \qquad (8-10)$$

$$\overline{CD}^2 = \overline{AD}^2 + l_2^2 - 2\,\overline{AD}l_2\cos\alpha \qquad (8-11)$$

l_1、l_2 为测点的直线距离。联立求解上述方程可得 D 点至 A、B、C 各点的距离，即可得斜裂缝的倾斜方向和深度。

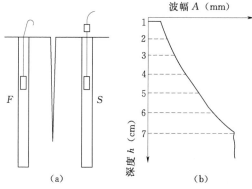

图 8-3 混凝土深裂缝检测
（a）观测示意图；（b）裂缝深度—波幅坐标图

3) 测深裂缝深度。在大体积混凝土中裂缝深度大于 600mm 时，可先在裂缝两侧对称地钻两个垂直于混凝土表面、且连线垂直于裂缝走向的孔，孔径以能自由地放入换能器为宜。钻孔冲洗净后注满清水，再将发射、接收径向振动式换能器分别徐徐置入两孔中，且使两者同高 [图 8-3（a）]。上下移动换能器并进行测量，直至换能器达到某一深度、波幅达到最大值，且再向下测量而波幅变化不大时，此刻孔中换能器的深度即为裂缝深度。

为便于判断，可绘制孔深与波幅的曲线图 [图 8-3（b）]。

若两换能器在两孔中不等高度进行交叉斜测，根据波幅发生突变的两次测试连线的交点，可判定倾斜深裂缝末端所在位置和深度。

4) 注意事项。超声脉冲法测裂缝时应注意以下几点：①平测时换能器的间距 l 应由和对测法对比试验确定，不一定等于探头中心间距或内边缘间距；②探头至裂缝的距离，以与裂缝深度相近（约 $l=2h$）为宜，太近或太远均会造成测量错误或精度下降；③为避免受平行两探头连线、且穿过裂缝的钢筋影响，声径应避开钢筋，一般情况下，探头与钢筋轴线的距离应为裂缝深度的 1.5 倍左右；④裂缝中应无积水或其他能够传声的夹杂物；⑤深裂缝、大体积基础裂缝和桩基裂缝等宜采用钻孔对测法测定，探头采用增压式径向探头。

8.1.3.2　混凝土的腐蚀层的检测

因腐蚀性物质侵蚀、冻融、气蚀、冲磨和长期高温等因素的影响而造成的混凝土融蚀、逐层剥落，剥落剩余截面可用钢尺测定，读数精确到毫米，强度损失部分等均可按下述方法测定。

混凝土剥落剩余截面四周有一强度损失层，其厚度的测定，可用电锤等在构件上打孔，或用砂轮磨除表面强度损失层，至强度未受影响的混凝土露出，用卡尺测定未受影响混凝土前缘至残余混凝土表面的距离。

构件的有效截面为混凝土剥落剩余截面减去强度损失部分截面，则截面损失率为

$$截面损失率 = \left(1 - \frac{有效截面}{原设计截面} \right) \times 100\% \qquad (8-12)$$

混凝土剥落层厚度的发展速度可近似用时间的线性关系描述

$$D_1 = k_1 t \qquad (8-13)$$

式中：D_1 为剥落层厚度，mm；t 为混凝土的使用年限，a；k_1 为混凝土的腐蚀速度，mm/a，主要与混凝土的质量（抗腐蚀能力）、侵蚀的种类及强度等有关，应根据具体情况作专门的调查、分析研究确定。

8.1.3.3　钢筋与钢结构的病害检测

1. 钢筋位置和保护层厚度的测定

查明钢筋混凝土结构构件的实际配筋的数量和位置（包括分布及保护层厚度）等，是对结构进行安全复核的最可靠依据。如受弯构件受拉主筋的保护层厚度大于设计值时，将使构件横截面的抗弯能力低于设计值；反之，保护层过薄，则混凝土碳化深度易达钢筋，造成钢筋锈蚀，构件的耐久性降低。当然，配筋的数量和分布也同样重要。

此外，在进行钻取芯样、超声测强时均须避开钢筋，也应预先确定钢筋的实际位置。

测定方法分为破损法和非破损法两种。破损法是凿去混凝土保护层，对露出钢筋进行直接测量。该法方便可靠，但对构件损伤严重，修补工作量大，其抽检数量受到限制，所以仅适用于对保护层已开裂或剥离相当严重、需要全面修复的构件。非破损法常使用钢筋保护层测定仪进行测定。钢筋保护层厚度测定的同时，也就确定了钢筋的位置。

（1）钢筋保护层厚度测定。国内已有一些厂家生产钢筋保护层测定仪。这种仪器是通过探头和被测钢筋间的电磁作用进行测量的。探头为一金属壳体，内有一根套有线圈的磁棒，线圈中通以交流电。在探头接近钢筋或其他铁磁物质时，线圈的感抗变大，电流强度降低，探头离钢筋越近，电流强度降低越多。对于同一品种规格的钢筋来说，探头和钢筋间的距离与线圈中的电流强度有一一对应关系。依此，可通过仪器表头刻度线直接读得保护层的厚度。

（2）混凝土保护层的允许最小厚度。纵向受力钢筋的混凝土保护层厚度（从钢筋外缘算起）不应小于钢筋直径及表 8-1 所列的数值，同时也不宜小于粗骨料最大粒径的 1.25 倍。表中环境条件类别见表 8-2。

表 8-1 混凝土钢筋保护层厚度 单位：mm

项次	构 件 类 别	环 境 条 件 类 别			
		一类	二类	三类	四类
1	板、墙	20	25	30	45
2	梁、柱、墩	25	35	45	55
3	截面厚度≥3m 的底板及墩墙		40	50	60

注 1. 直接与土接触的结构底层钢筋，保护层厚度应适当增大。

　2. 有抗冲耐磨要求的结构面层钢筋，保护层厚度应适当增大。

　3. 混凝土强度等级不低于 C20 且浇筑质量有保证的预制构件或薄板，保护层厚度可按表中数值减
　　小 5mm。

　4. 钢筋表面涂塑或结构外表面敷设永久性涂料或面层时，保护层厚度可适当减小。

　5. 钢筋端头保护层不应小于 15mm。

　6. 严寒或寒冷地区受冻的部位，保护层厚度还应符合 SL 211—2006《水工建筑物抗冰冻设计规范》的
　　规定。

表 8-2 水工混凝土结构所处环境条件类别

类别	一类	二类	三类	四类
环境条件	室类正常环境	露天环境、长期处于地下或水下的环境	水位变动区或有侵蚀性地下水的地下环境	海水浪溅区及盐雾作用区、潮湿并有严重侵蚀性介质作用的环境

2．电磁法推断钢筋的强度特性

（1）基本原理。试验表明，在磁场作用下钢筋被磁化，被局部磁化钢筋的剩余磁场特性参数（剩余磁场信号的强度 I_{max} 和长度 L，如图 8-4 所示）与钢筋的化学成分、力学性能、应力大小、截面尺寸及相邻钢筋的间距等因素有关。测得剩余磁场的特性

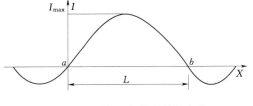

图 8-4 剩余磁场信号特性参数

参数值，根据预先建立的钢筋强度特性值和剩余磁场特性参数之间的相关关系即可推断钢筋的类别和强度。

（2）检测仪器。常用的检测仪器主要包括钢筋磁化设备、钢筋剩余磁场参数测定仪。

磁化设备是设有电磁磁化线圈的换能器，该换能器能发出多个磁脉冲，使钢筋得到稳定的磁化（一般给出 5 个磁脉冲即可使钢筋得到稳定的磁化）。

3．钢筋锈蚀程度的检测

钢筋锈蚀对结构构件的强度和耐久性的影响，不仅是因为锈蚀使钢筋的有效截面减小，而且使钢筋与混凝土的黏着力降低或遭破坏，同时锈蚀产生的膨胀，必将引起混凝土保护层开裂，加速钢筋的锈蚀，降低结构的抗力。

钢筋锈蚀程度的检测结果是推断结构构件实际强度（或剩余强度）和耐久性的可靠技术依据。钢筋锈蚀程度的检测常采用外观检验与试验法或自然电位法，钢筋锈蚀

严重或较严重时采用外观检验与试验法，反之，则采用自然电位法。下面主要介绍外观检验与试验法。

当通过外观检查发现混凝土表面出现锈斑、顺筋裂缝、混凝土剥落、暴筋、露筋或通过混凝土质量检测已确定钢筋存在锈蚀，就有必要按以下步骤查明埋设于混凝土中的钢筋的锈蚀部位和检测钢筋的锈蚀程度。

（1）表面观察。凡混凝土表面有沿钢筋轴线方向的规律裂缝，且裂缝周围伴有锈渍、锈斑、暴露和剥离现象的部位，均判定此处的钢筋已锈蚀或严重锈蚀。

（2）锤击。当混凝土中钢筋锈蚀到一定程度，锈蚀物因体积胀大对周围混凝土保护层产生挤压作用，但尚不足以引起混凝土保护层胀裂，却发生顺着钢筋外包线的整片混凝土保护层与混凝土基体脱开，这就是常称的层裂。检查混凝土层裂的简单而准确的方法是锤击构件表面，根据声音进行辨别。如果发空哑声，就表示该处混凝土已发生层裂。

（3）抽样检测及试验。当由（1）或（2）已确定钢筋锈蚀的部位时，便可选取有代表性的测点，敲掉部分保护层，用钢丝刷刷去浮锈，用卡尺等测量截面有缺损部位的钢筋剩余直径，计算出钢筋断面损失率，并绘制裂缝图、主筋配置图和记录量测结果。根据检验结果，按表 8 - 3 所列标准，评定钢筋锈蚀程度。在不影响结构安全的情况下，可选取有代表性部位，截取一段钢筋进行强度及延伸率的试验。

表 8 - 3　　　　　　　　外观检查钢筋锈蚀程度分级评定标准

评定等级	钢 筋 锈 蚀 状 况	影 响 程 度
A	表面呈黑皮状态，或全部锈蚀薄而密，与混凝土表面无黏结，无浮锈	无影响
B	有部分浮锈，有小面积锈斑	对耐久性有影响
C	钢筋截面有局部缺损，且钢筋普遍有浮锈	对强度有影响
D	钢筋截面严重缺损，混凝土保护层有爆裂现象	对强度有严重影响

4. 钢闸门和启闭机的安全检测

水工钢闸门和启闭机是水闸等建筑物的主要组成部分，其安全与否，直接影响着工程的正常运行。其检测应根据 DL/T 835—2003《水工钢闸门和启闭机安全检测技术规程》，其基本规定如下：

（1）钢闸门和启闭机的安全检测的技术性很强，涉及多种专业，检测工作应由具备资质的单位和有相应资格证书的人员承担，探伤结果评定应由Ⅱ级或Ⅱ级以上的检测人员担任；所用的仪器设备应通过计量检定机构检定并满足精度要求。

（2）在检测前，应首先全面搜集以下资料与情况：①设计及竣工图，包括总布置、装配、部件及必要的零件图等；②设计计算书的有关部分；③主要材料出厂质量证明书；④制造质量合格证；⑤制造安装最终检查、试验记录；⑥重大缺陷处理记录；⑦焊缝探伤报告及射线照相底片；⑧设计单位编制的制造、安装、运行使用说明书和管理单位编制的操作规程；⑨制造质量等级证书；⑩安装质量等级证书；⑪有关水工建筑物变形观测记录；⑫运行操作、维修保养记录和事故记录；⑬闸门、启闭机运行管理等级评定记录。对于 1993 年 1 月 1 日以前投入运行的闸门和启闭机可缺上述⑨、⑩两项资料。

（3）安全检测应包括三种：①第一次检测，应在闸门挡水运行、并承受设计或接近设计水头时进行，若达不到设计水头，则在运行 6 年之内进行；②定期检测，第一次检测后应每隔 10～15 年检测一次，凡未进行定期安全检测的，大型工程运行满 30 年、中型满 20 年的，必须进行一次全面的安全检测；③特殊情况检测，若遇 7 度及以上地震、超设计标准洪水、误操作事故、破坏事故等时，必须进行的检测；检测时，可先进行巡视检查和外观检测，必要时再进行其他项目的检测。

（4）安全检测的项目为：①巡视检查；②外观检测；③材料检测；④无损探伤；⑤应力检测；⑥闸门启闭力检测；⑦启闭机考核；⑧水质及底质分析。其中④～⑦项应根据闸门运行状况、布置位置等按表 8-4 中的孔数比例抽样检测。

表 8-4 　　　　　　　　　抽 样 比 例 表

闸门孔数	抽样比例（%）	闸门孔数	抽样比例（%）
100 以上	10	31～11	20～30
100～51	10～15	10～1	30～100
50～31	15～20		

8.1.3.4 国外无损检测新技术

国外混凝土工程的建设早于我国，相应的无损检测技术也一直比我国先进，大约领先 5～10 年。近年来，国外已将高新技术应用于工程质量的检测，并取得了许多新成果。

1. 雷达技术的应用

探地雷达（Ground Penetrating Radar，简称 GPR）方法是一种用于检测地下或物体内介质分布或界面进行定位的广谱电磁技术。与探空雷达介绍类似，探地雷达是将高频电磁波以宽频带短脉冲形式由发射天线送入地下，该雷达电磁波在介质中传播时，其路径、电磁场强度与波形都将随所通过介质的电磁特性和几何形态等变化。当遇到不同电磁特性介质的交界面时，部分雷达波的能量被反射到地面，由接收天线接收。所以，雷达探测的是来自地下或混凝土介质交界面的反射波，通过记录反射波到达的时间 t、反射波的幅度来研究地下介质的分布，分析推断地下介质或混凝土内部有无缺陷或缺陷的具体情况。

某些水工建筑物，如输水隧洞、拦河闸、渠道工程、混凝土大坝、混凝土面板坝等需检测的面积很大，一般逐点检测方式已不能满足需要，雷达技术可以进行非接触检测，速度快，经处理后的接收信号还可以用直观的图像显示在屏幕上。此外，雷达波技术还可用于混凝土缺陷的检测，定量分析桥梁腐蚀、管道无损检测、探测砌体结构的完整性及雷达波层析摄影术，也可用微波技术来检测混凝土构件的含水量。但雷达波的穿透能力较差，一般在 300mm 左右。

由于探地雷达具有非破损性、抗干扰能力强、高效（特有的高分辨率）和方便等优点，在无损检测中得到了迅速的发展和广泛的应用。

2. 电磁与电测法

用核磁共振法可检测混凝土成熟过程各阶段的特性，建材孔隙的含水分布；用涡流法可测定混凝土盖板厚度及钢筋混凝土中的钢筋直径；用剩磁法可测定预应力混凝土中张拉钢筋的断裂；用超高频电磁可诊断材料的涂层质量；用交流阻抗法能监测混凝土中钢筋的锈蚀等。

3. 冲击反射法

冲击反射法（Impact Echo Method）是国际上从 20 世纪 80 年代中期开始研究的一种新型无损检测方法。该法是在构件表面施以微小冲击产生应力波，当应力波在构件中传播遇到缺陷及底面时，将产生来回反射并引起构件表面微小的位移响应。接收这种响应并进行频谱分析可获得频谱图。频谱图上突出的峰就是应力波在构件表面与底面及缺陷间来回反射所形成的。根据最高峰的频率值可计算出构件厚度，根据其他频率峰可判断有无缺陷及其位置。所用设备为冲击器、接收器和采样分析系统。

冲击反射法系单面反射测试，其优点为：①测试方便，快速；②可获得明确的缺陷反射信号，比较直观，且可测一点判断一点；③无需丈量测距；④可以很方便地测量结构构件的厚度。此法可用于探测常规混凝土、喷射混凝土及沥青混凝土等结构内的疏松区，路面、底板的剥离层，预应力张拉管中灌浆的孔洞区，表层裂缝深度，甚至用于探测耐火砖砌体及混凝土中钢筋锈蚀产生的膨胀等。该法有效地克服了超声波的如下缺点：①需要两个相对测试面；②由于采用穿透测试，不能获得表明缺陷的明确信号，只能根据许多测点测试数据的相对比较，以统计概率法原理来处理数据、评判缺陷，因而不够直观，所需测点多；③测定混凝土结构厚度还存在一些问题。

4. 超声波成像技术

超声波方法由声速、频率、波幅三个参数进行传统的混凝土缺陷检测，又逐步发展到混凝土构件的超声成像检测技术。除了缺陷检测外，还有超声脉冲反射技术测定钢筋位置和钢筋直径，石膏、水泥和混凝土材料试验的超声频谱分析，砌体结构的超声试验，高衰减材料的超声检测，超声脉冲速度法检测沥青混凝土的某些特性，超声法评估经受高温后的钢筋混凝土构件，以及超声信号叠加技术检测钢筋混凝土构件厚度等。

5. 发展趋势

（1）随着计算机技术的迅速发展和广泛应用，使检测仪器逐步向高、精、尖方向发展，检测已由单一的参数检测变为多参数综合分析和直观的检测结果表达。例如计算机技术的进步已促成超声仪的智能化、超声成像技术、雷达波反射成像技术及冲击反射等方法的发展，并为一机多用开辟了途径。

（2）随着我国工程建设的发展，对新技术、新材料的应用和对检测技术也提出了新的要求，如高强、高性能混凝土的应用，便要求能够准确检测 C60 以上的混凝土强度，以及混凝土的稳定性和耐久性等指标，许多性能是目前尚无法检测，有待人们去开发研究。

（3）从单一质量指标检测向综合鉴定发展。随着新的结构形式及混合结构的不断出现，如劲性混凝土结构、钢管混凝土结构等，在进行鉴定时不仅要检测混凝土的施工质量，也涉及到钢筋、钢结构、砌体等的施工质量。

在进行既有建筑物的质量检测，以及遭受化学腐蚀、火灾等建筑物的质量检测时，还要对建筑的损伤程度及剩余使用寿命和结构安全性进行评估。目前已从工程质量检测向结构评估方向发展。

（4）从取样检验向现场检验发展。将无损检测结果作为工程质量的验收依据，是有效控制工程质量的重要手段，可以杜绝取样试验的弄虚作假现象，大大改善我国的工程质量状况。目前有向以无损检测结果作为工程验收参考依据的方向发展的趋势。

8.2 水工建筑物的老化病害评估

8.2.1 水工建筑物老化病害评估的目的

水工建筑物的老化病害评估是指对建筑物的全部或部分主要功能的保证度或失效程度作出评定。对已有建筑物进行评估，在于对建筑物的安全性、适用性及耐久性进行科学分析，以达到下述目的：

（1）对建筑物进行及时而有效的管理、维修，以延长其使用寿命。

（2）确定建筑物的老化病害程度、遭受灾害或事故后的损坏程度，以便制定经济合理的维修、加固方案。

（3）确定建筑物遭受灾害或事故后的损坏程度，为建筑物改建、扩建的设计提供理论依据。

8.2.2 水工建筑物老化病害评估的原则

评估工作应遵循以下原则：

（1）应将建筑物及与其相互影响的相连部分视为整体，并作为评估对象。如视水工建筑物—地基系统—上下游及两岸连接建筑物为一个系统，大坝—坝基—水库视为一个系统等。

（2）对构造复杂的建筑物进行评估时，应首先根据其结构特性将其分解成不同构件；对不同构件分项进行评定分级后，再用适当的方法进行综合评估。即评估时先将建筑物化整为零、分构件评定；然后再集零为整，对整个建筑物综合定级（图8-5）。

（3）评定应主要以相应的规范、规程为依据，并参照各类建筑物的工作特点、功能要求及所处的工作环境等，确定建筑物的评估项目（或参数）、取值原则及评定标准等。

（4）应根据建筑物的重要性及评估精度要求选择评估方法，一般可采用定量计算和定性分析相结合的方法。

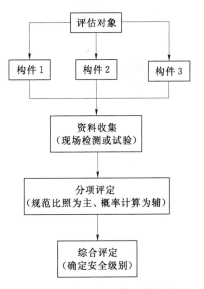

图8-5　建筑物评估的分解与综合流程图

8.2.3 水工建筑物老化病害评估方法综述

根据对已有建筑物老化病害现状的调查、检测结果，对其进行可靠性评估是一项技术性很强、专业面极广的工作，是建筑物维修与加固的依据。按评估的科学性和标准化程度，可分为传统经验法、实用鉴定法及可靠度评定法三种类型。以往多使用传统经验法，当前各工程部门多采用实用鉴定法，可靠度评定法尚处于研究阶段。下面先介绍传统经验法和实用鉴定法，可靠度评定法将在后面专门介绍。

8.2.3.1 传统经验法

传统经验法的主要工作程序如图8-6所示。这种方法首先是由工程管理部门根据建筑物的损坏状况提出鉴定任务，委派专家前往现场通过调查、目测等手段了解建筑物现状，并根据有关原设计、施工资料，凭经验进行分析、比较作出评定，提出鉴定报告或会议纪要，作为有关部门进行决策处理的依据。鉴定中常以原设计标准、设计要求为准，这种评定方法一般不使用检测设备与仪器，且无统一的鉴定标准可循，而是以个人或少数鉴定者的经验为主。因此，其评定结果在很大程度上取决于鉴定者的专业特长、经验以及资料掌握的广度及深度。但这种方法程序少，花费的人力、物力及时间少，所以对于结构简单、受力明确、老化病害原因较清晰的建筑物或受时间、物力限制需在短期内进行抢修的建筑物，仍不失其可行性。

图8-6 传统经验法工作程序

8.2.3.2 实用鉴定法

实用鉴定法是在传统经验法的基础上发展起来的一种比较客观、科学的方法。其特点是，根据鉴定任务对结构的设计、施工和现状进行比较全面而详细的调查，对某些相关的指标进行精确的检测、计算与分析，采用定量与定性相结合的方法，按照统一的鉴定标准下结论，并将结构可靠性理论引入建筑物的安全鉴定中。

1. 一般程序

根据结构及其老化病害的不同特点与鉴定精度的要求不同，实用鉴定法又有多种方法，但工作程序都大致如图8-7所示。

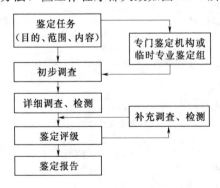

图8-7 实用鉴定法工作程序

（1）调查与资料搜集。建筑物的老化病害大多由"先天不足"（设计、施工等因素）和"后天失调"（维护、运行等因素）所引起，所以对建筑物历史、现状的调查与资料搜集，能对检测与评估起到事半功倍的效果。调查又可分为初步调查与详细调查两个阶段，有必要时，还会增加补充调查。调查内容有以下几方面：

1）设计程序与设计资料。主要有设计程序是否齐全、设计单位的资质等级与设计变更情况等；设计资料包括规划、水文气象、工程地质与水文地质、设计图纸、设计计算书与说明书。

2）施工情况。包括施工依据的技术标准与规程、建筑材料的来源与质量报告、混凝土的配比、试块的试验报告、外加剂的品种与数量、砂浆的配比与试块的试验报告、地基的承载力试验报告、地基的开挖与沉降等相关记录、结构吊装记录、焊条的合格证与试验报告、各种验收与质量评定等有关施工的技术资料，特别是施工期间发生的质量问题与处理的详细情况。

3）运行与维修养护情况。主要包括运行环境（水文气象、多年平均与极端最高及最低温度、昼夜极端温差等）、作用荷载（是否出现过超标准的荷载及其持续的时间、当时及之后建筑物的情况等）、维修养护（维修养护的内容、是否按规范或规程进行、建筑物的观测情况）等。

4）老化病害现状。它主要包括老化病害的类型、发生或发现的时间、最初的症状与程度、发展的高程与目前的程度、是否还在继续恶化、症状随运行及外界条件的变化情况、是否进行过鉴定与加固（包括加固的时间、设计与施工单位、方法、材料与工艺、加固效果等）、管理人员和专家对病害原因和加固效果的意见等。

（2）老化病害检测。主要包括位移与变形检测、渗流检测、地基和基础的沉陷与承载力检测、混凝土的强度及其各种病害检测、钢筋和钢结构及预埋件的病害检测、启闭机及其电器设备的检测等。

（3）鉴定评级。可根据鉴定任务和精度等要求，选用不同的鉴定方法进行级别评定。在鉴定评级过程中，如发现资料不全，可视具体情况进行补充调查或检测，以获得足够的可靠依据。

（4）撰写鉴定报告。内容包括鉴定的工程概况，工程施工与验收情况，工程运行情况，工程调查、检测（方法、内容、结论）情况，安全复核计算内容与结论，工程安全分析与评价，安全鉴定结论等。

2. 评估方法

实用鉴定法在工程部门应用很广，根据评估目的、评估对象的结构特性和评估内容的复杂程度等，可以采用不同的评估方法，如标准比照评定法、试验校核评定法、现场调查、试验与分析计算结合的方法、数学模拟法、综合评定法、层次分析法以及可靠度评定法等。下面主要介绍常用的标准比照评定法、层次分析法、可靠度评定法。

（1）标准比照评定法。在被评定结构已有相应的技术规范或标准的情况下，经过对被评对象逐项指标的检测或计算，比照规范和标准的要求，直接对各类典型构件的典型老化病害状况进行分级，在分项给出评分后，再综合对比定出整个建筑物的老化病害等级。

标准比照评定法简便易行，但对结构复杂的建筑物适用性较差。由于水闸及水工闸门等已有相应的评定标准，可采用此方法进行老化病害程度的评定。下面简要介绍水闸的老化病害评估方法。

水闸的老化病害评定，应根据水利部颁布的 SL 214—98《水闸安全鉴定规定》进行，其基本程序如图 8-8 所示。

1）工程现状调查包括搜集真实、完整、（力求）满足安全鉴定需要的技术资料，对工程存在问题、缺陷及其成因作全面而深入地调查，作出对工程安全运行影响的初步分析。此项工作应由其管理部门承担，并以此为依据呈报上级主管部门，申请对工程进行安全鉴定。上

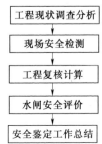

图 8-8 水闸安全鉴定程序

级主管部门审批并下达安全鉴定任务，聘请并组建安全鉴定专家组，制定安全鉴定工作计划，委托具有相应资质的单位进行现场检测与复核计算，组织编写安全鉴定工作总结。

2）安全检测的项目应根据工程的结构特性、存在问题及环境条件等具体情况综合研究确定。各检测项目的检测方法与精度、抽检数量及检测报告等均应满足相应的规程、规范等要求。

3）复核计算应以最新的规划数据、检查、观测、检测成果为主要依据，按现行 SL 265—2001《水闸设计规范》、《水工混凝土结构设计规范》、《水利水电工程钢闸门设计规范》及其他有关标准进行。复核计算内容包括在各种控制工况下的过流能力、消能防冲、各主要组成部分的整体稳定性、抗渗稳定性与结构强度、刚度、裂缝、变形、冲刷、淤积、抗震等。复核计算报告工程工况、基本资料、复核计算成果及分析评价、安全状况综合评价与建议等。

4）安全评价首先是审查现状调查分析报告、现场安全检测报告和工程复核计算分析报告等成果所使用的数据资料的来源与可靠性，检测和计算方法是否符合现行有关标准的规定，论证其分析评价是否准确合理，然后按表 8-5 中的标准评定水闸的安全类别。

表 8-5   水闸安全级别评定标准

类别	一类（完好）	二类（可用）	三类（病闸）	四类（险闸）
评定标准	运用指标能达到设计标准，无影响正常运行的缺陷，按常规维修养护即可保证正常运行	运用指标基本达到设计标准，工程存在一定损坏，经大修后，可达到正常运行	运用指标达不到设计标准，工程存在严重损坏，经除险加固后，才能达到正常运行	运用指标无法达到设计标准，工程存在严重安全问题，需降低标准运用或报废

水闸安全鉴定报告书应严格按照《水闸安全鉴定规定》的要求撰写对工程存在的主要问题，应提出加固或改善运用的意见。

（2）层次分析法。20 世纪 70 年代中期由美国运筹学家 T. L. Saaty 教授提出的层次分析法，因其具有以下优点，在很多领域得到了广泛的应用。

1）将研究问题根据结构特性，按影响因素进行分解——化整为零，构成一个单目标或多目标、多层次、多因素的结构，即建立具有金字塔形结构的递阶层次模型（目标层、准则层、指标层、对象层）。

2）先研究每一层次中各因素对上一层目标的影响程度，再逐级综合成对目标的总评价，即集零为整。

3）目标下各层次因素对目标的影响程度，多采用专家评判方法取得。

4）具有遵循人的思维规律的层次分析法的系统观、严格数学基础的简洁分析技术、稳定结构模式的广泛内涵。

5）灵活性大，可用于评定精度要求（定性或定量与定性相结合）不同、影响因素及结构复杂、检测手段（目测、仪表检测、试验、计算）各异的情况等。

该方法的详述见 8.3 节。

（3）可靠度评定法——概率法。前面介绍的评定方法一般均与建筑物传统的设计理论相适应，衡量安全度或可靠性的标准是安全系数。设计中忽略了作用荷载、结构抗力和材料性能的随机性而采用定值，因而不能反映建筑物的真实情况。随着可靠度理论在水工设计中的应用，已开始用概率理论分析水工建筑物（主要是大坝）安全度的方法，即用建筑物的失效概率或直接用其可靠度作为衡量建筑物安全的准则。

可靠度评定方法将在 8.4 节叙述。

8.3 层次分析法（AHP）

AHP（Analytic Hierarchy Process）法是美国运筹学家 T. L. Saaty 教授于 20 世纪 70 年代研究提出的一种新的决策科学方法，能既实用、又简洁地处理复杂的社会、政治、经济和技术等决策问题。它以其深刻的数学基础，合理的决策手段，简单的应用方式引起了世界各国学者及决策者们的极大关注与重视。在很短的时间里，它在理论研究及应用领域中都取得了巨大的进展。

8.3.1 层次结构

在对工程结构设计进行评价排序时，常常由于多方案的指标数量及组合关系过于复杂，陷入组合爆炸的困境，这时将复杂系统分解为相关联的子系统，可以降低求解问题的规模。AHP 法用递阶层次来表现这种划分，从利于进行决策分析的角度出发，通常将问题的总目标作为最高层，将解决问题的具体措施、指标作为最低层，介于这两层之间的是若干中间层。对复杂结构性能进行评价时，常根据结构组成特点划分结构层次，结构性能由各层次上的指标和权重反映。

在 AHP 法中首先要建立决策问题的递阶层次结构的模型。通过调查研究和分析，准确确定决策问题的范围和目标，问题包含的因素及各因素间的相互关系。然后建立起一个以目标层、若干准则层和方案层所组成的递阶层次结构。图 8-9 表示了一个典型的递阶层次结构。

在层次模型中，用作用线表明上一层次因素同下一层次因素之间的关系。如某个因素与下一层次中所有因素均有联系，则称其与下一层次有完全层次关系。如这个因素仅与下一层次中的部分因素有联系，则称其与下一层次存在着不完全的层次关系。

构造系统的层次结构的过程是从最高层（目标层）开始，通过中间层（准则层），到最低层（方案层）为止。

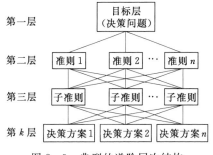

图 8-9 典型的递阶层次结构

在完成水利部农水司委托的"全国大型灌区工程老化损坏调查、评估及对策研究"课题中，原武汉水利电力大学水利工程系老化课题组首次将层次分析法用于灌区水工建筑物老化病害程度的评估，建立了建筑物老化程度评价模型。下面用水工建筑物的例子来说明建立层次结构的过程。

在构造问题的层次结构时，所谓的层次连续性定律是很重要的。该定律要求对与同一因素相关的下一层的各因素建立二二比较关系，这种过程直到层次的最高层为止。在建立对比关系时，人们应能对如下一些问题提供意义明确的回答，如：建筑物的相对寿命、建造质量及混凝土老化病害都对其耐久性有重要影响，但三者的影响程度不一定相同，将三者的影响程度进行二二比较，以确定三者各自对耐久性的相对重要性的程度。如此建立整个结构各因素之间的半定性半定量的关系，以达最终能导出老化病害对建筑物可靠性影响程度的评定或对大量同类建筑物按可靠性进行排序等。

对于水工建筑物常用的渡槽、桥梁等建筑物，根据其受力、传力较明确、结构清晰的特点，可建立其老化病害评估模型 H2（图 8-10）。

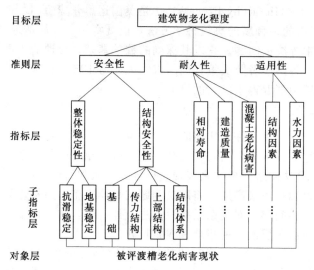

图 8-10　渡槽老化程序评估模型 H2

对于水闸，根据其工作特点可建立老化病害评估模型 H3（图 8-11）。

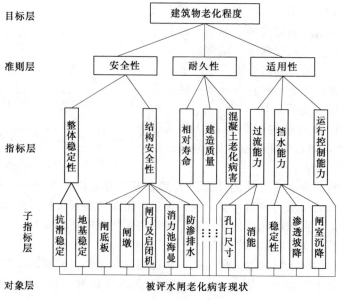

图 8-11　水闸老化评估模型 H3

上述两模型中"子指标层"中的省略号，表示对应于上一层的指标仍可分为不同的子指标；模型 H2 中可分为基础、传力结构和上部结构；模型 H3 中可分为底板、闸墩和上部结构及进出口等连接建筑物；因图幅限制和为避免重复此处作了省略。

对于倒虹吸、隧洞、涵洞、跌水及陡坡、桥梁等其他类型的水工建筑物，根据群论"同构"的概念和具体建筑物的结构特性，都可参考上述模型建立起相应的评估模型。

上述模型的递阶层次为五层，即目标层、准则层、指标层、子指标层及对象层。

(1) 目标层：仅评价每个建筑物本身（未包括地基）的老化损坏程度。

(2) 准则层：对建筑物老损程度衡量准则，包括安全性（损坏程度）、耐久性（老龄程度）及适用性（功能丧失程度）。

(3) 指标层：为准则的描述指标，具体分项见图。

(4) 子指标层：为用于描述指标的子指标。

(5) 对象层：包括所有被评建筑物个体。

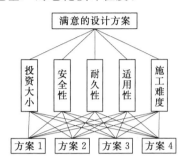

图 8-12 评估设计方案层次结构

图 8-12 表示用层次分析法对某建筑物 4 个设计方案评估的层次结构模型。最高目标层为满意的设计方案。一个满意的设计方案的准则应包括投资大小、安全性、耐久性、适用性及施工难度等。这些准则即为影响满意设计方案的重要影响因素。然后建立各因素间相对重要性的比例标度和判断矩阵，就可以通过计算得出已知方案中的最理想方案。这一理想方案是根据一定的准则，通过效用极大化而产生的。

8.3.2 相对重要性的比例标度和判断矩阵

在工程技术领域，有些问题是可以量化的，而有些问题与社会经济系统的某些决策问题一样，是难于对系统进行量化的。但这些被测量对象的属性大多数具有相对性质，系统中各因素相关度的测量可通过人的判断和经验来完成。AHP 法就是根据这些系统中元素测度的特点提出了相对重要性的比例标度。两个元素相对重要性的比较可变换为一个数。表 8-6 说明了相对重要性的比例标度。

表 8-6   相对重要性的比例标度

相对重要性的权数	定　义	解　释
1	等同重要	对于目标，两个因素的贡献是等同的
3	一个因素比另一个因素稍微重要	经验和判断稍微偏爱一个因素
5	一个因素比另一个因素明显重要	经验和判断明显地偏爱一个因素
7	一个因素比另一个因素非常重要	一个因素非常地受到偏爱
9	一个因素比另一个因素极端重要	对一个因素偏爱的程度是极端的
2，4，6，8	上述两相邻判断的中值	
上述非零数的倒数	如第一个因素相对于第二个因素有上述的数目（例如 3），那么，第二个因素相对于第一个就有倒数值（例如 1/3）	

以下用一个拱式渡槽的结构安全性评定的例子，说明相对重要性的比例标度和判断矩阵的建立的方法。

1. 将结构分解（化整为零）

水工建筑物老化病害的评定中都牵涉到结构安全性，现有一常用的拱式渡槽，根据其结构特点可将其分解（化整为零）为三个重要组成部分：拱上结构（槽身）、传力结构（主拱圈）和基础（墩台）。三者对渡槽结构安全性的影响程度分别用 W_1、W_2 和 W_3 表示。

2. 确定比例标度

在作比较判断时，经常可以用一些问题来帮助获得一个相对标度。例如在比较元素 A 和 B 时，可以问：

你认为 A 和 B 中间，哪一个更为重要，或哪一个有更大的影响？

或者，A 和 B 比较起来，你更愿意发生哪一个？

A 和 B 比较起来，你更喜欢哪一个？

例如，影响拱式渡槽结构安全性的各影响因素哪一个更为重要？可以得出较为一致的答案：基础最重要，传力结构次之，上部结构再次之（相对最不重要）。

通常，还需要更深一步知道"最重要"到底"最"到什么程度？次重要又"次"到什么程度？"最不重要"又"不重要"到什么程度？也就是要有一定的量化。这就是 AHP 法提出的相对重要性的比例标度。

为使问题更清晰，用表 8－7 予以表达。

表 8－7   渡槽主要组成部分对安全性的重要性比例标度表

A	W_1（上部结构）	W_2（拱圈）	W_3（基础）
W_1	1（$a_{11}=W_1/W_1$）	1/3（$a_{12}=W_1/W_2$）	1/5（$a_{13}=W_1/W_3$）
W_2	3（$a_{21}=W_2/W_1$）	1（$a_{22}=W_2/W_2$）	1/3（$a_{23}=W_2/W_3$）
W_3	5（$a_{31}=W_3/W_1$）	3（$a_{32}=W_3/W_2$）	1（$a_{33}=W_3/W_3$）

相对重要性的比例标度是由二二比较而得。

拱上结构与其自身之比 $W_1/W_1=1$

拱上结构与传力结构之比 $W_1/W_2=1/3$

拱上结构与基础之比 $W_1/W_3=1/5$

同理可得表中其他各重要性的比例标度值。

需要特别说明：

（1）表 8－7 中的重要性比例标度值应由渡槽专家给定，以确保其可靠性。

（2）在专家给比例标度值时，仅考虑"二二"比较，不要掺入第三个元素，这一点也很重要。因为在人们判断的思维过程中，前后的判断有出入是正常的，不一定是前者不当，不要用后者去修改前者，当然，也不要用前者修改后者，否则会影响判断的准确性。如表 8－7 中，$W_1/W_2=1/3$，$W_2/W_3=1/3$，就不要由此而去把 $W_1/W_3=1/5$ 再修改为 1/9。因为前者 W_1/W_2 的相对重要性比例标度的理想值可能不是 3，而是 1/2.5 或 2.6…，仅是用最接近理想值的这一整数 3 所表示，而后者 W_2/W_3 的理想值也是如此。

若硬将 W_1/W_3 改为 $1/9$，反而可能离真值更远。前后的思维是否一致，后面还会做出专门的检验。

3. 建立判断矩阵 A

层次分析法的信息基础是判断矩阵。根据判断矩阵，利用排序方法，可以得到各方案相对重要性的排序。为了说明排序方法的原理，仍以上述渡槽为例。

表 8－7 的形式实际已给出了判断矩阵 A 的所有元素

$$A = \begin{bmatrix} a_{11} & a_{12} & a_{13} \\ a_{21} & a_{22} & a_{23} \\ a_{31} & a_{32} & a_{33} \end{bmatrix} = \begin{bmatrix} 1 & 1/3 & 1/5 \\ 3 & 1 & 1/3 \\ 5 & 3 & 1 \end{bmatrix} = a_{3\times3} \qquad (8-14)$$

可用通用公式表示为

$$A = \begin{bmatrix} a_{11} & a_{12} & \cdots & a_{1n} \\ a_{21} & a_{22} & \cdots & a_{2n} \\ \vdots & \vdots & \vdots & \vdots \\ a_{n1} & a_{n2} & \cdots & a_{nn} \end{bmatrix} = (a_{ij})_{n\times n} \qquad (8-15)$$

显然，$a_{ij}=1/a_{ji}$，$a_{ii}=1$，i，$j=1$，2，$\cdots$，n，此例中 $n=3$。

4. 用方根法计算判断矩阵的特征向量

由矩阵论理，用某一向量 $W=[W_1，W_2，\cdots，W_n]^T$ 右乘 A 矩阵得

$$A_W = \begin{bmatrix} a_{11} & a_{12} & \cdots & a_{1n} \\ a_{21} & a_{22} & \cdots & a_{2n} \\ \vdots & \vdots & \vdots & \vdots \\ a_{n1} & a_{n2} & \cdots & a_{nn} \end{bmatrix} \begin{bmatrix} W_1 \\ W_2 \\ \vdots \\ W_n \end{bmatrix} = \begin{bmatrix} nW_1 \\ nW_2 \\ \vdots \\ nW_n \end{bmatrix} = nW \qquad (8-16)$$

向量 W 称为判断矩阵 A 的特征向量。层次分析法的基本计算问题是计算判断矩阵的最大特征根 λ_{max} 和特征向量 W。特征向量通用算法是幂乘法和方根法（也称几何平均法），此外还有规范列平均法（又称为和积法）。一般来说，计算矩阵的最大特征根及其相应的特征向量，并不需要追求很高的精度，因为判断矩阵本身已带有不少误差。方根法和规范列平均法与幂乘法相比，虽然比较粗糙，但只需手算或小型计算器即可，十分方便。

（1）计算判断矩阵行元素的乘积 M_i

$$M_1 = a_{11}a_{12}a_{13} = 1 \times 1/3 \times 1/5 = 0.067$$
$$M_2 = a_{21}a_{22}a_{23} = 3 \times 1 \times 1/3 = 1$$
$$M_3 = a_{31}a_{32}a_{33} = 5 \times 3 \times 1 = 15$$

（2）计算 M_i 的 n 次方根 $\overline{W}_i$

$$\overline{W}_1 = \sqrt[3]{M_1} = \sqrt[3]{0.067} = 0.406$$
$$\overline{W}_2 = \sqrt[3]{M_2} = \sqrt[3]{1} = 1$$
$$\overline{W}_3 = \sqrt[3]{M_3} = \sqrt[3]{15} = 2.466$$

（3）对向量 $\overline{W}_i=[\overline{W}_1，\overline{W}_2，\overline{W}_3]^T = [0.406，1，2.466]$ 归一化

$$\sum_{i=1}^{n} \overline{W}_i = 0.406 + 1 + 2.466 = 3.872$$

$$W_1 = \overline{W}_1 / \sum_{i=1}^{n} \overline{W}_i = 0.406/3.872 = 0.105$$

$$W_2 = \overline{W}_2 / \sum_{i=1}^{n} \overline{W}_i = 1/3.872 = 0.258$$

$$W_3 = \overline{W}_3 / \sum_{i=1}^{n} \overline{W}_i = 2.466/3.872 = 0.637$$

$W = [0.105, 0.258, 0.637]^T$ 即为所求的特征向量。若其满足一致性，就是所求渡槽三个重要组成部分间的重要性相对比例标度，即后面所称为的"权重"。这种排序方法也称为特征向量法。

8.3.3 判断矩阵的一致性检验

在层次分析法中，为了构造判断矩阵引入了 $1\sim9$ 的比例标度方法，这就使得决策者判断思维数学化。这种将判断思维数学化的方法大大简化了问题的分析，使复杂的社会、经济及科学管理领域中的问题定量分析成为可能。为此，这种数学化方法还有助于决策者检查并保持判断思维的一致性。

在应用层次分析法时，保持思维一致性是非常重要的。所谓判断一致性，即判断矩阵 A 有以下关系

$$a_{ij} = a_{ik}/a_{jk} \quad i,j,k = 1,2,\cdots,n \tag{8-17}$$

由矩阵理论，判断矩阵在满足上述完全一致条件下，具有唯一的非零解，也是最大的特征根 $\lambda_{\max} = n$，且除 $\lambda_{\max}$ 外，其余的特征根均为零。

前面已经提到过，在通过二二比较构成判断矩阵 A 时，存在判断中的非一致性问题。这种非一致性，大多是思维的非一致性，也有笔误造成的。

只有判断矩阵满足判断一致性时，所求得的重要性矢量 W 的估计才能作为可靠的重要性比例标度，即权重。

若对上例中的标度矩阵 $A = \begin{bmatrix} 1 & 1/3 & 1/5 \\ 3 & 1 & 1/3 \\ 5 & 3 & 1 \end{bmatrix}$ 修改为 $A' = \begin{bmatrix} 1 & 1/3 & 1/9 \\ 3 & 1 & 1/3 \\ 9 & 3 & 1 \end{bmatrix}$，即 A' 是经过三三比较得到的，且具有规范一致性。另外，要指出的是矩阵 A 和矩阵 A' 都应是正互反阵，它们各个元素的差值一般不会太大。根据矩阵理论，人们知道一个正互反阵的系数的微小变动意味着特征值的变动也是微小的（Saaty，1980）。

根据上面渡槽组成部分对其安全性重要程度的分析，可通过求解下属系统得到相对重要性程度矢量 W 的估计 $\hat{W}$

$$A\hat{W} = \lambda_{\max} \hat{W} \tag{8-18}$$

式中：$\lambda_{\max}$ 为矩阵 A 的最大特征根。根据 Perron 定理，正矩阵有一个最大的实特征值，相应地存在唯一规范的非负特征向量，矩阵 A 存在最大特征根，且

$$\lambda_{\max} \geqslant n$$

当 A 满足完全一致性时，$\lambda_{\max} = n$；当 A 不满足完全一致时，$\lambda_{\max} > n$。

1. 用方根法计算判断矩阵的最大特征根 $\lambda_{\max}$

仍以上例叙述。

$$A_W = \begin{bmatrix} a_{11} & a_{12} & a_{13} \\ a_{21} & a_{22} & a_{23} \\ a_{31} & a_{32} & a_{33} \end{bmatrix} \begin{bmatrix} W_1 \\ W_2 \\ W_3 \end{bmatrix} = \begin{bmatrix} 1 & 1/3 & 1/5 \\ 3 & 1 & 1/3 \\ 5 & 3 & 1 \end{bmatrix} \begin{bmatrix} 0.105 \\ 0.258 \\ 0.637 \end{bmatrix}$$

$$(A_W)_1 = 1 \times 0.105 + 1/3 \times 0.258 + 1/5 \times 0.637 = 0.318$$

$$(A_W)_2 = 3 \times 0.105 + 1 \times 0.258 + 1/3 \times 0.637 = 0.785$$

$$(A_W)_3 = 5 \times 0.105 + 3 \times 0.258 + 1 \times 0.637 = 1.936$$

$$\lambda_{\max} = \sum_{i=1}^{n} \frac{(A_W)_i}{nW_i} = \frac{(A_W)_1}{3W_1} + \frac{(A_W)_2}{3W_2} + \frac{(A_W)_3}{3W_3}$$

$$= \frac{0.318}{3 \times 0.105} + \frac{0.785}{3 \times 0.258} + \frac{1.936}{3 \times 0.637} = 3.037$$

则

$$A_W = 3.037 \begin{bmatrix} 0.105 \\ 0.258 \\ 0.637 \end{bmatrix}$$

2. 判断矩阵的一致性检验

若判断矩阵具有完全的一致性，$\lambda_{\max} = n$，其余特征根均为零。

当矩阵 A 不具备完全一致性时，$\lambda_1 = \lambda_{\max} > n$，$\lambda_{\max}$ 与其余的特征根 $\lambda_2, \cdots, \lambda_n$ 有如下关系

$$\sum_{i=2}^{n} \lambda_i = n - \lambda_{\max} \qquad (8-19)$$

由式（8-19）知，若判断矩阵具有较满意的一致性时，$\lambda_{\max}$ 稍大于 n，其余特征根均接近于零。所以，式（8-19）计算值的大小就反映判断与完全一致性的偏离程度。即可以用判断矩阵最大特征根以外的其余特征根的负平均值的绝对值作为度量判断矩阵偏离一致性的指标。即用

$$CI = \frac{\lambda_{\max} - n}{n-1} \qquad (8-20)$$

检验专家判断思维的一致性。

为了度量不同阶判断矩阵是否具有满意的一致性，还需引入判断矩阵的平均随机一致性指标 RI 值。对于 1~9 阶判断矩阵，RI 值见表 8-8。

表 8-8　　　　　　　　　　　　平均随机一致性指标 RI 值

n	1	2	3	4	5	6	7	8	9
RI	0.00	0.00	0.58	0.90	1.12	1.24	1.32	1.41	1.45

因为 1，2 阶判断矩阵总具有完全一致性，所以，1，2 阶判断矩阵的 RI 只是形式上的。当阶数大于 2 时，判断矩阵的一致性指标 CI 与同阶平均随机一致性指标 RI 之比称为随机一致性比率，记为 CR。当

$$CR = CI/RI < 0.10$$

时，即认为判断矩阵具有满意的一致性，否则就需要舍去或调整判断矩阵，并使之具有满意的一致性。

此处平均随机一致性指标 RI 是这样得到的，用随机方法构造500个样本矩阵，具体构造方法是，随机地用1～9标度中的1，2，3，4，5，6，7，8，9以及它们的因数填满样本矩阵的上三角各项，主对角线各项数值始终为1，对应转置位置项则采用上述对应位置随机数的倒数。分别对500个随机样本矩阵计算其一致性指标 $(\lambda_{max}-n)$ / $(n-1)$ 值，然后取平均值，即得到上述平均随机一致性指标。

在上例中：

$$CI = (3.037-3)/(3-1) = 0.018$$

由表8-8知，$n=3$ 时，$RI=0.58$，则 $CR=0.018/0.58=0.03<0.10$，故满足一致性要求。

8.3.4　准则指标的确定

由上述水工建筑物的评估模型 H1、H2、H3 可以看出，上面四步仅得到评估模型中各层元素对上一层直至最高层（目标层）的相对重要性程度。要对建筑物的老化病害现状进行评估，还要根据评估建筑物的老化病害的具体症状，包括程度、位置、发展趋势等给予赋值。其依据主要是现有的规范、规程等。

为了使用尽可能具有权威性及可比性的评估指标及其标准，要尽量以水工建筑物有关规范、规程为主要依据，同时参考其他行业的规范和规程。考虑到现有规范直接引用到水工建筑物老化病害的评估时，内容不够全面，标准也不完全合适，还应根据评估的要求，重新划定或调整指标的分级，使之具有可操作性。

8.3.5　层次分析法的步骤

综上所述，层次分析法的基本步骤大体可概括如下：

（1）确定要完成的评估目标。

（2）从最高层（目标层），通过中间层（准则层）到最低层（方案层）构成一个层次结构模型。

（3）构造一系列下层各因素对上一层某准则的二二比较判断矩阵。

（4）在第（3）步里建立判断矩阵所需要的 n $(n-1)$ /2个判断。

（5）完成所有的二二比较，输入数据，计算判断矩阵的最大正特征值和计算一致性指标 CR。

（6）对各层次完成第（3）、（4）、（5）步的计算。

（7）层次合成计算。

（8）如整个层次综合一致性不通过，要对某些判断作适当的调整，例如修改建立判断矩阵时对比较判断所提的问题。如一定要修改问题的结构，则就要回到第（2）步，不过只要对层次结构中有问题的部分作相应修改即可。

在层次分析中，为了得到较为有效的数值比较，一般要求判断矩阵阶数不超过9，否则容易产生不一致性。

8.4 可靠度评定法

8.4.1 结构可靠度分析的若干基本概念

1. 结构可靠度

结构可靠度是指结构在规定的时间内和规定的条件下完成预定功能的概率。这里规定的时间是指设计使用年限，如大坝一般为 100 年；规定的条件是指预先确定的设计、施工和使用条件，通常指正常设计、正常施工和正常使用条件；预定功能一般包括以下四项功能：

（1）在正常施工和正常使用时，能承受可能出现的各种作用。

（2）在正常使用时，具有设计规定的工作性能。

（3）在正常维护下，具有设计规定的耐久性。

（4）在出现预定的偶然作用时，主体结构仍能保持必需的稳定性。如果结构不能实现预定的功能，称之为失效。

2. 功能函数和极限状态

结构或构件在超过某一特定的状态时，就不能满足设计规定的某一功能要求，这种状态就称为该功能的极限状态。

极限状态是区分结构工作状态可靠和不可靠的标志，它通过功能函数来描述。设构件在外载荷作用下的载荷效应（应力、变形等）为 S，构件的抗力（构件抵抗失效的能力，如极限应力、刚度等）为 R，则构件的功能函数定义为

$$Z = g(R, S) = R - S \tag{8-21}$$

显然，当 $Z>0$ 时，构件处于可靠状态；当 $Z<0$ 时，构件处于失效状态；而 $Z=0$，则称为构件处于极限状态，此时方程

$$Z = R - S = 0 \tag{8-22}$$

称为构件的极限状态方程，它是分析构件可靠性的重要依据。

一般情况下，功能函数可写为

$$Z = g(x_1, x_2, \cdots, x_n) \tag{8-23}$$

根据结构的不同功能要求，结构的极限状态可分为两类：

（1）承载能力极限状态，指结构达到了最大承载能力或不适于继续承载的变形的状态，如强度失效，稳定失效或过大的塑性变形都属于这一类。

（2）正常使用极限状态，指结构达到了正常使用或耐久性要求的某项规定极限值的状态，如影响正常使用的变形和振动、影响耐久性的局部损坏、开裂都属于这一类。

根据结构极限状态被超越后结构的状况，结构的极限状态又可分为：

（1）可逆极限状态，指产生超越极限状态的作用被移掉后将不再保持超越效应的极限状态。正常使用极限状态一般可认为是可逆极限状态。

（2）不可逆极限状态，指产生超越极限状态的作用被移后，将永久地保持超越效应的极限状态。承载能力极限状态一般可认为是不可逆极限状态。

3. 失效概率

结构不能完成预定功能的概率，称为失效概率。

设结构可靠度为 P_r，失效概率为 P_f 则有

$$\begin{cases} P_r = P(Z > 0) \\ P_f = P(Z \leqslant 0) \end{cases} \tag{8-24}$$

从而有互补关系

$$P_r + P_f = 1 \tag{8-25}$$

原则上，P_f 可通过多维积分求得

$$P_f = \int \cdots \int_{\Omega} f(x_1, x_2, \cdots, x_n) \mathrm{d}x_1 \mathrm{d}x_2 \cdots \mathrm{d}x_n \tag{8-26}$$

其中 $f(x_1, x_2, \cdots, x_n)$ 为影响结构可靠度的随机变量 $X_1, X_2, \cdots, X_n$ 的联合概率密度函数。

但是，由于在工程上，$f(x_1, x_2, \cdots, x_n)$ 不易求得，且式 (8-26) 的积分也不易计算，因此通常采用近似计算方法，后面将予以介绍。

由于影响结构可靠性的因素存在不确定性，所以，从概率的观点来研究结构的可靠性，绝对可靠是不可能的，绝对可靠的结构是不存在的，但只要失效概率很小，小到人们可以接受的程度，如与飞机失事的概率相当，就可认为该结构是可靠的了。

4. 可靠指标

考虑如式 (8-21) 所示的功能函数，假设抗力 R 和荷载效应 S 分别服从正态分布 $N(\mu_R, \sigma_R)$、$N(\mu_S, \sigma_S)$，则由概率知识知，Z 也服从正态分布 $N(\mu_Z, \sigma_Z)$，且有

$$\mu_z = \mu_R - \mu_S \tag{8-27}$$

$$\sigma_z = \sqrt{\sigma_R^2 + \sigma_S^2} \tag{8-28}$$

$$f(z) = \frac{1}{\sqrt{2\pi}} \exp\left[-\frac{1}{2}\left(\frac{z - \mu_Z}{\sigma_Z}\right)^2\right] (-\infty < z < +\infty) \tag{8-29}$$

因此结构可靠度为

$$P_r = P(z > 0) = \int_0^{\infty} f(z)\mathrm{d}z = \Phi\left(\frac{\mu_Z}{\sigma_Z}\right) \tag{8-30}$$

令

$$\beta = \frac{\mu_Z}{\sigma_Z} \tag{8-31}$$

则有

$$P_r = \Phi(\beta) \tag{8-32}$$

$$P_f = 1 - P_r = 1 - \Phi(\beta) = \Phi(-\beta) \tag{8-33}$$

不难看出，β 与 P_r 或 P_f 之间存在一一对应的关系，且 β 越大，P_r 亦越大，P_f 则越小，故 β 和 P_r 一样，可以作为衡量结构可靠性的一个指标，称为可靠指标。

可靠指标是一个无量纲量，类似于安全系数设计法中的安全系数 K 的作用。目前，许多国家都制定了相应的目标可靠指标作为工程设计的依据，要求所设计的结构的可靠指标大于等于相应的目标可靠指标 β_T，即

$$\beta \geqslant \beta_T \qquad (8-34)$$

将式（8-27）、式（8-28）代入式（8-31），则可得到 R、S 均为正态分布且极限状态方程为式（8-22）时的可靠指标的计算公式

$$\beta = \frac{\mu_R - \mu_S}{\sqrt{\sigma_R^2 + \sigma_S^2}} \qquad (8-35)$$

若 R 和 S 均为对数正态分布，则可推得可靠指标的计算公式为

$$\beta = \frac{\ln\left(\dfrac{\mu_R}{\mu_S}\sqrt{\dfrac{1+V_S^2}{1+V_R^2}}\right)}{\sqrt{\ln\left[(1+V_S^2)(1+V_R^2)\right]}} \qquad (8-36)$$

上面讨论了可靠指标的概念及其物理意义，事实上，可靠指标还具有几何意义。限于篇幅，这里不作具体推导，直接给出结果。

设 X_1，X_2，…，X_n 为一组相互独立的正态变量，极限状态方程为

$$Z = g(X_1, X_2, \cdots, X_n) = 0 \qquad (8-37)$$

它表示 n 维空间中的一个曲面，该区面将 n 维空间分为可靠区和失效区。

将变量 X_1，X_2，…，X_n 转换为标准正态变量 Y_1，Y_2，…，Y_n，相应的极限状态方程为

$$Z = G(Y_1, Y_2, \cdots, Y_n) = 0 \qquad (8-38)$$

则在标准正态空间内，从坐标原点到极限状态曲面的最短距离即为可靠指标 β。图8-13表示的是三个正态变量的情况，图中 O 点到曲面的最短距离 OP* 即为 β 值，曲面上的 P* 点称为设计验算点。

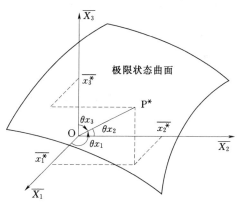

图 8-13 可靠指标的几何意义

8.4.2 结构可靠度计算的一次二阶矩法

1. 基本原理

一次二阶矩法是目前广泛采用的确定结构可靠度的基本方法。它的基本思想是：首先将结构的功能函数 $Z = g(X_1, X_2, \cdots, X_n)$ 在点 X_{oi}（$i=1, 2, \cdots, n$）处展开为泰勒级数，并忽略高阶项，仅保留线性项，即

$$Z \approx g(X_{o1}, X_{o2}, \cdots, X_{on}) + \sum_{i=1}^{n}(X_i - X_{oi})\frac{\partial g}{\partial X_i}\Big|_{x_o} \qquad (8-39)$$

可得 Z 的均值和标准差分别为

$$\begin{cases} \mu_Z = g(X_{o1}, X_{o2}, \cdots, X_{on}) + \sum_{i=1}^{n}(\mu_{X_i} - X_{oi})\frac{\partial g}{\partial X_i}\Big|_{x_o} \\ \sigma_Z = \sqrt{\sum_{i=1}^{n}\left(\frac{\partial g}{\partial X_i}\Big|_{x_o}\sigma_{X_i}\right)^2} \end{cases} \qquad (8-40)$$

最后，根据式（8-31）可得结构的可靠指标

$$\beta = \frac{\mu_Z}{\sigma_Z} = \frac{g(X_{o1}, X_{o2}, \cdots, X_{on}) + \sum_{i=1}^{n} (\mu_{X_i} - X_{oi}) \frac{\partial g}{\partial X_i} \big|_{x_o}}{\sqrt{\sum_{i=1}^{n} \left(\frac{\partial g}{\partial X_i} \big|_{x_o} \sigma_{x_i} \right)^2}} \tag{8-41}$$

2. 均值一次二阶矩法

顾名思义，即将展开点取在均值点，即

$$X_{oi} = \mu_{X_i} \ (i = 1, 2, \cdots, n) \tag{8-42}$$

从而由可得可靠指标

$$\beta = \frac{g(\mu_{X_1}, \mu_{X_2}, \cdots, \mu_{X_n})}{\sqrt{\sum_{i=1}^{n} \left(\frac{\partial g}{\partial X_i} \big|_{\mu_X} \sigma_{x_i} \right)^2}} \tag{8-43}$$

均值一次二阶矩法简单、方便，但存在严重缺陷：一是计算结果的误差较大；二是对同一问题，若采用形式不同但力学意义等效的功能函数，会得出不同的 β 值，这显然不符合实际。于是人们提出了改进的一次二阶矩法。

3. 改进一次二阶矩法

改进一次二阶矩法是将展开点选在设计验算点 P^*（图 8-13），这里把 P^* 记为 X^*，即

$$X_{oi} = X_i^* \ (i = 1, 2, \cdots, n) \tag{8-44}$$

由于设计验算点 X^* 在极限状态曲面上，所以有

$$g(X_1^*, X_2^*, \cdots, X_n^*) = 0 \tag{8-45}$$

从而可得

$$\begin{cases} \mu_Z = \sum_{i=1}^{n} (\mu_{X_i} - X_i^*) \frac{\partial g}{\partial X_i} \big|_{x^*} \\ \sigma_Z = \sqrt{\sum_{i=1}^{n} \left(\frac{\partial g}{\partial X_i} \big|_{x^*} \sigma_i \right)^2} \end{cases} \tag{8-46}$$

由于设计验算点 X^* 只知道在极限状态曲面上，具体位置事前并不能确定，所以直接应用式（8-46）计算可靠度指标 β 是不现实的，目前一般采用迭代的方法来得到可靠指标和设计验算点的值。为此将 σ_Z 改写成

$$\sigma_Z = \sum_{i=1}^{n} \alpha_i \sigma_{X_i} \frac{\partial g}{\partial X_i} \big|_{x^*} \tag{8-47}$$

式中

$$\alpha_i = \frac{\sigma_{X_i} \frac{\partial g}{\partial X_i} \big|_{x^*}}{\sqrt{\sum_{j=1}^{n} \left(\sigma_{X_j} \frac{\partial g}{\partial X_j} \big|_{x^*} \right)^2}} \tag{8-48}$$

事实上，α_i 反映应了变量 X_i 对 Z 的标准差的影响，称为灵敏系数。根据 α_i 的定义，显然有

$$-1 \leqslant \alpha_i \leqslant 1, \sum_{i=1}^{n} \alpha_i^2 = 1 \tag{8-49}$$

可靠指标可写为

$$\beta = \frac{\mu_Z}{\sigma_Z} = \frac{\displaystyle\sum_{i=1}^{n}(\mu_{X_i} - X_i^*)\frac{\partial g}{\partial X_i}\Big|_{x^*}}{\displaystyle\sum_{i=1}^{n}\alpha_i\sigma_{X_i}\frac{\partial g}{\partial X_i}\Big|_{x^*}} \qquad (8-50)$$

将上式重新排列得

$$\sum_{i=1}^{n}(\mu_{X_i} - X_i^* - \beta\alpha_i\sigma_{X_i})\frac{\partial g}{\partial X_i}\Big|_{x^*} = 0 \qquad (8-51)$$

由上式可得

$$\mu_{X_i} - X_i^* - \beta\alpha_i\sigma_{X_i} = 0 \quad i = 1, 2, \cdots, n \qquad (8-52)$$

于是得到设计验算点的设计公式

$$X_i^* = \mu_{X_i} - \beta\alpha_i\sigma_{X_i} \quad i = 1, 2, \cdots, n \qquad (8-53)$$

同时注意，由于 X_i^*（$i=1, 2, \cdots, n$）在极限状态曲面上，所以必须满足式（8-45）。这样由式（8-52）和式（8-45）的 $n+1$ 个方程，可以求解 β 和 X_i^*（$i=1, 2, \cdots, n$）共 $n+1$ 个未知量。求解的方法很多，这里介绍一种迭代方法：

（1）假设一个 β 值。

（2）取设计验算点初值，一般可取 $X_i^* = \mu_{X_i}$（$i=1, 2, \cdots, n$）。

（3）计算 $\dfrac{\partial g}{\partial X_i}\Big|_{x^*}$ 值。

（4）由式（8-48）计算 α_i。

（5）由式（8-53）计算新的验算点 X_i^*（$i=1, 2, \cdots, n$）。

（6）重复步骤（3）～（5），直到前后两次 X_i^*（$i=1, 2, \cdots, n$）的差值在容许范围之内为止。

（7）将所得的 X_i^*（$i=1, 2, \cdots, n$）值代入原功能函数计算 g 的值。

（8）检验 $g(X_1^*, X_2^*, \cdots, X_n^*)=0$ 是否满足，如果不满足，则重新假定一个新的 β 值，然后重复（3）～（7），直到 $g(X_1^*, X_2^*, \cdots, X_n^*) \approx 0$ 为止。

在上述迭代步骤中，也可取消步骤（6）而进行迭代。在实际计算中，β 的误差一般要求在 ± 0.001 之内。

第 9 章

工程项目招标投标管理与工程监理

9.1 工程项目招标投标管理

9.1.1 工程项目招标投标的概念

工程项目招标投标，是在市场经济条件下进行工程建设项目的发包与承包所采用的一种交易方式。在这种交易方式下，通常由工程发包方作为招标人，通过发布招标公告或者向一定数量的特定承包人发出招标邀请等方式发出招标的信息，提出项目的性质、数量、质量、工期、技术要求以及对承包人的资格要求等招标条件，表达将选择最能够满足要求的承包人与之签订合同的意向，由各有意提供服务的承包商作为投标人，向招标人书面提出自己对拟建项目的报价及其他响应招标要求的条件，参加投标竞争。经招标人对各投标者的报价及其他条件进行审查比较后，从中择优选定中标者，并与其签订合同。

工程项目招标投标的目的是在工程建设中引进竞争机制，择优选定勘察、设计、设备安装、施工、材料设备供应、监理和工程总承包等单位，以保证缩短工期、提高工程质量和节约建设投资，是运用竞争机制来体现价值规律的科学管理模式。

我国工程项目建设的招标投标制起步于 1982 年。1982 年开始的鲁布革引水工程采用国际招投标，促使我国从 1992 年通过试点后大力推行招标投标制。2000 年 1 月 1 日《中华人民共和国招标投标法》（以下简称《招标投标法》）开始实施后，我国进入了招标投标制全面实施的新阶段。

《招标投标法》把招标与投标的过程纳入法制管理的轨道，主要内容有通行的招标投标程序、招标人和投标人应遵循的基本规则、任何违反法律规定应承担的后果责任等。《招标投标法》的基本宗旨为：招标与投标活动属于当事人在法律规定范围内自主进行的市场行为，但是必须接受政府行政主管部门的监督。

9.1.2 工程项目招标投标的类别与范围

工程项目招标投标可以分为整个项目建设过程的全部工作，即工程项目总承包招标，或是其中某阶段的招标（或某阶段中的某专项招标）等。一般包括工程项目总承包招标投标、工程勘察设计招标投标、工程施工招标投标、工程项目监理招标投标以及与工程建设有关的重要材料、设备等的采购招标投标。

1. 工程项目总承包招标投标

又称工程项目全过程招标投标，国外称为"交钥匙"工程招标投标。它是指从项目建议书开始，包括可行性研究、勘察设计、设备材料询价与采购、工程施工、生产准备、投料试车，直至竣工投产、交付使用全面实行招标。工程总承包单位根据建设单位（业主）所提出的工程要求，对项目建议书、可行性研究、勘察设计、设备询价选购、材料订货、工程施工、职工培训、试生产、竣工投产等实行全面报价投标。工程项目总承包招标投标是在国际工程项目招标投标中采用较多的一种方式。

2. 工程勘察设计招标投标

指招标单位就拟建工程的勘察和设计任务发布通告，以法定方式吸引勘察单位或设计单位参加竞争，经招标单位审查获得投标资格的勘察、设计单位，按照招标文件的要求，在规定的时间内向招标单位填报投标书，招标单位从中择优确定中标单位完成工程勘察或设计任务。

3. 工程施工招标投标

是针对工程施工阶段的全部工作开展的招标投标，根据工程施工范围大小及专业不同，可分为全部工程招标、单项工程招标和专业工程招标等。

4. 工程项目监理招标投标

监理招标的标的是"监理服务"，与工程建设中其他各类招标的最大区别表现为：监理单位不承担物质生产任务，只是受招标人委托对生产建设过程提供监督、管理、协调、咨询等服务。由于标的的特殊性，招标人选择中标人的基本原则是"基于能力的选择"。

5. 物资设备采购招标投标

设备材料招标投标是针对设备、材料供应及设备安装调试等工作进行招标投标。

我国《招标投标法》规定，在我国境内进行下列工程建设项目包括项目的勘察、设计、施工、监理以及与工程建设有关的重要设备、材料等的采购，必须进行招标：

（1）大型基础设施、公用事业等关系社会公共利益、公众安全的项目。

（2）全部或者部分使用国有资金投资或者国家融资的项目。

（3）使用国际组织或者外国政府贷款、援助资金的项目。

防洪、灌溉、排涝、引（供）水、滩涂治理、水土保持、水利枢纽等水利项目均属于必须进行招标的关系社会公共利益、公众安全的基础设施项目。

《招标投标法》规定任何单位和个人不得将依法必须进行招标的项目化整为零或者以其他任何方式规避招标。根据该原则，原国家计委发布了《工程建设项目招标范围和规模标准规定》，进一步明确和细化了必须招标的范围。要求各类工程建设项目，达到下列标准之一者，必须进行招标：

（1）施工单项合同估算价在 200 万元人民币以上的。

（2）重要设备、材料等货物的采购，单项合同估算价在 100 万元人民币以上的。

（3）勘察、设计、监理等服务的采购，单项合同估算价在 50 万元人民币以上的。

（4）单项合同估算价低于（1）、（2）、（3）规定的标准，但项目总投资额在 3000

万元人民币以上的。

由于我国幅员辽阔，各地经济发展不平衡，因此原国家计委和建设部均作了补充性规定：省、自治区、直辖市人民政府可以根据实际情况规定本地区必须进行招标的具体范围和规模标准，但不得缩小国家已确定的必须进行招标的范围。在上述规定的指导下，各省、自治区、直辖市人民政府也发布了招标的范围和规模标准。如北京市规定：施工单项合同估算价在 200 万元人民币以上或者建筑面积在 2000 平方米以上的；重要设备、材料等货物的采购，单项合同估算价在 100 万元人民币以上或者单台重要设备估算价在 30 万元人民币以上的；并规定低于以上标准，但全部或者部分使用政府投资或者国家融资的项目中，政府投资或者国家融资金额在 100 万元人民币以上的，也必须进行招标。

9.1.3   工程项目的招标方式

为了规范招标投标活动，《招标投标法》规定招标方式分为公开招标和邀请招标两类。

1. 公开招标

公开招标也称无限竞争招标，由招标人按照法定程序，在有形建筑市场或新闻媒体（报刊、电子网络或其他媒体）发布招标公告，所有具备相应资质符合招标条件的法人或组织不受地域和行业限制都可以平等参加投标竞争，从中择优选择中标者。根据这一条的规定，公开招标需符合以下条件：

（1）招标人需向不特定的法人或者其他组织发出投标邀请。任何认为自己符合招标人要求的法人或者其他组织、个人都有权向招标人索取招标文件并届时投标。招标人不得以任何借口拒绝向符合条件的投标人出售招标文件，依法必须进行招标的项目，招标人不得以地区或者部门、行业等借口违法限制任何潜在投标人参加投标。

（2）公开招标必须采取公告的方式，向社会公众明示其招标要求，使尽可能多的潜在投标人获取招标信息，参与投标，从而保证公开招标的公开性。

公开招标的优点是招标人有较大的选择范围，有利于将工程项目的建设交给可靠的中标人实施并取得有竞争性的报价；有助于打破垄断，实行公平竞争；可以在较大程度上避免招标活动中的违法行为。其缺点是由于申请投标人较多，一般需设置资格预审程序，评标工作量大，组织工作复杂，招标过程所需时间较长，需要投入较多的人力和物力。公开招标方式主要适用于规模较大、结构复杂的工程项目。

2. 邀请招标

邀请招标，也称有限竞争招标，由招标人预先选择若干具备相应资质、符合招标条件的法人或组织，向其发出投标邀请函，由被邀请的承包商参与投标竞争，从中选定中标者。

邀请对象的数量一般以 5～7 家为宜，但不应少于 3 家。邀请招标的优点在于：经过选择的投标单位在施工经验、技术力量、经济和信誉上都比较可靠，因而一般能保证进度和质量要求。此外，参加投标的承包商数量少，因而招标时间相对缩短，招标费用也较少。其缺点在于，由于邀请范围较小选择面窄，可能会排斥某些在技术上或报价上更有竞争实力的潜在投标人，因此投标竞争的激烈程度相对较差。

9.1.4　工程项目的招标投标代理

工程建设项目招标的组织形式有自行组织招标和委托工程招标代理机构代理招标。依法必须进行招标的工程项目，招标人自行办理招标事宜的，应当具有编制招标文件和组织评标的能力。不具备自行组织招标能力的招标人应当委托具有相应资格的工程招标代理机构代理招标。

招标代理机构属于中介服务机构。工程项目招标投标中为当事人提供有偿服务的社会中介代理机构包括各种招标公司、招标代理中心、标底编制单位等。招标代理机构是依法成立的组织，与行政机关和国家其他机关没有隶属关系，但必须取得建设行政主管部门的资质认定。建设部颁布的《工程建设项目招标代理机构资格认定办法》第十条规定，申请工程招标代理资格的机构应当具备下列条件：

(1) 是依法设立的中介组织，具有独立法人资格。

(2) 与行政机关和其他国家机关没有行政隶属关系或者其他利益关系。

(3) 有固定的营业场所和开展工程招标代理业务所需设施及办公条件。

(4) 有健全的组织机构和内部管理的规章制度。

(5) 具备编制招标文件和组织评标的相应专业力量。

(6) 具有可以作为评标委员会成员人选的技术、经济等方面的专家库。

(7) 法律、行政法规规定的其他条件。

9.1.5　政府行政主管部门对招标投标的监督

建设工程项目招标投标涉及到各行业各部门，如建筑、水利水电、铁路、石油等，若各自为政，部门、行业和地区彼此割据封锁，必定会使建设市场混乱无序，无从管理。为了维护建筑市场的统一性、竞争有序性和开放性，国家指定建设部为统一归口的建设行政主管部门，它是全国最高招标投标管理机构。在建设部的统一监管下，省、市、县三级建设行政主管部门对所辖行政区内的工程项目招标投标实行分级管理，其主要职责有以下几个方面。

1. 依法核查必须采用招标方式选择承包单位的工程项目

《招标投标法》规定，任何单位和个人不得将必须进行招标的项目化整为零或者以其他任何方式规避招标。如果发生此类情况，有权责令改正，可以暂停项目执行或暂停资金拨付，并对单位负责人或其他直接责任人依法给予行政处分或纪律处分。

2. 招标备案

依法必须招标的工程项目，无论是自行组织招标还是委托代理招标，均应按照法规，在发布招标公告或者发出招标邀请之前，持相关材料到县级（含县级）以上地方人民政府建设行政主管部门备案。

3. 对招标有关文件的核查备案

招标人有权根据其工程项目的特点编写招标文件，但其内容不得违反法律法规的规定。

(1) 投标人资格审查文件中不得：①以不合理条件限制或排斥潜在投标人；②对潜在投标人实行歧视待遇；③强制投标人组成联合体投标。

（2）招标文件应当含有进行招标的工程项目的所有实质性要求和条件、合同的主要条款，应使投标人明确工作范围和责任。

（3）招标文件中不应含有限制公平竞争的条件。

4. 对投标活动的监督

依法必须招标的工程项目，应当进入有形建筑市场进行招标投标活动。建设行政主管部门认可的建设工程交易中心，可以使主管部门对招标投标活动进行监督，也可以为招标投标活动提供场所。

5. 查处招标投标活动中的违法行为

《招标投标法》规定，国务院规定的有关行政监督部门依法对招标投标活动实施监督，依法查处招标投标活动中的违法行为。

9.2　工程项目招标投标工作程序

9.2.1　招标工作程序

9.2.1.1　招标准备阶段

招标准备阶段的工作由招标人单独完成，与投标人无关。在招标准备阶段，招标人需完成以下工作。

1. 选择招标方式

（1）根据工程项目的实施进度计划和特点，确定项目建设过程中的招标次数和招标的内容，如设计招标、监理招标、施工招标、设备采购招标等。

（2）根据招标前项目的进展情况和工程规模特征等，确定合同的计价方式，如总价合同、单价合同。

（3）根据工程项目自身特点以及相关法律法规，确定是否公开招标。

2. 办理招标备案

到建设行政主管部门办理申请招标手续，备案时一般需提交以下内容：招标的工作内容和范围、招标的方式、计划工期、投标人的资质要求、拟招标项目的前期工作开展情况、是否委托代理招标等。获得建设行政主管部门认可后方可开展招标工作。

3. 编制招标文件

在招标准备阶段应该编制在招标过程中会涉及到的有关文件，如招标广告、资格预审文件、招标文件、合同协议书、资格预审和评标的方法等。

国家发改委、财政部、建设部、铁道部、交通部、信息产业部、水利部、民航总局、广电总局联合编制了《标准施工招标资格预审文件》和《标准施工招标文件》，对招标文件内容作了具体规定。

9.2.1.2　招标阶段

1. 发布招标公告

招标公告（Tender Notice）是指招标人通过报刊、电子网络或其他媒体发布的招标通告，其作用是让潜在投标人获得招标信息，以便进行项目筛选，确定是否进行投标，参与竞争。一般要求在投标开始前至少 45 天发布招标公告。招标公告（邀请招标则为投标邀请函)的一般内容有：招标人的单位名称、项目资金来源、工程概况(如工程规模、性质、地点、工期等)、投标者的资格条件、发售资格预审文件或招标文件的地点、时间和价格等。

2. 资格预审

资格预审(Prequalification)是指在投标前招标人对潜在投标人进行资格审查，考察其财政状况、技术能力、管理水平以及资信等方面的情况。一方面可以保证投标者在资质和能力方面能够满足完成工程建设的要求；另一方面通过评审优选出综合实力较强的申请投标人，再请他们参与竞争，可以减少评标的工作量。

资格预审的做法一般是愿意参加投标者在规定的时间内向招标人购买资格预审文件，填写后在规定的时间内报送招标机构，接受审查。

投标人首先必须满足资格预审文件规定的必要合格条件和附加合格条件，其次投标人的评定得分须在预先确定的最低分数线以上。一般采用的合格标准有两种：一种是限制合格者数量(如5家)，按投标人得分高低次序向预订数量的投标人发出邀请投标函并请其予以确认(或者发布资格预审结果公告)；另一种是不限制合格者的数量，凡是满足80%以上分数的潜在投标人均视为合格。

必要的合格条件通常包括：

(1) 投标人的基本情况，如企业性质、组织机构、登记注册情况等。

(2) 工程经验及业绩，包括以往承担的工程业绩，特别是和招标项目类似的工程经验。

(3) 企业人员状况，包括技术人员、专家、管理人员的情况，招标项目的人员组织等。

(4) 技术装备和施工能力，拥有的主要设备类型及数量等。

(5) 财务状况，要提供企业资产负债表、损益表、财务状况变动表等，要反映可用于招标项目的流动资金。

(6) 企业的商业信誉。

(7) 其他方面。

附加合格条件主要是根据工程项目的特点是否对投标人有特殊要求决定有无。普通工程项目一般承包人均可完成，可以不设置附加合格条件。对于大型复杂项目，尤其是需要有专门技术、设备或经验的投标人才能完成时则应设置此类条件。如鲁布革输水洞工程招标时，要求投标人具有对洞径大于6m，总长度不少于3000m的水工压力隧洞的施工经验。附加合格条件是为了保证工程项目能够保质、保量、按期完成，按照项目特点设定而不是针对外地区或外系统投标人，因此不违背《招标投标法》的有关规定。

3. 发放招标文件

在资格预审结束后，招标人应通知审查合格的投标人在规定的时间和地点购买招标文件。

4. 组织现场勘察

招标人必须在招标文件(投标须知)规定的时间组织投标人进行现场考察。组织该活动的目的在于让投标人了解工程项目的现场情况，如：

（1）地形、地貌。

（2）水文地质、土质、地下水位等。

（3）气候条件，包括气温、湿度、风力风向、降雨降雪等。

（4）现场通信、电力、供水、排水等。

（5）可供使用的施工用地、临时设施等。

投标人可根据了解的现场情况，确定投标原则和策略。也可避免投标人在履行合同的过程中以不了解现场情况为由推卸应承担的合同责任。

5. 解答投标人的疑问

投标人在研究招标文件和现场考察后可以以书面形式提出一些质疑问题，招标人应及时予以书面解答，而且对任何一家投标人所提问题的回答，必须发送给每一位投标人，以保证招标的公开和公平。

9.2.1.3　决标成交阶段

1. 开标

开标（Bid Open）是在投标截止时间后，按照招标文件规定的时间和地点，在评标委员会全体成员和所有投标者参加的情况下举行开标会议。开标会议由招标人主持，一般按照以下程序进行：

（1）主持人宣布会议开始，介绍参加开标会议的单位、人员及工程项目的相关情况。

（2）由投标人代表确认投标文件的密封是否完好。

（3）宣布公证、唱标、记录人员名单以及由招标文件规定的评标原则、定标办法。

（4）宣读投标人的单位名称、投标报价、工期、质量目标、主材用量、投标保函及投标文件的修改、撤回等情况，并作当场纪录。

（5）投标人的法定代表人或其代理人在记录上签字，确认开标结果。

（6）宣布开标会议结束，进入评标阶段。

开标后，任何人都不允许更改投标文件的内容和报价，也不允许再增加优惠条件。在开标时，若发现投标文件有下列情形之一的，将被视为无效投标文件，当场宣布无效，不能进入评标阶段：

（1）投标文件未按招标文件的要求进行密封。

（2）投标文件中投标函未加盖投标人的企业及企业法定代表人印鉴，或者企业法定代表人委托代理人没有有效的委托书（原件）及委托代理人印鉴。

（3）投标文件的关键内容不全、字迹模糊辨认不清或者明显不符合招标文件要求。

（4）未按招标文件要求提供投标保证金或投标保函。

2. 评标

评标由评标委员会负责。评标委员会由招标人的代表、上级主管部门和受聘的专家组成（如果委托招标代理的，还要有招标代理单位的代表参加），人数为 5 人以上的单数，其中技术、经济方面的专家不得少于 2/3，招标人以外的专家也不得少于成员总数的 2/3。

评标专家由从事相关领域工作满 8 年，具有高级职称或同等专业水平的工程技术、经济管理人员担任。省（自治区、直辖市）和地级以上城市的建设行政主管部门在建设工程交易中心设立评标专家库。评标专家从专家库中随机抽取。

由于工程项目规模不同、招标的标的也不同，评审方法可分为定性评审和定量评审两种。对于技术简单、工程规模较小的工程，可以采用定性比较的专家评议法，评标委员对各标书进行认真分析比较后，以记名或不记名投票表决的方式确定各方面都较好的投标人为中标人。对于大型工程应采用定量的"综合评分法"，又称打分法。这种做法是先在评标办法中确定评价因素以及它们所占的比例和评分标准。开标后每个评标委员按照评分标准进行打分，最后统计每个投标人的得分，总分最高者为最优。大型复杂工程的评分标准最好设置几级评分目标，以利于评委控制打分标准，减小随意性。评分的指标体系及权重应根据招标工程项目特点设定。

以下举例说明定量综合评分法的应用。

某大型工程，技术难度大，对施工单位的设备和同类工程施工经验要求高，且工期紧迫，业主研究制定了如下评标规定：

（1）技术标 30 分，其中：施工方案 10 分，施工总工期 10 分，工程质量 10 分。

该工程施工方案已确定，各投标单位均得 10 分。

满足业主总工期（36 个月）要求者得 4 分，每提前一个月加 1 分，不满足者不得分。

自报工程质量合格者得 4 分，自报工程质量优良者得 6 分（若实际工程质量未达到优良则扣罚合同价款的 2%），近 3 年内获得鲁班工程奖每项加 2 分，获得省优工程奖每项加 1 分。

（2）商务标 70 分。报价不超过标底（3800 万元）的±5%者为有效标，超过者为无效标。报价为标底的 97%者得满分 70 分；报价比标底的 97%每下降 1%扣 1 分，每超过 1%扣 2 分。

有三家单位经资格预审后参与最后的评标。各单位的投标关键参数见表 9-1。

表 9-1　　　　　　　　　各投标单位投标报价资料

投标单位	报价（万元）	总工期（月）	自报工程质量	鲁班工程奖	省优工程奖
A	3694	31	优良	1	1
B	3724	33	优良	1	2
C	3671	32	优良	0	1

用定量综合评分法进行分析：

（1）统计计算各投标单位技术标得分，见表 9-2。

（2）计算各投标单位商务标得分，见表 9-3。

（3）计算各投标单位综合得分，见表 9-4。

表 9 - 2　　　　　　　　　　　　　　各投标单位技术标得分统计

投 标 单 位	施 工 方 案	总 工 期	工 程 质 量	合 计
A	10	4＋（36－31）×1＝9	6＋2＋1＝9	28
B	10	4＋（36－33）×1＝7	6＋2＋2＝10	27
C	10	4＋（36－32）×1＝8	6＋1＝7	25

表 9 - 3　　　　　　　　　　　　　　各投标单位商务标得分统计

投标单位	报　价	报价占标底的比例（%）	扣　分	得　分
A	3694	3694/3800＝97.2	（97.2－97）×2≈0	70－0＝70
B	3724	3724/3800＝98.4	（98.0－97）×2＝2	70－2＝68
C	3671	3671/3800＝96.6	（97－96.4）×1≈1	70－1＝69

表 9 - 4　　　　　　　　　　　　　　各投标单位综合得分统计

投 标 单 位	技 术 标 得 分	商 务 标 得 分	综 合 得 分
A	28	70	98
B	27	68	95
C	25	69	94

A 公司综合得分最高，故应选择 A 公司中标。

报价部分的评分可以分为以标底衡量、以复合标底衡量和无标底比较三类。

（1）以标底衡量报价得分。首先根据预先确定的允许报价浮动范围（比如±5%）确定入围的有效投标，然后根据 $\dfrac{报价－标底}{标底}$ 的计算值确定报价得分，例如报价满分 60 分，则偏差范围为－（3～5）%时得 40 分；－（2～1）%时得 60 分；＋（2～1）%时得 50 分；＋（5～3）%时得 30 分。

（2）以复合标底衡量报价得分。若在编制的标底未能反映出较先进的施工技术水平和管理水平，则可能导致报价分的评定不合理。采用复合标底（修正的标底）作为衡量标准则可弥补此缺陷。具体的步骤为：

1）计算各标书报价的算术平均值。

2）将标书平均值与标底再作算术平均。

3）以第 2）步算出的值为中心，按预先确定的允许浮动范围确定入围的有效投标书。

4）计算入围的有效标书报价的算术平均值。

5）将标底和第 4）步计算的值进行平均作为衡量报价得分的标准。此步计算平均可采用算术平均，也可采用加权平均。

6）按照确定的计算方法，按报价与标准值的偏离度计算各标书的报价得分。

（3）无标底的评分法。如果标底编制得不够合理，则有可能对某些投标书的报价评分不合理。为了鼓励投标人报价竞争，可以不预先制定标底，而用反应投标人报价平均水平的某一值作为衡量基准评定各投标书的报价得分。采用较多的方法有：

1) 以最低报价为标准值。在所有投标书报价中以报价最低者为标准（最低者得满分），其他投标人的报价按预先确定的偏离百分比计算相应得分。需注意的是，若最低报价比次低投标人的报价相差悬殊（如20%以上），则应先考察最低报价人是否有低于其企业成本的竞标，若其报价的费用组成合理，方可作为标准值。

这种方法适用于工作内容简单，一般投标人采用常规方法都可以完成的施工内容。

2) 以平均报价为标准值。开标时计算各标书报价的平均值，可以采用简单算术平均值或平均值下浮某一预先规定的百分比作为标准值，再根据各标书报价与标准值的偏离度计算其投标报价得分。对某些较为复杂的工作任务，不同的施工组织和施工方法可能产生不同的效果，因此不应过分追求报价，故采用投标报价的平均值作为衡量标准。

评标结束后，评标委员会要编制评标报告，主要内容有：招标情况，如工程概况、招标范围、招标主要过程等；开标情况，如开标的时间、地点、参加的单位和人员等；评标情况，评标委员会的组成人员、评标的方法、内容及依据、对各标书的分析及评审意见；投标人的评标结果排序，并提出招标候选人的推荐名单。

3. 定标

中标人应该根据评标报告和推荐的中标候选人名单确定中标人，也可以授权评标委员会直接定标。

中标人确定后，招标人向中标人发出中标通知书，同时将中标结果通知其他未中标的投标人并退还他们的投标保证金或保函。

中标通知书发出后的30天内，双方应按照招标文件和投标文件签订书面合同，合同价应当与中标价一致，合同的其他主要条款应当与招标文件、中标通知书一致，中标人不得向中标人提出任何不合理要求作为签订合同的条件。

中标人确定中标人后15天内，应向有关行政监督部门提交有关准备投标情况的书面报告。

9.2.2 投标工作程序

投标（Bidding）是指投标人根据招标人的要求或以招标文件为依据，在规定期限内向招标人提交投标文件及报价，争取获得工程项目承包权的活动。投标的工作程序与招标程序相配合，以下作简要介绍。

9.2.2.1 准备工作

欲承包工程的企业通常需要在工程所在地的建设工程交易中心注册登记，如广州市建设工程交易中心规定施工企业、勘察设计企业、监理企业、设备、材料企业等均需在其网站注册，并提交相关材料的纸质版本（原件、复印件）以供验证办理 IC 卡，如组织机构代码证、营业执照副本、企业资质证书副本、注册工程师注册证书、项目负责人（专业技术人员）的聘书、项目负责人职称证书等（施工企业、勘察设计企业、监理企业、设备、材料企业等材料要求各不相同）。

承包国际工程的企业一般也需在工程所在国的有关部门登记注册（Registration），某些国家如沙特阿拉伯，对外国公司注册规定较严，未经登记注册取得承包许可证的外国公司，不允许开展有关业务和承揽工程。

9.2.2.2　购买招标文件（或资格预审文件）

欲承包工程的企业应在招标公告规定的时间期限内在指定地点购买招标文件（或资格预审文件）。对于设置了资格预审程序的工程项目，企业应按照资格预审文件规定的格式、内容填写资格预审文件，并在资格预审文件规定的时间内提交。在获得投标权后再于规定的时间期限内购买招标文件。

9.2.2.3　研究招标文件

招标文件是投标和报价的主要依据，也是进行投标决策的重要依据。因此在获取招标文件之后应组织力量对招标文件进行认真细致的研究，参与的人员应涉及相关专业的设计、施工、造价等。通过对招标文件的认真研究，全面地权衡利弊得失，作出是否投标的决策。

9.2.2.4　调查研究和澄清问题

在研究招标文件的基础上作出投标决策后，下一步就必须尽快进行调查研究，对存在的问题进行质询与澄清，尽快获取投标报价所需的有关数据和情报。

投标人应该重视且积极参加招标人组织的现场勘察活动，充分深入调查研究收集必需的资料，如现场通信、电力、供水、排水，可供使用的施工用地、临时设施，当地材料供应情况等。对于存在的问题要及时向招标人进行质询，要利用招标人组织的交底等机会进一步明确招标文件的有关内容。

9.2.2.5　估价和确定投标报价

通过对招标文件中的设计说明、设计图纸以及工程量清单等，核实工程量，并进行定额分析、单价计算、工程成本造价估算，确定报价。

9.2.2.6　编制投标文件

投标文件应按招标文件中规定的内容和格式要求进行编制。投标文件中的条款具有法律效力，是合同的依据，一旦报出即不能撤回，文字上应注意严谨、准确、完整。

9.2.2.7　投送投标文件

按招标文件的要求备齐投标文件所有内容并加盖单位及单位法定代表人印鉴后，分类装订成册装入密封袋中，并在规定的期限内送至指定的地点。但也要注意投送投标文件也不宜过早，以免发生新情况时无法更改。

9.2.2.8　参加开标会和签约

投标人应按规定的日期参加开标会。投标人接到中标通知书后，应在招标人规定的时间内与招标人谈判签订合同。

9.3　建 设 工 程 监 理

9.3.1　建设工程监理的基本概念

9.3.1.1　建设工程监理的概念

建设工程监理是指具有相应资质的工程监理单位，接受建设单位的委托和授权，根据国家批准的工程项目建设文件、有关工程建设的法律、法规和工程建设监理合同以及其他工程建设合同，对工程项目建设进行监督管理的专业化服务活动，以保障工程建设井然有序而顺畅地进行，达到工程建设的快好省和取得最大投资效益的目的。

监理单位是指取得监理资质证书、具有法人资格的监理公司、监理事务所和兼承监理业务的工程设计、科研机构及工程建设咨询单位，是具有独立法人资格的经济实体。

监理单位在接收建设单位的委托后，用合同方式与建设单位（业主）签订"工程项目监理委托合同"，在合同中明确规定监理的范围、双方的权利和义务。

建设工程监理的内涵有：

（1）建设工程监理的行为主体是监理企业。建设工程监理单位是具有独立性、社会化、专业化等特点的专门从事工程建设监理和其他相关工程技术服务活动的经济组织。只有工程建设监理单位才能按照独立、自主的原则，以"公正的第三方"的身份开展工程建设监理活动。

建设行政主管部门对工程项目建设行为所实施的监督管理活动、项目业主所进行的管理、总承包单位对分包单位进行的监督管理，都不属于工程建设监理范畴。

（2）建设工程监理是针对工程项目建设所实施的监督管理活动。建设工程监理，其对象包括新建、改建和扩建的各种工程项目。按照《建设工程监理范围和规模标准规定》，我国强制实行监理的建设工程包括：国家重点建设工程；项目总投资额在3000万元以上的大中型公用事业工程；成片开发建设的建筑面积在5万平方米以上的住宅建设工程；利用外国政府或者国际组织贷款资金的项目；学校、影剧院、体育场馆项目；总投资额在3000万元以上关系社会公共利益、公众安全的基础设施项目。

（3）建设工程监理实施的前提是受建设单位委托。按照《中华人民共和国建筑法》第三十一条规定，建设单位与其委托的工程监理企业应当订立书面建设工程委托监理合同。只有监理合同中对工程监理企业进行委托与授权，工程监理企业才能在委托的范围内，根据建设单位的授权，对承建单位的工程建设活动实施科学管理。

（4）建设工程监理的依据是委托监理合同和工程建设文件。建设工程监理是具有明确依据的监督管理活动，其监理的依据主要有两个方面：

1）建设工程委托监理合同和有关的建设工程合同是建设工程监理的最直接依据。工程监理企业只有在监理合同委托的范围内监督管理承包单位履行其与建设单位所签订的有关建设工程合同（包括咨询合同、勘察合同、设计合同、设备采购合同和施工合同）。

2）工程建设文件，包括批准的可行性研究报告、建设项目选址意见书、建设用地规划许可证、建设工程规划许可证和批准的设计文件以及施工许可证等。

建设工程监理的性质有：

（1）服务性。建设工程监理的服务属性是由监理的业务性质决定的。建设工程监理是工程监理企业为建设单位提供专业化项目管理服务，是在工程项目建设过程中，利用自己在工程建设方面的知识、技能和经验为客户提供高智能监督管理服务，以满足项目业主对项目管理的需要。它的直接服务对象是委托方，也就是项目业主。建设工程监理的服务性，决定了工程监理企业并不是取代建设单位的建设管理活动，而是为建设单位提供专业化服务。因此，工程监理企业不具有建设工程重大问题的决策权，而只是在委托与授权范围内代表建设单位进行项目管理。工程建设监理的服务性使它与政府对工程建设行政性监督管理活动区别开来。

工程建设监理既不同于承建商的直接生产活动，也不同于业主的直接投资活动。它既不是工程承包活动，也不是工程发包活动。监理单位既不向业主承包工程造价，也不参与承包单位的赢利分成。它所获得的报酬是提供技术服务的劳务报酬。

(2) 科学性。工程建设监理是一种高智能的技术服务，从事工程建设监理活动应当遵循科学的准则。工程建设监理以协助业主实现其投资目的为己任，力求在预定的投资额、进度、质量目标内实现工程项目。只有应用科学的思想、理论、方法、手段才能监管好工程项目建设。

按照工程建设监理科学性要求，监理单位应当有足够数量的、业务素质合格的监理工程师；要有一套科学的管理制度；要掌握先进的监理理论、方法，积累足够的技术、经济资料和数据；要拥有现代化的监理技术和器具；要有科学的工作程序。

(3) 独立性。独立性是建设工程监理的一项国际惯例。国际咨询工程师联合会明确指出，监理单位是"作为一个独立的专业公司受聘于业主去履行服务的一方"，应当"根据合同进行工作"，监理工程师应当"作为一名独立的专业人员进行工作"。同时，国际咨询工程师联合会要求其会员"相对于承包商、制造商、供应商，必须保持其行为的绝对独立性，不得从他们那里接受任何形式的好处，而使他的决定的公正性受到影响或不利于他行使委托人赋予他的责任"。

《中华人民共和国建筑法》第三十四条规定："工程监理单位与被监理工程的承包单位以及建筑材料、建筑构配件和设备供应单位不得有隶属关系或其他利害关系。"《建筑工程监理规范》规定："监理单位应公正、独立、自主地开展监理工作，维护建设单位和承包单位的合法权益。"从事工程建设监理活动的监理单位是直接参与工程项目建设的"三方当事人"之一。它与项目业主、承建商之间的关系是平等的。在工程项目建设中，监理单位是独立的一方，如果不能做到这一点，处处按照建设单位的指挥行事，也就失去了这种引入第三方专业管理的意义。

监理单位在履行监理合同义务和开展监理活动的过程中，要建立自己的组织，要确立自己的工作准则，要运用科学的方法和手段，根据自己的判断，独立地开展工作。监理单位既要认真、勤奋、竭诚地为委托方服务，协助业主实现预定目标，也要按照公正、独立、自主的原则开展监理工作。

(4) 公正性。《中华人民共和国建筑法》第三十四条规定："监理单位应当根据建设单位的委托，客观、公正地执行监理任务。"

监理单位和监理工程师在工程建设过程中，应当作为能够严格履行监理合同各项义务，能够竭诚地为客户服务的"服务方"；同时，也应当成为"公正的第三方"，也就是在提供监理服务的过程中，监理单位和监理工程师应当排除各种干扰，以公正的立场对待委托方和被监理方，特别是当业主和被监理方发生利益冲突或矛盾时，应能够以事实为依据，以有关法律、法规和双方所签订的工程建设合同为准绳，站在第三方立场上公正地加以解决和处理。

公正性是监理行业的必然要求，是工程建设监理正常和顺利开展的基本条件，是监理单位和监理工程师的基本职业道德。

9.3.1.2 实行建设工程监理的意义

（1）控制工程质量是监理企业的最主要作用之一。监理机构在工程开工伊始即进入施工现场，自始至终控制着工程质量的发生发展，系统开展全过程检验和试验，包括进货检验和试验、过程检验和试验、最终检验和试验；通过开工审查、方案会审、分包商准入、人员资格确认、材料把关、每道施工工序的质量把关、隐蔽工程的检查验收、重要部位的旁站、日常巡视、平行检验、项目安全及使用功能的试验确认等；通过一系列的控制手段，适时监控承包商达到设计图纸、合同及规范要求；事实上工程监理扮演着社会人的角色，心平气和地代表着人民群众未来住户的利益在现场监督，同时维护建设方最大利益和承包商合法正当的利益。

（2）进行施工进度控制。监理在施工中扮演重要角色：调节施工节奏，协调内部关系，督促承包商按进度计划实施，监帮结合，发现工期拖延时及时下发赶工令，审核赶工措施，确保承包商按期竣工。

（3）进行造价控制，努力降低工程造价，提高投资效果。过去一般情况下，概算超估算、预算超概算、决算超预算现象较普遍。现在实行工程量清单、总价合同和进度付款制度，每月工程进度款一般由施工方先把申请表报给监理，监理根据施工图、合同条款及现场完成情况批准付款证书。对于影响造价因素大的设计变更、索赔控制，监理都要谨慎行事，严格控制。所以，目前体制下，确定与控制工程造价效果较好。另外，监理的合理化建议可为业主节省建设资金。

（4）进行合同管理，这方面的工作越来越重要，也是目前我国监理的薄弱环节、却是国际监理的重点和强项。使建设方、施工方全面实际履约合同，是合同管理的终极目标。目前我国普遍合同意识较为淡薄，合同履约率不高，甲乙双方合同纠纷经常发生，引入监理后，监理以充分信任的第三人身份可平衡关系，督促双方严格履行合同。监理是施工的见证人，因此能在公正处理索赔中，充分发挥作用。

（5）在工程内部协调中发挥作用。由于目前建筑朝智能化、自动化、新型化、多样化发展，参建单位越来越多，一个工程总包商、分包商、制造商、供应商等加起来一般也有十几个，大型工程有几十个单位，如何同步协调施工与安装，单靠总包方不能胜任。监理通过召开定期监理例会、签发监理通知单、会见承包商等形式在其中发挥调和、协商等重要作用。

（6）在安全文明施工管理中的作用，这点在国际监理中没有。一般来讲，安全文明施工由承包商负责，除非证明由于监理的直接责任导致现场不安全、不文明。但我国是社会主义制度，监理具有中国特色，政府要求监理可利用在施工现场的有利条件及时发现安全隐患，及时通知承包商立即整改，当工地管理出现不文明现象时要求及时整改，以达到齐抓共管、安全生产、保护环境、文明施工。

9.3.1.3 我国建设监理的发展

我国建设监理制度从1988年起步，历经了20年的创新发展，已经形成了中国特色的工程管理制度。回顾20年建设监理的发展历程，历经探索试点、稳步推进、全面发展三个阶段，可以说，建设监理制度的创立，揭开了我国工程建设管理体制改革的新篇章。

早在改革开放初期，我国"三资"项目引进国外咨询监理公司的做法，引发了相关部门对实行"监理制"的思考。在鲁布革水电站引水工程成功实行工程监理后，我国的一些大型项目开始尝试建设管理体制改革的探索。随着我国改革开放的深入，市场经济体制的深化，具有中国特色的工程建设项目管理模式——建设监理制度逐步成形。从1988年开始在工程建设领域实行工程监理制试点后，于1992年在全国范围内全面推行工程监理制。到1996年起开始了全面发展。

1. 探索试点

这个时期历时约4年。试点阶段的主要任务是：积极摸索积累经验，制定一些建设监理初期发展的法规、规范、标准等，培训人才、建设队伍，提出建设监理初期发展需要的政策性意见。该阶段的特点是：监理单位不设资质，组织形式可以多样；监理费用不设标准，由委托和被委托方协商确定；监理费用纳入预算，暂在建设单位管理费中列支。

1988年7月，建设部发布了《关于开展建设监理工作的通知》提出建立具有中国特色的建设监理制度。该通知明确阐述了在我国建立实施建设监理制度的必要性，建设监理的范围和对象，建设监理的组织机构和工作内容以及实施建设监理的步骤。该通知的发布标志着我国监理事业的正式开始。同年11月，建设部发出《关于开展建设监理试点工作的若干意见》，决定建设监理制先在北京、上海、南京、天津、宁波、沈阳、哈尔滨、深圳八市和能源、交通的水电与公路系统进行试点。

截至1991年12月，建设监理试点工作已在全国25个省（自治区、直辖市）和15个工业、交通部门开展，实施监理的工程在提高质量、缩短工期、降低造价方面取得了显著效果。

2. 稳步推进

稳步发展阶段历时4年半左右。1992年1月，建设部颁布了《工程建设监理单位资质管理试行办法》。该办法主要内容包括监理单位设立必须具备的条件和申报程序；监理单位的资质等级标准及其监理业务范围；中外合营、中外合作监理单位的资质管理；监理单位的证书管理；监理单位的变更与终止；罚则等。该办法规定的监理单位设立申请、变更和终止，程序规范、简单；规定的资质标准适中，符合建设监理发展初期的实际情况。自1992年7月该办法施行到2001年发布新的《工程监理企业资质管理规定》的9年间，对规范政府的监管行为，促进工程监理企业的发展，发挥了很好的作用。1993年建设部正式按该办法核定工程监理企业资质，到1995年底，所有工程监理都确定了资质。

1992年6月，建设部发布了《监理工程师资格考试和注册试行办法》。该办法主要内容包括监理工程师资格考试，监理工程师注册及罚则。1992年9月，国家物价局和建设部发出《关于发布工程建设监理费有关规定的通知》。该《通知》适合了建设工程监理初期发展阶段尚无明确规范，监理工作内容有很大不确定性的实际要求。到2007年新的收费标准出台，整整运行了15年。1995年10月，建设部、国家工商行政管理总局印发了《工程建设监理合同》示范文本；同年12月，建设部、国家计委颁发了《工程建设监理规定》。在此阶段，北京、上海、河北、浙江、湖南等省（直辖市）政府或人大常委会也发布了本地区的建设监理法规。

在稳步推进阶段，我国初步形成了比较完善的监理法规体系和行政管理体系；大中型工程项目和重点开发工程项目基本都实行了监理；监理队伍的规模和监理水平基本上能满足国内监理业务需要。

3. 全面发展

在1995年12月召开的全国第六次监理工作会议上，建设部决定按照原定计划，从1996年开始，在全国全面推行建设工程监理制。这个阶段的特点是规范建设监理市场行为的各项法律、法规、规章、规范相继出台，初步形成了相应的法律、法规体系；建设监理已被社会认可，覆盖广泛，效益明显，建设监理开始成为我国建设领域的基本制度之一。在这一时期，出台的与建设监理相关的法律主要有《建筑法》、《合同法》、《招标投标法》等，这也是我国首次以法律形式对工程监理作出规定，这对我国建设工程监理制度的推行和发展、对规范监理行为，具有十分重要的意义。从此，建设监理走上了法制化的轨道。

通过20年的发展，我国监理队伍迅速壮大。全国监理企业已从1995年的1500家发展到目前的6200余家；从业人员由1995年的8万人发展到目前的50余万人；通过考试取得监理工程师执业资格证书的人员目前已达15余万人，其中有10余万人经过注册取得了监理工程师岗位证书。目前，工程监理行业已形成了总监理工程师、专业监理工程师、监理员三个层次的人才队伍。

目前，国有投资的工程项目基本上实施了工程监理，非国有投资项目，尤其是外资项目大多也委托了工程监理。在各类建设工程中普遍实施了工程监理制度，尤其是在三峡工程、青藏铁路、南水北调、奥运工程等一批国家重点工程和大中型建设项目上，工程监理的作用日益明显，并成为工程建设不可缺少的重要环节。

推行建设监理制，使我国工程建设项目管理体制逐步由传统的自筹、自建、自管的小生产管理模式，向社会化、专业化、现代化的管理模式转变，是工程建设领域里的一项重大改革。它对于完善建设项目管理体制，提高工程建设水平，保证工程质量，实现投资综合效益等方面发挥了重要作用，促进了我国工程建设管理体制的进一步完善。

9.3.2 建设工程监理的主要内容

9.3.2.1 监理工作的内容

建设工程监理的工作内容是通过目标规划、动态控制、组织协调、信息管理、合同管理等基本方法，与工程建设项目建设单位和承建单位一起实现建设项目。

1. 目标规划

目标规划是指以实现目标控制为目的的规划和计划，它是围绕工程建设项目投资、进度和质量目标进行的研究确定、分解综合、安排计划、风险管理、制定措施等项工作的集合。目标规划是目标控制的基础和前提，只有做好目标规划的各项工作才能有效地实施目标控制。随着工程的进展，目标规划可分为循序渐进的五个阶段：

（1）目标规划的论证。目标规划工作者应先正确地确定投资、进度、质量目标或对已经初步确定的目标进行论证。

（2）目标分解。按照目标控制的需要将各目标进行分解，使每个目标都形成既能分解又能综合地满足控制要求的目标划分系统，便于实施有效的控制。

（3）编制动态计划。把工程建设项目实施的过程、目标和活动编制成动态计划，用动态的计划系统来协调和规范工程建设项目，为使项目能协调有序地实现其预定目标打下基础。

（4）风险分析。对计划目标的实现进行风险分析和管理，以便采取有效措施实施主动控制。

（5）综合控制。制定各项目的综合控制措施，例如组织措施、技术措施、经济措施、合同措施等，保证计划目标的实现。

2. 动态控制

动态控制是在完成工程建设项目的过程当中，通过对过程、目标和活动的跟踪，全面、及时、准确地掌握工程建设信息，定期将实际目标值与计划目标值进行对比，以便及时发现预测目标与计划目标的偏差而及时给予纠正，最终实现计划总目标。

动态控制是监理单位和监理工程师在开展工程建设监理活动时采用的基本方法，动态控制工作贯穿于工程建设项目的整个监理过程中，并与工程建设项目实施的动态性相一致，控制流程如图 9-1 所示。工程在不同的空间展开，控制就要针对不同的空间来实施；工程在不同的阶段进行，控制就要在不同阶段开展；工程建设项目受到外部环境和内部因素的干扰，控制就要采取相应的对策；计划目标伴随着工程的变化而调整，控制就要不断地适应调整的计划，以便实施有效的控制。

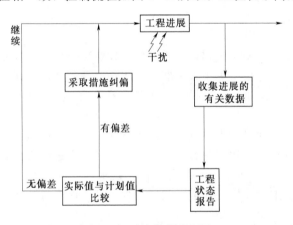

图 9-1 动态控制流程图

3. 组织协调

在实现工程建设项目的过程中，监理单位和监理工程师要不断进行组织协调，它是实现项目目标不可缺少的方法和手段。

组织协调首先包括监理组织内部人与人、机构与机构之间的协调。例如，项目总监理工程师与各专业监理工程师之间及各专业监理员之间人际关系的协调，以及纵向监理部门与横向监理部门之间关系的协调。其次，组织协调还存在于项目监理组织与外部环境组织之间，其中包括"近外层"协调和"远外层"协调。"近外层"协调即监理组织与建设单位、设计单位、施工单位、材料和设备供应单位的协调；"远外层"协调即监理组织与政府有关部门、社会团体、咨询单位、科学研究、工程毗邻等单位之间的协调。组织协调就是在他们的结合部位上做好调和、联合和联结的工作，使所有与项目有关联的部门及人员都能同心协力地为实现工程建设项目的总目标而奋斗。

4. 信息管理

信息管理是指监理组织在实施监理的过程中，监理人员对所需要的信息进行的收集、整理、处理、存储、传递、应用等一系列工作的总称。信息管理的目的是通过有组织的信息流通，使决策者能及时、准确地获得相应的信息，以便作出科学的决策。

监理的主要任务就是进行目标控制，而控制的基础是信息，只有在信息的支持下才能实施有效的控制。

项目监理组织的各部门完成各项监理工作时，需要哪些信息及对信息有何要求是与监理工作的任务直接相联系的。不同的项目，所需要的信息也不相同。例如，对于固定单价合同，完成工程量方面的信息是主要的；而对于固定总价合同，关于进度款和变更通知就更为重要。及时掌握准确和完整的信息，可以使监理工程师耳聪目明，从而能够卓有成效地完成监理任务。因此，信息管理是工程建设监理工作的一项重要内容。信息管理工作的好坏，将会直接影响工程监理工作的成败。

5. 合同管理

合同管理是指监理单位在监理过程中根据监理合同的要求，对工程建设合同的签订、履行、变更和解除进行监督、检查，对合同双方的各种争议进行调解和处理，以保证合同的依法签订和全面履行。

合同管理对于监理单位完成监理任务是必不可少的。合同管理所产生的经济效益甚至会大于技术优化所带来的经济效益。一项工程合同，应当对参与建设项目各方建设行为起到控制作用，同时还能具体指导一项工程如何操作完成。从这个意义上讲，合同管理起着控制整个项目实施的作用。

9.3.2.2 监理工作的实施程序

1. 确定项目总监理工程师，成立项目监理机构

监理单位应根据建设工程的规模、性质、业主对监理的要求，委派称职的人员担任项目总监理工程师，代表监理单位全面负责该工程的监理工作。

一般情况下，监理单位在承接工程监理任务时，在参与工程监理的投标、拟订监理方案（大纲）以及与业主商签委托监理合同时，即应选派称职的人员主持该项工作。在监理任务确定并签订委托监理合同后，该主持人即可作为项目总监理工程师。这样，项目的总监理工程师在承接任务阶段即早已介入，从而更能了解业主的建设意图和对监理工作的要求，以便更好地衔接后续工作。总监理工程师是一个建设工程监理工作的总负责人，他对内向监理单位负责，对外向业主负责。

监理机构的人员构成是监理投标书中的重要内容，是经过业主认可的，总监理工程师应根据监理投标文件和签订的委托监理合同组建项目监理机构；并在监理规划和实施细则的执行过程中经业主方同意适时调整。

2. 编制建设工程监理规划

建设工程监理规划是指导项目监理机构全面开展监理工作的指导性文件。

3. 制定各专业监理实施细则

为具体指导投资、质量、进度目标控制工作，还需在监理规划的指导下结合建设工程实际情况制定相应的实施细则。

4. 规范化地开展监理工作

监理工作的规范化体现在以下几个方面：

（1）工作的时序性。这是指监理的各项工作都应按一定的逻辑顺序先后展开，从而使监理工作能有效地达到目标，而不致造成工作状态的无序和混乱。

（2）职责分工的严密性。建设工程监理工作是由不同专业、不同层次的专家群体

共同来完成的，他们之间严密的职责分工是协调进行监理工作的前提，也是实现监理目标的重要保证。

（3）工作目标的确定性。在职责分工的基础上，每一项监理工作的具体目标都应是确定的，完成的时间也应有时限规定，从而能通过报表和其他书面文件，对监理工作及其效果进行检查和考核。

5. 参与验收，签署建设工程监理意见

建设工程施工完成以后，监理单位应在工程正式验收前组织竣工预验收，在预验收中发现的问题，应及时与施工单位沟通，提出整改要求。监理单位应参加业主组织的工程竣工验收，并签署监理单位意见。

6. 向业主提交建设工程监理档案资料

在建设工程竣工验收后，监理单位应向业主提交委托监理合同文件中约定的监理档案资料。如果在合同中没有作出明确规定，监理单位应按照国家和地方有关工程监理档案管理的有关规定，向业主提交建设工程监理档案，其中包括监理工程师确认的工程变更资料，监理指令性文件和各种鉴证资料等。

7. 监理工作总结

监理工作完成后，项目监理机构应及时从两方面进行监理工作总结：一是向业主提交的监理工作总结。其主要内容包括：监理组织机构、监理人员和投入的监理设施；委托监理合同履行情况；监理工作成效；监理过程中发现的问题及其处理情况和建议等。二是向监理单位提交的监理工作总结，其主要内容包括：监理工作的经验，可以是采用某种监理技术、方法的经验，也可以是采用某种经济措施、组织措施的经验，以及委托监理合同执行方面的经验，或如何处理好与业主、承包单位关系的经验等；监理工作中存在的问题及改进的建议。

9.3.3　注册监理工程师

9.3.3.1　监理工程师的概念和素质

1. 监理工程师的概念

监理工程师是指经考试取得中华人民共和国监理工程师资格证书，并经注册，取得中华人民共和国注册监理工程师注册执业证书和执业印章，从事工程监理及相关专业活动的专业人员。

监理工程师是一种岗位职务。它的概念包括三层含义：①应是从事工程建设监理工作的现职人员；②已通过全国监理工程师资格考试并取得中华人民共和国监理工程师执业资格证书；③经政府建设行政主管部门核准、注册，取得中华人民共和国注册监理工程师注册执业证书。所以，如果监理工程师转入其他工作岗位，则不应再称其为监理工程师。

从事建设工程监理工作，但尚未取得中华人民共和国注册监理工程师注册执业证书的人员统称为监理员。在工作中，监理员与监理工程师的区别主要在于监理工程师具有相应岗位责任的签字权，而监理员没有相应岗位责任的签字权。

凡取得监理岗位资质的人员统称为监理人员。关于监理人员的称谓，不同国家的叫法各不相同。我国把监理人员分为四类，即总监理工程师、总监理工程师代表、专业监理工程师、监理员。

总监理工程师（简称总监），是指由监理单位法定代表人书面授权，全面负责委托监理合同的履行、主持项目监理机构工作的监理工程师。总监理工程师应由具有三年以上同类工程监理工作经验的监理工程师担任。

总监理工程师代表（简称总监代表），是指经监理单位法定代表人同意，由总监理工程师书面授权，代表总监行使其部分职责和权力的项目监理机构中的监理工程师。总监代表应由具有两年以上同类工程监理工作经验的人员担任。

专业监理工程师是指根据项目监理岗位职责分工和总监理工程师的指令，负责实施某一专业或某一方面的监理工作，具有相应监理文件签发权的监理工程师。专业监理工程师应由具有一年以上同类工程监理工作经验的人员担任。

监理员是指经过监理业务培训，具有同类工程相关专业知识，从事具体监理工作的监理人员。

总监、总监代表、专业监理工程师等，都是临时聘任的岗位职务，也就是说这些人员一旦未被聘用，就不再有相应的头衔。

2. 监理工程师的素质

具体从事监理工作的监理人员，不仅要有一定的工程技术或工程经济方面的专业知识、较强的专业技术能力，能够对建设项目进行监督管理，提出指导性的意见；而且要有一定的组织协调能力，能够组织、协调建设项目有关各方共同完成工程建设任务。因此，监理工程师应具备以下素质。

（1）较高的专业学历和复合型的知识结构。建设工程涉及的学科很多，其中主要学科就有几十种。作为一名监理工程师，当然不可能掌握这么多的专业理论知识，但至少应掌握一种专业理论知识。没有专业理论知识的人员无法承担监理工程师岗位工作。所以，要成为一名监理工程师，至少应具有工程类大专以上学历，并应了解或掌握一定的建设工程经济、法律和组织管理等方面的理论知识，不断了解新技术、新设备、新材料、新工艺，熟悉与建设工程相关的现行法律法规、政策规定，成为一专多能的复合型人才，持续保持较高的知识水准。监理工程师的知识结构如图 9-2 所示。

（2）丰富的建设工程实践经验。监理工程师的业务内容体现的是工程技术理论与工程管理理论的应用，具有很强的实践性。因此，实践经验是监理工程师的重要素质之一。据有关资料统计分析，建设工程中出现的失误，少数原因是责任心不强，多数原因是缺乏实践经验。实践经验丰富则可以避免或减少工作失误。建设项目中的实践经验主要包括立项评估、地质勘测、规划设计、工程招标投标、工程设

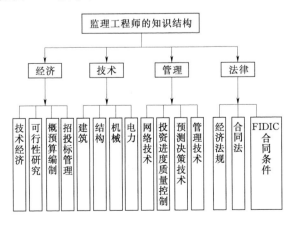

图 9-2 监理工程师知识结构

计与设计管理、工程施工与施工管理、工程监理、设备制造等方面的工作实践经验。

（3）良好的品德。监理工程师的良好品德主要体现在以下几个方面：

1）热爱本职工作。

2）具有科学的工作态度。

3）具有廉洁奉公、为人正直、办事公道的高尚情操。

4）能够听取不同方面的意见，冷静分析问题。

（4）健康的体魄和充沛的精力。尽管建设工程监理是一种高智能的管理服务，以脑力劳动为主，但是也必须具有健康的体魄和充沛的精力，才能胜任繁忙、严谨的监理工作。尤其在建设工程施工阶段，由于露天作业，工作条件艰苦，工期往往紧迫，工作任务繁重，更需要有健康的身体，否则难以胜任工作。我国对年满 65 周岁的监理工程师不再进行注册，主要就是考虑监理从业人员身体健康状况的适应能力而设定的条件。

9.3.3.2　监理工程师的资格考试和注册

1. 监理工程师的资格考试

监理工程师是一种执业资格。执业资格是政府对某些责任较大、社会通用性强、关系公共利益的专业技术工作实行的市场准入制度，是专业技术人员依法独立开业或独立从事某种专业技术工作所必备的学识、技术和能力标准。所以，经过培训学习了建设工程监理的有关知识，并取得了合格结业证书后，并不意味着已具有监理工程师的执业资格。还要参加侧重于建设工程监理实践知识的全国统考，考试合格者才能取得监理工程师执业资格证书。

执业资格一般要通过考试方式取得，体现出执业资格制度公开、公平、公正的原则。只有当某一专业技术执业资格刚刚设立，为了确保该项专业技术工作启动实施，才有可能对首批专业技术人员的执业资格采用考核方式确认。监理工程师是新中国成立以来在建设工程领域第一个设立的执业资格。

（1）报考监理工程师的条件。凡中华人民共和国公民，具有工程技术或工程经济专业大专（含）以上学历，遵纪守法并符合以下条件之一者，均可报名参加监理工程师执业资格考试：

1）具有按照国家有关规定评聘的工程技术或工程经济专业中级专业技术职务，并任职满三年。

2）具有按照国家有关规定评聘的工程技术或工程经济专业高级专业技术职务。

根据《关于同意香港、澳门居民参加内地统一组织的专业技术人员资格考试有关问题的通知》（国人部发〔2005〕9 号），凡符合注册监理工程师执业资格考试相应规定的香港、澳门居民均可按照文件规定的程序和要求报名参加考试。

（2）考试时间、科目及考场设置。开展建设监理培训工作以来，根据监理工作的实际业务内容，建设部组织出版了 6 本培训教材，即《建设工程监理概论》、《建设工程合同管理》、《建设工程质量控制》、《建设工程进度控制》、《建设工程投资控制》和《建设工程信息管理》。目前，我国监理工程师的培训和考试主要参考上述教材。

1）考试时间。监理工程师执业资格考试实行全国统一大纲、统一命题、统一组织的办法，每年举行一次，一般在每年的 5 月进行。

2）考试科目。监理工程师资格考试是对考生监理理论和监理实务技能水平的考察，是一种水平考试。因而，采取统一命题、闭卷考试、分科记分、统一标准、择优录取的方式。

考试科目共分四科，即《建设工程监理基本理论和相关法规》、《建设工程合同管理》、《建设工程质量、投资、进度控制》、《建设工程监理案例分析》。

考试以两年为一个周期。参加全部科目考试的人员，必须在连续两个考试年度内通过全部科目的考试。免试部分科目的人员必须在一个考试年度内通过应试科目。

3）考场设置。考场原则上设在省会城市，如确需在其他城市设置，必须经人事部、建设部批准。

2. 监理工程师的注册

对专业执业资格实行注册制度，这是国际上通行的做法。自改革开放以来，我国相继实行了律师注册制度、经济师注册制度、建筑师注册制度和监理工程师注册制度等。

监理工程师是一种岗位职务，经注册的监理工程师具有相应的责任和权力。仅取得监理工程师执业资格证书，没有取得监理工程师注册执业证书的人员，则不具备这些权力，也不承担相应的责任。因为仅取得监理工程师资格，若不在监理单位工作；或者刚取得监理工程师资格，是否能完全胜任监理工程师岗位的工作，还需要经过一段时间的锻炼和考验；或者为了控制监理工程师的队伍规模和建立合理的监理工程师专业结构，也可能对部分已取得监理工程师资格的人员不予注册。总之，实行监理工程师注册制度，是为了建立一支适应建设工程监理工作需要的、高素质的监理队伍，是为了建立和维护监理工程师岗位的严肃性。

监理工程师的注册，根据注册内容的不同分为三种形式，即初始注册、延续注册和变更注册。按照我国有关法规规定，监理工程师依据其所学专业、工作经历、工程业绩，按专业注册，每人最多可以申请两个专业注册，并且只能在一家建设工程勘察、设计、施工、监理、招标代理、造价咨询等企业注册。

（1）初始注册。经考试合格，取得监理工程师执业资格证书的，可以申请监理工程师初始注册。

申请初始注册，应当具备的条件：①经全国注册监理工程师执业资格统一考试合格，取得资格证书；②受聘于一个相关单位；③达到继续教育要求。

申请初始注册的程序：①申请人向聘用单位提出申请；②聘用单位同意后，连同上述材料由聘用企业向所在省（自治区、直辖市）人民政府建设行政主管部门提出申请；③省（自治区、直辖市）人民政府建设行政主管部门初审合格后，报国务院建设行政主管部门；④国务院建设行政主管部门对初审意见进行审核，对符合条件者准予注册，并颁发由国务院建设行政主管部门统一印制的监理工程师注册执业证书和执业印章。执业印章由监理工程师本人保管。

（2）延续注册。监理工程师初始注册有效期为3年，注册有效期满要求继续执业的，需要办理延续注册。延续注册的有效期同样为3年，从准予延续注册之日起计算。国务院建设行政主管部门定期向社会公告准予延续注册的人员名单。

（3）变更注册。监理工程师注册后，如果注册内容发生变更，如变更执业单位、注册专业等，应当向原注册管理机构办理变更注册。监理工程师办理变更注册后，一年内不能再次进行变更注册。

（4）不予初始注册、延续注册或者变更注册的特殊情况。如果注册申请人有下列情形之一的，将不予初始注册、延续注册或者变更注册：

1）不具有完全民事行为能力。

2）刑事处罚尚未执行完毕或者因从事工程监理或者相关业务受到刑事处罚，自刑事处罚执行完毕之日起至申请注册之日止不满2年。

3）未达到监理工程师继续教育要求。

4）在两个或者两个以上单位申请注册。

5）以虚假的职称证书参加考试并取得资格证书。

6）年龄超过65周岁。

7）法律、法规规定不予注册的其他情形。

（5）注销注册。注册监理工程师如果有下列情形之一的，应当办理注销注册，交回注册证书和执业印章，注册管理机构将公告其注册证书和执业印章作废：

1）不具有完全民事行为能力。

2）申请注销注册。

3）注册证书和执业印章已失效。

4）依法被撤销注册。

5）依法被吊销注册证书。

6）受到刑事处罚。

7）法律、法规规定应当注销注册的其他情形。

3．注册监理工程师的继续教育

（1）继续教育目的。通过开展继续教育，使注册监理工程师及时掌握与工程监理有关的法律法规、标准规范和政策，熟悉工程监理与工程项目管理的新理论、新方法，了解建设工程新技术、新材料、新设备及新工艺，适时更新业务知识，不断提高注册监理工程师业务素质和执业水平，以适应开展工程监理业务和工程监理事业发展的需要。

（2）继续教育学时。注册监理工程师在每一注册有效期（3年）内应接受96学时的继续教育，其中必修课和选修课各为48学时。必修课48学时每年可安排16学时。选修课48学时按注册专业安排学时，只注册一个专业的，每年接受该注册专业选修课16学时的继续教育；注册两个专业的，每年接受相应两个注册专业选修课各8学时的继续教育。

在一个注册有效期内，注册监理工程师根据工作需要可集中安排或分年度安排继续教育的学时。

（3）继续教育内容。继续教育分为必修课和选修课。

1）必修课。国家近期颁布的与工程监理有关的法律法规、标准规范和政策；工程监理与工程项目管理的新理论、新方法；工程监理案例分析；注册监理工程师职业道德。

2）选修课。地方及行业近期颁布的与工程监理有关的法规、标准规范和政策；

建设工程新技术、新材料、新设备及新工艺；专业工程监理案例分析；需要补充的其他与工程监理业务有关的知识。

（4）继续教育方式。注册监理工程师继续教育采取集中面授和网络教学的方式进行。集中面授由经过中国建设监理协会公布的培训单位实施。注册监理工程师可根据注册专业就近选择培训单位接受继续教育。

注册监理工程师选择上述任何方式接受继续教育达到 96 学时或完成申请变更规定的学时后，其《注册监理工程师继续教育手册》可作为申请逾期初始注册、延续注册、变更注册和重新注册时达到继续教育要求的证明材料。

工程监理企业应督促本单位注册监理工程师按期接受继续教育，有责任为本单位注册监理工程师接受继续教育提供时间和经费保证。注册监理工程师有义务接受继续教育，提高执业水平，在参加继续教育期间享有国家规定的工资、保险、福利待遇。

总之，监理工程师是具备建设工程专业知识和经验的一个特殊群体，这个职业群体的知识结构、执业内容及其在建设项目全寿命周期中的作用和地位，会随着建筑市场需求环境的变化而演变。这种现象值得人们观察和思考。然而，无论这个群体发生怎样的变化，其执业行为仍然是有组织的。在我国现阶段，这个执业群体所归属的组织主要是工程监理企业。

9.3.4 建设工程监理企业

9.3.4.1 建设工程监理企业的概念

建设工程监理企业是指具有建设工程监理企业资质证书，从事工程监理业务的经济组织，它是监理工程师的执业机构。建设工程监理企业为业主提供技术咨询服务，属于从事第三产业的企业。

建设工程监理企业是建筑市场的主体之一，接受建设单位的委托与授权，从事高智能的有偿技术服务。监理企业与建设单位应当在实施建设工程监理前以书面形式签订委托监理合同。合同条款中应当明确合同履行期限，工作范围和内容，双方的责任、权利和义务，监理酬金及其支付方式，合同争议的解决办法等。

监理企业从事建设工程监理活动，应当遵守国家有关法律、行政法规，严格遵守工程建设程序、国家工程建设强制性标准和有关标准、规范，遵循守法、诚信、公正、科学的原则，认真履行委托监理合同。

根据我国现行法律法规的规定，监理企业的组织形式大致有以下几种：个人独资监理企业、合伙制监理企业、公司制监理企业、中外合资经营监理企业和中外合作经营监理企业。

9.3.4.2 建设工程监理企业的资质

1. 监理企业的资质等级标准和业务范围

建设工程监理企业资质是反映监理企业技术能力、管理水平、业务经验、经营规模、社会信誉等综合性实力的指标。监理企业应当按照其资质相应的业务范围承接监理业务。根据工程性质和技术特点，工程监理企业的专业资质可分为房屋建筑工程、冶炼工程、矿山工程、化工与石油工程、水利水电工程、电力工程、林业及生态工程、铁路工程、公路工程、港口与航道工程、航天航空工程、通信工程、市政公用工程、机电安装工程 14 个工程类别。

每个工程类别又可按照工程规模或技术复杂程度将其分为一等、二等、三等。按照《工程监理企业资质管理规定》的要求，工程监理企业资质相应地分为 14 个工程类别。工程监理企业可以申请一项或者多项工程类别资质。申请多项资质的工程监理企业，应当选择一项为主项资质，其余为增项资质，并且工程监理企业的增项资质级别不得高于主项资质级别。此外，工程监理企业申请多项工程类别资质的，其注册资金应达到主项资质标准，并且从事其增项专业工程监理业务的注册监理工程师人数应当符合有关要求。

（1）工程监理企业的资质等级标准。为了适应工程监理企业的健康发展，引导大型监理企业做大做强，同时促使中小监理企业做精做专。目前将监理企业资质分为综合资质、专业资质和事务所资质三个序列。综合资质、事务所资质不分级别。专业资质按照工程性质和技术特点划分为若干工程类别，分为甲级、乙级；其中，房屋建筑工程、水利水电工程、公路工程和市政公用工程专业资质可设立丙级。

工程监理企业的资质等级标准具体如下。

1）综合资质标准。

a. 具有独立法人资格，且注册资金不少于 600 万元。

b. 企业技术负责人应为注册监理工程师，并具有 15 年以上从事工程建设工作的经历或者具有工程类高级职称。

c. 具有 5 个以上工程类别的专业甲级工程监理资质。

d. 注册监理工程师不少于 60 人，注册造价工程师不少于 5 人，一级注册建造师、一级注册建筑师、一级注册结构工程师或者其他勘察设计注册工程师合计不少于 15 人次。

e. 企业具有完善的组织结构和质量管理体系，有健全的技术、档案等管理制度。

f. 企业具有必要的工程试验检测设备。

g. 申请工程监理资质之日前一年内，没有因本企业监理责任造成重大质量事故。

h. 申请工程监理资质之日前一年内，没有因本企业监理责任发生三级以上工程建设重大安全事故或者发生两起以上四级工程建设安全事故。

2）专业资质标准。

甲级：

a. 具有独立法人资格，且注册资金不少于 300 万元。

b. 企业技术负责人应为注册监理工程师，并具有 15 年以上从事工程建设工作的经历或者具有工程类高级职称。

c. 注册监理工程师、注册造价工程师、一级注册建造师、一级注册建筑师、一级注册结构工程师或者其他勘察设计注册工程师合计不少于 25 人次；其中，相应专业注册监理工程师不少于要求配备的人数（表 9-5），注册造价工程师不少于 2 人。

d. 企业近 2 年内独立监理过 3 个以上相应专业的二级工程项目，但是，具有甲级设计资质或一级及以上施工总承包资质的企业申请本专业工程类别甲级资质的除外。

e. 企业具有完善的组织结构和质量管理体系，有健全的技术、档案等管理制度。

f. 企业具有必要的工程试验检测设备。

g. 申请工程监理资质之日前一年内，没有因本企业监理责任造成重大质量事故。

h. 申请工程监理资质之日前一年内，没有因本企业监理责任发生三级以上工程建设重大安全事故或者发生两起以上四级工程建设安全事故。

乙级：

a. 具有独立法人资格，且注册资金不少于 100 万元。

b. 企业技术负责人应为注册监理工程师，并具有 10 年以上从事工程建设工作的经历。

c. 注册监理工程师、注册造价工程师、一级注册建造师、一级注册建筑师、一级注册结构工程师或者其他勘察设计注册工程师合计不少于 15 人次。其中，相应专业注册监理工程师不少于要求配备的人数（表 9-5），注册造价工程师不少于 1 人。

d. 有较完善的组织结构和质量管理体系，有技术、档案等管理制度。

e. 有必要的工程试验检测设备。

f. 申请工程监理资质之日前一年内，没有因本企业监理责任造成重大质量事故。

g. 申请工程监理资质之日前一年内，没有因本企业监理责任发生三级以上工程建设重大安全事故或者发生两起以上四级工程建设安全事故。

丙级：

a. 具有独立法人资格，且注册资金不少于 50 万元。

b. 企业技术负责人应为注册监理工程师，并具有 8 年以上从事工程建设工作的经历。

c. 相应专业的注册监理工程师不少于要求配备的人数（表 9-5）。

d. 有必要的质量管理体系和规章制度。

e. 有必要的工程试验检测设备。

表 9-5 专业资质注册监理工程师人数配备表 单位：人

序 号	工 程 类 别	甲 级	乙 级	丙 级
1	房屋建筑工程	15	10	5
2	冶炼工程	15	10	
3	矿山工程	20	12	
4	化工与石油工程	15	10	
5	水利水电工程	20	12	5
6	电力工程	15	10	
7	林业及生态工程	15	10	
8	铁路工程	23	14	
9	公路工程	20	12	5

序　号	工　程　类　别	甲　级	乙　级	丙　级
10	港口与航道工程	20	12	
11	航天航空工程	20	12	
12	通信工程	20	12	
13	市政公用工程	15	10	5
14	机电安装工程	15	10	

3）事务所资质标准。

a. 取得合伙企业营业执照，具有书面合作协议书。

b. 合伙人中有 3 名以上注册监理工程师，合伙人均有 5 年以上从事建设工程监理的工作经历。

c. 有固定的工作场所。

d. 有必要的质量管理体系和规章制度。

e. 有必要的工程试验检测设备。

（2）工程监理企业资质相应许可的业务范围。

1）具有综合资质的工程监理企业，可以承担所有专业工程类别建设工程项目的工程监理业务。

2）具有专业资质的监理企业，其业务范围分为以下三种情况。

a. 专业甲级资质企业，可承担相应专业工程类别建设工程项目的工程监理业务。

b. 专业乙级资质企业，可承担相应专业工程类别二级以下（含二级）建设工程项目的工程监理业务。

c. 专业丙级资质企业，可承担相应专业工程类别三级建设工程项目的工程监理业务。

3）具有事务所资质的监理企业，可承担三级建设工程项目的工程监理业务，但国家规定必须实行强制监理的工程除外。

工程监理企业可以开展相应类别建设工程的项目管理、技术咨询等业务。

2. 监理企业的资质申请

工程监理企业申请资质，一般应当向企业注册所在地的县级（含县级）以上地方人民政府建设行政主管部门申请。

新设立的工程监理企业，应先到工商行政管理部门登记注册，取得营业执照后，办理完相应的执业人员注册手续后，方可到建设行政主管部门办理资质申请手续。取得《企业法人营业执照》的监理企业，只可申请综合资质和专业资质，取得《合伙企业营业执照》的监理企业，只可申请事务所资质。

第**10**章

水利工程信息化

10.1 信息化建设

当今世界已经进入信息时代，信息技术已成为现代科技的核心和主流，信息化已成为全球发展的趋势，是世界各国普遍关注和竞争的焦点。20 世纪 90 年代以来，伴随信息技术的创新和信息网络广泛普及，信息化与经济全球化相互交织，推动着全球产业分工深化和经济结构调整，重塑着全球经济竞争格局，已经成为全球经济社会发展的显著特征，并逐步向一场全方位的社会变革演进。进入 21 世纪后，信息化对经济社会发展的影响更加深刻。一方面，广泛应用、高度渗透的信息技术正孕育着新的重大突破，信息资源日益成为重要生产要素、无形资产和社会财富；信息资源与能源、材料构成为国民经济和社会发展的三大战略资源。信息化水平是衡量一个国家或地区现代化程度和综合实力的重要标志；国民经济信息化作为世界经济发展的必然趋势，它对各国的政治、经济、社会和文化等方面都将产生广泛而深刻的影响，同时也给人们带来了难得的历史性发展机遇。同时，互联网的高速普及加剧了各种思想文化的相互激荡，成为信息传播和知识扩散的新载体。在水利现代化建设的战略中，信息技术在水利行业的普及应用已成一个不争事实，以网络信息和计算机技术广泛应用为代表的信息化，正以空前高昂的激情大步推动着水利现代化的进程。

10.1.1 信息化与水利信息化

可以说，凡是能够用来扩展人的信息功能的技术都是信息技术。人的信息功能一般包括感觉器官承担的信息获取功能，神经网络承担的信息传递功能，思维器官承担的信息认知功能和信息再生功能，效应器官承担的信息执行功能。扩展信息功能的信息技术一般有感测与识别技术（信息获取）、通信与存取技术（信息传递）、计算与智能技术（信息认知与再生）、控制与显示技术（信息执行）等。通常认为，信息技术是指有关信息的收集、识别、提取、变换、存储、传递、处理、检索、检测、分析和利用功能的一类技术，主要用于管理和处理信息所采用的各种技术的总称，信息技术是人类社会有史以来发展最快的高新技术。

　　信息化是指国民经济各部门和社会活动各领域普遍应用先进的信息技术，开发利用信息资源，促进信息交流和知识共享，提高经济增长质量，推动经济社会发展转型的历史进程。

　　水利信息化是指充分利用现代信息技术，深入开发和广泛利用水利资源信息，包括水利资源信息的采集、传输、存储和处理，全面提升水事活动的效率和效能的历史进程。

　　随着科学技术的进步和社会的发展，信息化已成为现代工业化社会发展的必然趋势。信息化水平已成为一个国家现代化水平和综合国力的重要标志。正因如此，《中共中央关于制定国民经济和社会发展第十一个五年计划的建议》中明确提出，信息化作为我国产业优化升级和实现工业化、现代化的关键环节，应该把推进国民经济和社会信息化放在优先位置。水利作为一个信息密集型行业，不可能也决不能脱离信息化这个社会进程。水利信息一般包含有水雨情、洪旱灾情、水资源、水环境、土壤墒情以及水利工程信息等。古今中外均十分重视水信息的收集、整理和应用。公元前 250 年都江堰工程的石人水尺，就是中国古代水位观测获取信息的最早见证。

　　相对于我国水利工程建设的历史而言，目前水利信息化的建设还处于起步阶段，尽管已经取得了一些成绩，但面对水利现代化发展的形势，特别是与全面构建和谐社会的目标，实现人水和谐、经济社会可持续发展的要求，还存在较大差距，水利信息化工作仍面临严峻挑战。抓住机遇，积极推动水利信息化进程，顺应世界经济发展潮流，实现水利现代化创新战略，使水利信息化水平与国家信息化水平发展相适应，这是广大水利建设工作者的重要职责和任务。

　　水利信息化作为水利现代化的基本标志和重要内容，是国家信息化建设的重要组成部分，更是水利事业自身发展的迫切需要和科技发展的必然趋势。要实现水利现代化，就必须加强水利信息化建设，用水利信息化推动水利现代化。同时需要注意的是：信息化是随着人类信息时代的到来而提出的一个社会发展目标，它的实质是要在人类信息科学技术高度发展的基础上实现社会的信息化和信息的社会化，从而建立一种超越旧的人类时代的新文明，即信息社会文明。因此水利信息化要发挥作用也必须与水利工程措施的完善、管理体系的健全和人员素质的提高相同步、协调进行，使水利信息化建设与水利事业的发展紧密结合。通过水利信息化建设规划，提出切合实际的建设原则和建设目标，确立水利信息化建设的总体布局，并把信息化建设紧密结合到水利基本建设中去，改革现行的工程规划设计。要把为工程服务的信息化建设内容，纳入到工程建设中去，作为工程建设的一个有机组成部分。否则水利信息化将成为空中楼阁，沦为摆设。随着洪涝灾害、干旱缺水、水环境污染问题的日益突出，治水思路也从传统水利向现代水利、可持续发展水利转变。在这个转变过程中，水利信息化具有重要的战略地位和作用，但同时水利信息化也存在如何适应不同地区经济社会需求，建设有各地特色的水利信息化问题。应该根据水利信息化的内涵，提出适应水利现代化要求的水利信息化建设内容与标准。

10.1.2　水利信息化意义和作用

　　水利信息化就是要充分利用现代信息技术，深入开发和广泛利用信息资源，促进信息交流和资源共享，实现各类水利信息及其处理的数字化、网络化、集成化、智能化，全面提升水利为国民经济和社会发展服务的能力和水平。

10.1.2.1 水利社会管理的需求

随着信息化社会的发展，信息化在水利工作中的重要地位和作用日益彰显。水利信息化有利于提高水行政主管部门的行政效率，推进决策的科学化；有利于推进依法行政，促进政务公开和廉政建设；有利于政府服务社会，便于社会公众了解和监督水利工作。各级水政管理部门开发和利用庞大的政府信息资源，是正确、高效行使国家行政职能的重要环节。同样，水行政部门可以通过网络向社会及时、准确地传递信息，让公众及时了解水行政部门工作，满足大众对水信息日益增长的需求，同时通过信息反馈，采纳合理建议，更好地接受群众监督，为社会提供优质、高效服务。只有顺应社会信息化发展潮流，才能实现水利现代化的战略目标。

10.1.2.2 防汛抗旱工作的需求

在全球气候变化的大背景下，由于我国特殊的地形地貌和地理气候条件，局部暴雨、山洪、超强台风和极端高温干旱等灾害呈现多发并发的趋势，特别是暴雨、山洪、滑坡和泥石流等灾害点多面广、突发性强、危害大。

以信息化为手段，紧密围绕防汛抗旱工作的需求，加快水雨风旱情预测预报和监测等系统建设，提高洪水、风灾、旱灾、地质灾害预报调度等决策支持能力，当洪水、旱情、台风以及地质灾害发生时，能迅速采集和传输水雨情、工情和灾情信息，并对其发展趋势及时作出预测、预报和预警，分析制定出防护和调度应急方案。通过有效地运用水利工程体系，努力减小灾害范围，最大限度地减少灾害损失。因此，只有以科学发展观为指导，坚持人水和谐目标，促进人与自然和谐发展，通过信息化这个手段，合理利用雨洪资源，着力解决好水资源与防汛抗旱矛盾关系，才是解决洪涝灾害、水资源短缺、水污染和水土流失等四大水问题的必由之路。

10.1.2.3 治水思路转变的需求

中国是个缺水大国，水资源并不丰富，但用水浪费惊人，我国人均淡水资源仅为世界人均量的1/4，居世界第109位。中国已被列入全世界人均水资源13个贫水国家之一。而且分布不均，大量淡水资源集中在南方，北方淡水资源只有南方水资源的1/4。供求问题十分突出。这些问题的形成是由于自然和人类社会活动共同作用的结果，人类活动改造自然环境和改变社会经济形态，对水资源造成影响，从20世纪特别是20世纪下半叶以来这类活动越来越普遍，规模越来越巨大，影响越来越严重。水环境污染形势十分严峻，制约了水资源的开发和利用，阻碍了经济和社会的发展，严重影响了国家发展和人民的生产和生活。只有合理开发利用和保护水资源，防治水害，充分发挥水资源的综合效益，才能适应国民经济发展和人民生活的需要。为应对水资源安全问题，水利工作要从过去重点对水资源的开发、利用和治理，转变为在水资源开发、利用和治理的同时，更为注重对水资源的配置、节约和保护；从过去重视水利工程建设，转变为在重视工程建设的同时，更为注重非工程措施的建设；从过去对水量、水质、水能的分别管理和对水的供、用、排、回收再利用过程的多家管理，转变为对水资源的统一配置、统一调度、统一管理。水利信息化是实现上述转变的重要技术基础和前提，水利信息化可以通过先进信息技术对水资源进行监测、监控、分析和调度，实现综合开发和利用水资源以及水害防治等科技管水的目标，确保更有效地利用水资源，实现可持续发展战略。例如 2006 年广东省利用信息技术和工程手段实施的珠三角调水压咸的举措，使得原来不可能的成为了可能，优化了水资源利用，取得了巨大经济和社会成效，就是信息化在现代水利管理中一个成功案例。

10.1.2.4　生态安全保障的需求

和谐社会的本质是：一要处理好人与自然的关系；二要处理好人与人的关系。处理好人与自然的关系，对于人类的生存与繁衍至关重要，人与自然是互相依存、共生共荣的关系，"各得其和以生，各得其养以成"。生态安全是人与自然和谐的基础，也是人与人和谐的前提。通过水利信息化工作，建立先进完善的水土保持和水资源生态安全监测、预警系统，密切监测和掌握生态安全的现状和变化趋势，为政府提供相关的决策依据。按照生态安全的评价标准，对生态安全状况进行总体评价，让全社会直观、形象地了解当地生态环境状况，提高人民群众对生态环境的关注度。实现以人为本，经济发展和水利建设与人口、资源、环境相协调，以及全面、可持续发展的和谐道路。

10.1.2.5　信息资源共享的需要

水利部门是一个信息应用相当集中和重要的行业。多年来，水利信息化建设积累了一定数量的信息资源，在水利工程设计、建设和运行管理中发挥了积极的作用，但这些信息资源大多分布在不同部门甚至个人手中，难以形成公共资源、进行综合利用。为此，倡导信息资源共享，大力实施信息资源的优化整合，对各种水信息与相关信息进行全社会信息资源共享和交互式应用，可增加信息资源的使用价值，提高信息资源利用率，降低各种水利设施的运营成本，提高水利工作管理水平；促进人与自然的和谐发展，有助于实现社会经济可持续发展的战略目标。

10.2　水利信息化基本内容

10.2.1　水利信息化基本内容

水利工程的主要作用就是减灾防灾，提高水资源利用效率。除加大水利工程建设力度，修建新的水利工程（这些工程也将受到征地、移民、环保、安全等因素的影响），有效提高水利工程利用效率和减灾防灾功效最有效的方法就是提升水利工程运行管理的软环境，向管理要效益。而这些都必须依靠于水利信息化，只有加强信息化在水库管理中的应用水平，才能更快、更好地实现这些目标。

根据我国目前水利信息化的建设水平和特点，信息化应用几乎覆盖水利行业设计、建设、运行和管理的所有业务和部门。水库、灌区、堤防、水闸等单项水利工程管理单位是水利信息化建设应用的重点。无论是信息采集、或是自动控制、还是管理与决策支持，只要涉及信息化应用几乎都涉及到水库、灌区等水利工程管理单位。如水雨情监测采集系统、工程安全监测系统、闸门自动控制系统、洪水预报及预警系统、水库调度管理系统（防洪调度系统、兴利调度系统），灌区管理（决策支持）信息系统，计算机网络、防汛通信及办公自动化系统等都已在数量众多的水库、灌区等单位得到较好的应用，且部分应用已创造和产生了较好的社会和经济效益。

如按信息化应用功能划分，水利信息化应用一般可分为信息采集系统、自动控制系统、计算机网络系统、防汛抗旱通信系统、管理决策支持系统以及数字水利、虚拟水利系统等。如按水利行业功能划分，一般可分为水利工程设计、水利工程管理、防汛抗旱管理、水资源水环境、水土保持、水利政务等。如按水利工程分，一般可分为灌区管理、水库管理、闸门管理、堤防管理、泵站管理、水电站管理等。

水利信息主要内容有水文、气象、土壤植被、水利工程设计、运行的实时和历史数据、社会经济资料等。信息采集系统主要包括水雨情测报，大坝（包括堤防、闸门、泵站、渠道等水工工程）安全监测、旱情、墒情信息监测采集、工情信息采集、水质自动监测、气象数据接收、水量自动计监等。数据是信息化建设的基础，没有基础一切信息化工作免谈。信息的采集和处理是一项繁杂和艰巨的任务，它涉及面广、量多、种类复杂，如人们常见的水雨情、墒情、工情、气象信息、大坝安全监测信息，机组运行数据等。基础数据收集和整理正确与否直接影响水利信息化系统应用工作的成败。

信息应用系统主要包括水库洪水预报、水库优化调度、灾情评估、节水管理、防汛抗旱指挥、闸门自动监控、视频监视，泵站自动监控等。

网络通信系统主要包括局域/广域计算机网络、语音有线/无线通信网、数字有线/无线通信网。它们是实施水利信息化最基本的保障。

管理决策支持系统主要包括水利工程建设管理系统、灌区工程管理（或决策支持）系统、水库管理（或决策支持）应用系统、数字水利（水库）和水利数字图书馆等。

按信息化应用功能划分，水利信息化基本内容见表 10-1。

表 10-1　　　　　　按信息化应用功能划分水利信息化基本内容

类别	项目名称	基 本 功 能	应 用 对 象
信息采集	水雨情测报（或遥测）系统	遥测站通过各类传感器对水位、闸位、雨量和流量等参数进行测量、采集，并利用无线信道将数据传输到中心站，通过对接收的数据加工处理为各类应用系统提供实时水雨情和工况信息	适用各水利行业，是水利信息化应用的基础
	大坝（包括堤防、泵站、闸门）安全监测系统	通过各类传感器监测大坝位移、沉降、渗漏等，实时动态地反映大坝的运行性状，利用专家知识对大坝各监测数据、资料进行综合分析，并根据安全监控指标评判大坝安全度	适用于大中型水库、闸门、堤防等单位
	旱情、墒情信息监测采集系统	采用自动测报和人工实测相结合的方式，实时准确地监测土壤墒情以及气象和农作物生长信息，为制定灌溉、抗旱、防汛预案以及水资源综合利用服务	适用于以灌溉功能为主，且经济、技术条件较好的水库和灌区
	工情信息采集系统	采用自动和人工采集相结合的模式，实时反映水利工程运行工况、险情。在洪汛时期为安全运用水利工程提供基础信息	适用于以防洪功能为主的水利工程

续表

类别	项目名称	基 本 功 能	应 用 对 象
信息采集	卫星云图接收显示系统	定时接收气象卫星云图，直观反映天气变化情况，为水库的洪水预报调度以及防洪预案制定提供科学依据	适用各水利行业
	水质自动监测系统	利用各类传感器对监测断面水质的变化情况实时监测，对于预警预报重大流域性水质污染事故、解决跨行政区域的水污染事故纠纷等起到定量定性的作用	适用于有供水功能的水源型水库、河道、水源地等
	渠系水量自动监测系统	能自动采集处理整个渠系运行工况数据，按预案自动/人工实现对渠系各监测控制点、各节制闸门操作控制	适用于水库、灌区及其他水管单位
自动监控	闸门自动监控系统	对各类闸门实施有效监视和控制，确保水利工程的正常运行，实现闸门"无人值班"（少人值守）、提高水资源的利用效率和节约用水的目标	适用于水库、灌区、电站、泵站、闸站等单位
	泵站自动监控系统	对泵站水泵和电机运行自动实施有效监视和控制，确保泵站安全运行	适用于各泵站
	水电站自动监控系统	对水电站水轮机组、发电机组、励磁系统以及变送电系统，自动实施有效监视和控制，确保电站运行安全	适用于各水电站
	视频监视系统	对重点部位实施有效观察，提高管理可视化程度，弥补数据采集系统的不足，提供现代化的监视手段	水库、灌区、电站、泵站、闸站
通信网络	防汛抗旱通信服务系统	针对防汛抗旱通信需求的时效性和复杂性，利用水库现有通信线路，融合防汛抗旱业务功能，实现水库通信管理智能化，大大提高防汛抗旱通信及其相关信息的整体融合度和自动化水平	适用各水利行业
	局域/广域计算机网络	为各地相关部门间各类信息的快速传输、高效处理提供平台。保障数据传输安全可靠，最大范围地实现信息的互联互通和资源共享	适用各水利行业
管理和决策支持	水利工程建设管理系统	对水利工程建设的设计、施工、质量、造价、验收、稽查等管理等有关建设与管理过程实施全方位现代化管理	适用于各项水利工程建设管理
	灌区工程管理（或决策支持）系统	通过完善的信息采集处理系统，在全面掌握水雨、工情、墒情、灾情和需水信息的基础上利用科学的调度方案，充分发挥已建工程效能，实现灌区社会经济的可持续发展	适用于经济、技术条件较好的水库灌区
	水库管理（或决策支持）系统	主要由信息采集、闸门控制、洪水预报调度、通信网络及办公自动化各部分组成。其主要作用是在保证水库安全的前提下，最大限度地发挥水库工程效能	适用于大中型水库

续表

类别	项目名称	基 本 功 能	应 用 对 象
管理和决策支持	堤防管理（或决策支持）系统	一般由信息采集、水情预报（洪水预报）、堤防工程安全监测及防洪抢险指挥调度等系统组成，其主要功能是及时评估堤防险情，制订抢护方案和实施办法，为堤防工程的管理现代化提供一个坚实的基础	适用于大中型堤防
	水资源管理（或决策支持）系统	对各类水资源信息进行快速和准确评估，利用专业计算模型对区域内水资源的量和值进行评价。分析和预测水资源的供需状态，为区域水资源优化配置提供决策支持手段	适用于水行政部门
	数字水利	"数字水利"实质就是水利工程的虚拟对照体，将它和与之相关的其他数据以及应用模型结合，在系统中重现真实的水利工程，以系统软件和数学模型对各种水事活动进行模拟、分析、研究及管理，把水事活动的自然演变通过计算机进行数字化重现，增强决策的科学性和预见性	适用于水行政部门

10.2.2 水利工程信息化结构

如按单项水利工程分，水利信息化应用一般可分为灌区管理、水库管理、闸门管理、堤防管理、泵站管理、水电站管理等。水利工程信息化应用总体结构一般如图10-1所示。

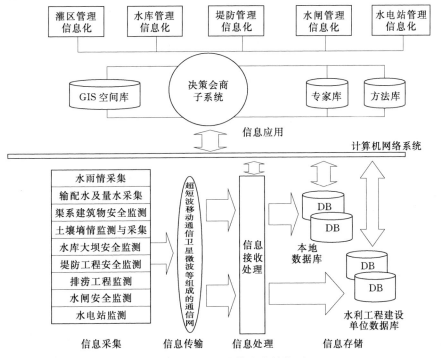

图 10-1 水利工程信息化结构图

10.2.2.1　灌区管理信息化系统

灌区管理信息化系统一般由水雨情信息采集、气象服务、土壤墒情信息采集、输配水及量水监测、渠系建筑物安全监测、水质监测、洪水预报、灌区供水调度、抗旱管理、计算机通信网络、综合数据库、用水管理、灌区办公自动化系统以及灌区管理决策支持系统等应用系统组成。

（1）水雨情信息采集系统通过各类传感器对区域内各控制点水位、闸位、雨量和流量等参数进行测量、采集并利用无线信道将数据传输到中心站，通过对接收的数据加工处理为其他水利信息化应用系统提供实时水雨情和工况信息。

（2）气象服务系统通过卫星或其他手段接收与预处理气象数据，实现对气象信息综合分析、降水天气监测预测、流域面雨量定量估算和预测、水文气象干旱监测预测等处理。

（3）土壤墒情信息采集系统一般采用自动和人工实测相结合的方式，实时准确地监测区域内土壤墒情以及农作物生长信息，为制定区域灌溉、抗旱、防汛预案决策以及为水资源综合利用提供基础数据。

（4）输配水及量水监测系统，能自动采集处理整个渠系运行工况数据，按供水预案以自动/人工模式对渠系各监测控制点、各节制闸门实施自动控制，实现科学调水、自动量水测水、节水增效降低费用的目的。

（5）渠系建筑物安全监测系统与大坝安全监测系统功能相同，它通过各类传感器实时监测渠系建筑物位移、沉降、渗漏等参数，动态真实地反映渠系建筑物的运行性状，且能利用专家知识对渠系建筑物监测数据资料进行综合分析，评判渠系建筑物安全度，为高效、安全应用渠系建筑物输配水提供决策安全保障。

（6）对于有供水功能的水库和灌区，水质监测系统能自动对辖区控制点水质样本进行采集、传输、分析和预报，在水质指标超过警戒水平时发出警报，并在危及水库及下游水质安全事件可能发生之前作出判断与紧急决策（如自动关闭水闸等）。

（7）洪水预报系统则主要根据区域河流以及所辖水库的水文特点分别建立洪水预报模型、河道洪水演算模型，在真实掌握区域水情、实时降雨数据和气象变化趋势的基础上，根据流域实时的雨情水情信息（必要时可加入降雨预报过程），完成对辖区河流洪水预报站、重点水库的不同预见期和精度的洪水预报作业，还可进行中长期河道径流量预测，为辖区水资源科学利用提供参考依据。

（8）灌区供水调度系统主要根据区域需水信息，对不同来水模式、工程的不同运用方式以及不同的水源调度意见进行演进模拟计算，分析供水调度中的不确定因素，协助制定灌区供水调度决策方案。

（9）抗旱管理系统一般具有旱情监视、旱情分析预测、旱灾损失和抗旱效益评估、抗旱统计、抗旱会商等功能。旱情分析预测系统一般利用水雨情、气象、土壤墒情、工情等收集整理辖区各类信息，并对与旱情有关的水文、气象、农情、墒情等信息进行检测分析，实时掌握区域旱情、灾情现状和发展趋势（可利用气象信息对气象干旱现状及发展趋势预测、根据墒情数据进行土壤干旱分析、利用降雨预报数据及模型进行土壤干旱预测、利用来水预测和水情信息进行抗旱用水量分析、利用遥感数据可分析受旱范围和受旱程度），在旱情未发生前综合分析考评这些数据，分析和预测辖区可能的受旱范围、受旱程度、旱灾损失，拟定抗旱减灾预案。系统能在旱灾发生期间利用系统模型库及专家知识，在充分实时掌握辖区旱灾信息的条件下，依据统计分析模型进行有减灾措施与无减灾措施的对比分析，以比较抗旱减灾的效益，通过抗旱会商进行旱灾损失评估，拟订科学有效的抗旱决策方案，协助决策者对各种抗旱预案作出科学评估和决策，编辑旱情简报、抗旱通告、指挥抗旱减灾工作。

（10）计算机网络主要分为广域网和局域网两种，其主要作用就是为各水政相关部门间各类信息化信息提供快速传输、高效处理通道。将信息化应用系统与下级信息采集站点、控制站点以及和其他水管部门之间连接在一起。上级单位的调度指令也需经过通信平台传送到水库，且能保障数据传输安全和可靠，最大范围地实现信息的互联互通和资源共享，网络是水利信息化的基本必要条件；综合数据库系统是水利信息化核心，是实现对水利信息进行传输、存储、处理和综合利用的基本平台，是提高水利信息资源的应用水平和共享程度的基本保证，是水利信息化工作实施的基础。

（11）用水管理系统是灌区信息化建设和应用中的一个重点，它一般包含有城市供水、灌溉用水、工业用水、用水计划、供水计划编制、水资源配置、水费征收等管理功能。其主要作用是对灌区内计划用水户、计划用水量、实际用水量、用水户基本资料、取水许可证、水费征收、水资源、用水计划安排、节水技术等信息实施科学管理，根据相关业务规则和用水（供水）计划，对灌区内用水单位用水量、水表、闸阀、量水和节水设施的运行工况实时监控，按计划供水，当用水量（供水量）数据超标时，自动提出预警，以保障供水安全，节省用水，最大效益利用来水资源。通过对供用水效益分析现状（计算供水有效利用率及万元工业产值用水定额等）、地表水资源优化分配（线性规划、多目标规划及动态规划等）、地下水资源优化配置等指标的综合评判实现水资源的最优应用。

（12）灌区办公管理系统提供诸如工作流程管理、通信管理（如信息查询）、文件管理、资产管理、水利工程管理、财务管理、人事管理、政策法规、网站信息、无纸办公系统、文档传输系统等办公自动化功能，主要目的就是提高灌区管理的运作效率，节省办公费用，转变水政管理单位工作职能，全面提升灌区管理竞争力和生产效率；灌区管理辅助决策支持系统是一种集信息采集、信息化应用、辅助决策、调度指挥功能为一体的信息化应用平台。它一般包含有：①信息服务（水雨情、工情采集）；②用水配水管理（农业用水、工业用水、城市供水、水损耗计算、供水效益计算、渠系配水计划编制等）；③水资源调配（需水量分析、供水量分析、大气降雨量预测、地表径流预测、地下水资源量预测）；④水资源评价（大气降雨量评价、地表径流量评价、地下水资源量评价）；⑤水量平衡估算（需水量预测、供水量预测、供需平衡分析）；⑥水环境质量评价（地表水环境质量评价、地下水环境质量评价）；⑦水环境模拟预测（地表水环境模拟预测、地下水环境模拟预测）；⑧防汛抗旱支持（洪水预报、旱情预报、防汛抗旱指挥）；⑨决策会商（会商文件管理、会商人员管理、专家决策支持、电子会商系统）等。灌区管理辅助决策支持系统利用对各类现代技术的综合利用，通过数学模型分析和专家知识推理，对各种需水及相关因素进行科学预测和分析，为灌区管理部门及时了解灌区工程及运行现状、制定宏观决策提供科学有效的辅助支持。

10.2.2.2 水库管理信息化系统

水库管理信息化系统一般由大坝安全监测系统、水雨情信息采集、气象服务、水库洪水预报、水库优化调度、抢险指挥、闸门自动控制、灾情评估、水库办公自动化、计算机通信网络、综合数据库、信息服务等系统组成。

水库运行安全不仅关系到水库防洪、兴利、生态功能能否实现，且直接影响到水库下游人民生命财产的安全。大坝安全监测系统通过对大坝实时监测资料的采集分析，监测大坝的运行性状，并根据安全监控指标评判大坝安全度；水雨情信息主要包括降雨量和水位（有时也包括流量、含沙量、地下水位、水质、蒸发量、土壤墒情及其他信息）等，是水利信息化应用的基础，水雨情信息采集系统一般由若干个中心站、若干个中继站、多个遥测站组成，站点的观测项目和报送次数一般由测站类别和水库洪水预报及调度的需要来决定；气象服务系统能及时接收气象云图以及气象变化数据，能对区域天气情况和变化趋势进行监测预测、定性或定量估算流域面雨量，及时为水库的防洪抗旱以及水资源的优化分配提供气象方面数据支持；大坝安全监测、水雨情信息采集、气象服务等系统是水利信息化应用最基本的平台，它们担负着基础信息的采集、整理、传输和存储的最基本功能，直接服务于水利信息化应用。这些系统的正常工作，对调度决策部门及时掌握区域水雨情、工情和气象信息，提前预报水库来水、河道流量和洪峰时间以及干旱灾害情况，掌握防汛抗旱主动权起着重要的作用。

水库洪水预报、水库优化调度系统是水利信息化工作中涉及学科最多、结构最复杂、技术最密集、工作量最大、作用也最大的非工程性防洪应用系统，其功能强大，能直接产生巨大的经济和社会效益。洪水预报主要对已发生的降雨活动自动进行洪水预报和人工干预洪水预报，还可根据气象变化作假拟降雨的洪水预报，其主要内容包括：

（1）前期土壤蓄水量计算。

（2）产流量（入库洪量或净雨深）预报及暴雨频率估算。

（3）入库洪水过程预报及其相应的洪峰或洪量频率估算。

（4）由实际库水位或入库站组合流量推求实际入库流量。

（5）预报结果实时修正（包括非常情况下的人类活动影响修正）。

（6）同一降雨过程的多个洪水预报成果比较评判。

水库优化调度系统主要是依据水情、雨情、工情实况和暴雨、洪水预报，综合局部和全局的关系，设计和优选出防洪调度方案，运用防洪的各项工程措施和非工程措施，有计划地调节、控制洪水，保证防洪安全，努力减少洪水灾害。能根据预报洪水、辖区水利工程运行工况和水库保护区的洪涝灾情，按调洪模型、专家知识与规则，经推理演绎，给出兼顾防洪与兴利效益的泄洪调度方案。为防洪调度提供科学根据。兴利调度系统主要为水库日常高效科学运行提供诸如发电调度、供水调度、水生态调度等运行调度方案，用最少的水资源获取最大的经济效益（其中：发电调度根据水库蓄水信息和发电目标，并结合供水、航运、河道生态用水等综合利用要求，制定水库运行方式；供水调度根据水情、用水需求信息，兼顾其他综合要求，制定设计灌溉给水的水量、水位要求以及相应的保证率和配水过程；水生态调度根据河道生态用水需求、水情信息，结合供水、航运、发电等综合要求，制定出放水水量、运行时间等方案）。调度风险评价主要对水库优化调度运行中可能发生的主要风险事故及其致因进行识别，估计其发生的可能性、影响范围和影响大小，综合评价调度方案风险，风险评价中灾情评估是个重要部分，它分为灾前评估、灾中评估和灾后评估。灾前评估主要是估算不同重现期洪水在不同调度方案下的淹没范围，超前预估洪水灾害发生时可能的强度和经济损失，制定相应对策及各类应急预案。灾中评估主要是在实际洪水发生过程中，根据预报和调度结果以及洪水淹没的影像图（如航片、遥感图片、卫星图片），判断洪水的影响范围、受灾人口数、人口迁移、淹没损失等，对防洪调度系统提出的不同调度方案可能发生的灾害损失进行对比分析，以便及时采取减灾救灾措施和对策，安排灾后生产生活恢复。灾后评估主要是核实实际发生的灾害损失，并对灾前和灾中提出和实施的各种防灾减灾方案进行分析和评估。

抢险指挥系统是一个集网络数据通信、多元信息融合、数字化预案、预测预警、可视化指挥、综合水事业务及信息发布为一体的平战结合、预防为主的应急指挥系统。它主要根据防洪形势分析和风险分析，快速确定需要抢险的部位和抢险方案，对防洪抢险所需要的物资、队伍、方案的组合提供切实可行的信息保障。还能通过远程监视或应急通信，使指挥决策者实现可视化指挥调度，与现场人员进行信息交互，在准确掌握水情、工情、灾情、险情的条件下，指挥人员和专家可以适时作出决策，更大地发挥现场指挥和会商决策的作用，其主要内容还包括防汛人员管理、防汛抢险队伍管理、防汛文档管理、防汛物资管理、防汛组织管理、防汛经费管理、工程管理和防汛值班管理等。

闸门自动控制系统是用来执行水库调度系统调度决策指令的执行系统，它能有效控制所辖区域所有机电闸门的自动运行，并及时收集各闸门运行数据，在获取防洪调度或兴利调度方案指令后，闸门自动控制系统能按预案自动控制水轮机组、泄水闸门，执行发电、泄洪、供水等操作，并对其全过程实时监控，是水利现代化的重要体现形式。

计算机网络是实现水库信息化最基本的平台，按系统连接范围一般分为局域网和广域网两种。网络系统主要由核心交换机、路由器、服务器、防火墙、通信链路以及各类应用系统组成。主要作用是为各地水事部门间各类水利信息的快速传输、高效处理提供通信平台，且可靠保障数据传输安全有效，最大范围地实现信息的互联互通和资源共享。

数据库为各种水利信息的存储、共享和快速检索提供了强有力的技术手段。综合数据库是各类水利信息化应用的信息支撑层，它服务于各应用系统所需的公共数据，为所有信息化应用提供高效、准确、快捷、方便的数据支持。同时，综合数据库也是各类信息化应用间数据交换的主要方式，它能精确快捷地协调各水利信息化应用系统间数据关系，方便实现各应用系统间的数据信息互联共享。目前，水利信息化工程包含许多数据库，一般按其服务对象，可分为公用数据库和专业数据库，专业数据库主要用于某特定应用业务系统的数据库。公用数据库则是将多个业务应用系统需要的数据库整合为统一的数据库，为多个业务提供统一的数据支持和管理，提高了信息利用率，实现信息最大程度的共享。目前水利公共数据库主要包含"水文数据库"、"基础工情数据库"、"社会经济数据库"和"水利空间数据库"。"水文数据库"一般包含有水情、雨情、风暴、潮汐等信息。"基础工情数据库"一般包含有水库、堤防、治涝工程、机电排灌站、水闸、跨河工程、治河工程、穿堤建筑物、灌区、地下水测井站、水文测站，发电工程等水库工程工情信息。"社会经济数据库"包含有水利工程效益情况、工农业经济分布情况、土地耕地及人口分布情况等社会类信息资源。"水利空间数据库"则包含矢量空间数据、属性数据、数字高程数据和影像数据的信息。

水库办公自动化系统主要用来提升水管单位办公效率，系统一般具有公文流转、邮件管理、日程管理、行政事务、财务管理、人事劳资管理、计划项目、用款报销、资产资料、办公用品等日常办公的管理内容，通过网络共享网上各项软硬件资源（如打印机、数字化仪、数据库及应用系统等），实现文件共享服务、FTP 文件传输服务、Email 电子信箱服务、网络信息发布、局域网通信服务等。实现对水库日常办公工作的全面智能化管理，规范办公流程，提高管理水平和管理质量，是水管单位机关办公自动化的重要载体。同时，办公自动化系统可以直接通过网络实现水情信息共享，方便相关人员及时查询工情、水雨情、调度信息、卫星云图、远程监控等专业信息，实现管理和决策科学化。在线业务管理工作的实现，满足了文件、信息的无纸化传输，系统能实时接收上下级有关单位发来的文件和信息，避免了纸质文件交换中容易出现的丢失、损毁等现象，规范了公文流转程序，全面提升办公效率，为水库可持续发展奠定了良好的基础。

水利电子政务一般包含有水利网站、信息服务、网上行政审批、公共咨询服务、电子邮件服务等。水利信息网主要为社会提供水利信息服务，加强信息沟通，宣传水利政策法规，它一般由政务信息（政务公开、组织机构、通知公告、政策法规、行政许可、招标公告、网上办事、信息公开等），水务资讯（水务新闻、专题报道、重点工程、水务图片、水务百科、水务信息等）和综合信息（组织机构、政策法规、调查研究、水利百科、节水知识、工作动态等）等栏目组成。水利信息网能弥补水利信息不能及时发布和信息发布不足的缺点，在第一时间把水事行业的时事、要事搬到网上，让水利工作信息以最快的速度传递到社会，同时向社会发布实时雨情、水情、风情、旱情、台风等预测信息和防灾抗灾救灾动态，通过浏览水利网站，使水利基层单位和社会关心水利事业的人可随时了解水利工作动态。让人们足不出户就能了解到水利相关信息，提高全社会防灾减灾意识。电子政务支持的网上行政审批对于取水许可、水资源费征收、建设项目水资源论证、河道占用审批等业务实现网上业务受理，提供业务咨询、审批项目查询、流程演示、表格下载、在线填报、批复信息反馈等服务，省去许多中间环节，进一步体现水利为民的工作宗旨、节省办事时间，提高工作效率。同样利用水利电子政务人们可以在第一时间举报水事违法、加强了社会对水事活动的检查和监督，提高人们参与水事活动的积极性，有利于水利现代化和水利建设的可持续发展。

信息服务是为各级防汛部门有关人员（包括决策者、专业人士、相关人员）提供防汛有关信息（包括历史、实时水雨情、工情、旱情、灾情等），主要向水资源管理业务人员及公众提供实时的水位、水资源量、取水量、用水量信息、监测井基本信息及水资源年报等，并可进行相关的统计分析等。查询服务的工作内容包括防汛业务所有内容的查询。汛情监视为各级防汛部门的值班人员提供实时汛情自动监视和汛情发展趋势预测服务，以完全自动、直观醒目的方式向值班人员提供单点和区域的实时汛情，并满足值班人员对汛情深层次的专题查询和分析比较等要求。

水库工程管理决策支持系统，是一个以空间数据为背景，以防汛业务为基础，以数据库技术、地理信息技术、网络技术为支撑的交互式专业信息服务平台。决策支持系统可以提供气象、雨情、水情、灾情、社会经济、工程运行情况及各类基本资料查询服务。主要功能有查询分析、洪水预报及成果管理、防洪调度、防洪抢险方案的制定和实施、防洪工程远程监控以及防汛物资、防汛人员和防汛资金的管理与调配、决策分析、会商支持和应急指挥等。

10.2.2.3 闸门管理信息化系统

闸门管理信息化系统一般由水闸安全监测、水雨情信息采集、闸门自动监控、视频监视等系统组成。对于大型水闸管理单位，其信息化系统中也包含有气象服务、洪水预报调度、闸门群控调度、计算机通信网络、综合数据库、办公自动化等应用。

水闸工程安全运行不仅直接影响到防汛抗旱工作的成败，还直接影响到水闸控制范围人民生命财产的安全。水闸工程安全监测系统实时监测水工工程表面变形、内部变形、接缝、混凝土板变形、渗流量、坝基渗流压力、坝体渗流压力、绕坝渗流、混凝土面板应力等项目，实现水闸工程安全监测信息自动数据采集、传输、处理入库等，为水闸安全运行提供科学依据；水雨情信息采集系统是应用遥测、通信、计算机等技术进行水雨情数据采集、报送和处理的信息系统，它将控制区域内的水文数据在短时间内传递至决策机构，以便进行洪水预报和优化调度，达到降低水害损失，提高水资源利用率的目的。

闸门自动监控系统一般具有监测、监控和监视三项功能，主要用于水库、灌区、河道、供水渠以及闸门工程的闸门现地控制和远程控制。其控制模式可为现地单控、群控和异地远程遥控。被控闸门有平板门、弧形门、液压门、快速门等。提升方式可以是卷扬式、液压式、螺杆式等。闸门自动监控系统主要由传感单元（水位、闸位、过载、供电等）、信号处理单元（PLC，TCU）、通信网络、保护装置、控制系统等组成。传感器实时采集闸门位置（开度）、闸门荷重、上下游水位及电气器件运行等工况信息，经信号处理单元加工处理后，系统依据这些数据选择相应运行模式，实现对各闸门的有效控制。用户可以在现场或通过网络以"手动"、"自动"、"现地"三种模式实现对闸门的开启及关闭，同时系统将及时保存和记录闸门的实时运行情况和用户操作情况以供调用和查询，用以保障整个系统运行安全；保护装置实时对闸门监控系统相关环境进行监测和监控，自动判断电机过载、闸门上下越限、电源供电异常、闸门失速/卡滞等越限越警故障信息，并能对故障进行实时处理，一旦出现异常工况则自动对设备进行及时保护并发出报警信息，充分保障闸门运行安全。为进一步保障闸门运行安全，及时观察和掌握闸门启闭运行情况，现在大部分的闸门自动监控系统都配备有视频监视系统，配合闸门监控，实现闸门的安全运行。视频监视能实时全天候、多方位监视闸前闸后的水情、闸机房及现场监控站各种设备的运行状况，通用网络可将图像直接传送到中控室或其他职能部门，方便运行管理人员对闸门监控系统实施有效控制。闸门自动监控系统作为水利信息化应用中的一个重要组成部分，可通过其开放接口灵活接入其他应用系统（如水库信息化、灌区信息化等），以利于整体提升水利信息化应用水平。

对于大型闸门工程管理单位，其信息化应用一般也包含有计算机网络、数据库以及办公自动化系统等内容。网络是实现闸门自动控制的基本保障。数据库为各种水利信息的存储、共享和快速检索提供了强有力的技术支持。

办公自动化系统主要用来提升水管单位办公效率，系统一般具有公文流转、邮件管理、日程管理、行政事务、财务管理、人事劳资管理、计划项目、用款报销、资产资料、办公用品等日常办公的管理内容，通过网络共享网上各项软硬件资源（如打印机、数字化仪、数据库及应用系统等），实现文件共享服务、FTP 文件传输服务、Email 电子信箱服务、网络信息发布、局域网通信服务等。实现对日常办公工作的全面智能化管理，规范办公流程，提高管理水平和管理质量，是水管单位机关办公自动化的重要载体。

10.2.2.4　堤防工程管理信息化系统

堤防具有堤线长、环境恶劣等特点。在堤防的日常管理中，由于缺乏有效的管理手段，为完成数据收集、记录和统计工作，要花费大量资金和人力。随着人们治水观念的转变和科学技术的进步，堤防功能除防御洪水外，在洪水资源利用方面将发挥越来越重要的作用。堤防工程管理信息化根据堤防工程管理现代化的需求，以现代信息技术为手段，以实现"信息网络化、管理自动化、决策科学化"为目标，为防汛决策、工程建设与管理提供全面、及时、准确的信息服务和技术支持。堤防工程管理信息化系统及时收集工程运行、管理、维护信息，并基于各种应用目的对信息进行分析处理，为管理人员提供方便快捷的信息支持，极大提高堤防日常管理、维护的效能，最大能效地发挥堤防防御洪水，造福人类的功能。

堤防工程管理信息化系统与其他单项水利工程管理信息化系统一样，一般由信息采集（如大坝安全监测、水雨情、工情、气象信息采集）、信息应用（洪水预报、洪水调度、抢险指挥、闸门控制）、环境建设（通信网络、综合数据库、办公自动化、电子政务等）和决策支持（灾情预测、灾情评估、水资源评价、水环境评价、防洪预案、抢险指挥等）应用系统组成。

堤防大坝安全监测是保障堤防工程安全的最基本职能，大坝安全监测系统实时检测堤防工程堤身沉降、位移、水位、潮位、堤身浸润线等可能出现稳定、渗流、变形等参数，根据堤防管理需求，采用遥测方法进行自动观测、自动采集数据、自动分析计算、自动预报可能出现的各种险情，为堤防管理提供决策依据；采用实时监控与人工巡视相结合的方法，对险工段的易出险部位应重点进行表观检查，直观地掌握堤防工程运行状况，指导大坝维护工作。

闸门自动控制系统依据现在控制理论，在全面掌控水雨情、工情和调度命令的条件下，按堤防工程管理决策支持系统调度指令对各类闸门实施有效监视和控制，实现闸门"无人值班"（少人值守）运行目的，确保大坝和水闸等水利工程的正常运行，为防汛抗旱兴利调度提供支持，提高水资源的利用效率。

以现代信息技术为手段的堤防工程管理决策支持系统是堤防防汛减灾非工程措施的必然趋势，也是水利信息化应用的一个重要组成部分。决策支持系统一般由信息采集系统、综合数据库、水动力学模型库和专家库等部分组成。它们构成一个有机的整体,实现了对防汛信息的采集、实时传输、综合分析、决策判断自动处理,能准确及时地为防汛指挥调度提供决策依据。决策支持系统综合利用当前先进的信息技术(如卫星、微波、超短波通信遥测、高精度测量仪表、宽带计算机网、多媒体显示、自动控制等),结合水动力数值模拟技术和GIS/GPS等应用成果,实现对雨情、水情、工情、险情、灾情等信息实时接受处理和对气象和汛情实时监测预报;以及洪水预报及调度成果发布;防洪调度论证分析和成果显示;有关防洪抢险方案的制定和实施;防洪工程远程监控以及防汛物资、防汛人员和防汛资金的管理与调配等众多功能。决策支持系统对各应用系统的分析成果进行重组和统一加工,为水情分析和洪水量级估计会商讨论提供全面、鲜明的多种实时的和历史的水情特征信息,并对洪涝灾害发展趋势作出预测预报,为防汛指挥决策提供综合会商信息和详细的背景资料,追求最优化的减灾方案和工程运用措施,使灾害损失减少到最低程度。

10.2.2.5 水利工程管理

主要包括工程基础信息服务、实时工情监测、建筑物安全分析等。工程基础信息服务主要为水利工程管理人员提供基础工程的信息,如基本信息、特征参数、建筑物信息、设计图、图片、多媒体等信息。实时工情监测主要实现工程实时运行信息的监测,如相关的闸门开度、水情信息、建筑物应力和渗流、位移等。建筑物安全分析则利用监测的工情信息和工程设计指标,进行建筑物安全分析,得出建筑物安全级别,制定相应的安全加固施工方案。

10.3 水利信息化实例

10.3.1 水雨情采集系统

水利信息化要求能及时、准确地掌握辖区主要江河、大中型水库、重点堤围、重点地区、暴雨中心的水、雨、风、灾状况,为区域洪水预报、灾前评估提供及时准确的基础资料,为防汛、防风、抗旱决策提供基础数据。传统水文资料收集劳动强度大,工序复杂效率低,不符合现代水利对信息的需求。水雨情采集系统综合了水文、电子、通信、传感器和计算机等多学科最新成果,用于水文测量和处理,提高了水情测报速度,扩大了水情测报范围,对江河流域及水库安全度汛及水资源合理利用方面都能发挥重大作用。水雨情采集系统一般由以下三部分组成:

(1)遥测站(传感器和信号测量处理设备)。

(2)中继站(信息传输通道和设备)。

(3)中心站(信号接收整理)。

10.3.1.1 系统作用

(1)水雨情采集系统遥测站主要完成对水文气象参数传感器数据的采集、存储并通过超短波、卫星、有/无线电话等通信设备向中心站(或中继站)传送数据,用来监测此地的雨量、水位等水文气象参数。遥测站应同时具有定时和增量自报方式向中心发送数据的功能。

(2)水雨情采集系统中心站的功能包括接收本系统的遥测数据和以联机方式送来

的水情电报、外部系统的水文数据，对收到的数据进行加工处理、存储、编制水文图表，以及进行预报、调度作业，向上级站和外系统发送数据等，同时应具有预报和警报的功能。

（3）水雨情采集系统中继站提供通信信号接力功能，以增加信号传输距离。

10.3.1.2　通信模式

1. 通信模式

各类水情信息如何能够准确及时地传递到中心站，是水雨情采集系统成功的关键。通信是信息传输基础，它的优劣直接影响水情信息及时、准确地传递。目前通信技术飞速发展，可供水雨情采集系统使用的通信模式和优劣情况见表 10-2。

表 10-2　　　　　　　可供水雨情采集系统使用的通信模式和优劣情况

通信模式	优　　点	缺　　点
超短波通信	技术成熟，设备简单易于配套； 数据传递速度快，实时性能好； 独立性好，完全是自身的专用网络； 运行费用低，是目前水雨情数据传输网的主要选择	在无线电通信拥挤的地区，干扰较大；山区及远距离的超短波通信需在野外高山建中继站，防雷地网要求高，建设费用较大，维护管理不便
GSM/GPRS CDMA/SMS 移动通信	利用公网，不需自建和维护通信网； 信道使用不受限制，简单易行； 通信平台有保障，且不同站点的传输信号之间不易产生相互干扰； 通信距离不受地形地域的限制； 通信速率较高； 组网灵活，站点的变动和扩充容易； 设备耗电小，费用低	受当前 GMS 网络覆盖的限制，可能有些偏远的站点无法通信组网；短信息的接收会出现时延现象；实施时要根据系统规模考虑解决瓶颈问题；运行费用较大
卫星通信	传输距离远、覆盖范围广、传输质量好； 采用卫星无线传输，不受地形、地物的阻挡，特别适用于地形复杂地带的通信； 数传速率较有线、超短波和 GMS 组网方式高	卫星平台耗电较大，采用直流供电时需配置较大容量的电池和浮充电设备； 卫星平台的价格较贵，运行维护费用也较高
PSTN 有线	建设成本低、见效快，有线组网的通信设备也较超短波、短波、卫星等通信方式便宜； 通信平台有保障； 不同站点的传输信号间不易产生相互干扰； 通信距离不受地形地域的限制	野外电话线缆易遭受雷电干扰，易受人为破坏； 数据采集速度受电话线路质量和线路忙闲的影响，畅通率有时不高； 目前已基本不用

2. 通信畅通率

通信畅通率由信道条件与碰撞概率决定，根据部颁《水文自动化测报系统规范》要求应达到：

（1）信道条件。超短波无线信道设计应保证信道误码率优于 10^{-4}。

（2）碰撞概率。在水雨情自动测报系统中，终端发送雨量数据是累计值，而不是传感器的增量值，因此，测报系统在运行时允许丢失若干数据，只要后续数据被正确接收，还是可以计算出雨量变化值，因此常以某个站连续丢失 3～5 个数据的概率作为碰撞概率。其次由于雨情数据密度远高于水位数据，所以碰撞概率也应以雨量数据的丢失作为计算对象。

（3）遥测设备发送数据格式也应具有较强的检错纠错功能，抗干扰能力强，保证数据传输过程中不会发生数据错误。

3．系统传输体制

系统传输体制主要有自报式（主动式）和应答式（被动式）两种。

（1）自报式（主动式）遥测站通过编码器将信息按预先规定的编码方式定时主动地向中继站或直接向接收中心发送，称为定时控制。还可根据需要事先规定，当遥测参数的变化达到一定数量（如雨量增加 1mm、水位增加 1cm）时，立即向中心发送数据，称为增量控制。一般兼用定时、增量两种控制。自报式具有设备简单、可靠性高、功耗小、费用省、数据过程完整等优点。但遇故障停报又无电话相通，就与中心失去联系。

（2）应答式，又称被动式。遥测站经常处于待命状态和被动地位，当收到中心或经由中继站转来的指令，立即启动设备将所存储的时段累积数据（雨量）或实时数据（水位）向中心或经由中继站发送。中心定时地向各遥测站依次巡测，遇有疑问即向该站查询订正；还可根据需要随时向所有遥测站或个别遥测站要求发报。应答式的优点是数据量大、功能较多，既可统一巡测，又可灵活选测，指挥自如（如站上有人驻守），还可与中心互通电话，使用方便。但设备比较复杂、功能较大、维修较难、投资较大，且不宜在多中继站的系统中使用。

为了实时采集水文数据，同时节省投资，降低测站设备值守功耗，我国水情信息采集系统多采用自报式体制，在被测水文参数发生规定的增量变化时（雨量为 1mm，水位增或降 1cm，）自动发送被测参数的数值（雨量为累计值，水位为实际值），考虑到水位值的测试环境，防消浪措施难以理想化，水面可以有波浪存在，为防止无谓地过频发送水位数据，一般将遥测站设置成水位数据发送的最短时间间隔为 5min。遥测站将数据直接或经由中继站发给中心站。

10.3.1.3 系统功能

1．遥测站主要功能、设备及要求

（1）主要功能。

1）降雨量每发生 1mm 增量变化，自动采集并发送雨量累计值；水位变化 1cm（可设间隔时间超过 5min），自动采集并发送水位值。

2）外接人工置数仪，发送人工置入数据。

3）具有定时自报功能，用于对设备运行状态的检测。

4）具有通话功能。

（2）设备配置。

1）传感器：如翻斗式雨量传感器、细井式水位传感器、压力式水位传感器等。

2）信号处理器：将水文参数变换成数字信号，并将数据信号转换成符合一定规则的数码，以达到适于信道传输，便于纠错、检错的要求。

3）调制器和解调器：调制器的作用是把数字信号变成适合信道传输的已调载波信号。解调器则是把接收到的已调载波信号恢复成数字信号，目前由于通信技术的发展，有些也可采用手机的 GSM/GPRS 或 CDMA/SMS 传输。

4）电源：一般采用直流电源，如太阳能、蓄电池。

5）天线电台：按不同的通信方式，选用不同的天线电台。

（3）站点设置要求。

1）水文、水位站：一般不得变更其位置。

2）雨量站：按能取得代表性降水资料和满足通信要求原则取其位置。

3）无人值守、委托管理的遥测站：要尽可能设在靠近居民点，交通方便，便于维护看管的地点。

4）水位站测井和位置应符合 GBJ 138—90《水位观测标准》的规定。

2. 中心站主要功能、设备

（1）主要功能。

1）实时接收处理数据。主要从前置机提取和接收的原始数据进行分解、检错、换码、分类、超限判断处理，写入数据库。

2）信息查询。以交互式方式提供水雨情数据、系统运行状况，测站和系统的特征参数等数据资料的查询。

3）编制水文图表。进行时段径流量、各类水文参数月、年平均值、最大值、最小值等特征数据的统计、计算。按照预定的项目和图表格式显示和打印各类水文数据的日报表，测站分布图，指定时段的雨量分布图，各类水文参数的过程线图等。

4）数据库和数据库管理。提供符合国家水利信息化标准要求的数据。

5）预报警功能。中心站应具有对整个系统的监测功能以维护系统安全运行且对超限数据作出预警报警。

（2）设备配置。

1）调制器和解调器。调制器的作用是把数字信号变成适合信道传输的已调载波信号。解调器则是把接收到的已调载波信号恢复成数字信号。

2）前置机。前置机是水雨情采集系统中心站值守机。也可以作为中心站主机的通信控制机，它实时接收各测站、终端发来的数据，且自动将这些数据整理成符合要求的水雨情信息。

3）避雷器。

4）天线、整机电台。

5）不间断电源、电池等。

6）计算机、打印机。

3. 水情自动遥测系统软件

水情信息采集系统软件的设计开发，是以国家防汛抗旱总指挥部办公室制定的《水库洪水调度系统设计与开发规则》为依据，基于中文 Windows 平台的数据管理软件，软件既可应用于网络系统，又可用于单机系统，便于系统的集成。应用软件系统的开发必须符合稳定、可靠、方便、实用、安全的原则。

（1）主要特点。

1）功能齐全、运行灵活、使用方便、有较强的实用性与通用性。使用标准 Windows 软件环境，便于推广使用。

2）采用了可视化、多媒体、数据库等先进的计算机技术，全中文操作环境，具有良好的通用性，便于系统维护。

3）预留与水库洪水预报相连的设计接口，易于后期实现与不同洪水预报模型和系统的连接和功能扩充。

4）在使用环境上，使用标准数据库格式对数据流进行有效的划分，系统可非常方便地应用于单机或网络系统，以适应所在流域各种计算机应用环境。

5）良好、完善的图表设计使系统能有效地采集处理复杂的数据，且能对个别测站数据的异常变化，自动进行判别、修正。以适应不同地区复杂多变的应用情况。

6）人性化的软件界面设计，非常有利于对雨量、水位及其他水情数据的显示与查询，界面简洁，操作简单。

7）易于实时、快速地生成各类图形和报表，与水库洪水预报和调度软件相结合，可使水库在最短时间内得出水库洪水调度方案。

8）具有完善的报表打印输出功能。

（2）主要功能。

1）与系统前置机通信功能。程序通过与前置机通信，将前置机存储的数据调到计算机存储，在存储的过程中，软件对接收到的数据进行合理性判决，并对越限情况进行告警，在自报数据错误或缺测的情况下，软件提供了原始数据的查询功能，人工修改或置数的功能，为数据的合理整编打下了基础，以利对数据的甄别，最后将处理好的数据存入数据库中。

2）水文数据应用功能。主要功能有日雨量计算、过程雨量计算、时段雨量计算、月逐日雨量、年逐日雨量；日平均水位及 8 时水位、时段水位、月逐日、年逐日水位计算。另外，软件应提供雨量数据的柱面图及水位数据的折线图，直观表现雨量及水位的实际情况。

3）动态实时监测功能。系统应能根据设定的时间，自动接收处理各站降水量及实际水位值，避免了用户频繁地调取原始数据，同时将实时数据不断显示在监测数据界面，为汛期随时掌握水雨情提供方便。

4）配置图及流域图显示功能。提供了遥测系统的配置图及系统流域图，并可以配置图或流域图为背景进行实时监测。

5）系统水文参数设置（基础水位、总库容、总淤积量、坝顶高程、汛限水位等参数）。

10.3.1.4 数据库表结构

依据《水库洪水调度系统设计与开发规则》要求，水情信息采集系统数据必须存入数据库，以方便其他应用系统调用。

1. 水情自动遥测数据的网络环境

网络环境：Windows Server 2000 或 Window NT 4.0 以上版本；SQL Server 2000 以上版本；Oracle 9i 以上版本。

2. 数据表结构

（1）时段为 1 小时的数据表格式。（表 10 - 3～表 10 - 6）。

表 10 - 3　　　　　　　　　　　**时段为 1 小时的降雨量表**

表标识：ST＿RNFL＿R

字段名	标识符	类型及长度	有无空值	单位	主键	索引序号
测站代码	STCD	C（9）	N		Y	2
年月日时	YMDHM	DATETIME	N		Y	1
降雨量	DTRN	N（5，1）		mm		

注　1. 如表中时间为 2009 年 6 月 7 日 18 时，降雨量为 10mm，则代表 2009 年 6 月 7 日 17～18 时的时段降雨
　　　　量为 10mm。

　　2. 时段降雨量为 0 的数据省略不入库。

　　3. 测站编码按《水利工程基础信息代码编制规定》拟定（下同）。

　　4. 缺测数据用－1 表示。

表 10 - 4　　　　　　　　　　　**时段为 1 小时的河道水情表**

表标识：ST＿RIVER＿R

字段名	标识符	类型及长度	有无空值	单位	主键	索引序号
测站代码	STCD	C（9）	N		Y	2
年月日时	YMDHM	DATETIME	N		Y	1
水位	ZR	N（7，3）		m		
流量	Q	N（9，3）		m³/s		

表 10 - 5　　　　　　　　　　　**时段为 1 小时的闸坝水情表**

表标识：ST＿DAM＿R

字段名	标识符	类型及长度	有无空值	单位	主键	索引序号
测站代码	STCD	C（11）	N		Y	2
年月日时	YMDHM	DATETIME	N		Y	1
闸上水位	ZU	N（7，3）		m		
闸下水位	ZD	N（7，3）		m		

表 10 - 6　　　　　　　　　　　**时段为 1 小时的水库水情表**

表标识：ST＿RSVR＿R

字段名	标识符	类型及长度	有无空值	单位	主键	索引序号
测站代码	STCD	C（11）	N		Y	2
年月日时	YMDHM	DATETIME	N		Y	1
库内水位	ZI	N（7，3）		m		

（2）实测数据表格式（表 10 - 7～表 10 - 10）。

表 10-7   **实 测 降 雨 量 表**

表标识：ST_RNFL_R0

字段名	标识符	类型及长度	有无空值	单位	主键	索引序号
测站代码	STCD	C (9)	N		Y	2
年月日时分	YMDHM	DATETIME	N		Y	1
降雨量	DTRN	N (5, 1)		mm		
降雨历时	RNTM	N (3, 1)		分钟		

注 1. 如表中时间为 1998 年 6 月 7 日 18 时，降雨历时为 1 小时，降雨量为 10mm，则代表 1998 年 6 月 7 日 17～18 时的时段降雨量为 10mm。
    2. 缺测数据用－1 表示。

表 10-8   **实 测 河 道 水 情 表**

表标识：ST_RIVER_R0

字段名	标识符	类型及长度	有无空值	单位	主键	索引序号
测站代码	STCD	C (9)	N		Y	2
年月日时分	YMDHM	DATETIME	N		Y	1
水位	ZR	N (7, 3)		m		
流量	Q	N (9, 3)		m³/s		

表 10-9   **实 测 闸 坝 水 情 表**

表标识：ST_DAM_R0

字段名	标识符	类型及长度	有无空值	单位	主键	索引序号
测站代码	STCD	C (11)	N		Y	2
年月日时分	YMDHM	DATETIME	N		Y	1
闸上水位	ZU	N (7, 3)		m		
闸下水位	ZD	N (7, 3)		m		

表 10-10   **实 测 水 库 水 情 表**

表标识：ST_RSVR_R0

字段名	标识符	类型及长度	有无空值	单位	主键	索引序号
测站代码	STCD	C (11)	N		Y	2
年月日时分	YMDHM	DATETIME	N		Y	1
库内水位	ZI	N (7, 3)		m		

10.3.1.5 安装要求

（1）室内安装的终端机为方筒密封型，可安装于墙上，天线馈线、太阳能电池、水位计、雨量计的电缆由室外引入。

（2）雨量计一般安装在开阔面（按规范要求），但由于安全原因，雨量计亦可安装在开阔的房顶。

（3）遥测站的太阳能电池板，配有专用安装架安装在雨量计上部，调整好角度，使之有最佳采光面，在预先埋好的地脚螺钉上安装好，并引好电源线。

（4）浮子水位计安装在测井台上，通过电缆与终端机连接，电缆长度超过 50m 时，最好加金属套筒后埋地铺设，亦可考虑转换为串行信号传送，以便于屏蔽和隔离。

（5）所有电缆超过 10m 时，应加钢丝引线以吊装馈线，水位计线、雨量计线的电缆屏蔽接地。

（6）中心站除天线塔要有接地点外，机房应另有设备接地点（与避雷地分开），接地电阻小于 5Ω。

（7）天线的架设必须有抗风能力，能防人为破坏。具有良好的接地，天线与遥测设备之间的距离越近越好，减少馈线长度，以减少损耗。天线与遥测设备之间安装同轴避雷器。

10.3.1.6　土建工程要求

（1）雨量计安装在水泥台上，应事先做好水泥台，并按尺寸预埋地脚螺栓。

（2）天线按要求安装，高的要架设在铁塔上，铁塔上都有避雷针，接地电阻小于 5Ω，遥测站可放宽到 10Ω。

（3）中心站面积没有规定，最好分里外两层房间，里间放前置机和主机系统，要求安装空调器，设置没漆的墙壁和地板，但不要铺地毯，以防静电。外间放不间断电源和蓄电池等供电系统，中心站要有接地网，接地电阻小于 5Ω。

（4）电缆悬空长度超过 10m 应拉钢丝以吊装电缆，水位计线超过 50m 应装金属管，埋地铺设。

10.3.2　水库大坝安全监测信息系统

大坝安全监测通过获取第一手的资料来了解大坝工作性态，为评价大坝状况和发现异常迹象提供依据，从而制定适当的水库控制运用计划及大坝维护修理措施来保障大坝安全，在发生险情时还可发布警报减免事故损失。因此大坝安全监测是保证大坝安全的重要措施，是坝工建设和运行管理中非常必要、不可或缺的一项工作。1998 年以来，全国开展了大规模的水库除险加固工作，按照 CJJ 50—92《水库除险加固工程设计规范》要求，无论新建水库大坝，还是病险水库的除险加固，都要完善大坝安全监测设施。做到安全监测设计理论和监测方法先进，选用设备先进可靠，信息收集处理及时，数据分析准确，制度完善。

下面以我国西北某水库为例，介绍水库大坝安全监测系统的配置及功能。该水库由拦河大坝（壤土心墙砂砾石坝壳）、泄洪排沙洞、溢洪道、引水发电洞和坝后发电厂房五部分组成；最大坝高 54.8m，坝顶长 360m，坝顶高程 2004.8m，设计蓄水位 2000.8m，水库总库容 1.934 亿 m^3。水库地震设防基本烈度为 8 度。水库设计、施工是近年完成的，大坝安全监测基本上是按规范要求进行设计，埋设了多达 12 项共 115 支（台）仪器设备，各类设备及埋设位置参数见表 10-11。

10.3.2.1　水库大坝安全监测信息采集及自动化系统设计

根据信息化建设总的设计原则，并考虑信息采集要有明确的针对性和实用性、充分的可靠性和完整性、采集技术和设备的先进性和必要的经济性与合理性。结合该水库大坝安全监测设施的实际情况，本水库大坝安全监测信息采集系统设计确定：对于

表 10-11

某水库监测设备及埋设位置参数表

仪器	编号	坝横桩号	坝纵桩号	埋设高程（m）	备注
水管式沉降计	W_1	横 0+166	纵 0+002	1975.0	
	W_2	横 0+166	纵 0+012	1975.0	
	W_3	横 0+166	纵 0+024	1975.0	
	W_4	横 0+166	纵 0+038	1975.0	所给高程为沉降计底高程
	W_5	横 0+166	纵 0+052	1975.0	
	W_6	横 0+166	纵 0+002	1990.0	
	W_7	横 0+166	纵 0+012	1990.0	
	W_8	横 0+166	纵 0+024	1990.0	
水平位移计	H_1	横 0+166	纵 0+002	1975.0	
	H_2	横 0+166	纵 0+012	1975.0	
	H_3	横 0+166	纵 0+024	1975.0	
	H_4	横 0+166	纵 0+038	1975.0	所给高程为位移计管中心高程
	H_5	横 0+166	纵 0+002	1990.0	
	H_6	横 0+166	纵 0+012	1990.0	
	H_7	横 0+166	纵 0+024	1990.0	
土应变计	S_1	横 0+166	纵 0+003	1952.0	所列为仪器中心位置，其中 $S_1 \sim S_4$ 长 12m，S_{T1}、S_{T2} 长 24m
	S_2	横 0+166	纵 0-024	1954.0	
	S_3	横 0+166	纵 0-015	1975.0	

仪器	编号	坝横桩号	坝纵桩号	埋设高程（m）	备注
土应变计	S_4	横 0+166	纵 0-009	1990.0	所列为仪器中心位置，其中 $S_1 \sim S_4$ 长 12m，S_{T1}、S_{T2} 长 24m
	S_{T1}	横 0+166	纵 0+002	1975.0	
	S_{T2}	横 0+166	纵 0+002	1990.0	
土压力计	E_1	横 0+166	纵 0-004	1989.0	
	E_2	横 0+166	纵 0+000	1989.0	
	E_3	横 0+166	纵 0+005	1989.0	
渗压计	P_1	横 0+166	纵 0-007.5	1946.2	
	P_2	横 0+166	纵 0-007.5	1960.0	
	P_3	横 0+166	纵 0-007	1975.0	
	P_4	横 0+166	纵 0+000	1975.0	
	P_5	横 0+166	纵 0+010	1946.2	
	P_6	横 0+166	纵 0+010	1960.0	
	P_7	横 0+166	纵 0+010	1970.0	
	P_8	横 0+166	纵 0+043	1948.0	
	P_9	横 0+166	纵 0+043	1950.0	
	P_{10}	横 0+166	纵 0+043	1953.0	
	P_{11}	横 0+166	纵 0+099	1947.0	
	P_{12}	横 0+166	纵 0+099	1949.5	
	P_{13}	横 0+166	纵 0+099	1952.0	
	P_{14}	横 0+070	纵 0-007.5	1946.2	

续表

仪器	编号	坝横桩号	坝纵桩号	埋设高程（m）	备注
渗压计	P_{15}	横 0+070	纵 0-007.5	1960.0	
	P_{16}	横 0+070	纵 0-007.5	1970.0	
	P_{17}	横 0+075	纵 0+010	1946.2	
	P_{18}	横 0+075	纵 0+010	1960.0	
	P_{19}	横 0+085	纵 0+043	1948.0	
	P_{20}	横 0+085	纵 0+043	1950.5	
	P_{21}	横 0+095	纵 0+099	1947.0	
	P_{22}	横 0+095	纵 0+099	1949.5	
	P_{23}	横 0+235	纵 0-007.5	1946.2	
	P_{24}	横 0+235	纵 0-007.6	1960.0	
	P_{25}	横 0+235	纵 0-007.7	1970.0	
	P_{26}	横 0+235	纵 0+010	1946.2	
	P_{27}	横 0+235	纵 0+010	1960.0	
	P_{28}	横 0+235	纵 0+043	1948.0	
	P_{29}	横 0+235	纵 0+043	1950.5	
	P_{30}	横 0+235	纵 0+099	1947.0	
	P_{31}	横 0+235	纵 0+099	1949.5	
振弦式测压管计	D_1	横 0+150	纵 0-005	2004.6	所给高程为管口高程
	D_2	横 0+150	纵 0+005	2004.6	

仪器	编号	坝横桩号	坝纵桩号	埋设高程（m）	备注
振弦式测压管计	D_3	横 0+150	纵 0+010	2002.1	
	D_4	横 0+150	纵 0+048.5	1986.4	
	D_5	横 0+150	纵 0+093	1969.4	
	D_6	横 0+150	纵 0+133	1954.1	所给高程为管口高程
	D_7	横 0+363.8	纵 0-005	2004.9	
	D_8	横 0+352	纵 0+005	2004.9	
	D_9	横 0+320.5	纵 0+048.5	1986.5	
	D_{10}	横 0+301.5	纵 0+096	1969.5	
观测房	1号	横 0+166	纵 0+140.5	1952.0	
	2号	横 0+166	纵 0+080.2	1973.8	所给高程为观测房地坪高程
	3号	横 0+166	纵 0+040.7	1988.8	
	4号	横 0+166	纵 0+140.5	1952.0	
活动式测斜	N_1	横 0+059	纵 0-005	2004.6	
	N_2	横 0+166	纵 0+005	2004.6	所给高程为管口高程
	N_3	横 0+298	纵 0+005	2004.6	
固定式倾斜仪		横 0-001	纵 0-005	2004.8	溢洪道边墩
三点地震仪		横 0-041	纵 0-026	2004.8	

测土应力应变的土应变计、土压力计、测渗透压力的渗压计、测渗流的振弦式测压管计，以及固定式测斜仪和地震仪信息采用自动采集方式，其数据经变换直接进入管理所中心计算机。而对于测内部变形的水管式沉降计、水平位移计、对大坝的表面位移观测、活动式测斜仪、量水堰（渗流量）、观测井等，都由人工通过相应仪器设备，按规范要求进行观测，其数据由手工置入计算机。

1. 监测项目

该水库大坝共埋设了测内部变形的水管式沉降计、水平位移计、测土应力应变的土应变计、土压力计、测渗透压力的渗压计、测渗流的振弦式测压管计、固定式测斜仪和地震仪、测大坝的表面位移的位移标点、活动式测斜仪、量水堰（渗流量）、观测井等，共计12项、115支（台）仪器设备。

2. 监测信息采集方式

水库大坝埋设的12类监测仪器设备，按其性质可分为两类：一类可使用相应的传感器将物理信号转换成电信号，然后用电信号进行传输和处理，即可以实现对信息的自动采集和处理；另一类则不易实现自动化，则要由人工通过相应仪器设备，按规范要求进行观测，其数据由手工置入中心计算机。

根据水库大坝实际埋设的监测设备，确定对土应变计、土压力计、渗压计、振弦式测压管计、固定式测斜仪和地震仪采用自动化采集方式。而对大坝的表面位移观测、活动式测斜仪、水管式沉降计、水平位移计、量水堰（渗流量）、观测井等，都由技术人员人工进行观测，其数据由手工置入中心计算机。

自动化数据采集系统选用美国基康仪器（北京）有限公司的产品（MICRO—10自动化数据采集系统），其数据由现场多通道数据采集单元（8032—32—1）进行采集，经电缆传输进入数据记录仪（8020EX—1—220），后直接输入中心计算机。

10.3.2.2 系统结构

水库大坝安全监测由水库管理所统一控制和管理，系统主要由中心计算机、数据记录仪，现场多通道数据采集单元、传感器、测点等构成。系统结构布置如图 10-2 所示。

其中，中心控制室设在水库管理所，MICRO—10 自动化数据采集系统的主机 8020EX—1—220 数据记录仪即设在中心控制室内，现场多通道数据采集单元 （8032—32—1）则设在现场的 1 号、3 号、4 号、5 号观测房内。为减少数据采集单元数量，2 号观测房和溢洪道闸室内的传感器由电缆就近引入 3 号观测房内。

另外，3 号观测房内接入传感器较多，一些传感器需要同时测温，通道数超过 32 个，故 3 号观测房需要 2 个 8032—32—1 单元。

1. 中心站的组成和主要功能

中心站主要由计算机、MICRO—10 自动化数据采集系统的主机，RS232/485 转换器、避雷装置、绘图仪以及打印机、电源系统等组成。

MICRO—10 自动化数据采集系统的主机负责接收现场数据采集单元发送的监测数据并加注时标存入指定内存。可根据主计算机命令以 9600bp 向主计算机发出数据，存入相应数据库内。主计算机要另设一串行口，以备向上级部门传送数据。

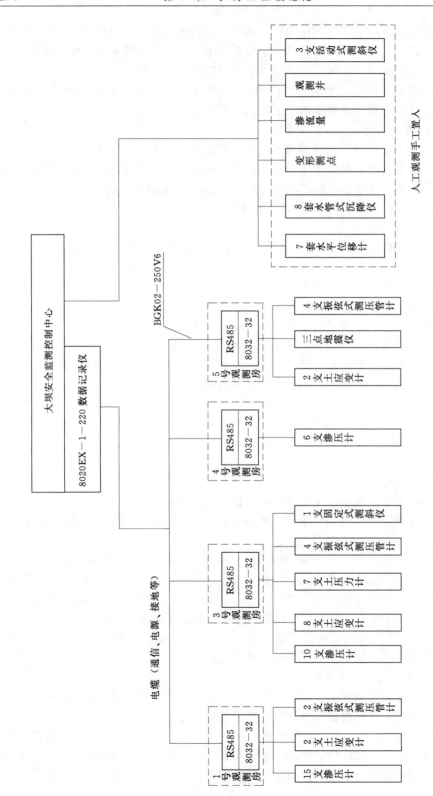

图 10-2　某水库大坝监测自动化系统结构图

主机对采集数据进行在线处理或离线处理，形成数据文件。依照 SL 169—96《土石坝安全监测资料整编规程》进行资料整编，绘制相关图表，分析大坝运行情况。

根据有关规定及大坝实际情况设置预警条件，出现异常情况时监测系统自动进行声、光报警。

通过电信网及时将大坝安全性状方面的数据资料传送到市水利局、省水利厅，为上级机关的全面决策提供可靠的数据、信息。

此外，主机内建有监测信息数据库和相应数学预报模型，能对监测信息进行归类、存储、打印各种报表，并根据实时信息作出预报和水库运行调度方案等。

2. 现场多通道数据采集单元（8032—32—1）的组成和主要功能

现场多通道数据采集单元（8032—32—1）主要由 32 通道的主机板、模拟信号接口板、防水机箱、雷击保护器及采集软件等组成。

现场多通道数据采集单元的主要功能是日常运行管理，即 8032 按预定程序对各传感器进行定时数据采集、存储、上传；根据需要计算机操作可以修改监测程序，强制性数据采集，显示、存储和打印等。

3. 一次设备

监测系统一次设备（传感器）已埋设到位，共计 115 支（套）。

其中，变形监测为大坝表面位移，采用经纬仪和水准仪测量。现有变形观测点布设 6 个横断面，沿坝轴线布置 4 排，总计观测标点 22 个，另设变形起测基点和校核基点共 16 个；渗压计 31 支；土压力计 3 套共 6 支；水管式沉降仪 8 套；水平位移计 7 套；土应变计 6 套共 12 支；振弦式测压管 14 套（其中 4 套未装）；活动式测斜仪 3 套；固定式测斜仪 1 套；地震仪 1 套；量水堰 1 座；观测井 2 座。

内部监测仪器均选用的是钢弦式仪器。

4. 系统通信和防雷

监测系统的通信分三个层次。8032 与传感器连接为专用电缆；8032 同水库管理所的控制中心 8020EX 用通信电缆连接；水库管理所与上级水利局、水利厅则通过网络传递信息。

检测系统的防雷措施包括：传感器采取信号避雷器防护，电源通过隔离变压器和电源避雷器接入，系统内的建筑物布设接地网保护，接地电阻要求小于 5Ω。所有裸露电缆必须采用钢管保护，钢管要良好接地。在雷雨多发季节，系统非必要运行时切断电源，以防备电源引发雷击。在需要监测时再接通电源，启动系统。

5. 电缆敷设与布置

中心控制室主机用通信电缆，连接设在观测房内的现场多通道数据采集单元。电缆用 PVC 管保护埋入电缆沟，考虑当地冻土层深度 1.5m，电缆沟开挖深度 1.6m，宽度 0.3～0.5m。电缆敷设过程中要注意保护好电缆接头和编号标志，及时检测电缆及传感器的状态和绝缘状况。

10.3.2.3 大坝安全监测分析评价预报软件

大坝安全监测分析评价预报系统软件功能包括：

（1）大坝安全监测信息管理。

（2）大坝安全监测分析评价。

（3）大坝安全监测预报。

（4）大坝安全监测实时监控平台。

10.3.2.4　主要设备清单

自动化监测数据采集系统主要设备见表 10-12。

表 10-12　　　　　　　　本次设计监测系统主要设备清单

序号	名 称 及 型 号 规 格	单位	数量	备　　注
1	8020EX-1-220 数据记录仪	台	1	美国产
2	A8032-32-1 多通道数据采集单元	个	5	美国产
3	8032-30 雷击保护器	个	5	
4	8032-5 连接电缆接头	个	5	
5	MICRO-10 用 Multilogger 软件	套	1	
6	4 芯屏蔽电缆 BGK02-250V6	m	3100	
7	专用电缆	m	500	
8	RS 232/485 转换器	个	5	
9	大坝安全监测数据分析评价预报软件	套	2	
10	电缆保护管（PVC 管）	m	1200	
11	J2 经纬仪	台	1	
12	位移基点和校核基点	个	8	
13	测压管	个	3	

10.3.2.5　监测系统的管理及维护

大坝安全监测自动化系统，经过技术论证、设计及现场安装实施、验收合格后即开始投入运行。在长期的监测过程中，系统能否正常运转，是否经常发生故障，发生故障后能否及时检修恢复，能否真正为大坝运行性态监测、指导工程有效利用水资源及防洪保安发挥作用，在很大程度上取决于系统的管理和维护水平。在管理上要有完善的机构和明确的责任制，在维护上要有切实可行的措施和必要的经费。

10.3.3　闸门自动监控系统

闸门自动监测控制对于节约水资源、提高水资源的利用效率、确保水利工程的安全高效运行有着重要意义。闸门自动监控系统主要由现地监控单元、远程监控计算机和上位计算机组成。系统一般采用分布式结构，实现对水库或灌区主要控制闸门进行联网监控，达到分散控制、集中调度、高效管理的目的。

10.3.3.1　现地监控单元

闸门自动监控系统现地监控单元，主要由可编程控制器（PLC）、水位传感器、流速传感器、通信设备、动力控制柜（空气开关、交流接触器、保护装置、手/自动切换装置、故障/事故信号、电流/电压表及指示灯、控制按钮）、电动装置（包含上下限位开关、过力矩保护、闸位计及仪表）等组成，如图 10-3 所示。

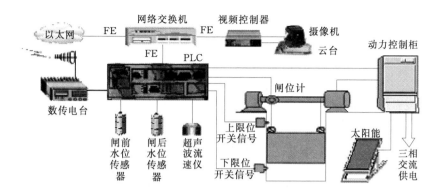

图 10-3　闸门自动监控系统结构

现地监控单元利用水位计、开度传感器、安保信号采集器等信号采集测量装置对闸门工况进行全面监测，利用可编程控制器（PLC）输入输出接口组成测量与控制层，接收远程监控计算机传来的闸门启闭控制及开度设置信号，实现对闸门的精确控制，其控制指令通过以继电器触点和可控硅无触点形式与现场控制机柜相连实现对水库调水的运行操作。

现地监控单元在系统运行过程中自动监测闸门及其他部件工作状况，在闸门运行过程中一旦出现倾斜、过载、越限、电机过压、过流、断相等情况，能立即报警并停止闸门运行。

1. 主要功能

（1）即插即用。现地监控单元控制系统主要由 PLC 模块构成。PLC 模块的一个重要特点就是带电插拔、即插即用，便于设备更换、维护。

（2）测控一体。现地监控单元包括了模拟量输入/输出，开关量输入/输出模块。模拟量输入模块用于输入被监测信号的模拟信号和开关量信号，开关量输出模块用于输出信号控制启闭机的正转、反转和停止。

（3）闭环控制。现地监控单元接收到目标流量、水位或目标开度后，通过 PLC 控制单元运算，产生控制指令，快速调节闸门的开度，使流量、水位或开度达到规定值。

（4）自动实时采集水位、流速、闸位、上下限位开关状态等数据，并将数据传送到中心站。并接收中心站发送的带有控制识别码和操作密码的调度控制指令，经确认后方可执行，防止误操作或非法操作。

（5）具有向上级报送运行状态信息和报警信息的功能。

（6）发出的信息都自带本站的地址码、当前监控站的时间标志，表明该信息的来源、监控站的当前时间。中心站通过检查监控站的时间来校时，保证各个站点与中心站时间一致、同步工作。

（7）具有数据固态存储功能。

（8）支持控制参数在线修改。

（9）支持用户设定闸门上限、下限位置（软开关），用于保护闸门。

（10）具有电动启闭装置机械过载保护设备，当闸门卡住或承受过大外力时执行自动保护。

(11) 动力控制柜配备联动断电保护装置,保证在任何情况下都能及时断开电源。

(12) 具有自检自恢复功能。

(13) 设备性能可靠,并有防潮湿、防雷、抗干扰等措施,所有设备都能够在无人值守的条件下长期连续正常工作。

2. 可编程控制器

闸门控制系统现地监控单元一般都采用可编程控制器 (PLC)。PLC 包含有 CPU、模拟量输入/输出模板、继电器输出模板。PLC 根据模拟量板监测到的水位、开度及其他监控信息,按远程控制计算机的控制指令自动运算,求出闸门开度的变化值,经模拟量输出端口直接控制变频器,调节电机运转,实现对闸门开度的精确控制。现地监控设备的控制核心 PLC 应具有以下性能:

(1) 数字量输入模块 (DI):信号应由独立无源的常开或常闭接点提供,输入回路由独立电源供电。且数字信号输入经过光电隔离,还应有接口滤波措施,接点状态改变后,其持续时间为 4~6ms 以上者,视为有效信息。每个数字量输入都有 LED 指示状态。

(2) 模拟量输入模块 (AI):电气模拟量输入为 4~20mA,模块可对 A/D 转换精度自动检验或校正。模拟量输入接口参数满足:

1) A/D 分辨率:16 位 (可含符号位)。

2) 转换精度:包括接口和 A/D 转换,误差小于满量程的 ±0.4%。

3) 支持平均值、断线检测功能。

4) 转换时间:小于 2ms。

(3) 数字量输出 (DO):数字量输出接点的容量、数量和电压满足控制对象的要求,并留有充分的裕度。

1) 输出继电器为插入式,带防尘罩。

2) 每一数字输出有 LED 指示器反映其状态。

3) 瞬时的数字量输出信号持续时间为可调。

(4) 配有以太网接口或串行接口。渠首监控站通过以太网接口连接光端机与调度中心通信;串行接口用于连接数传电台与调度中心通信。

(5) 输入/输出通道数保留 10% 的备用,内存容量保留 30% 的备用,充分的冗余可以保证系统的稳定可靠运行和将来的功能扩充。

(6) 具有高可靠性,能在无空调、无净化设备、无专门屏蔽措施的启闭机旁正常工作。

(7) 在脱离上位机控制后,仍能够对所控制的闸门进行正确无误的操作。

(8) 外部供电电源为交流 220V 或直流 24V。

3. 动力控制柜

动力控制柜包含空气开关、交流接触器、保护装置、手/自动切换装置、故障/事故信号、电流/电压表、指示灯、控制按钮等。所有部件应满足国家电气设备技术标准的要求。控制开关、接触器、继电器等动作器件应满足接点容量的要求,并留有较大裕量，满足低耗且防尘的要求。

4. 闸门电动装置

闸门电动装置应包含上下行程、过力矩保护、闸门开度显示、到位信号灯及仪表等装置，能有效地开关或调节型闸门并发出闸门运行信息。

10.3.3.2 远程监控计算机

闸门自动监测控制一般采用层次型分布式结构模式，即一台远程监控计算机（工业控制机）连接多台现地监控单元。其系统结构如图 10-4 所示。

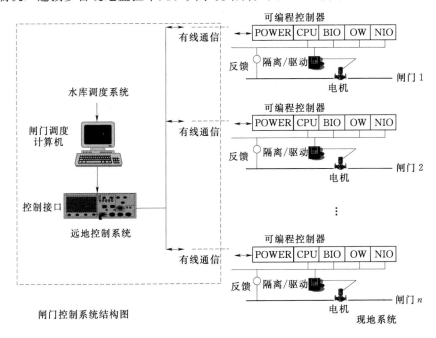

图 10-4 系统结构图

远程监控系统实时接收现地监控单元传来的数据，经过计算分析，按预先设定的运行程序及时、准确向现地监控单元发送控制命令并回传现地监控单元监测数据；对闸门运行工况、水位、现地监控单元工作状态进行实时记录；计算累计过闸流量、统计启闭次数和时间；实现对水库水位或灌溉用水的精确控制。远程监控计算机作为闸门自动监控系统运行值班机，其主要作用就是控制和管理所属的多个现地监控单元，指挥闸门安全有效运行。远程监控计算机直接接受上位计算机专家决策支持系统发布的水库或灌区调峰或供水调度指令，将调度命令转换成闸门运行控制指令，按预案要求分发至各现地监控单元，指挥控制各闸门安全高效运行，实现水库、灌区调度的自动化和智能化。

上位计算机一般用来运行水库调度或灌区供水调度决策系统，其调度命令传至远程监控计算机，由远程监控计算机将调度命令转换成闸门运行控制指令，分发至现地监控单元控制各闸门安全高效运行。系统上位计算机与远程监控计算机（工控计算机）之间一般采用以太网络连接模式连接，上位计算机与远程监控计算机同置于调度控制中心。远程监控计算机与各主要控制闸门的现地监控单元之间的联系通常采用符合工业标准的串行 RS - 482 通信模式，通过双绞线实现调度中心与闸门间的数据通信（通信距离约 1000m）。如通信距离过长也可采用其他连接方式（如无线、光缆等），一台远程监控计算机可以连接多套闸门现地监控单元。

10.3.3.3 系统功能

1. 实时数据采集

实时数据包括水库水位、闸门开度、闸门工况、保安数据、过闸流量等。

（1）水库水位：水库水位通过水位传感器（压力式或浮子式水位计）将水位变化值转换为电信号或编码信息，通过可编程控制器 PLC 的数字或模拟量输入并经 A/D 转换成水位值。

（2）闸门开度：闸门开度传感器采用姿态传感器作为闸位计，闸门启闭角度信号转换为开度，编码送到 PLC 数字输入模块，并由 PLC 进行解码得到闸门开度。

（3）闸门工况：闸门工况除闸门开度外，还包括闸门当前的运行状态（即启闭状态），闸门启闭机电气检测信号（如电机过流、过压、断相等），通过 PLC 来判断闸门当前工况。

（4）保安数据。保安数据主要指为满足水闸设备、设施防盗要求，安装的非法侵入检测开关、线路切断检测开关等开关信号，通过 PLC 判断分析是否有不安全因素，并自动发出报警。

PLC 监测、处理的各种信息同时传送到远程监控计算机系统，可实现远程动态监控闸门运行。

2. 运行方式

闸门自动监测运行方式主要有以下几种：

（1）自动控制。按照闸门操作规程或调度方案由计算机自动控制闸门运行。自动控制方式的控制权限移交给上级调度中心中央控制计算机，所有操作均由调度中心，按调度需求执行。这是闸门自动监测控制系统的主要运行方式。

（2）现地控制。在现场设立现地控制柜，管理人员在现场可以通过现地控制单元或远程控制计算机控制闸门按预案运行。现地控制模式也称半自动模式，它是利用本地 PLC 控制单元按预先设置的预案自动控制闸门的运行操作。

（3）手动控制。保留闸门现有手动控制装置，在自控系统、现地控制失效或紧急情况下手动控制闸门运行。手动为相对独立的控制系统，所有自动化控制系统应都不能影响手动控制系统的运行。当 PLC 检测到手动控制信号后，将禁止系统发出任何启闭操作指令，以保证现地操作安全。

3. 动态监视

（1）监控软件提供形象逼真的动态模拟闸门运行状态及变化过程，实时显示采集的数据和系统运行信息。监控画面能提供模拟现场操作的按钮、指示灯、数据输入窗口等操作功能。所有的简单操作信号经过后台监控软件运算加密，通过网络传送给闸门现地控制单元，闸门现地控制单元解密后方可执行这些操作，以实现对闸门的控制。

（2）实时显示图形化过程曲线。闸门运行状态和水面变化过程能通过图形化界面动态显示，水位、流量以及水量等实时数据能以过程线形式显示，方便运行管理人员分析监测水量的变化趋势。

（3）能根据优化调度的要求进行闸门控制。优化调度功能以时间或事件触发为基础，通过建立的预测控制、模糊控制模型或规定性要求进行闸门自动控制。

4. 报警处理

系统报警分为提示性报警和故障性报警。提示性报警包括操作出错、数据设置超限、特性值出现等不影响系统运行的报警，这类报警主要用于警告性提示。故障性报警一般包括控制设备内部故障、运行出错、控制设备不能执行指令等，这类报警影响系统正常运行，必须及时进行处理，报警发生后系统能自动登录报警数据库并及时记录报警事件和过程，为报警分析提供依据。所有报警信息都在监控计算机监控界面实时显示，同时显示报警区域、报警类型、故障处理办法等内容。

5. 系统维护

监控计算机提供随机帮助和远程维护功能。帮助功能主要包括使用说明、操作帮助和故障处理帮助等。远程维护能通过网络进行远程的故障诊断和排除。

6. 报表打印

按要求生成各种报表。

7. 系统维护

操作员口令设定、更改；数据字典维护；系统参数设定、更改。

10.3.3.4 辅助工程

1. 防雷设施

在闸门自动监控系统现地控制部分应设置避雷设施和设备接地装置，将雷电电磁脉冲感应的过电压、过电流引入大地，分离有用信号和雷电冲击波，保护设备免遭破坏。接地体电阻应小于 10Ω，同时在电源接入端加设避雷器。

2. 土建工程

闸门现地监控站需要改造的土建项目有：闸房建设、启闭机改造、测水计量设施。闸房的面积根据实际情况确定，采用砖混结构或轻型钢结构。闸门手动启闭机改为手动、电动两用启闭机。测水设施主要进行量水堰、标准过水断面的建设。

10.3.4 视频监视系统

随着电子技术飞速发展，视频监控应用越来越广泛。有线、无线、光纤通信技术发展使视频监控图像传送质量得到质的提升，让远距离视频监控成为可能。图像信息具有直观、生动、真实的特点，它实时反映了被监视对象的形态，是对数据信息"形"的补充。作为重要的决策依据，对水利工程安全信息以及周围环境现场图像的监视，也是水利信息化利用的重要内容。

视频监视系统一般由硬盘录像机、摄像机、可控云台、可变镜头及防盗传感器、编码/解码器、传输线路和控制软件组成。主要作用如下：

（1）实时将现场图像传送到调度中心，保存在硬盘录像机中。

（2）进行全天候的现场图像监视。

（3）具有高度的可靠性和稳定性，图像传输质量好。

（4）可远程控制图像采集设备，如控制云台、摄像头（光圈、焦距等）。

10.3.4.1　系统功能

1. 监控功能

MPEG 压缩（纯硬件实现），每路达到 25 帧/s。采用 32 位嵌入式微处理器及嵌入式实时操作系统，保证了系统的实时性、可靠性和稳定性。多路音频和视频的全实时同步监看、录像，支持对有音频的现场进行声音的实时监听。高清晰度，画质可调，监视分辨率达到 704×576，录像分辨率为 352×288。视频移动动态检测功能，每路视频可设置多达 64 个动态检测区域，提供 10 个灵敏度调节等级。视频屏蔽功能，对重点区域（不需要录像及监视的区域）进行屏蔽。每路最多可以设置 64 个屏蔽区域。内置多种通信协议，支持多种云台、镜头、一体化快球及报警主机。信息提示，系统面板提供了当前各摄像机的工作状态和当前硬盘的容量。

2. 录像功能

（1）支持多种不同的录影方式（手动录像、定时录像、移动录像、报警录像等）。

（2）每路的音频参数和录像参数均可以单独设置（录像等级、帧数、录音等级等）。

（3）硬盘数据管理，具有手动和自动覆盖历史资料的功能，保证了数据安全。

（4）字符叠加功能：摄像机的名称、录像的时间、日期的字符与图像叠加，嵌入视频中存储。

（5）录像的图像质量可多档调节。

（6）数据安全：文件之间采用无缝连接，两个连续的文件间不会丢失数据。

3. 回放功能

为用户提供两种回放方式：检索放像、文件放像。可以选择需要回放的端口及需要回放的具体日期，选中该端口当日的录像存储文件后播放该录像文件。输入端口的具体起始日期和时间，则播放该端口从该时间开始的录像数据，并且支持远程检索。

4. 报警功能

（1）每个摄像机可以单独设定移动报警录像，单独设置移动录像的布防时间段。

（2）每个摄像机的移动检测的灵敏度可调节。

（3）主机提供 4 路报警输入，2 路报警输出接口。

（4）用户可以为每路设置报警输入的检测时间段、报警时的联动录像端口、录像时间和联动报警输出口。

（5）支持外接各种报警器及联动报警设备（警灯、警铃等）。

5. 管理功能

（1）系统设有多级密码：锁定密码、系统管理密码、用户密码、软件升级密码等。

（2）提供网络监控功能，可以实现在局域网、广域网上的监看、录像和回放，并可在远程设置主机的各项参数。

（3）采用遥控器操作，可以用遥控器完成所有的设置，包括云台、一体化快球的控制、报警、录像和回放等。

（4）主机具有自动开关机的功能，可以按照设置自动运行。

10.3.4.2 技术指标

1. 摄像机

室外一体化摄像机应提供基本的摄像机操作功能及视像切换等辅助功能,其中包括远程遥控、镜头变焦、光圈调整、云台控制、手/自动循环选择。摄像头应有防护罩,满足防雨、防尘、防盗,摄像头必须具有高的灵敏度,红外夜视能力,以免光线不足而影响视像效果,摄像机的性能指标见表10-13。

表10-13 彩色球型一体化摄像机性能指标

项 目	技 术 指 标
摄像分辨率	753(H)×582(V)像素,行间转移CCD
传感器	1/3″或1/4″CCD
扫描图	625行/50场/25帧 水平15.625kHz 垂直50Hz
扫描方式	2:1隔行
同步	内同步,电源同步,外同步(VS/VBS)或(VD2可选择)
视频输出	1.0V[p−p]PAL复合75ΩBNC端子
水平清晰度	480电视线
信噪比	48dB(AGC OFF加重ON)
最低照度	F1.6时0.2lx
增益控制	AGC ON或OFF可选择(SET UP MENU)
白平衡	自动
动态范围	48dB
焦距长度	F4~88mm22倍光学变焦
光圈孔	设置可变(SET UP MENU)
电子照度控制	相当于快门速度1/3~1/4000s之间连续变化
镜头安装	C型或CS型可选择
ALC镜头	直流或视频可选择
安装方式	室内吸顶,室内嵌入,室内吊装
相对湿度	10%~75%(无凝聚情况下)
水平转动	0.8~240°/s
垂直转动	0.8~90°/s
通信	RS−485
水平旋转角度	360°
垂直旋转角度	90°
环境温度(保证指标)	0~40℃(室内),125~50℃(室外)

2. 视频编码/解码器

数字视频编码/解码器技术指标见表10-14。

表 10 - 14　　　　　　　　　　数字视频编码/解码器技术指标

项　　　目	技　术　指　标
视频输入（出）	PAL 制式，75Ω，BNC 插头
视频压缩	MPEG2、MPEG4 或 Wavelet
线路接口	G703，2048kbit/s
视频分辨率	720×576
编解码总延时	小于 400ms

3. 硬盘录像机

硬盘录像机的性能指标见表 10 - 15。

表 10 - 15　　　　　　　　　　硬盘录像机性能指标

项　　　目	技　术　指　标
CPU	不低于 PIV2.0G（监控主机）
内存	256M（监控主机）
硬盘	≥620G（监控主机）
显示器	15″
视频输入	16 路
音频输入	1 路
数字化同时录像	16 路抽帧录像、4 路实时录像
连续录像时间	1 个月（实时录像时 230MB/h）
采集分辨率	352×288
压缩算法	MPEG—4
视频回放	可多路/单路实时回放，智能检索
显示方式	单画面/多画面
查询方式	日期/时间/通道
回放方式	单路/多路，快进/快退/帧播，满屏回放，局部多级放大
文件备份	文件可备份至光盘、活动硬盘、数码磁带等
录像方式	报警联动录像/手动录像/定时录像
多任务方式	可在录像的同时进行监视、回放、备份及远程传输
密码操作	系统设置及功能操作均需密码验证
工作日志	记录所有操作及报警联动信息
网络传输	电话线/ISDN/DDN/局域网
磁盘管理	自动换区、自动覆盖

4. 视频监控软件

在 Windows 环境下运行，中文操作界面，界面上显示的动态图标均反映该设备的实时状态。完全模拟操作键盘功能，可通过点击这些图标选择和控制相应的设备，包括摄像机、云台、视频录像、控制输出等。

参 考 文 献

[1] 周三多，陈传民．管理学．北京：高等教育出版社，2006.

[2] 姜杰，陶传平，夏宁．管理学．济南：山东人民出版社，2005.

[3] 黎民．公共管理学．北京：高等教育出版社，2006.

[4] 俞衍升．中国水利百科全书·水利管理分册．北京：中国水利水电出版社，2004.

[5] 张永桃．行政管理学．北京：中国水利水电出版社，2006.

[6] 林冬妹．水利法律法规教程．北京：中国水利水电出版社，2004.

[7] 徐云修，方坤河．灌区建筑物老化病害检测与评估．北京：中国水利水电出版社，2004.

[8] 欧文·E·休斯（澳）．公共管理导论．北京：中国人民大学出版社，2007.

[9] 里奇·格里芬（Ricky Griffin）．管理学．8 版．北京：中国市场出版社，2007.

[10] 石自堂．水利工程管理．武汉：武汉水利电力大学出版社，2000.

[11] DL/T 5199—2004 水电水利工程混凝土防渗墙施工规范．北京：中国电力出版社，2005.

[12] DL/T 5148—2001 水工建筑物水泥灌浆施工技术规范．北京：中国电力出版社，2002.

[13] SL 210—98 土石坝养护修理规程．北京：中国水利水电出版社，1999.

[14] SL/T 225—98 水利水电工程土工合成材料应用技术规范．北京：中国水利水电出版社，1998.

[15] 钱尧华．水利工程管理．北京：水利电力出版社，1991.

[16] 陈良堤．水利工程管理．北京：中国水利水电出版社，2006.

[17] 牛运光．土坝安全与加固．北京：中国水利水电出版社，1998.

[18] DL/T 5200—2004 水电水利工程高压喷射灌浆技术规范．北京：中国电力出版社，2005.

[19] 董哲仁．堤防抢险实用技术．北京：中国水利水电出版社，1999.

[20] 陈德亮．水工建筑物．5 版．北京：中国水利水电出版社，2008.

[21] 陈建生，等．堤坝渗漏探测示踪新理论与技术研究．北京：科学出版社，2007.

[22] 严国璋，等．堤坝白蚁及其防治．武汉：湖北科学技术出版社，2001.

[23] DL/T 5395—2007 碾压式土石坝设计规范．北京：中国电力出版社，2008.

[24] 张金锁．工程项目管理学．北京：科学出版社，2000.

[25] 杜晓玲．建设工程项目管理．北京：机械工业出版社，2006.

[26] 刘宪文，吴琼，刘冀英．建设工程监理案例解析 300 例．北京：机械工业出版社，2008.

[27] 中国建设监理协会组织编写．建设工程合同管理．北京：知识产权出版社，2003.

[28] 卢谦．建设工程招标投标与合同管理．北京：中国水利水电出版社，2001.

[29] 巩天真，张泽平．建设工程监理概论．北京：北京大学出版社，2006.

[30] 吴世伟．结构可靠度分析．北京：人民交通出版社，1990.

[31] 周建方，李典庆．水工钢闸门结构可靠度分析．北京：中国水利水电出版社，2008.

[32] 赵焕臣，等．层次分析法．北京：科学出版社，1986.

[33] 顾慰慈，水利水电工程管理．北京：中国水利水电出版社，1994.